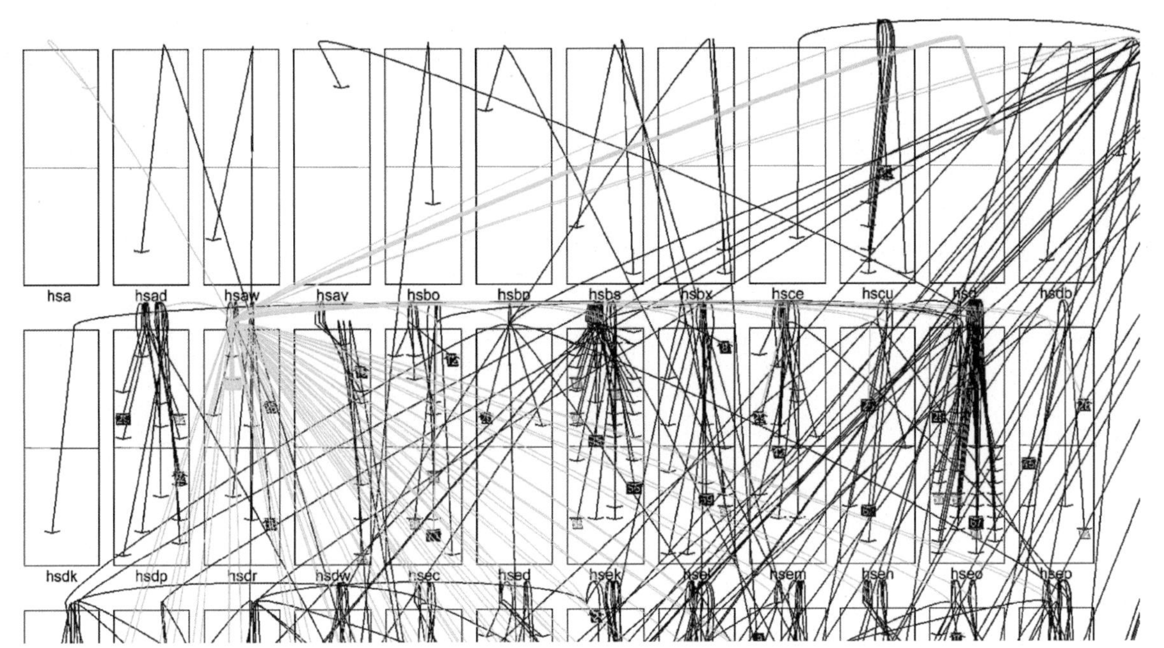

图 6-7　一次 Web 搜索的两级 RPC 调用树，旨在将一次搜索拆分为对一个 Web 索引的不同部分的大约 2000 次部分搜索。每个矩形代表包含大约 50 台服务器计算机的机架。浅绿色弧线显示了从机架“hsdr”上的一台机器发送到另外 100 台机器的大约 100 个一级 RPC。深蓝色弧线显示了从这 100 台机器中的每一台发送到约 2000 台服务器的大约 20 个二级 RPC

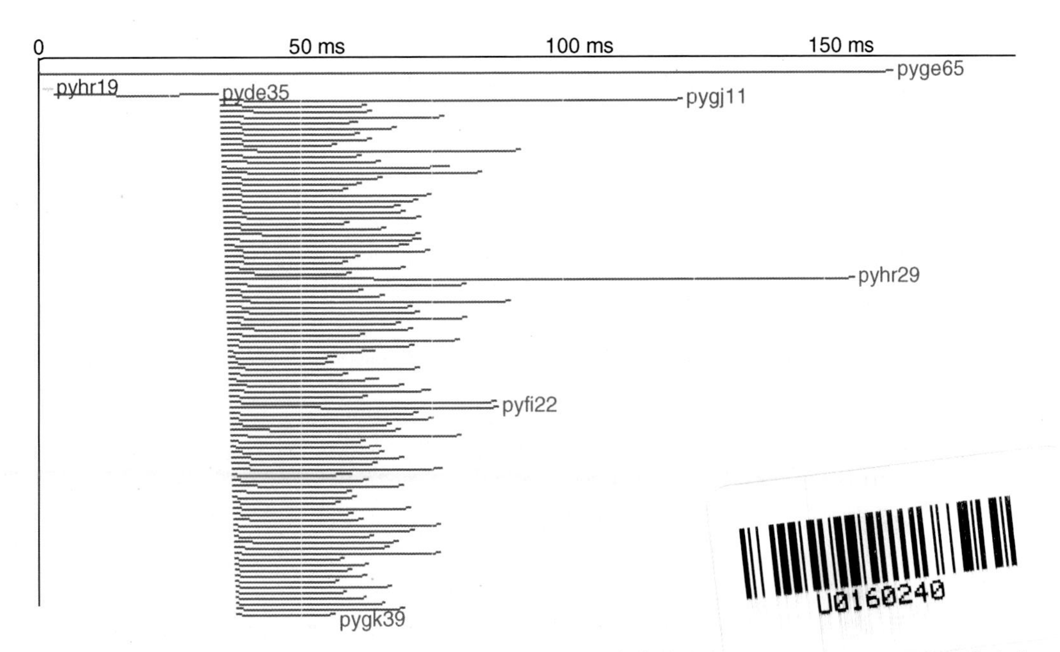

图 6-8　一次 Web 搜索 RPC 的大约 100 个一级 RPC 的图，每条线右侧的“pyxxxx”表示服务器的名称

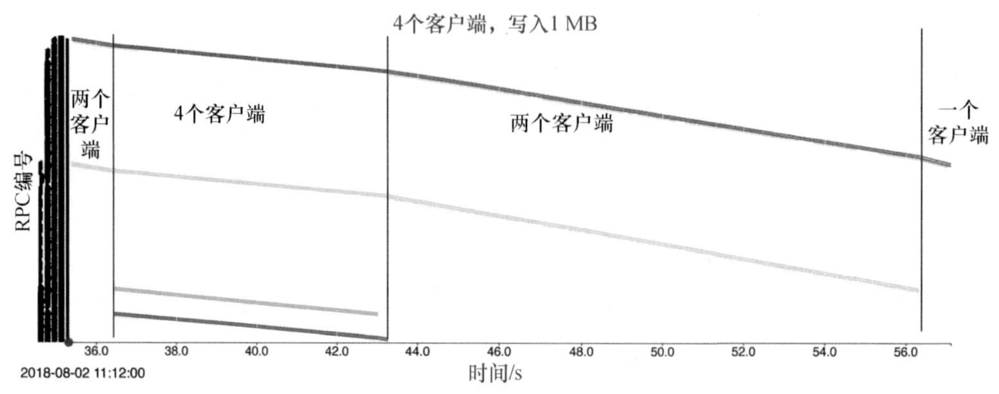

（a）每个 RPC 写 1 MB 数据的 2400 个写 RPC 的图形，不同颜色的客户端将向同一个服务器发送这些 RPC（使用绝对开始时间）

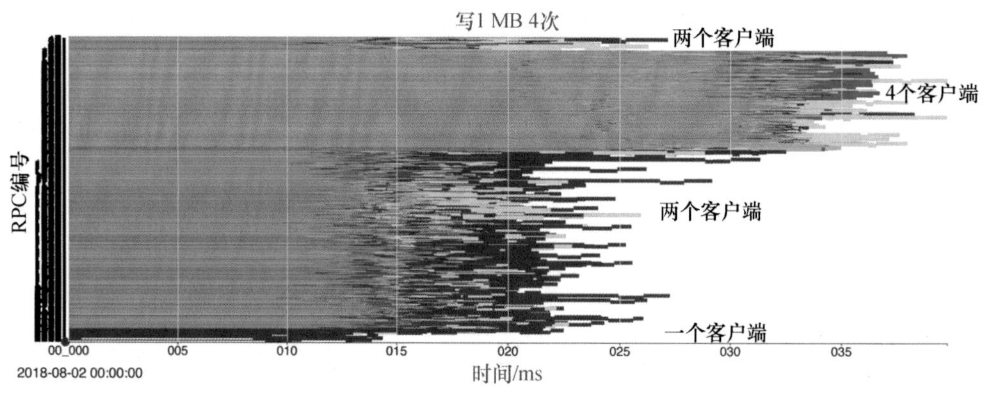

（b）每个 RPC 写 1 MB 数据的 2400 个写 RPC 的图形，不同颜色的客户端将向同一个服务器发送这些 RPC（相对于开始时间）

图 7-6　测量结果

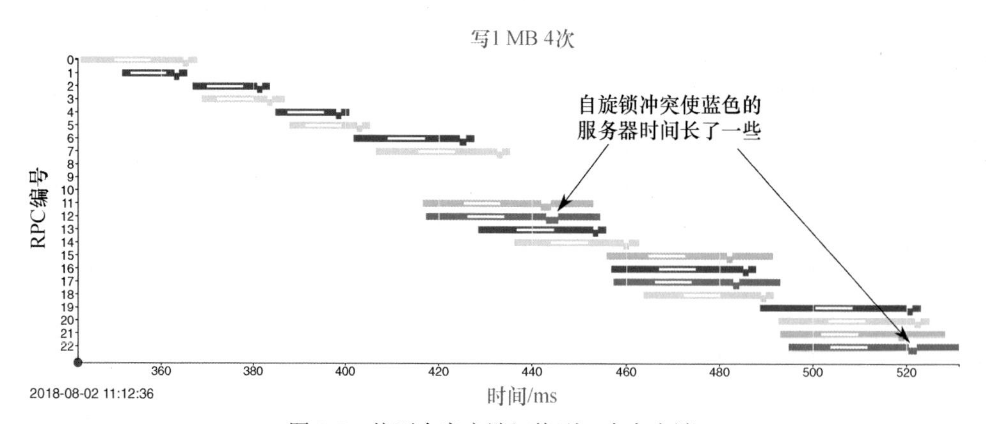

图 7-7　从两个客户端切换到 4 个客户端

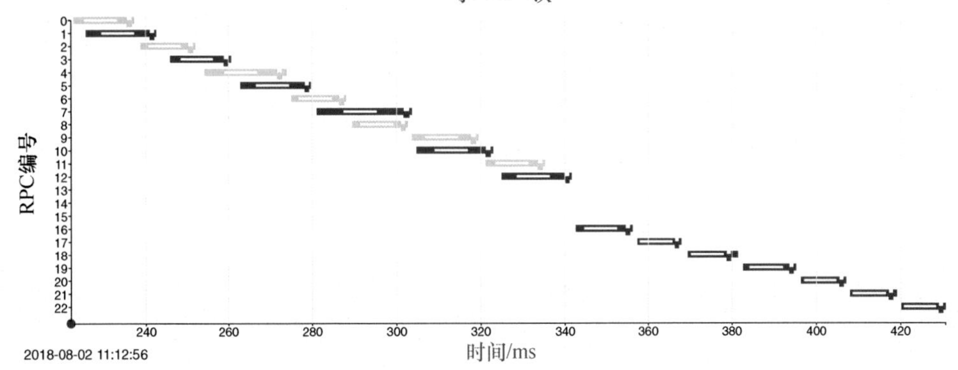

图 7-8　从两个客户端切换到一个客户端

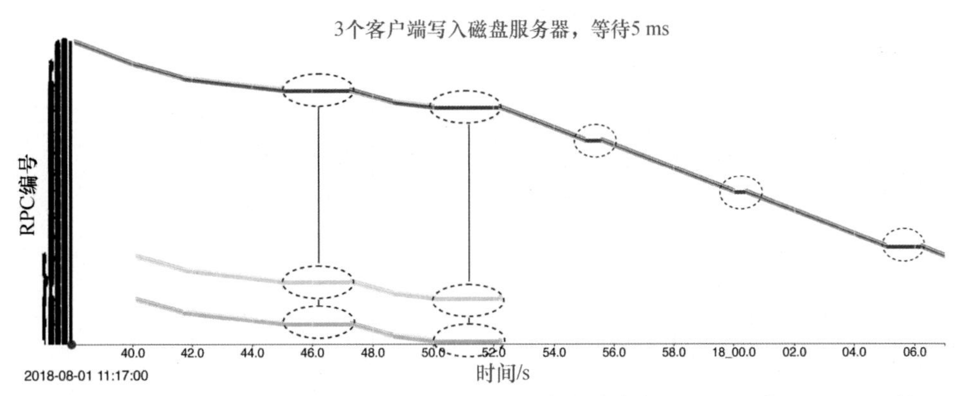

图 7-9　3 个客户端向磁盘服务器写 1 MB 的数据，自旋锁内多出了 5 ms 的 RPC 处理时间

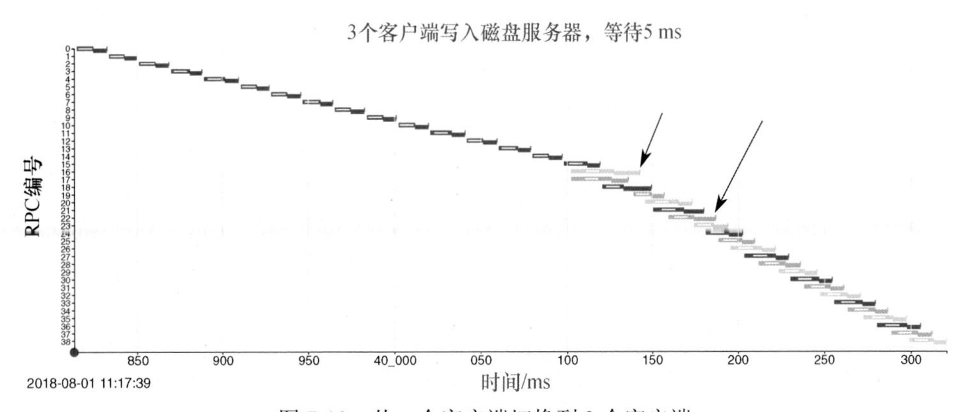

图 7-10　从一个客户端切换到 3 个客户端

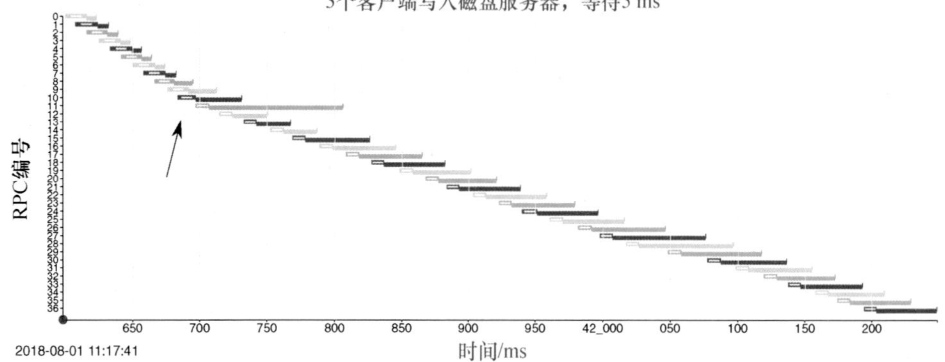

图 7-11　这里增加了 30 ms 的阶段变化

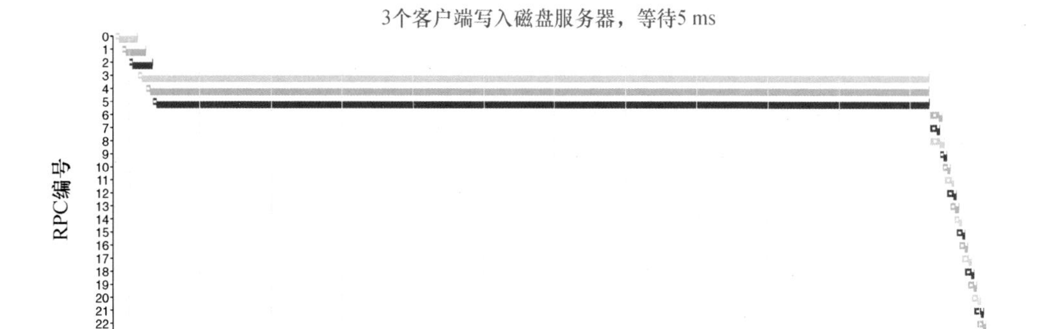

图 7-12　2.2 s 的长延迟，观察最右侧，看起来内存写缓冲区变空了

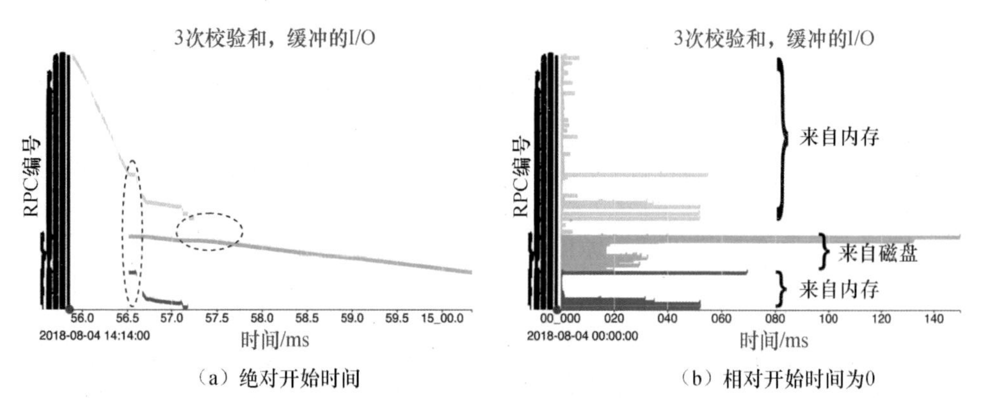

（a）绝对开始时间　　（b）相对开始时间为0

图 7-13　3 个客户端对磁盘服务器上的 1 MB 值求校验和

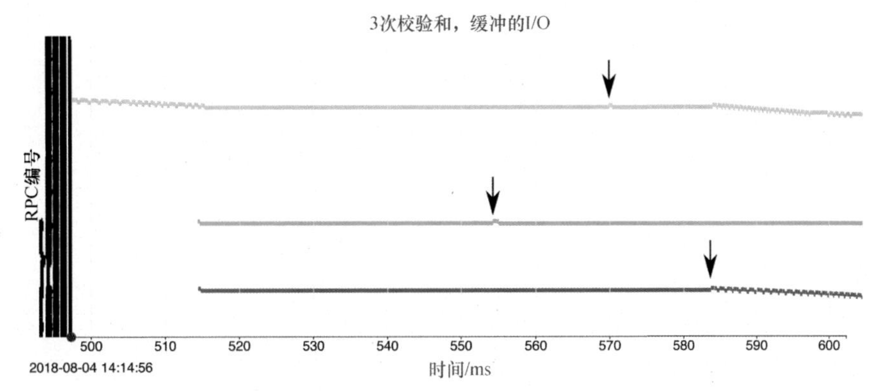

图 7-14　3 个客户端对磁盘服务器上的 1 MB 值求校验和（这里对图 7-13 中 client2 和 client3 的启动过程进行了扩展）

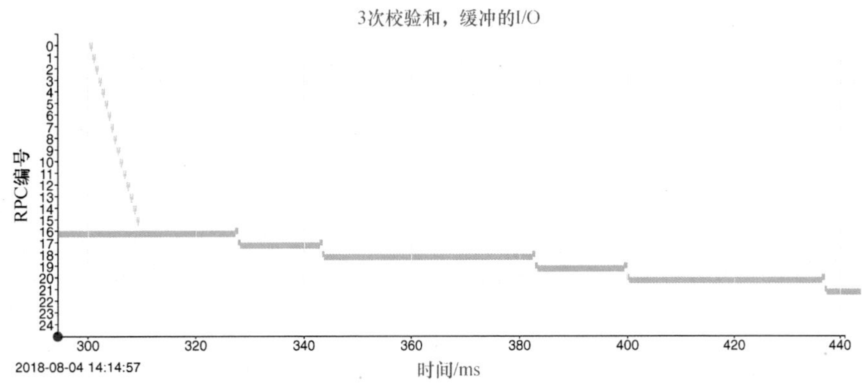

图 7-15　剩下的两个客户端对磁盘服务器上的 1 MB 值求校验和（这里对图 7-13 中变慢的活动进行了扩展）

图 9-9　在 1 h 的时间间隔内，13 块磁盘的第 99 个百分位磁盘读取时延的热点图。时间解析度是 10 s 的间隔。蓝色表示低于 50 ms 的时延，红色表示超过 200 ms 的时延，白色表示没有活动。这是我们在一个日志页面上记录的 24 h 活动的一个子集

```
5615   if (J == 1)
8230   Y = T * DATAN(T2*DSIN(Y)*DCOS(Y)/(DCOS(X+Y)+DCO
6588   P3(X,Y,&Z);
6640   for (I = 1; I <= N9; I++)
15700  X = DSQRT(DEXP(DLOG(X)/T1));
5440   E[1] = ( E[1] + E[2] + E[3] - E[4]) * T;
12448  E[2] = ( E[1] + E[2] - E[3] + E[4]) * T;
11961  E[3] = ( E[1] - E[2] + E[3] + E[4]) * T;
13362  E[4] = (-E[1] + E[2] + E[3] + E[4]) / T2;
14718  if (J < 6)
74752  E1[J] = E1[K];
4252   E1[K] = E1[L];
9465   { /* P3(double, double, double*) */
65749  X1 = T * (X1 + Y1);
11384  Y1 = T * (X1 + Y1);
```

（a）在显示主程序的非零个 PC 样本时，使文本高度与样本计数成比例。代码片段 11-3 中的 for 循环的代码行在顶部刚刚能够看到，位于计数 5615 的上方

（b）运行性能分析基准 25 s 后得到的完整样本集合，可以看到，只有 30% 的时间用在基准代码自身（中间的蓝色部分）中，其余时间用在性能分析工具（顶部的红色部分）和运行时数学库（底部的黑色部分）中

图 11-1　样本

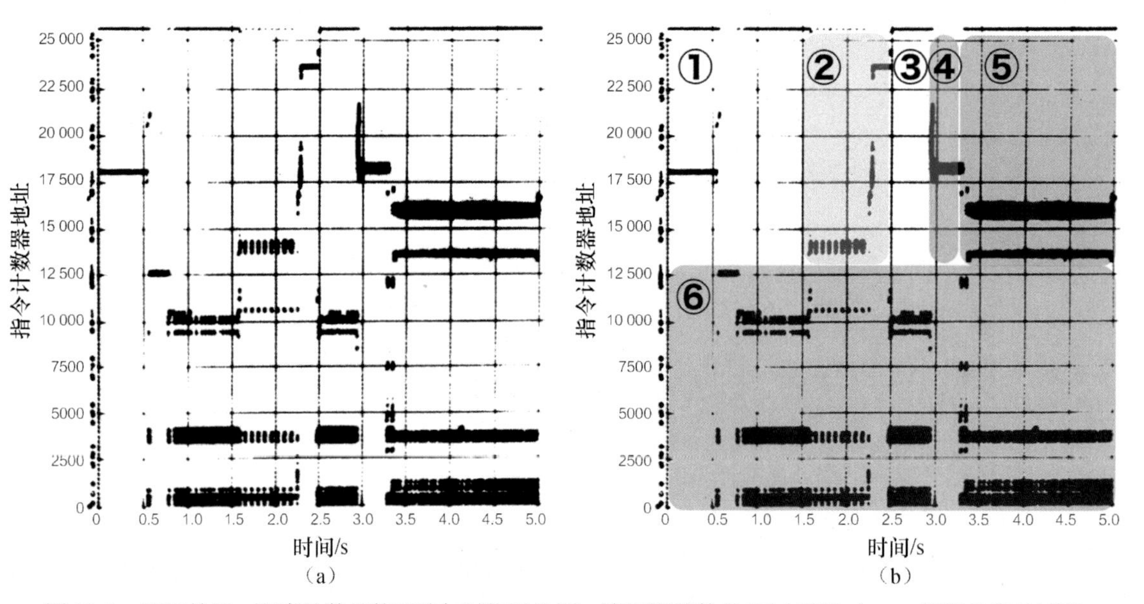

（a）　　　　　　（b）

图 12-1　CRT 输出：程序计数器的跟踪与时间对比图，这里跟踪的是 IBM 7010 上 sort 例程的启动过程

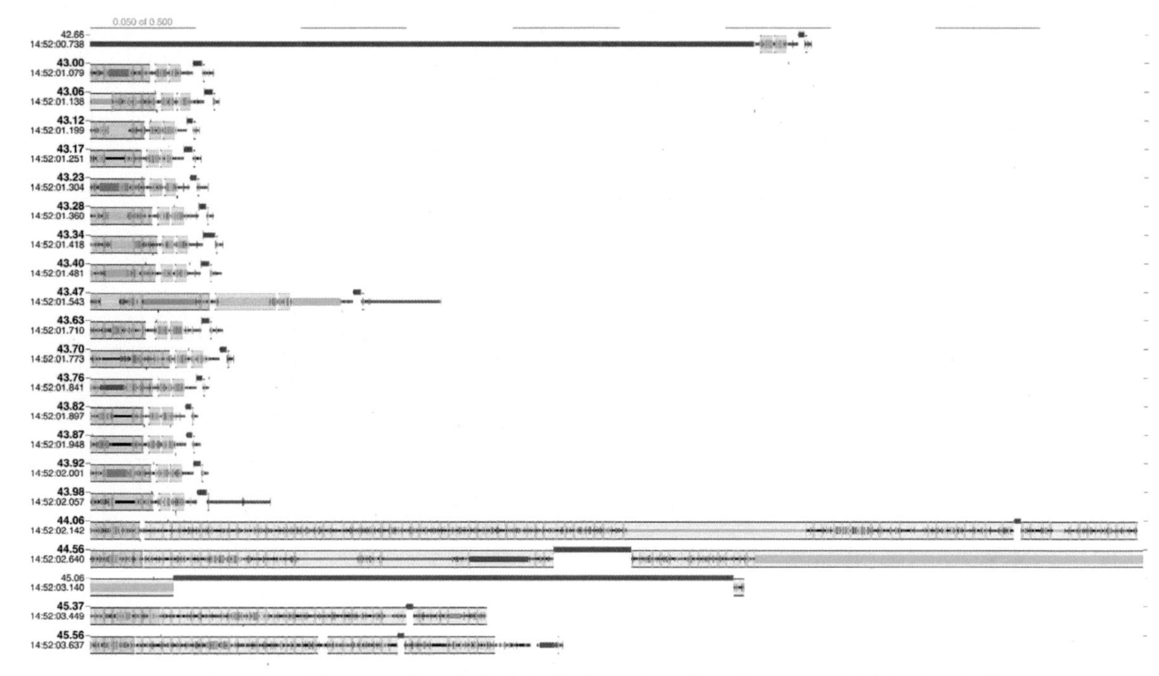

图 12-3　针对早期 Gmail 代码上传消息的过程，记录的函数调用 / 返回所经过时间的跟踪。为每个消息创建一个新行，整个页面占用 500 ms

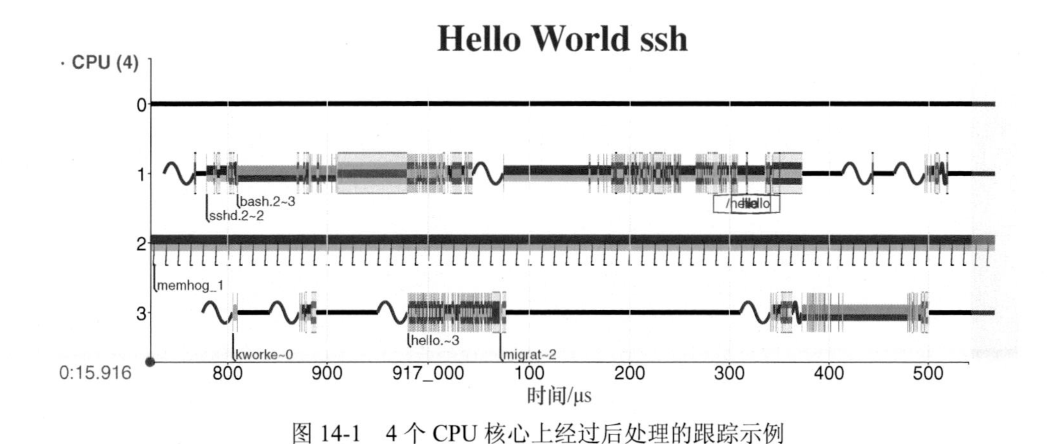

图 14-1　4 个 CPU 核心上经过后处理的跟踪示例

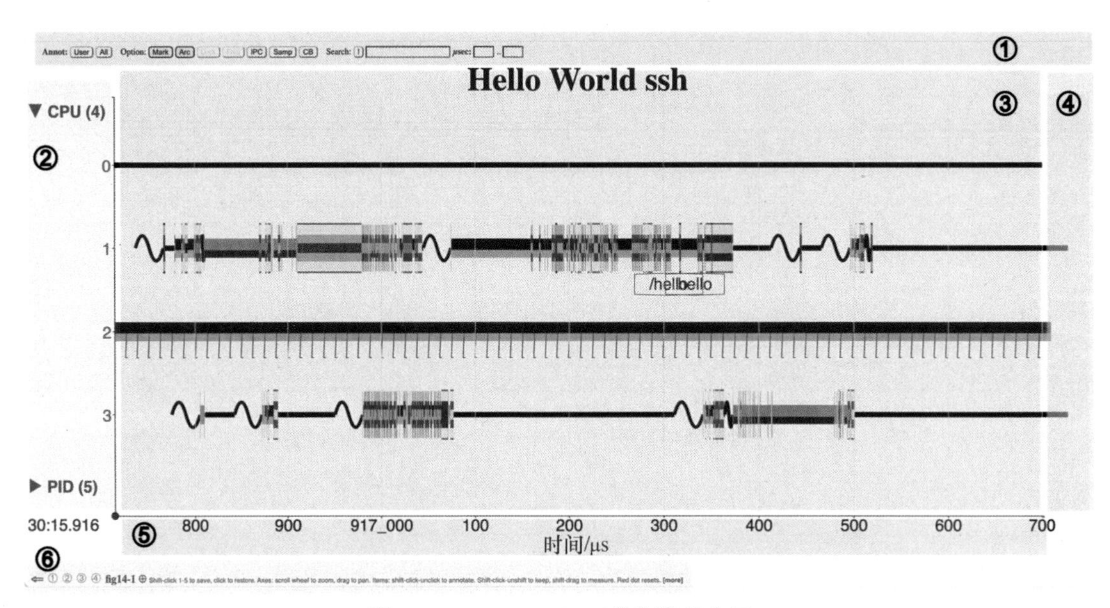

图 19-1 show_cpu.html 的浏览器布局

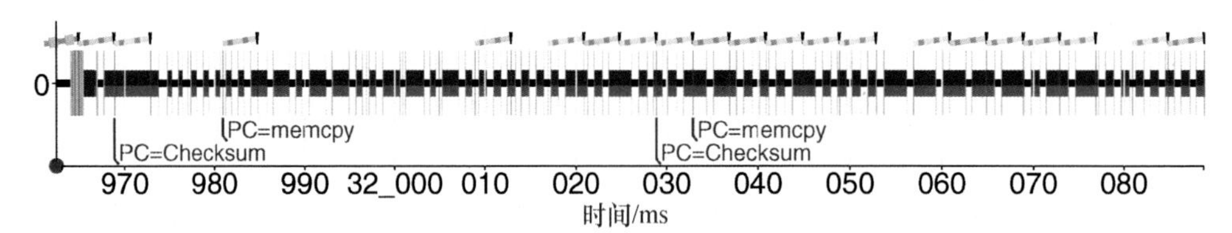

图 21-5 mystery21 程序的 KUtrace 显示了大约 50 个 RPC，每 4 ms 就会有非空闲的 PC 样本

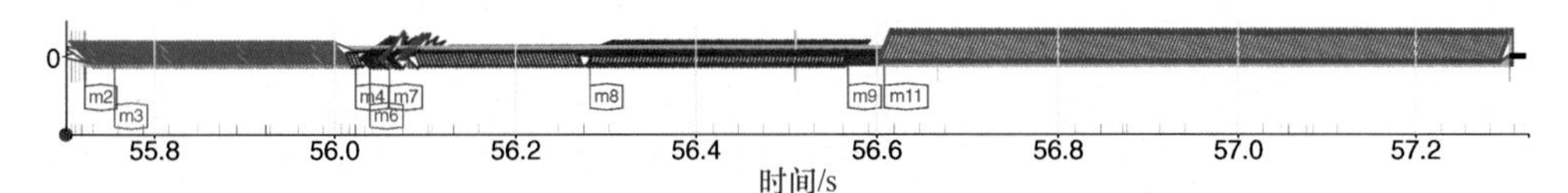

图 22-1　Whetstone 基准程序独自执行了 1.6 s，为每个循环（模块）显示了 IPC

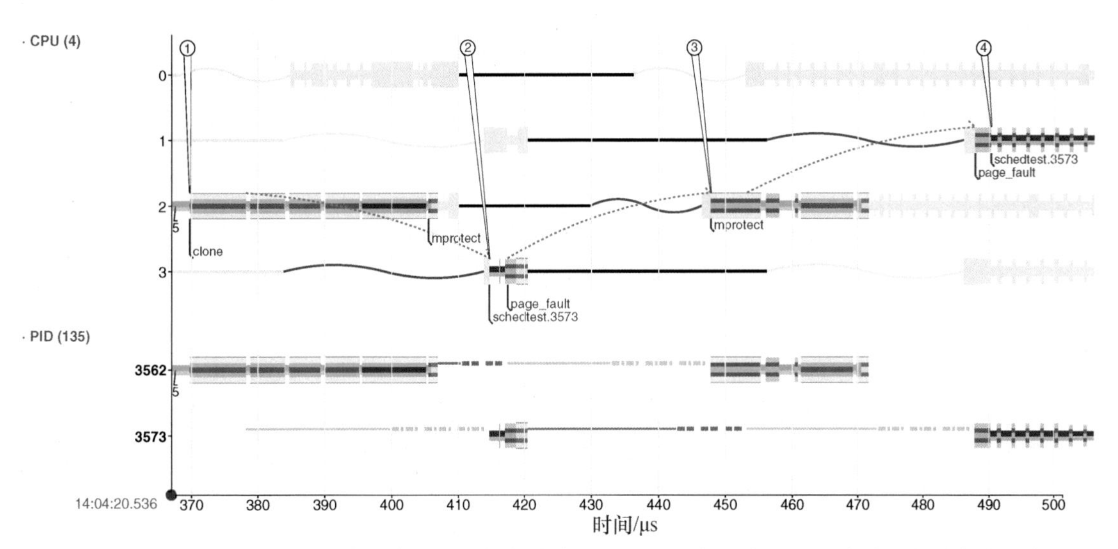

图 23-4　在 4 个 CPU 上调度 5 个进程时的启动阶段，显示了在子进程 3573 完全运行前存在 3 个连续的 30 μs 延迟，横向有 130 μs

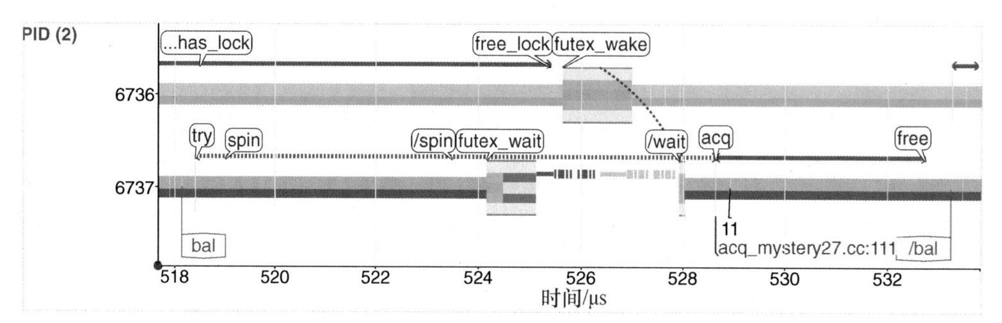

图 27-2　一次争用锁交互的例子

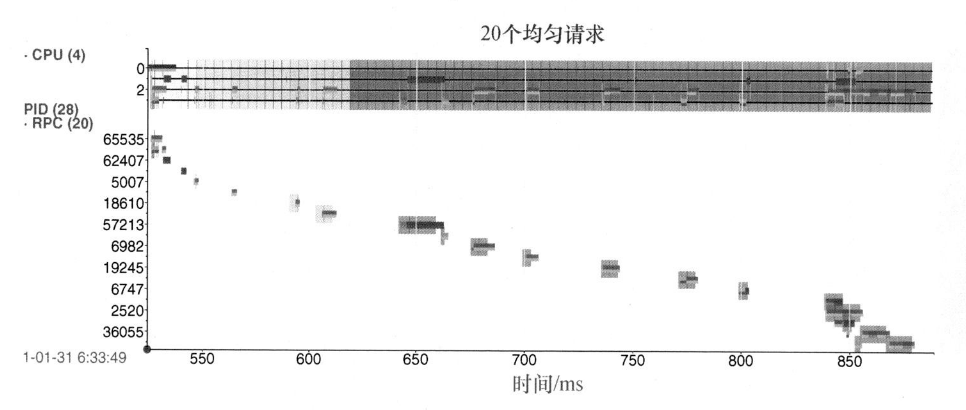

图 29-7　图 29-5 的详细版本

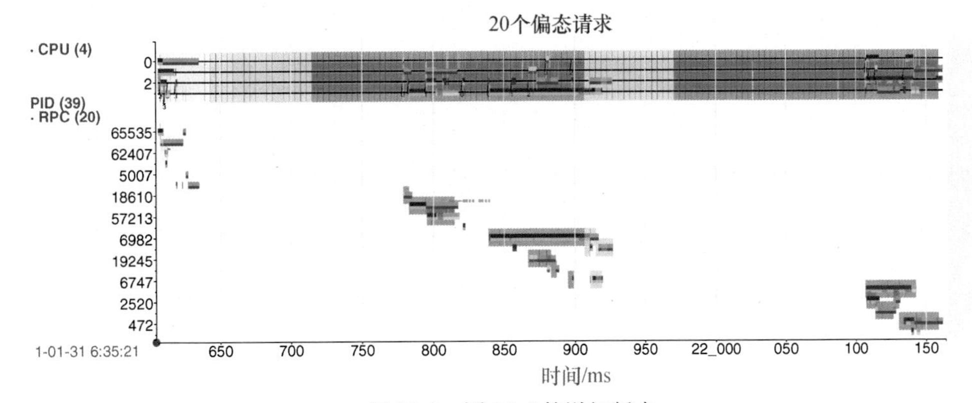

图 29-8　图 29-6 的详细版本

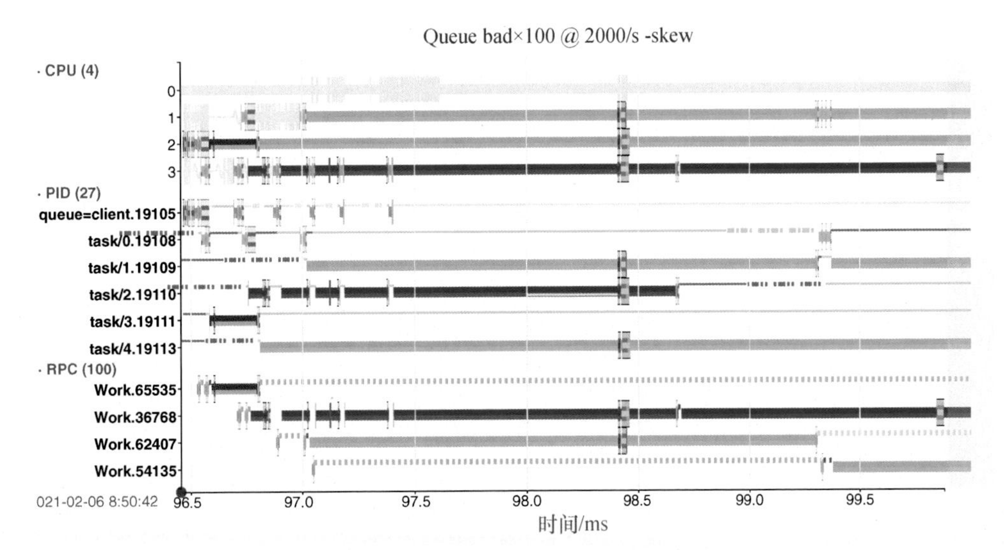

图 29-10　图 29-9 中的前几个请求

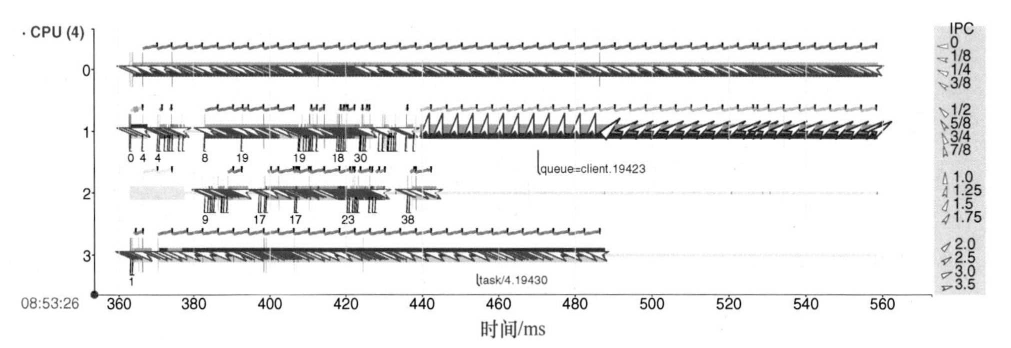

图 29-17　图 29-16 中的跟踪，这里显示了 PC 样本和 IPC

Pearson

深入理解软件性能

一种动态视角

[美] 理查德 · L. 赛茨 (Richard L. Sites) 著
赵利通 译
吴咏炜 审校

人 民 邮 电 出 版 社
北 京

图书在版编目（CIP）数据

深入理解软件性能 ： 一种动态视角 / （美）理查德
• L.赛茨 (Richard L.Sites) 著 ; 赵利通译. -- 北京:
人民邮电出版社, 2024.1
ISBN 978-7-115-61656-2

Ⅰ. ①深… Ⅱ. ①理… ②赵… Ⅲ. ①软件工程
Ⅳ. ①TP311.5

中国国家版本馆CIP数据核字(2023)第077105号

◆ 著　　　[美] 理查德 • L. 赛茨（Richard L. Sites）
　译　　　赵利通
　审　校　吴咏炜
　责任编辑　谢晓芳
　责任印制　王　郁　焦志炜

◆ 人民邮电出版社出版发行　　北京市丰台区成寿寺路 11 号
　邮编　100164　　电子邮件　315@ptpress.com.cn
　网址　https://www.ptpress.com.cn
　北京虎彩文化传播有限公司印刷

◆ 开本：800×1000　1/16　　彩插：6
　印张：25.25　　2024 年 1 月第 1 版
　字数：543 千字　　2024 年 10 月北京第 3 次印刷

著作权合同登记号　图字：01-2022-2655 号

定价：129.80 元

读者服务热线：(010)81055410　印装质量热线：(010)81055316
反盗版热线：(010)81055315
广告经营许可证：京东市监广登字 20170147 号

内容提要

本书不仅介绍了如何测量 CPU、内存、磁盘/SSD、网络的性能，如何观察、记录、跟踪、汇总性能指标，还讨论了如何设计和创建性能测试工具 KUtrace，以及如何对观察结果进行推理。

本书不仅适合软件开发人员阅读，还适合计算机相关专业的师生参考。

推荐序

Richard 解决问题的方式非常罕见，在今天可以说已经罕见到令人吃惊。对于他来说，把猜测作为解决问题的方式是难以接受的。相反，他坚持认为，应该首先理解现象背后的原因，然后再着手解决问题。如果面对复杂的现代计算机系统，包括软/硬件在内，需要调试其性能，大部分程序员采用的方法是用直觉来判断发生了什么，然后“先试试这么做，再试试那么做”，他们希望这种方式能够刚好解决问题。在采用这种方法时，我们其实暗自认为，程序性能不佳的原因在于一些复杂的软/硬件交互，但我们是没有办法真正理解这些交互的。显然，对于 Richard 来说，“与计算机有关的东西是无法理解的”这种说法并不成立。很多时候，难以理解是因为缺少基本工具来提供关于程序行为的信息。在这种情况下，Richard 就会做（对他来说）该做的事情：创建这些工具，包括创建可视化框架，将关于程序执行的关键信息压缩到易读的图表中，从而为分析程序动态提供帮助。

纵览 Richard 精彩的职业生涯，你就能够明白他为什么对理解复杂的计算系统有这种自信。他早在 1959 年就成了一名“程序员”，当时他才 10 岁。对计算的浓厚兴趣让他在职业生涯中有机会与这个领域的先驱一同学习或工作过，其中包括 Fran Allen、Fred Brooks、John Cocke、Donald Knuth 和 Chuck Seitz 等人。Richard 在业界取得了广泛的成就：从共同设计 DEC 的 Alpha Architecture，到参与开发 Adobe 的 Photoshop，最后到加快 Google 的 Web 服务（如 Gmail）问世。

初识 Richard 时（我在 1995 年加入 DEC 公司），他就已经是这个领域的传奇人物。在他在 Google 任职期间，我也有幸与他共事，目睹了他解决问题的方法。读者会欣喜地发现，在本书中，Richard 利用他对软硬件交互的渊博知识，通过对程序进行细致追踪揭示的线索，清晰地描述了性能调试问题是可以解决的难题，并带领读者详细跟踪程序的执行过程。本书对程序员和计算机设计人员具有巨大的帮助，这在很大程度上是因为目前还没有同类图书可供他们参考。本书与它的作者一样独一无二。

Luiz André Barroso

序

想要理解复杂软件的性能十分困难。当软件具有时间约束但时不时神秘地超出这个约束时，这将变得更加困难。对于自己的软件的执行动态，开发人员在脑海中会有一幅幅画面：软件的各个部分在一段时间内如何工作以及协作，每个部分大概执行多长时间等。有些时候，他们甚至会把这些画面记录下来。但是，当时间约束无法满足时，并没有多少工具能帮助我们理解为什么没有满足时间约束，导致延迟的根本原因是什么，以及还有其他哪些性能异常。本书针对的就是这类软件的开发人员以及理解能力较强的学生。

“软件动态”不仅指的是单个线程的性能和执行时间，还包括线程之间、不相关的程序之间以及操作系统和用户程序之间的交互。复杂软件中的延迟常常是由一些交互导致的，其中包括代码被阻塞并等待其他代码唤醒，可运行的代码等待调度程序为其分配 CPU，其他代码占用共享硬件导致某段代码运行缓慢，中断例程使用 CPU 导致代码完全不运行，代码以不可见的方式将大量时间用在操作系统的服务以及缺页错误的处理上，代码等待 I/O 设备或来自其他计算机的网络消息，等等。

具有时间约束的软件将处理周期性的、有时间限制的重复任务，或者那些不定期收到新请求且每个新请求都有时间限制的任务。这些任务对于向移动中的机器（飞机、汽车、工业机器人等）发送控制信号既有硬性时间限制，也有软性时间限制（例如，将语音即时转换为文本）。此外，还有理想的时间限制（针对客户的数据库查询或者 Web 搜索的响应时间等）。“时间约束”也适用于手机/平板电脑/桌面/游戏的用户界面响应。“时间约束”这个术语要比“实时”的含义更广，“实时”通常意味着硬性约束。

在以上所有情况下，软件任务都有一个刺激因素（或称请求）和一个结果（或称响应）。刺激因素与结果之间经过的时间（称为延迟或响应时间）具有一定的时间限制。超出时间限制的任务即会失败，有时会导致灾难性后果，有时则只会让人感到沮丧。在本书中，你将学习如何找出导致这些失败的根本原因。

取决于具体的上下文，可以把这种软件中的单个任务称为事务、查询、控制-响应或游戏-反应。我们将使用术语“事务”称呼所有这些名称。通常，端到端任务包含一些子任务，其中一些子任务并行运行，另一些子任务则依赖其他子任务执行完。子任务可能是 CPU 密集型、内存密集型、磁盘密集型或网络密集型的。它们可能正在执行，但受共享的硬件资源的干扰以及现代 CPU 芯片的节能策略的影响，它们的运行速度比预期的速度慢。它们可能在等待获得软件锁，也可能在等待其他任务、计算机或外部设备的响应，所以在此期间没有执行。

可能不是程序员的用户态下的代码，而是底层操作系统或内核态下的设备驱动程序导致产生延迟或者造成干扰。

许多时候，软件由几十个层或子系统组成，其中每个层或子系统都有可能导致意外的延迟，并且它们很可能运行在不同的联网计算机上。例如，一次 Google 搜索可能将查询分散到 2000 台计算机上，每台计算机执行一小部分搜索，然后返回结果并确定结果的优先级。云端在收到电子邮件消息后，可能触发数据库、网盘存储、索引、锁定、加密、复制和洲际传输等子系统。汽车驾驶系统可能运行 50 个不同的程序，其中一些程序处理来自多个摄像头和雷达的每个视频帧，并相应地改变 GPS 坐标、车辆的 3D 加速力以及关于下雨、可见度、轮胎湿滑度的反馈等。小型数据库系统可能具有查询优化和磁盘访问子系统，进而使用多台联网计算机上的许多磁盘。游戏可能具有本地计算、图形处理以及与其他玩家进行网上互动的子系统。

在本书中，你将学到如何为这种软件设计观察能力、日志记录和时间戳，如何测量 CPU、内存、磁盘、网络的性能，如何设计低开销的观察工具，以及如何分析产生的性能数据。一旦知道了正常事务和慢事务的任务或子任务真正消耗的时间，你就能够看出现实情况与自己脑海中形成的画面有怎样的区别。此时，也许花 20 min 的时间来修改软件，就能够让慢事务的速度得到显著提升。但是，如果没有获得真实的数据，我们就只能采用猜测和做实验的方法来缩短长延迟与提高性能。本书要表达的就是不要靠猜测，而要知道真正发生了什么。

本书的所有示例、程序练习以及提供的软件都使用 C 或 C++编写，针对在 64 位 AMD、ARM 或 Intel 处理器上运行的 Linux 操作系统。本书假定读者已经熟悉在这种环境中开发软件。本书还假定读者的某个软件具有时间约束，并且存在我们想要解决的性能问题。这个软件应该已经能够工作且已经经过调试，具有可以接受的平均性能，只不过有时候会出现难以解释的性能变化。另外，本书假定读者能够在脑海中分析出软件如何运行，并且在需要的时候，能够勾勒典型事务的各个部分的交互方式。最后，本书假定读者对 CPU、虚拟内存、磁盘和网络 I/O、软件锁、多核执行以及并行处理有一定了解。我们将基于这些假定开始讨论。

本书将探索如下主题。

- **测量**。对于任何性能分析，首先都需要对发生了什么进行测量。数字测量值（每秒事务数、第 99 百分位响应时间或者丢失的视频帧数）只能告诉你发生了什么，而无法解释为什么发生这些行为。
- **观察**。为了理解为什么有的测量结果出现的速度异常慢，但再次测量时结果出现的速度很快，就有必要仔细观察对于正常实例和慢实例，时间都消耗在了什么地方，或者执行了什么处理。对于只有在存在大量实时负载的情况下才会发生的异常行为，我们必须在足够长的时间内进行观察，因为这样更有可能多次观察到慢实例，而且必须在运行实时负载的原位置进行观察，以便将受干扰的程度降到最低。

- **推理（与修复）**。针对我们通过仔细观察得到的结果，推测慢实例与正常实例有什么区别，软件和硬件的交互如何导致出现慢实例，如何改善这种情况。在本书的第四部分，我们将采用案例分析的方式探讨如何进行推理，以及可以采用的一些修复方法。

按照这 3 个主题，本书分为四部分，其中一部分介绍了如何创建低开销的 KUtrace。

- 第一部分（第 1 章～第 7 章）介绍如何仔细测量 4 种基本的计算机资源——CPU、内存、磁盘/SSD 和网络的性能。
- 第二部分（第 8 章～第 13 章）讲述标准观察工具——日志、仪表板与跟踪工具等。
- 第三部分（第 14 章～第 19 章）讨论如何设计并创建低开销的 KUtrace，并用它记录每个 CPU 核心在每纳秒做了什么工作。此外，我们还将开发一些后处理程序，以创建动态的 HTML 页面来显示时间线和交互情况。
- 第四部分（第 20 章～第 30 章）采用案例分析的方式，讨论我们观察到异常延迟的干扰因素——执行的代码过多，指令执行缓慢，等待 CPU、内存、磁盘、网络、软件锁、队列和计时器并对它们进行推理。

图 0-1 存在无法解释的延迟，利用上面这些思想，你将能够把图 0-1 转换为包含详细信息的图 0-2。

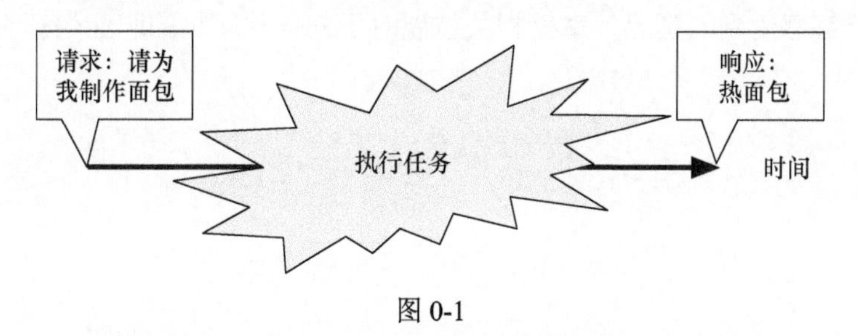

图 0-1

图 0-2 显示了在什么时候执行了哪些子任务，哪些子任务是并行执行的，而哪些子任务依赖于另一个步骤来完成，从而准确地说明了为什么这个任务执行了 3 h。

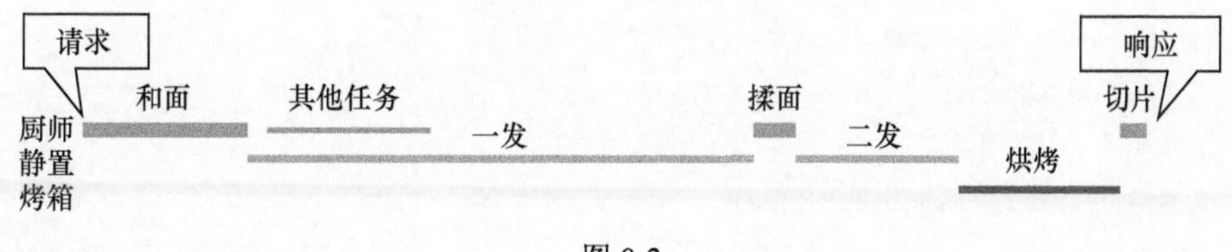

图 0-2

基于相同的思想，我们可以把一个示例软件延迟转换为图 0-3（第三部分将介绍如何为各种软件创建这种图），以说明运行在 CPU 2 上的远程登录守护进程 ssh 是如何唤醒运行在 CPU 1 上的文本编辑器 gedit 的。

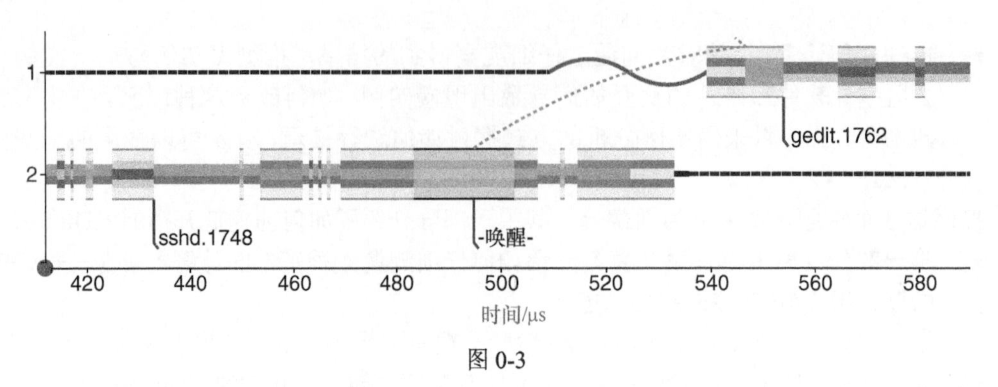

图 0-3

在阅读本书时，强烈建议读者做一下书中的习题，并实现本书介绍的软件观察工具的部分代码。

本书夹杂着对复杂的现代处理器芯片及其性能增强机制的介绍。无意间违反这些机制有可能会导致令人意外的延迟。读者在学完本书后，将能够更加深入地理解计算机架构和微架构，并掌握一些其他知识。

本书是针对软件从业人员的软件性能优化指南，但也讲解了计算机硬件架构师、操作系统开发人员、系统架构师、实时系统设计人员和游戏开发人员感兴趣的内容。本书着重于让你理解用户所能够感受到的延迟，掌握相关技能对于任何程序员的职业生涯都会有所助益。

致　谢

本书最终问世，得益于许多人的帮助。Amer Diwan、V. Bruce Hunt、Richard Kaufmann 和 Hal Murry 阅读了本书并对内容提供了反馈。Connor Sites-Bowen、J. Craig Mudge、Jim Maurer 和 Rik Farrow 对本书进行了评审，并提出了宝贵的意见。Brian Kernighan 认真阅读了本书的手稿，他提出的建议让本书的品质得到了显著提升。

我在 2016 年从 Google 退休后，开始教授研究生课程，本书的许多资料就源于我教授的课程。非常感谢新加坡国立大学的 Michael Brown，瑞士洛桑联邦理工学院的 Jim Larus 和 Willy Zwaenepoel，斯坦福大学的 Christos Kozyrakis，以及北卡罗来纳大学的 Kevin Jeffay 和 Fred Brooks，感谢他们为我提供授课的机会。

Joshua Bakita、Drew Gallatin 和 Hal Murray 将 KUtrace 移植到了不同的 UNIX 版本中。Jim Keller 和 Pete Bannon 则让我有机会在 Tesla Motors 上进行移植。Sandhya Dwarkadas 提出了一个关于如何检测缓存干扰的关键问题，让我最终在 KUtrace 中添加了统计每个周期执行的指令数的功能。

感谢 IBM 的 Elaine Bond、Pat Goldberg、Ray Hedberg、Fran Allen 和 John Cocke，斯坦福大学的 Donald Knuth，以及 Digital Equipment Corporation 的 Joel Emer、Anita Borg 和 Sharon Perl。受到他们的影响并得到他们的指导，我在职业生涯的早期就重点关注 CPU 的性能和跟踪。

与我共度 37 年时光的妻子 Lucey Bowen 的包容，在我需要投入大量的时间来完成本书时，她给予我巨大的支持。

组稿编辑 Greg Doench 为本书能够顺利出版提供了巨大帮助，他在早期开始设计本书的版式，这为后期节省了时间。文字编辑 Kim Wimpsett 帮我梳理和润色本书的文字。感谢两位编辑。

Richard L. Sites

2021 年 9 月

资源与支持

本书由异步社区出品，社区（https://www.epubit.com/）为您提供相关资源和后续服务。

配套资源

本书提供相关程序的源代码。

要获得以上配套资源，请在异步社区本书页面中单击“配套资源”，跳转到下载界面，按提示进行操作即可。注意，为保证购书读者的权益，该操作会给出相关提示，要求输入提取码进行验证。

如果您是教师，希望获得教学配套资源，请在社区本书页面中直接联系本书的责任编辑。

提交勘误信息

作者、译者和编辑尽最大努力来确保书中内容的准确性，但难免会存在疏漏。欢迎您将发现的问题反馈给我们，帮助我们提升图书的质量。

当您发现错误时，请登录异步社区，按书名搜索，进入本书页面，单击“发表勘误”，输入相关信息，单击“提交勘误”按钮即可，如下图所示。本书的作者和编辑会对您提交的相关信息进行审核，确认并接受后，您将获赠异步社区的 100 积分。积分可用于在异步社区兑换优惠券、样书或奖品。

与我们联系

我们的联系邮箱是 contact@epubit.com.cn。

如果您对本书有任何疑问或建议，请您发邮件给我们，并请在邮件标题中注明本书书名，以便我们更高效地做出反馈。

如果您有兴趣出版图书、录制教学视频，或者参与图书翻译、技术审校等工作，可以发邮件给我们；有意出版图书的作者也可以到异步社区投稿（直接访问 www.epubit.com/contribute 即可）。

如果您所在的学校、培训机构或企业想批量购买本书或异步社区出版的其他图书，也可以发邮件给我们。

如果您在网上发现有针对异步社区出品图书的各种形式的盗版行为，包括对图书全部或部分内容的非授权传播，请您将怀疑有侵权行为的链接通过邮件发送给我们。您的这一举动是对作者权益的保护，也是我们持续为您提供有价值的内容的动力之源。

关于异步社区和异步图书

“异步社区”是人民邮电出版社旗下 IT 专业图书社区，致力于出版精品 IT 图书和相关学习产品，为作译者提供优质出版服务。异步社区创办于 2015 年 8 月，提供大量精品 IT 图书和电子书，以及高品质技术文章和视频课程。更多详情请访问异步社区官网 https://www.epubit.com。

“异步图书”是由异步社区编辑团队策划出版的精品 IT 专业图书的品牌，依托于人民邮电出版社的计算机图书出版积累和专业编辑团队，相关图书在封面上印有异步图书的 LOGO。异步图书的出版领域包括软件开发、大数据、人工智能、测试、前端、网络技术等。

异步社区

微信服务号

目　录

第一部分　测量

第二部分 观察

第三部分 内核-用户跟踪

第四部分 推理

第一部分 测量

理解变化是在质量和商业上取得成功的关键。

——W. Edwards Deming

测量是确定某个东西的大小、数量或程度的行为。仔细测量是理解软件性能的基础。

第一部分介绍一种复杂的硬件和软件环境，本书重点关注时延分布的概念、事务时延，以及较长的第 99 百分位时延的影响。

我们的总体目标是理解造成事务时延中的变化的根本原因——为什么复杂软件中有明显随机的、意料之外的长响应时间。

在探究数据库事务的性能、桌面软件的时延、专用控制器的时延或者游戏中的时延时，你会配置环境，我们将要采用的数据中心环境是你配置的环境的一个超集。第一部分还将介绍一种重要的方法：在分析代码应该执行多长时间时，使用 10 的倍数进行估算。作为本书剩余部分的基础，第一部分将带领读者详细测量 CPU、内存、磁盘和网络时延。我们将使用预先提供的但存在缺陷的程序，每个读者都可以运行它们并获得一些认识，然后根据说明修复这些程序中的缺陷，从而得到更深入的了解。得到的测量结果将揭示出在简单的程序中时延变化的来源。

第一部分的目的是使具有不同背景的读者能够站在同一起点，对性能测量、用户态和内核态下的软件交互、跨线程和跨程序的软件干扰，以及复杂软件和计算机硬件之间的交互有基本的了解。学完第一部分后，每个读者都将能够合理估测每段代码的执行时长。

CHAPTER 1

第1章 我的程序太慢了

某人走进我的办公室，说："我的程序太慢了。"我顿了一下，问他："那应该多慢呢？"

对于这个问题，优秀的程序员已经有成竹在胸的答案，他们会描述程序要执行的工作，并估测每个部分应该需要的时间。例如，他们可能会说："这个数据库查询访问了10 000条记录，结果发现其中只有1000条是我关心的数据。每次访问大约应该需要10 ms，并且这些记录分布在20块磁盘上，所以10 000次访问应该总共需要5 s。没有网络活动，CPU处理和内存使用都很小，也很简单，比起访问磁盘的速度要快得多。实际查询用了15 s，这太慢了。"

还有一些程序员可能这么回答："我整晚写了1000行代码，使用了大量现有的库。代码能够工作，但每次查询使用了大约15 s。我想让它只使用0.1 s。肯定有一个库太慢了，我怎么才能找出这个库？"问他们问题时，他们不知道0.1 s是不是合理的期望时间，也不知道每次调用库应该需要多长时间，更不知道自己使用库的方式是否合适，因为没有在代码中设计一种观察代码动态的方式，所以无法判断出时间都消耗在什么地方。本书将探讨所有这些问题。

1.1 数据中心环境

我们将介绍一种复杂的软件环境中所涉及的一些术语和概念。你的环境可能更加简单，但思想几乎是完全适用的。这里的术语来自数据中心，但涉及的思想同样适用于数据库、桌面软件、车辆、游戏和其他具有时间约束的环境。

"事务"（又称"查询"或"请求"）是计算机系统的一条输入消息，必须作为工作单元进行处理。处理事务的每台计算机称为一台“服务器”。事务的“时延”（或称“响应时间”）是指从发送消息到收到消息所经历的时间。输入负载指的是每秒发送的事务数；当这个数量超出每秒所能处理的事务数时，响应时间就会受到影响，有时候影响十分显著。服务指的是处理特定类型事务的一个程序的集合。大型数据中心同时为几十个不同的服务处理事务，每个服务具有不同的输入负载和时延目标。

事务的时延不是固定不变的，它是在每秒发送几千个事务时计算出的一个概率分布。尾部时延指的是这个概率分布中最慢的那些事务的时延。在总结尾部时延时，一种简单的方法是描述第 99 百分位时延，即最慢的那 1%事务会超过的时间。例如，如果输入负载是每秒发送 5000 个事务，则第 99 百分位时延是其中 50 个事务超过的时间。

当提到一个或一组程序的“动态”时，我们指的是随时间推移开展的活动：哪些代码在什么时候执行，它们等待什么，它们占用什么内存空间，以及不同的程序如何彼此影响。作为程序员，我们会在脑海中设想程序的简单动态。但在现实中，程序的行为有时候可能与我们的设想有很大的区别，执行速度比我们预期的可能慢得多。如果我们能够观察真实的动态，就能够调整脑海中的设想，并且通常能够通过进行一些简单的修改，就提高代码的性能。

我们感兴趣的是复杂软件中面向用户的交互。对通常很快但有时候比较慢的事务（慢到最终用户会感受到延迟）我们尤为感兴趣。在数据中心，每个服务的硬件预算通常由每个服务器每秒所能够处理的事务数决定。这个数量通常是根据经验确定的，具体做法是，增加输入负载，直到超过某个尾部时延约束，此时可以稍微降低目标负载。

如果我们能够理解并减少用时过长的事务的数量，则可以让相同的硬件在尾部时延目标内处理更多的负载，并且不会产生额外的开销。这能够节省大量资金。运气好的时候，一名经验丰富并且有些幸运的调优工程师有时候仅仅对软件做一些简单的修改，省下来的钱就足够支付他 10 年的工资。公司和客户都很喜欢这种人。

具有时间约束的事务软件在本质上与批处理软件或离线软件不同。对于事务软件来说，响应时间是关键指标，而批处理软件的关键指标通常是高效的硬件利用率。对于事务来说，重要的不是平均响应时间，而是最慢响应时间，即尾部时延。

> 在数据中心，人们通常更希望实现较长的平均时延、较短的尾部时延，而不是较短的平均时延、较长的尾部时延。举个例子，大部分通勤者的感觉是一样的：尽管多几分钟但需要的时间总是大概相同的路线（路由），要优于尽管稍微快一点但有时候存在无法预测的小时级延误的路线。

对于批处理软件，让 CPU 的平均使用率达到 98%就很好了；但对于事务软件，CPU 的平均使用率达到 98%则是一种灾难，即使 50%也有些多，因为当达到这个使用率时，一旦输入负载在几秒的时间里激增到平均值的 3 倍，响应时间就会增加许多。笔者在 2004 年加入 Google 时，数据中心的 CPU 平均使用率是 9%。这个使用率太低了。将使用率加倍到 18%，但不增加尾部时延，可以使所有这些数据中心的效率加倍。将使用率再次加倍到 36%会很好，但再次加倍到 72%则很可能破坏许多事务的时间约束。

在分析复杂的、面向事务的软件的性能时，本书将假定涉及的程序能够工作，并且大体上它们的运行速度也足够快。我们不会讨论如何设计或调试这类软件，也不会尝试理解或改进它们的平均性能。我们还假定在没有时间约束的离线测试/调试环境中，因为已经识别出并修复了那些始终很慢的事务，所以只剩下偶尔很慢的事务。我们将关注导致事务偶尔很慢的机制，如何观察这些机制，以及如何解释观察到的结果。

当你使用手机发送信息、阅读帖子、在网上搜索、查看地图、观看视频、使用应用甚至拨打电话时，在某个地方，一定有一个数据中心会响应你的请求。如果这些应用或服务的响应特别慢，但其他应用或服务更快，则表示你很可能改用其他应用或服务，或至少不会那么频繁地使用慢的应用或服务。在具有时间约束的生态系统中，每个人都有动机（常常是经济上的动机）来减少烦人的延迟，但很少有人具备减少这种延迟的技能。

本书的目标是教会你这种技能。

1.2　数据中心的硬件

大型数据中心在一栋建筑内有 10 000 台左右的服务器，每个服务器都具有台式机的大小，但没有机箱。相反，把大约 50 块服务器主板安装在一个机架上，而整个巨大的房间里会有 200 个这样的机架。一个典型的服务器有 1～4 个 CPU 芯片插槽（各有 4～50 个 CPU 核心）、大量内存、几块磁盘或固态磁盘（Solid-State Drive，SSD），以及连接到数据中心范围的交换结构的一个网络连接。建立这种交换结构，是为了使任何服务器都能够与其他任何服务器进行通信，并且至少有一部分服务器还能够与互联网进行通信，进而能够与你的手机进行通信。这栋建筑的外部有庞大的发电机，当停电时，它们能够连续几天甚至几周维持整个建筑（包括空调在内）的运作。建筑内部有一些电池，在发电机的启动过程中，它们能够维持服务器和网络交换机运行几十秒。

每台服务器上都运行着多个程序。让一些服务器只用于处理电子邮件，而让另一些服务器只用于处理地图瓦片，剩下的服务器则只用于处理即时消息，这种安排从商业的角度来看并不合理。相反，每台服务器都可以运行多个程序，每个程序则可能有多个线程。例如，一个电子邮件程序可能有 100 个工作线程，并且要处理来自几千个用户的电子邮件请求（其中大部分用户在输入或阅读邮件消息），同时许多活动线程在等待磁盘访问或其他软件层。工作线程收到入站请求，执行必要的操作，提供响应，然后处理来自另一个用户的待处理请求。在一天中最繁忙的时段，几乎所有工作线程都很忙，但在一天中最不忙的时段，至少有一半工作线程是空闲的。在几乎所有的时间尺度（微秒、毫秒、秒和分钟）上，输入工作都存在盛衰周期，甚至存在一个以 7 天为间隔的周期，在周六和周日活动较少。

为了控制响应时间，必须有备用的硬件资源可用于面向用户的事务，因为现实世界中发生的事情可能导致用户负载时不时激增。但是，当存在空闲的处理器时，运行一些不面向用户的批处理程序是更经济的选择。除了面向用户的前台程序和批处理后台程序，每台服务器总会运行一些监控程序，以跟踪服务器的繁忙程度，收到了多少错误，还剩下多少磁盘空间，等等。这些监控程序处理机器的健康问题，重启/重新配置单独的机器，以及启动/停止/重启各种软件程序。仅仅一台服务器上的环境就已经很复杂，而且这个复杂度还要乘以一个很大的房间内的 10 000 台服务器。

1.3 数据中心的软件

数据中心的软件与自包含的程序和基准程序有很大的区别。前者由一层层的子系统组成，许多子系统并行运行，每个子系统处理来自多个服务或单个服务的多个实例的请求，并且每个子系统试图以足够快的速度响应每个请求，以满足自己的时延目标。很多时候，服务一个用户请求的多层可能运行在不同的服务器上。为了提高性能，许多层会包含软件缓存，并在其中保存最近的数据或者计算出来的结果。找到并重用软件缓存的数据称为一次“命中”，没有找到缓存的数据称为一次“未命中”。你将会看到，软件缓存的动态可能会以你意想不到的方式影响事务的时延。

当用户请求电子邮件消息的文本时，请求会首先路由到包含用户的主邮件仓库的数据中心，然后由负载均衡服务器将请求转发给数百个电子邮件前端服务器中不那么忙的一台。前端层管理请求，并最终构造出 HTML 或应用的 API 格式的结果。接下来，向一个后端层请求电子邮件消息，该后端层调用一个数据库层，该数据库层调用一个数据库缓存层，如果在缓存中没有命中记录，就调用一个复制层（以访问或更新另一个数据中心的二级电子邮件仓库），最终调用到磁盘服务器层，该层从多块冗余磁盘中的一块读取电子邮件消息，如图 1-1 所示。结果将沿着调用树向上返回，并且在返回过程中可能会被修改。

一些形式的网络消息传输或远程过程调用（Remote Procedure Call，RPC）把所有这些活动合并了起来。从一层到另一层的 RPC 可能是同步的（此时调用方会等待响应），也可能是异步的（此时调用方将继续执行），此外很可能还会发出其他 RPC，所有这些 RPC 都将在多台不同的服务器上并行执行。正是因为可以像这样并行地执行一项工作的不同部分，所以数据中心的软件才能够为一个请求执行大量的工作，同时仍然在不到一秒的时间内完成工作。一个面向用户的事务很容易就会使用 200～2000 台不同的服务器。

图 1-2 显示了一个很小的示例 RPC 树，它采用了的风格[1]。服务器 A 可能同步调用服务器 B，当服务器 B 返回后，再调用服务器 C。服务器 C 可能并行调用服务器 D 和服务器 E，然后等待这两台服务器返回。

---

① 参见 Benjamin H. Sigelman 等人的报告“Dapper, a Large-Scale Distributed Systems Tracing Infrastructure”。

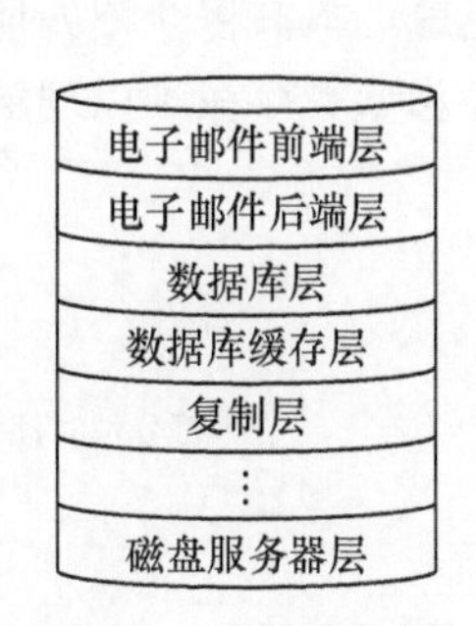

图 1-1　软件中的层

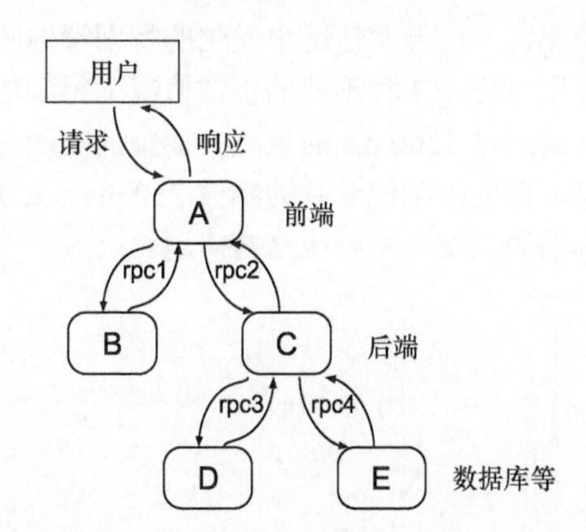

图 1-2　涉及 5 个服务器（服务器 A～E）的 RPC 树

每个用户请求和每个 RPC 子请求都有一个响应时间目标。如果电子邮件前端层的用户请求的响应时间目标是 200 ms，则可能要求电子邮件后端层的响应时间目标是 160 ms，数据库层的响应时间目标更短，以此类推，一直到磁盘服务器层，响应时间目标是 50 ms。每当某个子请求响应过慢时，各层的调用方都有可能响应过慢。对于一组并行执行的调用，术语“执行偏移”描述了调用完成时间的变化。

如果并行执行许多 RPC，则其中最慢的 RPC 通常决定了总体响应时间。因此，如果我们并行执行 100 个 RPC，则第 99 百分位的慢时间决定总体响应时间。执行偏移使得理解和控制长响应时间变得很重要。

1.4　长尾时延

时延是两个事件之间经过的时间。当讨论时延时，一定要指定讨论的是哪两个事件。例如，“一个 RPC 的时延”既可能指的是用户态程序（客户-服务器中的客户端）在发出请求和收到响应之间经过的时间，也可能指的是被调用的用户态程序（客户-服务器中的服务器）在收到请求和发回响应之间经过的时间。有时候，对于相同的 RPC，时延的这两种不同的定义（分别针对客户和服务器）可能相差 30 ms 甚至更多，但相差的时间用在了哪台计算机或网络硬件的什么地方，则难以确定。

在大部分情况下，除非讨论时间差异，例如上面提到的 30 ms 的差异，否则我们将关注服务器端的 RPC 时延。

发送给一台服务器的多个 RPC 请求具有不同的时延，但对于相似的请求，它们通常聚集在相似的值附近。一般来说，可以使用时延值的直方图来总结这种现象：在 x 轴上显示时延桶，在 y 轴上显示具有相应时延的 RPC 的计数值。

对于数据中心的事务，这些时延直方图有一个或多个峰值，对应正常情况；但常常也存在一个长尾，对应异常情况中发生的特别慢的响应。图 1-3 所示的磁盘服务器直方图有 3 个峰值，分别对应在 3 种不同的正常情况下得到的大约 1 ms、3 ms 和 20 ms。此外，还有一个一直延伸到超过 1500 ms 的长尾。期望的响应时间是 50 ms 或更短。本书将介绍如何理解和缩短长尾。前面刚刚能看到的峰值 250 ms、500 ms 和 750 ms 等意味着存在难以理解的性能问题，本书第二部分将解决这些问题。

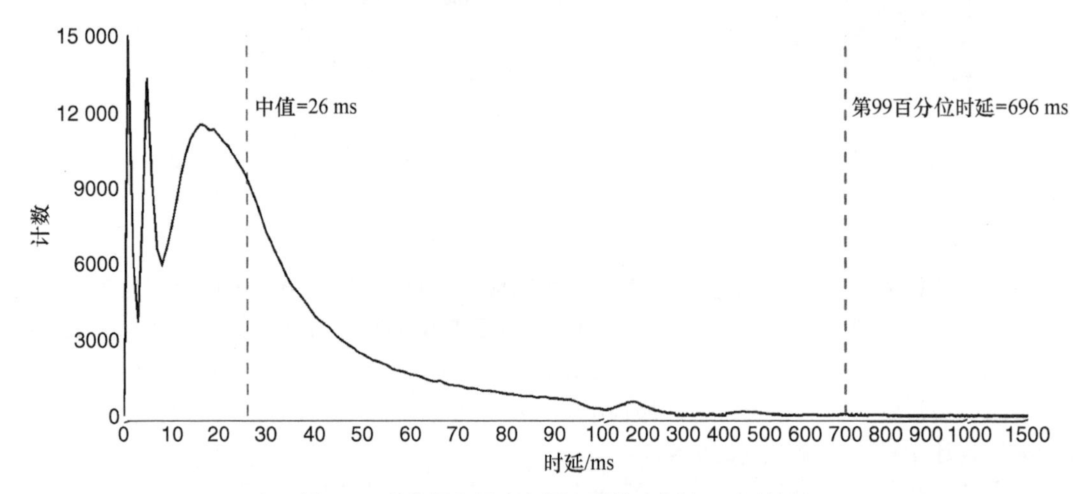

图 1-3　磁盘服务器直方图，图的右侧有一个长尾

只使用少量数字来描述时延直方图会很有帮助。例如，如果直方图有 500 个桶，那么使用少量数字而不是 500 个数字来描述这个直方图会更方便。那么，应该使用什么数字呢？

中值（或类似的平均值）时延特别不适合用来描述偏移的或具有多个峰值的分布，因为这个值很少能够接近许多实际值。我们感兴趣的是长尾的形状和大小，但中值无法告诉我们这些信息。在图 1-3 中，中值时延是 26 ms，我们无法从这个值了解峰值或长尾。最大时延也不合适，因为在某一天可能会有一个特别慢的 RPC（与从内存或磁盘进行硬件错误恢复有关），但其他所有 RPC 要比这个 RPC 快几十倍或几百倍。

请把注意力转向百分位数。如果时延直方图有 50 000 个测量值，则其中最短的 500 个值是最快的 1%，最长的 500 个值是最慢的 1%。最快的 99%与最慢的 1%的数值分界点是第 99 百分位数，换言之，在排序后的测量值中，99%的值比这个值更小或与它相等（这样的值有许多，它们都出现在排序后的第 49 001 个值和第 49 500 个值之间；可以使用这些值中的任何一个，但我们通常使用排序后的第 49 500 个值）。在描述长尾分布时，一种快速且有用的方式是给出第 99 百分位数，也可以给出第 95 百分位数。在图 1-3 所示的直方图中，第 99 百分位数是 696 ms，这与 50 ms 相比太大了。这意味着存在严重的性能问题。

第 9 章将介绍是什么导致这个长尾，如何修复问题，以及最终的第 99 百分位数是多少（大约是 150 ms）。

1.5　思维框架

在思考长尾时延及相关的性能问题时，我们将采用程序员的思维，首先估测某个工作应该用多长时间，然后观察实际用了多长时间，最后思考两者之间的差异。图 1-4 显示了这种思维框架。

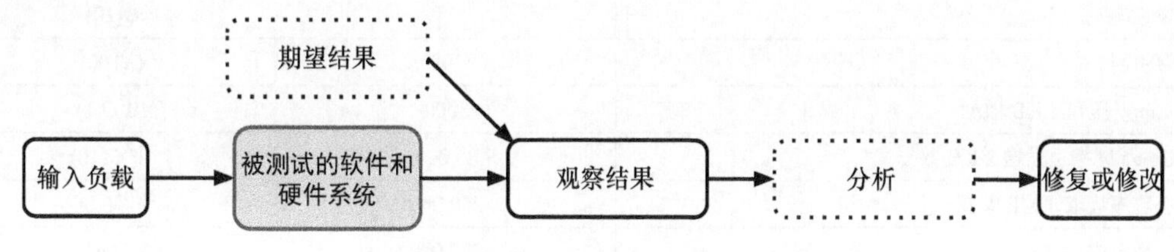

图 1-4　检查复杂软件的性能的思维框架

图 1-4 所示的框架包括被测试的软件和硬件系统，系统的一些输入负载，我们对于系统在处理给定的输入负载时的性能期望，我们利用软件性能监测工具观察到的实际的软件动态和性能，我们对于发生了什么事情所做的分析，以及我们为提高性能所做的修复或修改。

1.6　数量级估测

在分析软件的性能时，"它应该多慢"这个问题需要估测软件的各个部分应该需要多长时间。尽管这些估测可能非常粗糙，但它们仍然能够提供有用的见解。在设计和编写严谨的程序时，有性能意识的程序员总会在脑海中进行数量级估测。

"数量级"这个术语指的是数字大小的近似测量值。十进制数量级给出的估测值是最接近的 10 的幂（1、10、100 等），而二进制数量级给出的估测值是最接近的 2 的幂（1、2、4、8 等）。有时候，我们还会看到十进制半阶——1、$\sqrt{10}$、$\sqrt{100}$、$\sqrt{1000}$ 等。在本书中，除非另行限定，否则我们将使用十进制数量级。我们使用 $O(n)$这种表示法来表示"n 的数量级"，并且始终指定单位。$O(10)$ ns、$O(10)$ ms 和 $O(10)$字节是有很大区别的。

表 1-1 列出了每一位优秀的程序员都应该熟悉的一些估测值。这些数字来自 Jeff Dean 在 2009 年所做的一次演讲。Google 研究员很少，Jeff Dean 就是其中一位。与那时相比，这些数字并没有太大的变化。笔者添加了一列，用于显示数量级。

如果对程序的各个部分期望使用的时间进行数量级估测，那么在获得这些时间的真实测量结果后，就很容易识别出与期望值存在很大偏差的那些时间。这是一次难得的学习机会。有时候，你的估测值是错误的，但这能够让你认识到计算机或程序的运行方式的一些细微之处。而有时候，虽然你的估测值基本正确，但程序执行的操作与你的设想有很大的区别，你需要修复这种异常快或慢的行为。随着你不断练习，越来越擅长估测，你所发现的越来越多的差异就是真正的性能缺陷。

表 1-1 每一位优秀的程序员都应该知道的数字

操　　作	时间/ns	$O(n)$/ns
L1 缓存引用	0.5	$O(1)$
错误的预测分支	5	$O(10)$
L2 缓存引用	7	$O(10)$
互斥量锁/解锁	25	$O(10)$
主内存引用	100	$O(100)$
使用 Zippy 压缩 1 KB 数据	3000	$10^3O(1)$
在 1 Gbit/s 网络上发送 2 KB 数据	20 000	$10^3O(10)$
从内存顺序读取 1 MB 数据	250 000	$10^3O(100)$
在同一数据中心往返	500 000	$10^6O(1)$
磁盘寻道	10 000 000	$10^6O(10)$
从磁盘顺序读取 1 MB 数据	20 000 000	$10^6O(10)$
从加州发送数据包到荷兰，再从荷兰发送回加州	150 000 000	$10^6O(100)$

表 1-1 中的估测值能够指导你识别性能缺陷的潜在来源。如果某个程序片段用的时间比预期多了 100 ms，那么问题不太可能与错误的预测分支有关，因为错误地预测分支的效果只有 100 ms 的千万分之一。这种问题更有可能与磁盘或网络有关，或者（后面将会讲到）与持有锁的时间较长或等待用时较长的 RPC 子请求有关。

我们将设计并创建观察工具和数据显示。在使用它们时，你要养成对期望看到的行为进行数量级估测的习惯。一旦熟悉了这种预测-观察-比较循环，你就能够很快注意到奇怪的地方。

1.7 为什么事务很慢

回忆一下，我们特别感兴趣的是那些通常很快但有时候需要很长时间的事务，长到最终用户能够感受到延迟。具体来说，慢事务是违反了预定的响应时间目标的那些事务。是什么导致这种延迟？换言之，是什么导致变化的时延，特别是长尾时延？

这里的线索是，某个事务或事务类型通常很快。当事务变慢的时候，意味着消耗的时间是正常的事务执行时间加上一些未知的延迟。只要我们能够识别延迟的来源，通常就可以对代码进行简单的修改，消除大部分延迟，从而缩短长尾时延。

在包含很多层的软件中，造成某一层延迟的最常见原因是这一层在等待下一层的响应。最低的慢层之所以慢，既可能有它自身的原因，也可能不合理的输入负载导致它疲于应付。在确定响应时间目标时，一定要同时确定输入负载目标，或者更准确地说，要同时确定输入负载约束。

如果某一层在等待下一层，那么修改这一层的代码并不会带来帮助。我们需要找出最低并且确实很慢的那一层，然后加以改进。为此，我们需要设计一些方式，在观察每一层的用时，把测量结果转换为显示结果，以便能够清晰地看出瓶颈在什么地方。一种简单的方式是在每一层或每一个 RPC 接口，对比显示实际输入负载与目标输入负载，以及实际响应时间与目标响应时间。

假设第 *N* 层的输入负载是可以接受的，并且第 *N* 层没有严重等待下方的第 *N*+1 层，但第 *N* 层的响应时间太长，并且调用第 *N* 层的 RPC 运行在一台服务器上，这台服务器的时延通常是正常的，偶尔比较长。此时，我们需要更详细地观察这台服务器。慢的 RPC 要么在执行一些通常不怎么执行的作业，要么在执行正常的作业，但执行得很慢，并且相比正常情况下更慢。

是否执行额外的作业取决于代码的分支结构以及代码保存的状态。程序为什么执行额外的作业？原因可能有许多，但它们通常有一个相同的属性：即使一个程序在服务器上完全独立运行，并且没有其他程序同时运行，这个程序也会执行这些额外的作业。在离线测试环境中运行代码，为它们提供实时流量请求的副本（即录制数据），但同时运行额外的工具来找出存在问题的分支模式，相对来说很容易找到这种性能缺陷。在测试机器上运行代码时，虽然可以使用标准的性能工具，但它们会将处理速度变成原来的 1/2、1/20 甚至更小的值。Brendan Greg 撰写的 *Systems Performance* (Second Edition)一书讨论了许多适合在这种环境中使用的观察工具。

一种更有趣的情况（也正是本书要讨论的主题）是，RPC 只是在执行正常的作业，但是速度比平常慢。换句话说，有些事务会干扰 RPC 在一台服务器上执行正常的作业。我们将这些事务称为“受阻事务”。通常，在离线测试中不会出现这种延迟；只有当运行实时的、面向用户的负载时，并且通常是在一天中最繁忙的时刻，才会出现这种延迟。我们想要找出干扰的来源，并消除或者至少最小化这种干扰。但是，在实时环境中，将处理速度变成原来的 1/2 至仅仅 10%的观察工具太慢了，它们不适合使用。如果要在实时数据中心（抑或车辆、大型多玩家游戏）中部署观察技术或工具，则它们的开销应该低于 1%。在软件行业，这样的工具极少。本书第三部分将介绍一个这样的工具。

回忆一下，在数据中心，每台服务器上运行着多个程序，而每个程序可能有多个线程。一台服务器上的干扰一定来自这台服务器上的某个东西（包括入站和出站的网络流量）。这种环境中的干扰几乎总是来自对共享资源的争用。

1.8　5 种基本资源

在一台服务器上运行的彼此无关的程序之间，只能共享如下 4 种计算机硬件资源：

- CPU；
- 内存；
- 磁盘/SSD；
- 网络。

如果一个程序有多个共同协作的线程，则意味着还存在第 5 种基本资源——软件临界区。

软件临界区是访问共享数据的一段代码，如果一个以上的线程同时执行这段代码，就会导致不正确的结果。这种代码区域可以用软件锁来保护，如此一来，在任何时候，只有一个线程能够执行它们，其他任何线程将被强制等待。

为了能够识别干扰，你需要理解什么才是正常的执行。作为一个起点，你应该学习如何认真测量上述 5 种基本资源。第一部分的剩余内容将讨论 4 种硬件资源，对软件锁的讨论将推迟到第 27 章，因为到了那个时候，我们已经开发出一个合适的观察工具。如果慢的 RPC 试图使用这 5 种资源中的任何一种，而其他某个程序或线程正在使用这种资源，则我们的 RPC 就必须等待。这是最基本的干扰或阻碍机制。

1.9 小结

本书主要介绍如何理解数据中心、数据库、桌面、游戏和专用控制器软件事务的动态，特别是那些偶尔需要比平时多得多的时间的事务。优秀的程序员通常能够估测自己编写的代码所需时间的数量级，从而能够注意并修复始终很慢的代码。本书假定已经修复了始终很慢的代码。我们感兴趣的是那些更难理解的、只是偶尔很慢的代码。

在一台每秒运行数千个事务的数据中心服务器上，一些事务偶尔运行很慢，但如果再次运行，它们又会变得很快。表示事务用时的直方图将显示慢事务的长尾，它们会严重影响用户看到的总体响应时间，并严重降低给定服务器所能够完成的工作量。这些慢事务承受了某种形式的干扰，但在使用大量层的数据中心软件中，通常很难判断到底是哪一层导致特定的事务慢，因此也就难以知道在什么地方可以找出干扰。

使用数量级估测（参见表 1-1 中列出的那些值）有助于识别性能缺陷的可能来源或机制，但通常无法精确找到慢代码。为此，我们需要为分层的软件以及运行许多不相关但可能彼此干扰的程序的服务器设计合适的观察工具。

总的来说，一台服务器上的事务要么正常执行，要么缓慢执行，要么在等待这台服务器上的其他操作。后面这两种情况是干扰导致的。我们将探讨导致后面这两种情况的机制，以及如何原地观察它们。

要解决偶尔慢的事务性能问题，我们只需要首先确定哪层代码慢，然后找出代码受到的干扰，最后修复问题即可。本书剩余部分将讨论如何完成这 3 个步骤。遗憾的是，前两个步骤很难完成。

本章的要点如下。

- 我们关注如何理解偶尔慢的 RPC 事务。
- 对于并行执行的 100 个 RPC，第 99 百分位的慢时间决定了总体响应时间。
- 数据中心软件充满了执行偏移——由非常慢的响应构成的长尾。
- 较慢的受阻事务意味着有东西在干扰 RPC。
- 干扰来自共享的 5 种基本资源。
- 很难在原地观察干扰，因此我们将构建一些观察工具来帮助你观察干扰。
- 一定要对期望的时间进行数量级估测，以便能够更加容易地识别异常的时间。

CHAPTER 2

第 2 章 测量 CPU 时间

在本章以及接下来的几章中，你将学习如何测量 4 种基本的硬件资源的性能。如附录 A 所示，我们的测试环境使用 x86 处理器，运行 Linux 系统，并使用 gcc 编译器。这里的测量思想当然也适用于其他处理器和软件环境，但数字会有一些变化。

我们不是简单地鼓励你记住表 1-1 中的数字，而是希望你在自己的计算机上主动测量其中的大部分值。在这个过程中，你将学习设计测量的基础知识，以及现代计算机的一些微妙细节。在完成对这几章的学习后，你将打下一个坚实的基础，能够估测代码的不同部分应该使用多长时间。这几章还能够让具有不同背景的读者填补他们在计算机和软件方面的一些空白。

首先要测量的是 CPU 时间，即真实计算机指令需要的时间。令人惊讶的是，即使只简单地测量一条 add 指令需要多长时间，也涉及很多细节。在这种上下文中，“多长时间”是什么意思？

现代 CPU 在每个 CPU 时钟周期都能够发出一条或多条指令，但一条指令可能需要多个 CPU 时钟周期才能完成。虽然能够在每个周期发出特定类型的指令，但这种指令需要 3 个周期才能得到后续指令可以使用的结果，你想让“多长时间”指 1 个周期还是 3 个周期呢？一些指令可能需要几十个周期，它们会导致需要使用它们的结果的后续指令发生延迟。这些延迟可能就是我们想要找出的性能问题。因此，我们想让“多长时间”指的是一条指令的时延——从发出一条指令到后续指令能够使用这条指令的结果所经过的 CPU 时钟周期。

如果你不太熟悉取指令、流线化、缓存和（第 3 章将要介绍的）虚拟内存，则现在是时候读读计算机架构方面的书了，比如 Hennessy 和 Patterson 撰写的 *Computer Architecture: A Quantitative Approach* (Six Edition)。

2.1 发展历史

在计算机的黄金时代，20 世纪 50 年代，CPU 时钟周期和磁心内存（详见第 3 章）的周期时间是相同的，简单指令需要两个周期。周期 1 从内存中获取并解码指令字，周期 2 则在执行指令时访问（读或写）内存中的一个数据字，如图 2-1（a）所示。在当时十分流行的 IBM 709 上，一个字有 36 位。

为了提高执行速度，后来的机器（如 IBM 7094 II）一次性从内存中获取一对奇偶指令，在执行第一条指令的同时，将第二条指令保存在一个临时的指令寄存器中。之后，CPU 直接执行第二条指令，并且不需要再次取指令。这样一来，两条简单的指令就会顺序执行，一次执行一条指令，但总共需要 3 个而不是 4 个周期，如图 2-1（b）所示。

还有一种加速技术使用两个或更多个独立的磁心内存单元，如果指令 *N* 与指令 *N*+1 访问不同的内存单元，则使指令 *N* 的执行与获取指令 *N*+1 的操作重叠。

随着晶体管的出现，CPU 的运行速度变得更快了，但磁心内存的访问时间没有变。为了提高处理速度，人们解除了 CPU 和内存时钟之间的耦合，CPU 运行得更快，每个内存引用需要多个 CPU 周期。与此同时，人们还在 CPU 中添加了更多的寄存器，以使一些指令能够执行寄存器到寄存器的操作，而不需要等待内存中的数据访问，如图 2-1（c）所示，这里在最后一个 CPU 周期中执行了寄存器写操作。那些执行复杂处理的指令（如 multiply）可能在经过多个执行周期后才写出结果，如图 2-1（d）所示。

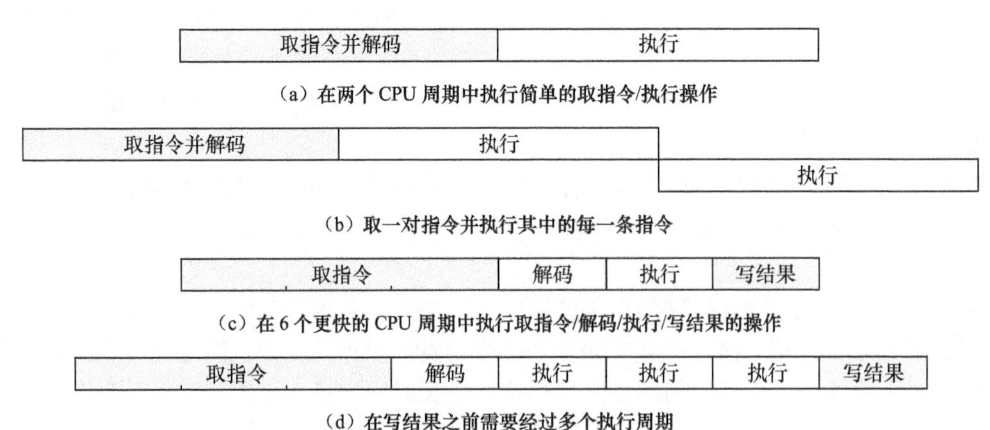

（a）在两个 CPU 周期中执行简单的取指令/执行操作

（b）取一对指令并执行其中的每一条指令

（c）在 6 个更快的 CPU 周期中执行取指令/解码/执行/写结果的操作

（d）在写结果之前需要经过多个执行周期

图 2-1 指令操作

IBM Stretch（IBM 7030）是最早采用上述许多思想的机器，于 1956—1960 年设计出来，并在 1961 年第一次推向市场。这是加速技术的一场精彩展示：第一次有机器使用了指令流水线（pipelining）、多个执行单元、超出条件分支的预测执行、多个（超过 3 个）数据寄存器以及多个存储体（memory bank）。它还可以在每个 64 位字中保存两条指令。IBM 7030 明确提出目标要将处理速度提高到 IBM 704 的 100 倍，因而需要将 CPU 周期与更长的内存访问周期解耦，并要求并行进行多个内存访问。60 多年过后，计算机行业仍然走在这条路上。IBM 7030 没有承诺的那样快，并且制造成本太高，所以只交付了 9 台。

不久后，CDC 6600 在 1964 年问世。CDC 6600 更加简单，速度更快。CPU 周期为 100 ns，内存访问周期为 1000 ns，后者是前者的 10 倍。多个流水线执行单元并行运行，允许指令不按顺序完成，最多可以把 4 条指令放到 60 位的一个字中。CDC 6600 不仅有 8 个数据寄存器和 8 个地址寄存器，还有一个循环缓冲区，可以完全在 CPU 内保存一个包含 31 条指令的小循环，从而在第一次迭代后完全避免取指令。CDC 6600 相比 IBM 7030 的速度更快，这让 IBM 十分痛苦，并因此推动了 System 360/91 的设计。IBM 与 CDC 之间后来发生了一场反垄断诉讼。

1962 年的 Manchester Atlas 是第一台提供分页虚拟内存的商用机器，它允许使用一小块 16 千字（每个字 48 位）大小的物理主内存，就像这是一块 96 千字大小但更慢一些的内存。根据需要，在主内存和磁鼓之间移动 512 字的页。1965 年的 GE 645 是另一台采用分页虚拟内存的早期机器，它上面运行的是 MIT 开发的 Multics 操作系统。在丢失 MIT 这个大单之后，IBM 给出的回应是，IBM 于 1966 年开发的 IBM 360/67 提供了虚拟内存硬件和微代码。IBM 后续在 1970 年设计的 System/370 没有一开始提供虚拟内存，但到 1972 年又添加了进去（或者更准确地说，打开了）。

在每次访问内存时，通过使用页表缓存（Translation Lookaside Buffer，TLB）来处理虚拟内存到物理内存的映射，虽然开始时会在 CPU 周期时间上稍微拖慢一点儿，但相比当时使用手动的指令与数据覆盖 I/O 技术在主内存和后备磁盘或磁鼓之间移动字节，这种技术使得处理大数据的大程序运行得更快了。地址映射还引入了按页的内存保护，允许在一台机器上运行多个程序，但各个程序之间的内存访问彼此不受影响，并且所有用户态的访问都不会影响内核态的内存页。保护位还可以将单个页面标记为不可写或不可执行，从而增强了程序的安全性。

从 1961 年开始，在 IBM 7030 快要完成的时候，一个 IBM 小团队开始进行 ACS-1 的设计，以探索更快的机器。虽然这台机器从未投入市场，但它的许多创新后来得到了采用。ACS-1 的主要目标之一是，通过在每个时钟周期发出多条指令，打破发指令频率的限制。图 2-2 显示了两条指令 A 和 B，从第一个周期开始，并行获取并进行执行。如今，这种设计称为“超标量”（superscalar）设计。图 2-2 还显示了指令 C 和 D 在一个周期后开始获取，此时前两条指令还未结束，这是一种流水线设计。ACS-1 采用了这两种技术。

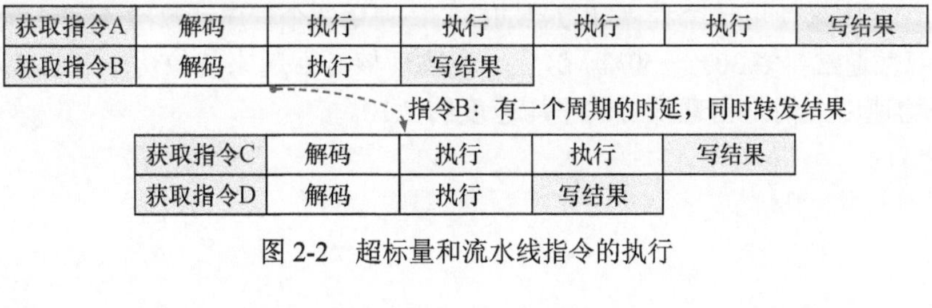

获取指令A	解码	执行	执行	执行	执行	写结果
获取指令B	解码	执行	写结果			

指令B：有一个周期的时延，同时转发结果

获取指令C	解码	执行	执行	写结果
获取指令D	解码	执行	写结果	

图 2-2　超标量和流水线指令的执行

最终的 ACS-1 能够同时运行最多 7 条指令。1968 年，IBM 转变了方向，他们让 ACS-1 与 System/360 兼容，这就是 ACS-360，但 IBM 在这个项目上投入的资源越来越少，最终在一年后取消了这个项目。但是，超标量设计的思想留存了下来，并最终在 22 年后的 1990 年，通过 IBM RISC System/6000 被付诸商用。几乎在同一时间，其他所有主流微处理器芯片都转向了超标量设计，包括 1991 年的 MIPS R4000、1992 年的 Digital Equipment Corporation DEC Alpha 21064 和 1993 年的 Pentium。

为了进一步将CPU与主内存的速度解耦，1968年的IBM 360/85 [Liptay 1968]引入了缓存，其中使用了 80 ns 的缓存和 1040 ns 的磁心主内存，两者的访问速度之比为 13∶1。在如今的处理器芯片中，这个比例接近 200∶1。据估计，IBM 360/85 的 CPU 运行速度是具有 80 ns 主内存的机器的 80%，所以相比从运行速度是 CPU 的 1/13 的主内存中访问所有东西，添加少量的缓存内存能够极大地提升速度。（在图 2-2 中，对于单周期取指令操作假定存在一个指令缓存，对于单周期写操作则假定存在寄存器结果或数据缓存。）IBM 360/85 有单级缓存，并有主内存进行支持。

所有这些加速技术在后来几十年间的微处理器芯片设计中也得到了采用。如今的微处理器芯片具有多级片上缓存：通常每个 CPU 核心都有一对小而快的一级（L1）缓存，其中一个是用于指令的 L1 指令缓存，另一个是用于数据的 L1 数据缓存；一个大小中等、速度中等、混合了指令和数据的二级（L2）缓存，由一个或多个核心共享；一个更大、更慢的三级（L3）缓存或末级缓存（Last-Level Cache，LLC），由所有核心共享。

到了 20 世纪 90 年代末，由于单个 CPU 核心的性能开始趋于停滞，2001 年的 IBM Power4 在一块芯片上引入了多个（至少两个）CPU 核心。其中每个核心都有自己的 L1-I 和 L1-D 缓存，但共享更低层的缓存。每块芯片包含多个 CPU 核心，并且在使用支持多个程序以及允许在一个程序中包含多个软件线程的操作系统时，会以相对较小的开销在整体上提供更高的处理能力。

到了 21 世纪早期，出现了同时多线程（Simultaneous MultiThreading，SMT；也称为“超线程”，这是 Intel 对 SMT 的专有名称）。2002 年投入市场的 Intel Xeon 和 Pentium 4 处理器均采用了超线程技术。在更早的时候，ACS-360 和 Alpha 21464 也采用了 SMT，但它们没有上市。SMT 允许每个物理 CPU 核心有多个（通常是两个、4 个或 8 个）程序计数器（Program Counter，PC）以及相关的数据/地址寄存器，但只有一组执行单元和缓存。通过稍稍增大芯片区域，SMT 使得在一些指令阻塞（通常是因为等待内存访问）时，还有额外的指令可以执行。相比只使用一个程序计数器的核心，使用两个程序计数器（CPU 线程）的核心执行的总计算数通常要多 30%～50%。这让一个物理核心看起来就像两个逻辑核心，每个逻辑核心的平均速度大约是物理核心的平均速度的 7/10。

2.2　现状

大部分现代处理器芯片使用了如下这些加速技术：

- 将 CPU 和内存解耦；
- 多个存储体；
- 多个数据寄存器；
- 每个字多条指令；
- 指令流水线；
- 多个执行单元；
- 预测执行；
- 多指令发射；
- 乱序执行；
- 缓存内存；
- 分页虚拟内存；
- 同时多线程。

图 2-3 显示了一个现代快速微处理器的总体执行流程，左侧是取指令前端，中间是多个指令发射槽（在这里提交取出的指令来执行），右侧是执行后端。

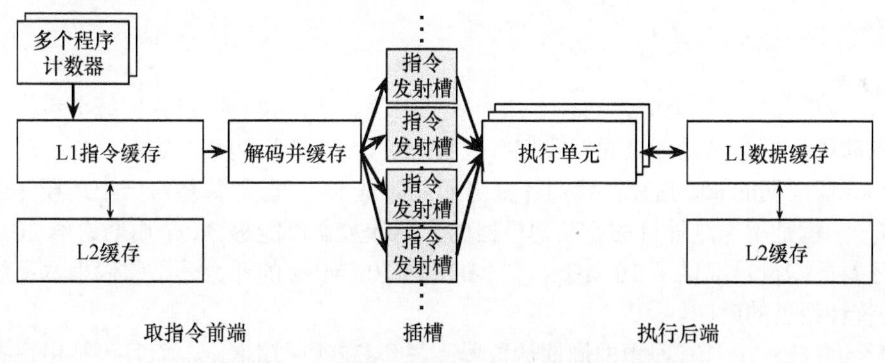

图 2-3　一个现代快速微处理器的总体执行流程

可以看到，指令的执行环境十分复杂，要测量执行时间，就必须进行认真思考。软件如果不小心破坏了其中一些加速机制的软件，就可能运行得异常缓慢，甚至性能令人吃惊。

> 对计算机真正有兴趣的人应该对底层的硬件至少有一定的认识，否则他们写出来的程序就会相当奇怪。
>
> ——Donald Knuth

2.3 测量 add 指令的时延

在这里，定义很重要。通常把“一条指令的时延”定义为，从其第一个“执行”周期到使用其结果的下一条指令的第一个“执行”周期所经过的 CPU 周期数。在图 2-2 中，如果指令 B 是一条 add 指令，并且指令 C 使用了指令 B 的结果但不需要等待，那么指令 C 的第一个“执行”周期的开始时间比指令 B 的第一个“执行”周期晚一个周期，所以指令 B 的执行时延是一个周期。在这里，指令 C 的执行周期与指令 B 的写周期发生了重叠。快速硬件实现通过在指令 B 的最后一个执行周期的末尾把结果发送给指令 B 的写寄存器结果的硬件，同时将结果直接转发给指令 C 的执行硬件，实现了这种时序。较慢的硬件要求指令 B 的寄存器写操作先完成，然后指令 C 才能开始读取该寄存器中的数据，所以慢了一两个周期。注意，指令的时延通常不包括获取和解码的时间，也不包括写结果的时间（如果在转发结果时没有丢失周期的话）。

但是，分支指令的时延（简称分支时延）是从取该指令到取下一条指令的 CPU 周期数。如果取指令、解码指令和条件分支决策阶段需要多个周期，则它们都有可能成为分支时延的一部分。如果硬件没有准确预测分支指令的下一条指令，则在如今的处理器上分支指令的时延可能是 3～30 个周期，这是非常大的时延，所以好的分支预测对于实现高性能非常重要。

要测量一条 add 指令的时延，一种简单的方法如下。

```
读取时间
  执行一条 add 指令
读取时间
相减
```

但是，在现代执行环境中，这种方法的效果很差。下面我们详细分析每个步骤。

“读取时间”的含义是什么呢？我们希望精确统计 CPU 周期数，这样一来，对于执行时间为一个 CPU 周期的 add 指令，我们计算出的差值是 1。一些计算机有一个周期计数器，每个周期增一，就是用于这种目的。其他机器的周期计数器可能每 30 个周期递增 30（举一个例子）。还有一些机器提供了 10 MHz、32 MHz 或 100 MHz 的计数器，它们根本不统计周期数，而是统计经过的时间。

1976 年的 Cray-1 具有理想的周期计数器：每个 CPU 周期增一，而且可被用户态代码在一个周期内读取。1992 年的 DEC Alpha 21064 芯片采用了相同的设计。一年后，Pentium P5 芯片通过读时间戳计数器（ReaD TimeStamp Counter，RDTSC）指令添加了一个周期计数器，不久后，整个行业都添加了这种计数器。读周期计数器、执行一些作业、读周期计数器、将两个计数值相减，成为测量代码经过的时间的标准方式。

如果不考虑常数因子，统计周期和统计经过的时间是相同的。要将周期转换为时间，你需要将每个周期乘以每个周期的时长（如 1ps[①]）。但是，只有当周期率（时钟频率）保持不

① $1ps = 10^{-12}s$。

变时，才能这么计算。

CPU 时钟频率在一段时期内保持恒定，但是 2002 年出现了动态减慢 CPU 时钟的节能技术，用户发现他们计算出的执行时间可能与实际时间有很大的区别，具体取决于节能模式是否发挥作用。这最终导致定义所谓的“恒定速率”时间戳。例如，在额定频率为 2.4 GHz 的芯片上，这种时间戳可能每 10 ns（即 100 MHz）递增 24，而不是递增 1。即使该芯片的实际运行频率为 800 MHz，或者超频到 2.7 GHz，递增速率也是不变的，仍然每秒递增 24 亿次。这给出了一致的时间测量值，但不再统计实际的 CPU 周期数。精度降低了不止一个数量级，从在 2.4 GHz 上变化计数改为在 100 MHz 上变化计数。

在使用这样的时间基准时，我们需要在 RDTSC 指令之间执行需要数万个周期才能完成的任务，才能得到有意义的结果，而且我们只应测量 CPU 足够繁忙的时间段，来避开节能状态。在执行一条 RDTSC 指令时，因为无法预测接下来的 10 ns 递增发生在什么时候，所以在每次读取时，存在固有的 10 ns 模糊性。为了使失真率低于 1%，两次读取之间的工作量至少需要 1000 ns，也就是 2.4 GHz 运行频率下的大约 2400 个周期。因此，我们不测量一条 add 指令，而是测量连续执行的几千条 add 指令，如下所示。

```
读取时间
  执行 N 条 add 指令
读取时间
两个时间相减并除以 N
```

尽管能够提供合理的、每条 add 指令的平均时间，但是这个平均时间可能与我们想要测量的单条 add 指令的时延有很大的差别，为什么呢？

2.4　直线代码失败

在一个 C 程序中，我们可能执行了 5000 次加法运算，但没有使用循环，而直接写了 5000 行代码。

```
sum += 1;
sum += 1;
sum += 1;
sum += 1;
...
```

上述代码序列很可能根本不测量 add 指令，而测量对于 1000 条以上的指令，从指令缓存或内存中取指令的速率，或者测量在一级数据缓存中加载和存储 sum 变量所需的时间。

2.5　简单循环、循环开销失败、优化编译器失败

相比顺序指令，我们更可能写一个循环。

```
start = RDTSC();
for (int n = 0; n < 5000; ++n) {
  sum += 1;
}
delta = RDTSC() - start;
```

然后除以 5000。但是在循环内部，除 add 指令之外，还有许多其他指令：循环计数器 *n* 的递增、比较和条件分支指令。

现在，估测一下一条 add 指令所需执行时间的数量级（1 个、10 个、100 个周期，甚至更多个周期）并写下来。

代码片段 2-1 显示了一个测量程序 mystery0，但这个程序存在缺陷。

代码片段 2-1 mystery0

```
// Flawed sample mystery program to measure how long an add takes.
// dick sites 2016.06.25

#include <stdint.h>
#include <stdio.h>
#include <time.h>
#include <x86intrin.h>

static const int kIterations = 1000 * 1000000;

int main (int argc, const char** argv) {
  uint64_t startcy, stopcy;
  uint64_t sum = 0;

  startcy = __rdtsc();                          // starting cycle count
  for (int i = 0; i < kIterations; ++i) {   // loop kIterations times
    sum += 1;                                   // the add we want to measure
  }
  stopcy = __rdtsc();                           // ending cycle count

  int64_t elapsed = stopcy - startcy;
  double felapsed = elapsed;
  fprintf(stdout, "%d iterations, %lu cycles, %4.2f cycles/iteration\n",
          kIterations, elapsed, felapsed / kIterations);
  return 0;
}
```

这个程序使用 gcc 的内置例程__rdtsc()来读取周期计数器。

可通过执行下面的命令编译和运行这个程序。

```
gcc -O0 mystery0.cc -o mystery0
./mystery0
```

不妨看看得到的结果是什么。以示例服务器（参见附录 A）Intel i3 为例，结果如下。

```
1000000000 iterations, 6757688397 cycles, 6.76 cycles/iteration
```

6.76 个周期包括了循环开销代码（参见表 2-1）所需的时间。通过要求编译器优化循环，我们可以试着缩短这种时间。

表 2-1　对 add 指令的执行时间进行不完美的测量

编　　译	迭代数	周期数	周期数/迭代数
gcc -O0 mystery0.cc -o mystery0	1 000 000 000	6 757 688 397	6.76
gcc -O2 mystery0.cc -o mystery0_opt	1 000 000 000	120	0.00

接下来，使用下面的命令编译和运行优化后的 mystery0。

```
gcc -O2 mystery0.cc -o mystery0_opt
./mystery0_opt
```

我们的示例服务器给出的结果如下。

```
1000000000 iterations, 120 cycles, 0.00 cycles/iteration
```

这里发生了什么？周期数从大约 67 亿变成了 120！

代码片段 2-2 显示了 gcc 在编译时尚未优化的代码。

代码片段 2-2　编译时尚未优化的代码

```
rdtsc                          read timestamp counter
salq $32, %rdx                 shift left quadword (64 bits)
orq %rdx, %rax                 or quadword
movq %rax, -32(%rbp)           move quadword rax to startcy in memory
movl $0, -44(%rbp)             move longword 0 to i in memory (32 bits)

.L4:
  cmpl $999999999, -44(%rbp)   compare i to constant
  jg .L3                       conditional branch greater-than
  addq $1, -40(%rbp)           sum += 1; sum is in memory at -40(%rbp)
  addl $1, -44(%rbp)           ++i;         i is in memory at -44(%rbp)
  jmp .L4                      jump to top of loop

.L3:
rdtsc                          read timestamp counter
salq $32, %rdx                 shift left quadword
orq %rdx, %rax                 or quadword
```

__rdtsc()内置例程被编译成了 3 条指令——rdtsc、salq 和 orq，这是有历史原因的。rdtsc 最初（1993 年）是一条 32 位指令，但它现在用于从两个 32 位获取一个 64 位结果。“.L4:”标签突出显示了未优化的内层循环，它有 5 条指令，其中 3 条通过 3 个读操作（cmpl、addq、addl）访问内存，还有两条写指令（addq、addl）。因此事实上，我们要测量的主要是内存访问，具体来说，也就是对 L1 数据缓存进行的访问。实际执行的 add 指令是 64 位的 addq 指令。

代码片段 2-3 显示了 gcc 编译后并经过优化的代码。

代码片段 2-3 编译后并经过优化的代码

```
rdtsc
movq %rax, %rcx
salq $32, %rdx
orq %rdx, %rcx

rdtsc
pxor %xmm0, %xmm0
movq stdout(%rip), %rdi
salq $32, %rdx
movl $1, %esi
orq %rdx, %rax
```

循环去了哪里呢？这里只有两个展开的__rdtsc()，加上一些 move 和 xor 指令，用于为后面的 fprintf()调用做准备。

gcc 的优化器进行了常量折叠，将 10 亿次递增一转化为在编译时预先计算出的常量结果 1 000 000 000，实际上使用了如下指令。

```
sum = 1000000000;
```

120 个周期只不过是两条 rdtsc 指令之间的测量时间。请记住，示例服务器使用的是频率约 3.9 GHz 的处理器芯片，所以 rdtsc 指令的结果都是 39 或相近数字的倍数。

2.6 死变量失败

为了迷惑优化器，我们可以使用一个编译器不知道的常量。对于这个目的，这种小计策有时候很方便。

```
time_t t = time(NULL); // The compiler doesn't know t
int incr = t & 255;    // Unknown increment 0..255
```

遗憾的是，对于我们这种特殊情况，gcc 编译器还会把循环优化掉，循环实际上变成以下代码。

```
sum = 1000000000 * incr;
```

即使我们把求和计算转换为不容易预测的计算，gcc 编译器也仍然会优化掉循环。为什么？

标准的编译器优化会删除死代码——计算结果没有在程序的其他位置使用的代码。因为后面没有使用 sum，所以编译器会优化掉对计算 sum 有贡献的所有东西，循环因而变成了空循环。另一种优化会删除没有效果的代码，于是整个循环将被删除。

如果我们确实想让编译器保留循环，则可以在后面使用 sum，从而将求和计算保留下来。例如，我们可以输出 sum，或者假装输出 sum，也就是仅在 time() == 0 的时候输出 sum。只有在 1970 年 1 月 1 日午夜，表达式 time() = = 0 才为 true，但编译器不知道这一点。

```
bool nevertrue = (time(NULL) == 0);
if (nevertrue) {
   fprintf(..., x, y, z);    // Makes x y and z live
}
```

这里的要点是，我们构建出来的测量程序测量的不是期望的值（内存访问时间、编译器的智能度或者什么都不测量），而是其他东西，这是很可能发生的情况。等到第 22 章介绍 Whetstone 基准程序时，你将再次看到这一点。

当使用汇编语言直接编写代码时，你对要测量的代码将有更多的控制，但我们想测量的是使用高级编程语言（如 C 或 C++）编写的代码。

2.7　更好的循环

通过将 sum 或递增变量声明为 volatile 值，可强制编译器执行完整的循环。volatile 指的是变量的值可能在任何时候，由于其他代码的共享访问而发生改变。在这种情况下，编译器不进行常量分析，而总是在其（很可能是共享的）内存位置读/写值。这虽然不能解决循环开销的测量问题，但可以帮助我们把循环保留下来。

为了降低循环开销造成的偏差，一些适度的循环展开会有帮助，如代码片段 2-4 所示。展开 4 次后，循环开销的影响将降低至原来的 25%。

代码片段 2-4　展开 4 次的循环

```
for (int i = 0; i < kIterations; i += 4) {
  sum += 1;
  sum += 1;
  sum += 1;
  sum += 1;
}
```

为了有效地去除循环开销，一种有用的技术是计算两个不同循环的时间，一个在循环内执行 *N*1 次 add 指令，另一个在循环内执行 *N*2 次 add 指令。将这两个时间相减，就可以得到执行（*N*2 – *N*1）次 add 指令所需时间的近似值，循环开销的影响被消除。如果要采用这种做法，则应

该让 *N*1 和 *N*2 比 2 大，因此编译器很可能会为 $N = 0$、1 或 2 生成不同的、更快的循环代码。在当前的示例中，展开 4 次和 8 次可能是不错的选择。展开 10 次和 20 次可能更好一点，除非这两个数字导致循环不再能够被放到一个 CPU 循环缓冲区中，进而导致过长的取指令时间。

完成测量后，如果对于整数相加得到的数字是每次迭代 1.06 个周期，那么你应该记住，真实指令的用时是整数个周期，而不会使用非整数个 CPU 周期。因此，像 1.06 这样的结果代表的是许多个迭代时间的平均值，但这些迭代时间都是整数。其中一些迭代时间很可能是几千个周期，而不是几个周期。长用时可能来自运行程序的 CPU 核心上的计时器或其他中断，也可能来自运行在相同物理核心上的一个不相关程序的超线程的干扰，还可能来自操作系统的调度程序。调度程序会对你的程序进行时间分片，时不时运行其他某个程序。通过在一台空闲的机器上运行程序，并使循环的运行时间低于计时器中断间隔（通常是 1～10 ms），便可以降低这些影响。

如果运行时间是计时器中断间隔的 1/4，那么当运行程序的时候，测量循环大概 4 次中有 3 次不会遇到计时器中断。最好多运行几次，然后选用你观察到的最快的值。

另一种方式是，运行计时器中断间隔的大约 10 倍时间，这意味着在运行程序期间，你很可能看到 9 次、10 次或 11 次计时器中断。但是，如果你的循环用时很长，计时器中断处理时间很短，那么中断造成的总体失真会很小。

2.8 依赖变量

完成了吗？还没有。回忆一下，一开始，我们感兴趣的是测量一条 add 指令的时延，也就是从发出该指令到其结果可被下一条指令使用的时间。思考代码片段 2-5 与代码片段 2-4 的区别。

代码片段 2-5 展开 4 次并移除一些结果依赖的 mystery0 循环

```
for (int i = 0; i < kIterations; i += 4) {
  sum += 1;
  sum2 += 1;
  sum += 1;
  sum2 += 1;
}
```

这里使用了两个独立的求和变量。在一个超标量 CPU 上，这意味着可以在一个周期中同时发出前两条 add 指令，然后在一个或多个周期后，发出下一对指令。10 亿个这样的指令对可能需要 500 000 000 个周期，得到的平均加法（发指令）时间是 0.5 个周期。注意，在多指令发射机器上，平均时间为 0.5 个周期，但这并不意味着单条 add 指令用时半个周期，而意味着一些 add 指令需要一个周期，由于指令重叠，其他指令实际上需要零个额外的周期。无论如何，我们测试的是指令发射时间而不是执行时延。如果测量的是除法或乘法指令，那么由于它们也可能以相同的速率发射，即使它们的执行时延有可能很长。

2.9 实际执行时延

要测量执行时延而不是发射率，我们需要确保被测量的每条指令依赖前一条指令的结果。我们一开始没有仔细思考就这么做了，但明确这么做非常重要。

一个激进优化的编译器有可能为了结合运算符（如整数相加或相乘）而重新排列运算。考虑代码片段 2-6 中的循环。

代码片段 2-6　展开的乘积循环

```
volatile uint64_t incr0 = ...;
uint64_t prod = 1;
for (int i = 0; i < kIterations; i += 4) {
    prod *= incr0;
    prod *= incr1;
    prod *= incr2;
    prod *= incr3;
}
```

你可能期望内层循环执行 4 次依赖的乘法，每次乘法使用前一次乘法的结果。

```
prod = (((prod * incr0) * incr1) * incr2) * incr3;
```

但事实上，在 64 位的 x86 机器上执行的 gcc -O2 默认情况下会把上面的运算重新安排为

```
temp = ((incr0 * incr1) * incr2) * incr3;
prod = prod * temp;
```

区别在于，temp 是一个循环常量，只有最后的 prod = prod * temp 才依赖前一个计算。由于支持多指令发射和指令流水线，因此示例服务器的 CPU 硬件事实上能够同时执行循环的至少 4 次迭代，乘法运算会有重叠。只要实际的整数乘法时延小于或等于 4 个周期，执行 4 次乘法运算的一次迭代的有效执行时间就有可能是 4 个周期，从而给出一种带有误导性的表象：乘法运算很快，只需要一个周期。

2.10 更多细微差别

为了避免计算被重写，你可能需要使用不容易理解的 gcc 命令行标志-fno-tree-reassoc。在示例服务器上使用此标志后，我们得到了更加精确的计时——每次乘法运算用时 3 个周期，但在笔者看来，这仍然太快了。

最后，考虑参与测量的实际数值。一方面，一些数值可能是用特别快或特别慢的方式实现的，因而不能代表“正常的”计算。例如，加 0，乘以 0、1 或−1，除以 1 或−1，它们都能

够以特别快的方式实现。另一方面，一些循环可能得到上溢或下溢的浮点结果，它们仍会被使用，但不会被硬件直接处理，而是被处理时间长 10 倍的微代码路径处理。

下面是笔者在示例服务器上执行的指令测量的结果。

```
gcc -O2 -fno-tree-reassoc mystery1_all.cc -o mystery1_all_opt
  addq 1000000000 iterations, 1136134399 cycles, 1.14 cycles/iteration
  mulq 1000000000 iterations, 3012984427 cycles, 3.01 cycles/iteration
  divq 1000000000 iterations, 31808957519 cycles, 31.81 cycles/iteration
  fadd 1000000000 iterations, 4025330656 cycles, 4.03 cycles/iteration
  fmul 1000000000 iterations, 4022046375 cycles, 4.02 cycles/iteration
  fdiv 1000000000 iterations, 14576505981 cycles, 14.58 cycles/iteration
```

2.11 小结

我们一开始想测量一条简单的 add 指令的执行时间。但在此之前，我们需要探讨时间基准、循环开销、编译器优化以及如下非常重要的问题：测量我们认为自己在测量的东西，而不是完全不同的东西。我们了解了循环展开、死代码和依赖计算，并认真定义了我们想测量的指令时延的起点/终点。在此过程中，我们了解了复杂的现代处理器加速技术。

一些软件性能问题只存在于想象中，它们是错误的测量导致的。其他一些则是真实存在的性能问题，但被错误的测量隐藏了起来。因此在本书中，我们一再强调，一定要在脑海中对期望的性能进行估测，然后对观察结果与预期结果进行对比。

测量单条指令的性能并不能直接帮助我们调查慢了几十或几百毫秒的事务，但是这里提到的测量设计问题在后面的更加复杂的软件环境中会反复出现。

本章的要点如下。

- 认真选择自己的时间基准并理解其局限性。
- 估测自己有可能看到的结果。
- 对测量结果与估测值进行对比。
- 从差异中总能学到东西。
- 无意间违反了某种芯片加速机制的软件可能运行得异常慢。

习题

在这些习题中，“解释”的意思是“写一两个句子，说明你认为发生了什么，而不是长篇大论”。因为如果让人评判 25 篇论文，每篇论文包含 10 个长篇大论的答案，那么他们是不会完整阅读答案的。

在这些习题中，如果要求给出数值答案，则不需要保持太高的精度，如 1.062 735 591；

相反，精确到百分位或千分位即可，如 1.06 或 1.063。当要求给出数量级估测时，请把小于 3.16（即 $\sqrt{10}$）的值向下舍入到 1，而将大于 3.16 的值向上舍入到 10。如果你有强烈的意愿，也可以使用半阶数量级，将中程数舍入为 3。

2.1　写下你估测的 add 指令的周期时延——0.1、1、10、100。即使估测的是你还不了解的东西，你很快也会意识到，可以把可能的值限制到 3 个或 4 个合理的值。选择其中的一个，然后回过头查看表 1-1。

2.2　使用未优化的-O0 和优化的-O2 编译并运行 mystery1，解释两者的差异。

2.3　取消 mystery1 中对最后一个 fprintf 调用的注释，然后再次使用-O0 和-O2 运行程序。解释你看到的任何变化（或为什么没有变化）。

2.4　在 mystery1 中，将变量 incr 的类型声明为 volatile，然后再次使用-O0 和-O2 运行程序。解释你看到的任何变化（或为什么没有变化）。

2.5　将 mystery1 复制到自己的文件中，参照本章介绍的内容进行修改，对 64 位整数加法的时延给出合理的测量结果（用周期来计算）。

2.6　在 mystery1 中尝试不同的循环迭代次数——1，10，100，…，1 000 000 000。解释为什么一些值没有得到有意义的结果。

2.7　对于 64 位整数乘法和除法以及双精度浮点数加法、乘法和除法的时延，写下你的数量级估测（用周期来计算）。你实际上知道结果。例如，乘法很可能在每个周期中使用被乘数的至少一位，所以其用时不可能超过 64 个周期再加上一点启动时间。类似地，除法很可能在每个周期中得出商的一位。这两种运算都可能在每个周期中处理 2 位、3 位或 4 位。

2.8　在 mystery1 中添加代码，测量 64 位整数乘法和除法以及双精度浮点数加法、乘法和除法的时延。将得到的结果写下来。根据你从习题 2.6 中了解到的结果，你可能想将循环迭代次数减少 90%左右。对于双精度浮点数计算，让你的数值远离会导致上溢/下溢的极端值，但不要使用 1.0 或 0.0。

2.9　（选做题）主动让上面的双精度浮点数乘法和除法循环漂移到数值的上溢和下溢范围（对于 IEEE 双精度浮点数，即大于 10^{306} 或小于 $1/10^{306}$），每 10 000 次迭代就输出观察到的时延。如果周期时延突然改变，请解释发生了什么。

CHAPTER 3

第3章 测量内存层次

第 2 章探讨了如何测量 CPU 时间，CPU 是 4 种基本硬件资源中的第一种。

针对第二种要测量其性能的基本硬件资源——内存，测量内存层次。对于内存层次中的每一层，真实的计算机读/写操作需要多久？简单测量单次数据加载的时延，要比测量算术指令更加微妙。本章的目标是测量现代机器中典型的 4 层内存子系统的大小和缓存组织。

3.1 内存计时

这是本书第一部分最复杂的主题。我们将探究几个设计层，其中的每一层都有自己的概念和约束。因为主内存比 CPU 慢得多，所以现代处理器实现了许多加速机制。有时候，软件的内存访问模式会违反加速机制，或者让加速机制做大量不必要的工作，从而导致性能下降。到本章结束时，你将对如今复杂的计算机内存系统有更好的认识。

许多不同的设计层彼此交互，产生内存访问模式并以不同的延迟时间交付数据。这些层包括：

- C 程序员；
- 编译器；
- 汇编语言；
- CPU 指令；
- 虚拟内存；
- 多级缓存；
- 主内存 DRAM。

两个示例服务器上的处理器（参见附录 A）具有一块 Intel i3 芯片和一块 AMD Ryzen 芯

片，每块芯片上有 3 级缓存，芯片外的两个双列直插式存储模块（Dual Inline Memory Module，DIMM）上有 8 GB 的动态随机存取存储器（Dynamic Random Access Memory，DRAM）。每块 Intel i3 芯片有两个物理核心，通过超线程，可以呈现出有 4 个物理核心的假象。每块 AMD Ryzen 芯片则有 4 个物理核心。这两种芯片的每个物理核心都有一个专用的 L1 指令缓存和一个专用的 L1 数据缓存，再加上一个专用的 L2 组合缓存。每个处理器还有一个 L3 缓存，由所有核心共享。

数据中心服务器上的处理器具有更复杂的芯片，芯片上有更多的缓存，而且每台服务器可能有多块处理器芯片。桌面或嵌入式处理器可能有更小、更简单的缓存。但是，也可以对其他处理器执行这里的测量。在这个过程中，你将了解关于内存层次的更多知识，而这些知识有助于你理解软件的性能。

3.2　关于内存

在 20 世纪 50 年代——计算的黄金时代，执行简单的指令需要两个周期：一个用于取指令；另一个用于执行指令，这通常包括访问内存一次来获取数据。当 CPU 时钟周期时间和磁心内存访问时间相同时，这是合理的。

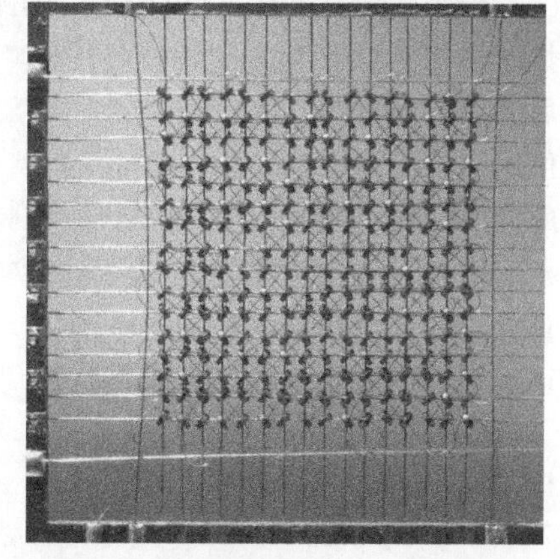

图 3-1　铁氧体磁心内存（图片源自 Wikimedia）

当时，主内存使用的是铁氧体磁心（半径只有 0.4mm 的小型铁氧化物圆环），其孔间有线穿过（如图 3-1 所示），内存的每个位对应一个磁心。让正电流尖峰通过磁心可顺时针磁化它，让负电流尖峰通过磁心可逆时针磁化它。在没有电源时，磁化会一直保留下来，从而提供了记忆单个位的一种方式：一个磁向代表 0，另一个磁向代表 1。

内存是按字而不是按字节排列的（字节寻址在 1964 年出现）。根据具体的计算机，一个字可能有 36 位、48 位或其他位数。磁心内存在物理上排列为一个包含线和磁心的密集的平面，代表每个内存字的一位：所有内存字的所有<0>位磁心放在一个平面上，所有<1>位磁心放在另一个平面上，以此类推。之后，将这样的一些平面堆叠在一起，便可构成完整的内存。例如，IBM 7090 有 32 千字的内存，每个内存字 36 位。36 个平面各包含 32 768 个磁心［不存在奇偶校验和纠错码（Error Correction Code，ECC）］。

通过在每个平面上向一条水平线和一条垂直线发送信号，驱动一个字中的所有磁心为 0，然后通过对角的读出线查看得到的波形，观察被寻址的磁心是否切换了磁性状态。如果切换了，则磁心之前是 1；否则，一直是 0。因此，读取具有破坏性。在读取后，始终需要还原被读的位，即写入刚被清零的磁心。磁心内存用于读和还原的周期时间从 1 μs 到 10 μs 不等。

1964 年，仙童半导体公司的 John Schmidt 发明了使用晶体管的静态随机访问存储器（Static Random Access Memory，SRAM）[Schmidt 1965]。SRAM 为每个位使用 6 个晶体管，虽然传输速度很快，但成本较高。由于不具有磁性状态，SRAM 中的数据在掉电后就会消失。

1968 年的 IBM 360/85 中初次使用的高速缓存就是 SRAM，在当时的 IBM 文献中，它称为单体存储器（monolithic memory）[Liptay 1968]。

SRAM 问世两年后，IBM 的 Robert Dennard 在 1966 年发明了动态随机存取存储器（Dynamic Random Access Memory，DRAM）。DRAM 为每位使用一个晶体管，所以相比 SRAM 密度更大（也因而更便宜），但访问速度更慢。

1970 年 9 月，IBM System 370/145 问世，这是第一个转为使用固态 DRAM 作为主内存的商用机器，它使用了 IBM 内部生产的芯片。一个月后，Intel 发布了第一款商用的动态随机存取存储器芯片 Intel 1103 DRAM（如图 3-2 所示），它是由 William Regitz 和 Joel Karp 发明的。到了 1972 年，Intel 1103 DRAM 成为当时世界上最畅销的半导体存储芯片，并导致磁心内存的消亡（SRAM 太贵，所以没能取代 20 世纪 70 年代的磁心内存）。

图 3-2 Intel 1103 DRAM

与磁心内存一样，DRAM 的读操作也具有破坏性。每一次的读操作都会使每位使用的单个晶体管放电，然后把读取的位写回这些晶体管。与 SRAM 不同，即使在供电的情况下，DRAM 中的位也会在几毫秒后泄漏。因此，DRAM 需要每隔 2 ms 左右就刷新所有位置，即读取后重新写入。

这些内存技术的性能与程序的访问模式交互，提供了不同的执行性能。本章介绍如何测量处理器的内存层次中的各个部分，第 4 章将介绍如何修改访问模式，以利用这种层次来加速执行，或者更常见的情况是，避免严重拖慢执行的模式。

3.3 缓存组织

如今的数据中心 CPU 的内存层次包含好几级缓存和一个非常大的主内存，包含两个 CPU 核心的、典型的多级缓存组织如图 3-3 所示。多核心处理器芯片中的每个物理 CPU 核心都有自己的一级（L1）指令缓存和数据缓存，它们都是由极快的 SRAM 单元构成的。这些缓存通常可以在每个 CPU 周期中访问一个新的内存字，甚至两个内存字，CPU 周期在 0.3 ns 左右，相比 IBM 360/85 中 80 ns 的缓存快大约 250 倍。而同时期的主内存的 CPU 周期只快了大约 20 倍。

L1 指令缓存和数据缓存通常从更大但更慢的 L2 组合缓存中取数据。有时候，每个 CPU 核心都有一个 L2 缓存，如图 3-3 所示；而有时候，多个 CPU 核心共享一个 L2 缓存。L2 缓存从更大但更慢的 L3 缓存中取数据，L3 缓存在同一块芯片上，由所有核心共享。一些处理器甚至可能还有一个 L4 缓存。

如果一个大的缓存级别能够同时满足速度足够快、存储空间足够大、共享程度足够高这 3 个条件，那就最好了。但遗憾的是，这并做不到，因为半导体存储器的访问时间总是随着存储空间变大而变长。现代缓存设计在提供高性能的存储器和低成本之间取得了一种工程平衡，但要求内存访问模式包含对相同位置的相当数量的重复访问。随着时间的流逝，这种平衡的细节会改变，但整体思想不会变。

L1 缓存能够在每个 CPU 周期中发起一次或两次新的低时延访问，而主内存系统的每个存储体通常只能在每 50～100 个 CPU 周期才能开始新的访问，所以数据和指令在缓存层次中的位置对于 CPU 的整体性能有着巨大的影响。一些模式非常好，而另一些模式则很差。

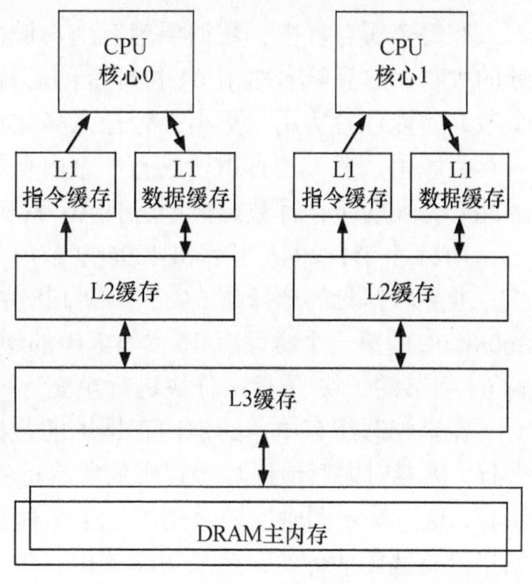

图 3-3　包含两个 CPU 核心的、典型的多级缓存组织

如图 3-4（a）～（c）所示，缓存被组织成行（或块），每行由几字节组成，一行的所有字节会同时移入或移出缓存，每行关联着一个标签，这个标签指定了所有数据的主内存地址。当我们在缓存中寻找数据时，缓存硬件将对涉及的内存地址与一个或多个标签进行比较。如果发现匹配的标签（称为缓存“命中”），就快速访问对应的数据。如果没有发现匹配的标签（称为缓存“未命中”），就必须从内存层次的更低级别更慢地访问数据。

标签
数据

（a）单个缓存行

标签 数据 标签 数据 标签 数据 标签 数据

（b）包含4个缓存行的一个4路相联缓存组

行	行	行	行	组0
行	行	行	行	
行	行	行	行	
行	行	行	行	
行	行	行	行	⋮
行	行	行	行	
行	行	行	行	
行	行	行	行	组7

（c）包含8组的缓存其中的每一组都是4路的，但没有显示标签

图 3-4　缓存的组织

在每个缓存行中，数据要想有用，最少需要有两个字，一个字在大多数情况下是一个指针的大小；这意味着对于 64 位地址的芯片，缓存行最少需要有两个 8 字节的指针（总共 16 字节）才能保持实用。更小的行把太多硬件用到标签上，造成数据可用的硬件不足。在虚拟内存系统中，最大的有用行只有一个内存页的大小，在目前的大部分芯片上，也就是 4 KB。因此，合理的缓存行数据大小包括 16 字节、32 字节、64 字节、128 字节、256 字节、512 字节、1024 字节、2048 字节和 4096 字节。

业界较常见的选择是 64 字节和 128 字节，但也有使用 32 字节和 256 字节的情况。IBM 360/85 中的第一个缓存有 16 个 1 KB 的缓存区域，所以只有 16 个标签，但通过从主内存传输 64 字节的子块/子行来分块进行填充。

在全相联缓存中，给定内存地址的数据可以存储到缓存的任何行中。为了找到具体是哪一行，需要对内存地址与缓存中的所有标签进行比较。对于包含 64 字节数据大小行的 32 KB 缓存，这意味着同时比较全部的 512 个标签。如果某个标签匹配，就快速访问对应行的数据。如果没有匹配的标签，就从更慢的内存中访问数据，并且通常还需要执行填充——替换一些缓存行，以便后续对相同或邻近数据的访问能够命中缓存（如果有多个标签匹配，则说明存在严重的硬件问题）。

与之相比，直接映射缓存使得某一给定主内存地址的数据存储到唯一的特定缓存行里，这个缓存行通常由低内存地址位选择，以便能够尽可能地在缓存中呈现连续的内存地址。每当两个经常访问的数据项映射到相同的缓存行时，直接映射缓存的性能就很差：每访问一项，就会从缓存中移除另一项，所以交替访问会导致缓存 100%未命中。

组相联缓存[Conti 1969]是一种中间设计。对于一个 N 路的组相联缓存，给定主内存地址的数据存储在包含 N 个缓存行的一组中。在每组中，对内存地址与所有的 N 个标签进行比较。N 的典型取值范围是 2 到 16。在一个 4 路的组相联缓存中，每组包含 4 个缓存行，如图 3-4 的中间部分所示。缓存通常有 2^k 组，可以用低内存地址位来直接选择组，也可以用内存地址的某种简单哈希来选择组。图 3-4 的底部显示了一个小的 4 路组相联缓存，它总共有 8 组。为简单起见，我们没有显示 32 个标签。首先使用 3 个地址位来选择组，然后对组中的 4 个标签与要访问的内存地址进行比较。注意，顺序内存访问会落入某组内的某个缓存行，然后向下而不是向侧边移动，在图 3-4 中也就是向下一组的一行移动，例如，首先访问组 0 中的一行，然后访问组 1 中的一行，等等。这种设计将顺序访问分布到了所有组中。常见的组相联缓存有 64 组或更多组。

3.4 数据对齐

在接下来的讨论中，术语“对齐”很重要。4 字节项的对齐引用的字节地址是 4 的倍数，8 字节项的对齐引用的字节地址是 8 的倍数，以此类推。实际的缓存和内存地址是使用对齐量来寻址的。未对齐引用是通过访问两个对齐的位置，然后进行一些字节的移位和合并，并选择被引用的字节来实现的。在硬件实现中，未对齐引用通常比对齐访问慢几个周期。如果用未对齐访问陷阱例程来实现，则未对齐引用通常需要 100 个以上的周期。

3.5 页表缓存组织

除了用于指令和数据的缓存之外，现代处理器还提供了虚拟内存映射，并使用页表缓存（Translation Lookaside Buffer，TLB）来保存频繁使用的从虚拟内存到物理内存的映射。在一些情况下，TLB 由一个小的 L1 TLB（每个 CPU 核心一个）和一个更大、更慢的 L2 TLB（每个核心一个或由多个核心共享）构成。所有这种机制提高了速度，但也为 CPU 性能增加了复杂度和易变性。

TLB 和缓存设计彼此交互。大部分缓存采用物理寻址，这意味着组的选择和标签值来自从虚拟地址翻译得到的物理地址。有时候也会使用另外一种设计——虚拟寻址缓存，也就是从未映射的虚拟地址选择组并获取标签值。如果两个不同的虚拟地址映射到相同的物理地址，这种设计就存在问题，因为不同的虚拟地址会映射到不同的缓存行。如果数据是只读的（如指令流），那么这种重复映射不是问题；但如果通过一个虚拟地址写数据，然后通过另一个不同的虚拟地址读数据，则会出现问题。

当采用物理寻址的缓存大于一个内存页时，就必须先完成从虚拟内存到物理内存的映射，然后才能开始比较缓存标签，并且必须在完成对标签的比较后，CPU 才能访问缓存的数据。这些步骤通常会为 L1 缓存访问使用最快的硬件，所以可能消耗大量的电量和芯片。为了提升速度，我们经常使用未映射的低虚拟内存位来选择合适的缓存组（简称组），然后完成从虚拟内存到物理内存的映射。因此，未映射的低地址位的数量决定了一个快速 L1 缓存的最大大小——人们没有充分认识到的小内存页的成本。

只有当组的数量足够小的时候，基于未映射的地址位选择缓存组才是可行的。例如，在 4 KB 大小的内存页中，最低的 12 个地址位是未映射的。当使用 64 字节的缓存行时，因为最低的 6 位用于选择行中的 1 字节，所以未映射的 6 位最多只能用于选择一个缓存组，从而最多只能选择 64 组。如果 L1 缓存是直接映射的，则最多只能有 64 组，每个组包含一行，总共 4 KB。如果使用 4 路的组相联缓存，则最多也只能有 64 组，每组包含 4 行，总共 16 KB。一般来说，只有当最大的 L1 组相联缓存的大小小于或等于内存页的大小与相联度之积的时候，使地址映射和标签访问的时间重叠才是可行的。

这种耦合性意味着小的内存页（如 4 KB 大小的内存页）需要小的 L1 缓存。最终，整个行业需要转向更大的内存页，以具有更多的未映射的位，从而也就有机会使用更大的 L1 缓存。对于具有 256 GB 主内存的数据中心机器，如果使用 4 KB 大小的内存页，则意味着存在 6 400 万个内存页，这是一个极大的数字。使用更大一些的内存页和更小的总页面数会更好。

3.6 测量内存的步骤

通过查看（常常晦涩难懂的）制造商提供的资料，如芯片数据手册，我们可以了解到给定处理器的缓存实际上是怎么组织的，但是我们更想通过在多种机器上运行的程序，了解这种组织方式。

在本章中，我们试图测量内存层次中每一层的性能，并在这个过程中了解单个或多个指令线程在竞争共享的内存资源时的动态。我们的目标是让你了解内存性能特征的技术，从而更好地理解和评估程序的性能，以及更好地理解当访问模式破坏了缓存层次通常提供的加速机制时会发生什么。

我们将采用 3 个步骤进行测量，前两个步骤是在我们提供的 mystery2 程序中完成的。

（1）测量缓存行的大小。

（2）测量每个缓存级别的总大小。

（3）测量每个级别的缓存相联度。

与测量指令时延一样，要测量内存，一种直观的方式如下。

（1）读取时间。

（2）按某种模式访问内存。

（3）读取时间。

（4）做减法。

但是，在现代执行环境中，这种方式不容易实现。我们将更详细地探讨每个步骤。

为了更加具体，下面讨论的细节基于一个示例服务器（参见附录 A），它使用了一个具有代表性的处理器——Intel i3。其他处理器也有类似的内存层次，但速度、大小和缓存组织可能有所不同。

3.7 测量缓存行的大小

如何让程序找出缓存行的大小呢？这里有好几种设计选择，也有好几条死路。一种选择是让缓存一开始不包含我们要访问的任何数据，然后从位置 X 加载一个对齐的字，再加载 $X+c$ 位置的字，c 是可能的缓存行大小。

如果 X 在缓存行的边界对齐，而 c 小于缓存行的大小，则加载 X+c 位置的字将在缓存中命中，因为当加载 X 位置的字时，加载的缓存行中已经包含了它。图 3-5 显示了 12 次顺序访问以及它们在图 3-4 所示的 8 组缓存中的位置。在图 3-5（a）中，c 是缓存行的 1/4，所以前 4 次访问在相同的行中，后 4 次访问在接下来的行中，以此类推。因此，12 次访问覆盖 3 个缓存行，只发生 3 次未命中。在图 3-5（b）中，c 是缓存行的 1/2，所以每对访问在同一行中，12 次访问中总共发生 6 次缓存未命中。在图 3-5（c）和图 3-5（d）中，12 次访问都不会命中。

如果 X 在缓存行的边界对齐，而 c 大于或等于缓存行的大小，那么加载 $X+c$ 位置的字不会在缓存中命中。假设缓存未命中比缓存命中慢 1/10，则我们可以使用一个循环，以不同的跨度执行几百次加载，并对这个循环计时，区分 c 的值中哪些快、哪些慢。最慢的 c 值就是缓存行的大小。

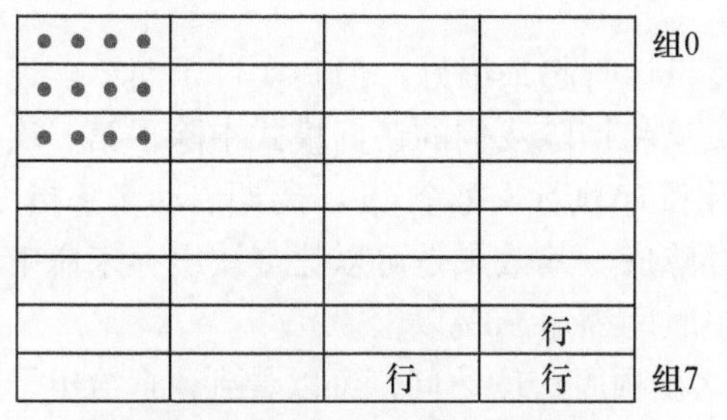

（a）访问之间相隔 1/4 的缓存行，所以落入 3 组的 3 行内

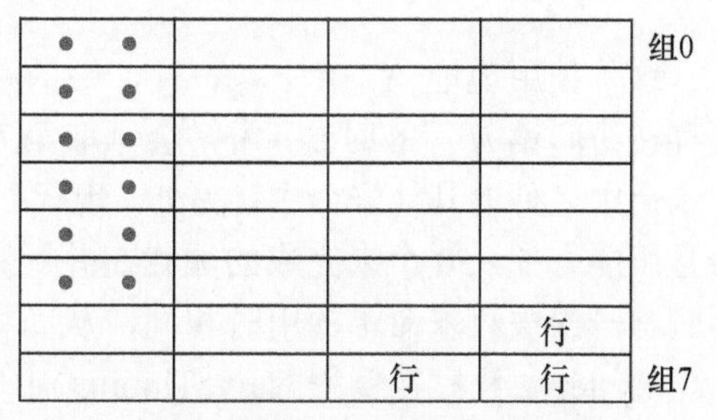

（b）访问之间相隔 1/2 的缓存行，所以落入 3 组的 6 行内

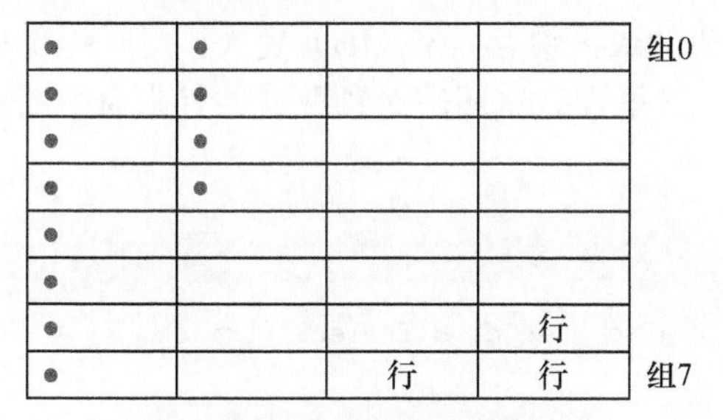

（c）访问之间相隔一的缓存行，所以落入 8 组的 12 行内，有些组会使用多行

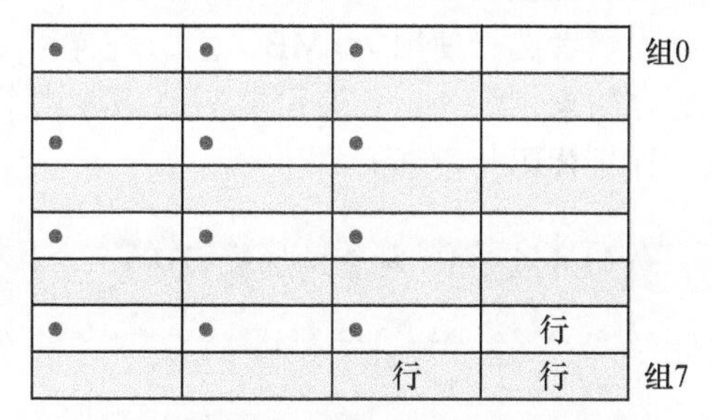

（d）访问之间相隔二的缓存行，所以落入 4 组的 12 行内。在 4 路的组相联缓存中，每组会使用 3 行

图 3-5　12 次顺序访问

你期望看到什么呢？写下或绘制出你期望看到的结果是一种重要的专业设计方法。只有这样，你才能在发现有显著区别的结果时快速做出反应。假设缓存行的大小是 128 字节。在访问间隔 16 字节（跨度为 16）的项的数组时，前 8 项全部能够放到一个缓存行中，接下来的 8 项能够放到另一个缓存行中，以此类推。如果我们获取 200 个连续的项，则期望看到 200/8=25 次缓存未命中。如果我们访问跨度为 32 的项，则期望看到 200/4=50 次缓存未命中。对于跨度为 128 或更大的项，我们期望每次看到 200 次缓存未命中。如果绘制每次访问（加载）的时间图，则我们期望看到的结果如图 3-6 所示，每次加载的平均时间一开始是真实未命中时间的 1/8，然后是 1/4，接下来是 1/2，之后便是真实的未命中概率——100%未命中。

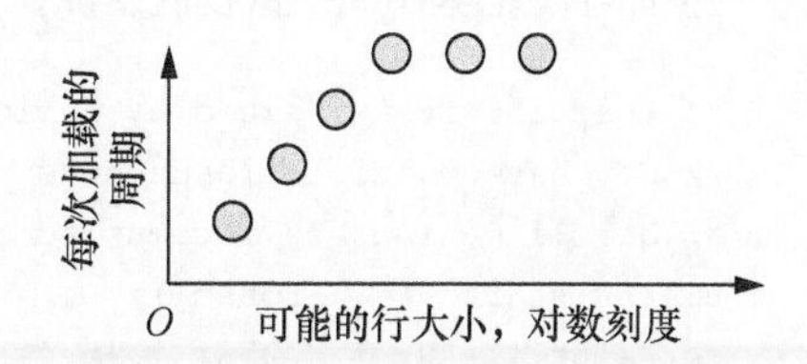

图 3-6　期望访问时间与跨度的对比图

3.8 问题：预取第 N+1 行

这种使用地址 X，X+c，X+2c，…的顺序跨度设计听起来很好，但其实过于简单。现代缓存在访问第 N 行的时候，常常会预取第 N+1 行，这将消除我们的访问模式中除了第一次缓存未命中之外的其他未命中。另外，现代 CPU 采用乱序执行，每个 CPU 周期启动多条指令，并且可能有 5～50 个未完成的加载在并行等待内存响应。其效果是可以让多次缓存未命中的用时与一次缓存未命中的用时相同，从而将未命中时间缩短 90%以上。

mystery2 程序在例程 NaiveTiming()中实现了这种顺序跨度访问，可以看到，它给出了一致的但带有误导性的结果——访问非常快。内层循环访问 16 字节的项，它们的间隔由 pairstride 变量指定。调用方修改跨度，并通过加载 40 MB 的无关数据，在两次调用之间清除缓存。笔者选择使用 40 MB，因为这样可以比期望的最大缓存（32 MB）更大。对于提供更大缓存的未来芯片，你有可能需要增大这个数字。这里没有试图应对预取或并行未命中的情况，详见代码片段 3-1。

代码片段 3-1 朴素的加载循环

```
// We will read and write these 16-byte pairs, allocated at different strides
struct Pair {
  Pair* next;
  int64 data;
};

int64 NaiveTiming(uint8* ptr, int bytesize, int bytestride) {
  const Pair* pairptr = reinterpret_cast<Pair*>(ptr);
  int pairstride = bytestride / sizeof(Pair);
  int64 sum = 0;

  // Try to force the data we will access out of the caches
  TrashTheCaches(ptr, bytesize);

  // Load 256 items spaced by stride
  // May have multiple loads outstanding; may have prefetching
  // Unroll 4 times to attempt to reduce loop overhead in timing
  uint64 startcy = __rdtsc();
  for (int i = 0; i < 256; i += 4) {
    sum += pairptr[0 * pairstride].data;
    sum += pairptr[1 * pairstride].data;
    sum += pairptr[2 * pairstride].data;
    sum += pairptr[3 * pairstride].data;
    pairptr += 4 * pairstride;
  }
```

```
    uint64 stopcy = __rdtsc();
    int64 elapsed = stopcy - startcy;     // Cycles

    // Make sum live so compiler doesn't delete the loop
    if (nevertrue) {
      fprintf(stdout, "sum = %ld\n", sum);
    }
    return (elapsed >> 8);                // Cycles per one load
}
```

3.9　依赖加载

另一种设计选择是在内存中构建一个链表，其中的每项是可能的缓存行大小，并且在缓存行的边界对齐。每项包含指向下一个顺序项的指针，如图 3-7（a）所示。如果 ptr 指向第一项，则 ptr = ptr->next 的循环将执行一系列加载，但每次加载的地址取决于前一次加载取出的值，所以必须严格按顺序执行，虽然乱序执行、每个 CPU 周期执行多条指令以及并行加载可以加快指令的执行速度，但是依赖加载方式无法使用这些加载机制。这种选择还允许我们查看对于内存子系统的每个级别，从加载到使用的时延是多少。

mystery2 程序在例程 LinearTiming()中实现了这种选择，可以看到，它给出了更好但仍然具有误导性的结果。这种选择存在的另一个问题是链表并没有屏蔽缓存预取。

为了屏蔽缓存预取，在构建链表时，我们可以将项在地址空间中打乱，如图 3-7（b）所示。

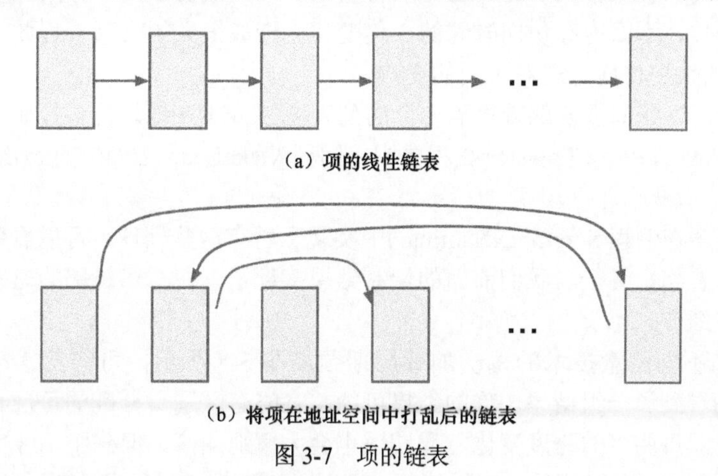

图 3-7　项的链表

这虽然起到了帮助作用，但效果依然不够。当最左边的打乱项事实上就是缓存行的大小时，获取它仍然可能导致硬件预取从左数的第二项。尽管这一项不会被立即访问，但它会在以后被访问。因此，当我们希望这种选择得到一次未命中时，它实际上却产生了一次命中。

3.10 非随机的 DRAM

还有一个复杂因素需要考虑。通过对几百次内存加载计时，统计缓存未命中次数，我们期望两倍的缓存未命中次数需要大约两倍的时间。但如果查看主存储器的 DRAM 设计，你就会感到惊讶。访问时间不是随机的（尽管名称中存在“随机”这个词）。实际的 DRAM 芯片首先访问芯片里位数组很大的一行，然后访问该行中的字节列。在执行行访问之前，有一个所谓的“预充电周期”，旨在将内部数据线设置为电源电压的一半左右，这样一来，只读取存储单元的少量电荷就足以让数据线快速离开死区。芯片内的读出放大器快速驱动这些小的读更改，使它们达到完整的电平 0 或者 1。预充电、行访问和列访问的周期大约都需要 15 ns。

行通常是 1024 字节的，DIMM 通常并行循环 8 块 DRAM 芯片，驱动连接到 CPU 芯片的 8 字节宽内存总线一次得到 8 字节。在这种情况下，8 块 DRAM 芯片的有效行大小是 8×1024=8 192 字节。在访问多个连续的缓存行时，通过两条内存总线连接到两个 DIMM 的 CPU，会交替地在 DIMM 中存储连续的缓存行，以实现两倍的带宽。在这里，有效的行大小是 2×8 KB=16 KB。我们的示例服务器就采用了这种组织方式。

如果连续两次访问 DRAM 在不同的行中，则每次访问发生的步骤如下。

预充电→行访问→列访问

但是，如果第二次访问的行与第一次访问的相同，那么 CPU 和 DRAM 硬件实现了一种快捷方式。第二次访问只会执行列访问，这比执行整个序列大约快 3 倍。如果我们正在试图测量两倍的总时间差异，那么内存访问时间的 3 倍变化会造成很大的失真。因此，我们可能还需要消除 DRAM 的快捷访问方式对时间的影响。

在构建链表时，我们需要翻转每隔一个的列表项的 16 KB 地址位，并显式地将连续的项放到不同的 DRAM 行中。在 mystery2 程序中，例程 MakeLongList()中的 extrabit 变量就用于此目的。

mystery2 程序在例程 ScrambledTiming()中实现了所有这些处理，可以看到，它给出了更好的结果，并且看起来终于与我们前面的绘制结果接近了。在本章末尾的习题中，你还需要考虑更多的一些细节。

不同跨度和不同测量技术的每次加载周期数如图 3-8 所示，可与图 3-6 进行对比。在图 3-8 中，我们看到了一组结果。你的结果可能与之略有区别。打乱的每次加载周期数显示了期望的结果，即每两倍的跨度变化，周期数也会大概地加倍。但到了 128 字节的跨度后，周期数在 200 个左右并趋于平稳。实际的行大小是 64 字节。但是，即使我们采用打乱后测量的方式，也不能完全抑制缓存预取和相同行的 DRAM 访问优化。一直预取到 512 字节的跨度，导致线性测量被扭曲，同时朴素的测量完全没有测量加载延迟。4096 字节跨度位置的额外周期很可能反映了 100%的 TLB 未命中。

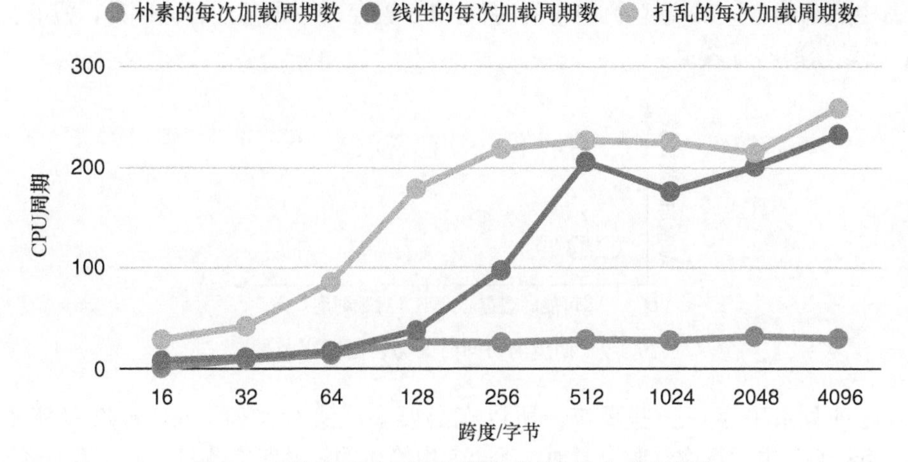

图 3-8　不同跨度和不同测量技术的每次加载周期数

从虚拟内存到物理内存的地址映射意味着我们头脑中对缓存布局的想象都太过简单化了。只有对于地址的最低 12 位，缓存看到的物理地址才与我们的想象相符，物理地址的所有更高位都是不可预测的，这会为大部分测量增加噪声，使得计算计时上的变化不那么清晰。

3.11　测量每个缓存级别的总大小

在知道了缓存行的大小后，我们下一步想知道缓存层次的每一级有多大。L1 缓存的总大小指导着数据结构的设计，让工作集能放进 L1 缓存中，相比工作集不放进 L1 缓存中的设计更快。相同的考虑也适用于 L2 和 L3 缓存。

为了测量每个缓存级别的总大小，我们的策略是将 N 字节读入缓存，然后重新读取，查看时间。如果 N 字节能够全部放在缓存中，则重新读取会很快；反之，部分或全部重新读取就不能命中，从而需要使用下一级缓存中的数据进行填充，这里假定（事实上亦如此）每个下一级缓存都比上一级缓存大。在 3.10 节中，我们要么命中 L1 缓存，要么进入慢 $O(100)$倍的主内存；但在本节中，我们的测量将比较 L1 缓存命中与 L2 缓存命中，或者比较 L2 缓存命中与 L3 缓存命中，等等，每一级的访问速度只有前一级的访问速度的 $1/O(5)$。

真实机器和操作系统中的计时通常是无法准确重现的。外部干扰、网络流量、人工输入和后台程序（如浏览器或显示软件）都会在多次运行相同的程序时造成时间上的微小变化。因此，计时数据始终带有一点噪声。相邻内存级别在时间上存在相对小的差异，这让我们更难评估计时。

我们期望看到什么呢？对于 $N \leq$ L1 缓存总大小，我们期望重新读取很快，每次加载只需要几个周期，即 L1 缓存的访问时间。对于 L1 缓存总大小 $< N \leq$ L2 缓存总大小，我们期望在

大部分时间看到较慢的 L2 缓存访问时间，以此类推。结果看起来可能如图 3-9 所示，其中，L1 缓存命中底部的行，L2 缓存命中中间的行，L3 缓存命中顶部的行。此外，没有显示主内存，但它应该顶部的行之上。

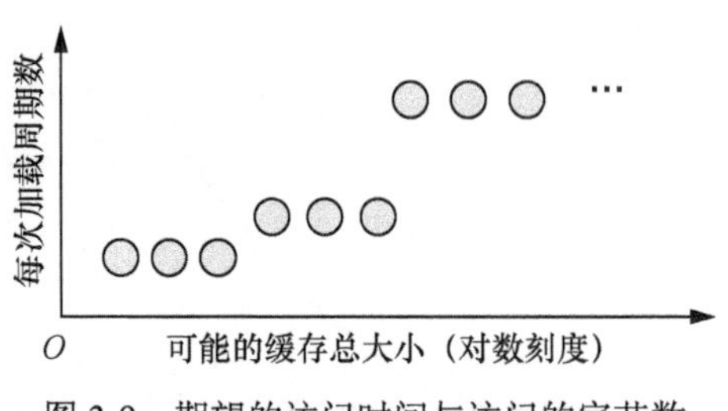

图 3-9 期望的访问时间与访问的字节数

因为这种测量中存在一些噪声，所以有必要多次进行实验。mystery2 程序中的例程 FindCacheSizes()在进行每次计时测量时，都会使用简单的线性跨度测量 4 遍。第一遍通过从主内存加载数据来初始化缓存，所以始终很慢，在这里应该忽略。之后的三遍应该都是类似的，用于显示我们期望看到的时间差。程序的运行结果给出了缓存行的计数而不是千字节。将其乘以假设的或之前测量的每行 64 字节，可以得到图 3-10，其中显示了一组测量结果。

将 1 KB 数据加载到缓存中，然后重新读取是很快的，每次加载大约需要 4 个周期。对于 2～16 KB 的数据，基本也是如此。对于 32 KB 的数据，加载速度就开始变慢了，每次加载大约需要 8 个周期。对于 64～256 KB 的数据，每次加载需要 14 个周期。对于 512～2048 KB 的数据，每次加载需要 20～24 个周期。超过 2048 KB（2 MB）后，加载时间很快就会到达每次加载需要 70～80 个周期。这块芯片上的实际 L1 缓存的大小是 32 KB，有 3 个或 4 个周期的加载-使用时延。L2 缓存的大小是 256 KB，时延大约是 14 个周期。L3 缓存的大小是 3 MB，时延大约是 40 个周期。3 MB 的大小正好落在图 3-10 中测量的 2 MB 和 4 MB 之间。

在一个得到完全使用的 32 KB 大小的缓存中，对于每次加载 32 KB 的数据需要 8 个周期的情况，计时会接近 4 个周期，为什么呢？我们假定了访问 32 KB 的数据会完全填满 32 KB 大小的 L1 数据缓存。这种假定依赖没有访问 L1 缓存中的其他任何东西，并且分配策略是最近最少使用的（Least Recently Used，LRU）或轮循的。在现实中，mystery2 程序本身有少量变量使用 L1 缓存，而且缓存替换策略不是完美的 LRU，这导致没有充分利用缓存，产生一些未命中，需要访问 L2 缓存。当我们的总数据刚刚小于总缓存大小时，这会导致测量变得更慢一些。

对于 64 KB 和 512 KB，它们刚刚超过 L1 缓存和 L2 缓存的大小，因而会发生一种不同的现象。在一种使用了不完美 LRU 的环境中，64 KB 数据中的一部分本应该在 L2 缓存中找到，但在 L1 缓存中找到了，这是因为它们刚好没有被替换。在数据为 512 KB 的情况下，对于在 L2 缓存而不是 L3 缓存中找到的数据，情况是类似的。现在你应该已经能够想到，我们的测量（以及我们的图形）相比图 3-9 没有明显的阶梯函数边界。

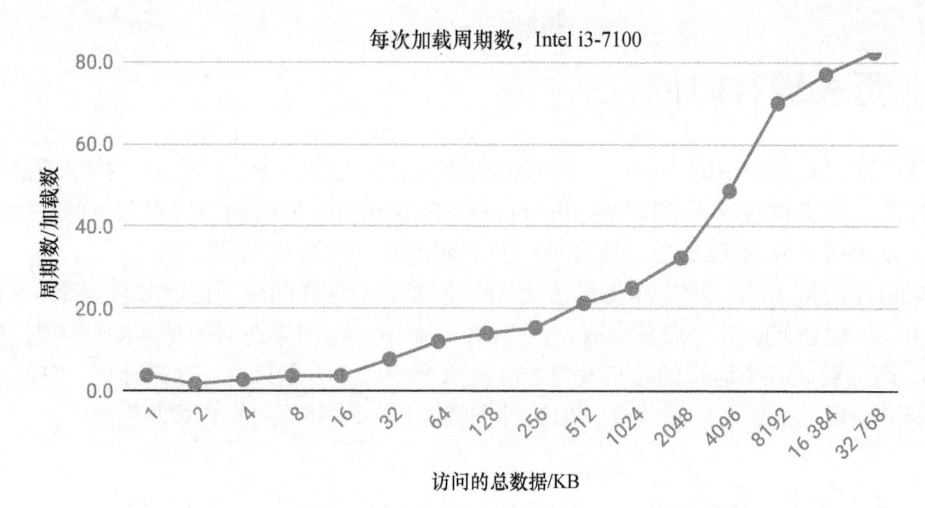

图 3-10 访问不同大小的总数据时的每次加载周期数

3.12 测量每个级别的缓存相联度

在知道了缓存行的大小和每个缓存级别的总大小后，接下来测量每个级别的缓存相联度。在全相联缓存中，给定的缓存行可以位于缓存中的任何位置。在组相联缓存中，给定的缓存行可以位于一组中的少数位置。如果给定的缓存行只能处于缓存中的某个位置，则组的大小是 1，并且缓存是直接映射或单路相联的。如果缓存行可以位于缓存中的两个位置，则缓存是双路相联的，以此类推。

N 路相联的缓存通常并行访问全部 *N* 个可能的标签和数据位置（使用的电量大约是访问一个位置时的 *N* 倍）。如果某个标签与给定地址匹配，则命中缓存，使用对应的数据。如果没有匹配，则说明这一级别的缓存未命中。

对于测量每个级别的缓存相联度，我们的策略是读取一个列表，该列表由 *A* 个不同行中的地址组成，并且这些地址重复了许多次。例如，如果 *A*=4，则有

0 4K 8K 12K 0 4K 8K 12K 0 4K 8K 12K …

在选择地址时，使它们都只包含在缓存的组[0]中。然后重新读取列表，查看计时。如果 *A* 个不同的行都能放到组[0]中，则重新读取操作是很快的；反之，重新读取将无法命中，只能从下一级缓存中填充数据，同时包含的 *A* 的最大值就是缓存相联度。mystery2 程序没有测量缓存相联度，但你可以在做习题时完成这项任务。

如果 L2 缓存和 L3 缓存的相联度比 L1 缓存高，则你应该能够找到它们的缓存相联度。但是，如果它们的相联度比 L1 缓存的低，则 L1 缓存中的命中会干扰你想查看的其他缓存级别的计时。此时，你可以寻找一种地址模式，将地址分散到 L2 缓存的少量相联组中，但都落入 L1 缓存的同一组中，这可以使 L1 缓存的相联度失效，强制不在 L1 缓存中命中，而只能访问 L2 缓存。

3.13 页表缓存时间

在访问现代处理器中的内存时，我们也在访问虚拟内存页表。读取数十兆字节的数据来使缓存作废，其实也造成了 CPU 核心中的硬件 TLB 作废。后续的一些内存访问必须首先访问页表，以加载对应的 TLB 项，这会使这些访问的总时间至少加倍。

如果访问的是 16 字节的项，即跨度为 16，则 256 个这样的项便能够放在一个 4 KB 大小的内存中，所以访问 256 个项只会有一次 TLB 未命中。但如果访问的是 4 KB 的项，即跨度为 4096，则加载 256 个这样的项将发生 256 次未命中，而不是只有一次未命中。TLB 未命中次数可能会使前面的所有测量失真，但这种失真是以一种可预测的方式发生的。

3.14 缓存利用不足

我们要讨论的最后一种复杂因素是缓存利用不足。通常，内存地址的低位用于选择使用缓存行中的哪些字节。如果缓存行的大小是 64 字节，则使用最低的 6 位。接下来的高位用于选择相联组。如果有一个 2 KB 的小缓存，它被组织为 64 字节的行，则总共有 32 个缓存行。如果它们被组织为 4 路相联，则一共有 8 组，每组 4 个缓存行，如图 3-4 和图 3-5 所示。最低的 6 个地址位用于选择一行内的一字节，接下来的 3 个地址位用于选择组，将剩余的位与组中的 4 个标签相比较，用于判断是否命中。

如果我们把数据加载到使用 64 字节的行的缓存中，但只加载位于 128 字节的倍数位置的数据，则用于选择组的地址位中有一位总是 0。因此，组[0]、组[2]、组[4]等总会使用，但另外一半的组不会使用。这意味着有效的缓存大小不是 2 KB，而只有 1 KB。当访问地址具有规则模式时，你需要记住这一点。图 3-5（d）显示了这种效果，奇数组未使用，显示为灰色。等到第 4 章介绍如何访问数组中的列时，你将更多地看到这种效果。现在你只需要记住，缓存利用不足意味着执行速度会变慢。

3.15 小结

本章探讨如何测量内存层次，其中包含多个级别的缓存以及 DRAM 主存。内存需要有层次，这是为了在接近 CPU 速度的快速访问与 DRAM 主存固有的、慢得多的访问速度之间取得一种平衡。我们探讨了现代 CPU 在访问内存时使用的一些加速机制，并禁用了其中一些机制，以试图获得各种访问模式下只测量内存访问时间的有意义结果，即只测量内存访问时间。精心选择的模式不仅能够让我们了解内存系统的组织方式，还会告诉我们有可能导致性能问题的那些访问模式。

本章的要点如下。

- 估测你期望看到什么。
- 内存页的大小会限制物理寻址的 L1 缓存大小。
- 跨度模式揭示了缓存组织。
- 总大小模式揭示了缓存大小。
- 预取、多发射、乱序执行和非依赖加载使得仔细测量内存变得困难。
- 虚拟地址映射使得模式不精确。
- TLB 未命中扭曲了缓存计时。
- 导致缓存利用不足的模式可能引发性能问题。
- 将测量结果与期望结果作比较，从它们的差异中总是可以学到一些东西。

习题

以本书提供的编译优化后（使用-O2）的 mystery2 程序作为基础，回答一些问题。对程序进行一些修改，之后再回答一些问题。你不应该在习题 3.1～习题 3.7 上总共花费超过两小时。对于习题 3.8，可能还需要两小时才能完成。如果你花的时间要多得多，把题目放在一边，做一会儿其他事情，或者跟朋友聊聊题目。

使用电子表格（如 Microsoft Excel 或 Google Charts）将数字转换为图形会有帮助，这让你能够将它们与期望的图形作对比，思考这些模式告诉了你什么。你总是应该为自己的图形标上 x 轴和 y 轴，并指定单位，如毫秒、微秒等。即使只有你自己浏览图形，你也应该这么做。在某些时候，这能够防止你犯下数量级错误或者得出完全错误的结论。养成这种习惯能够节约时间。

在修改程序之前，重新运行 mystery2 几次，看看周期计数的固有变化是什么样子。

3.1　在 mystery2 的第一部分，即查看缓存行大小计时的部分，缓存行的大小是多少？为什么？如果你访问的示例服务器具有多种类型的 CPU 核心，一定要指定你测量的是哪个服务器。

3.2　在 mystery2 的第一部分，即查看缓存行大小计时的部分，对可能的行大小为 256 字节的 3 种计时进行解释。它们应该是每次加载需要 30 个周期、80 个周期和 200 个周期。

3.3　在 mystery2 的第一部分，即查看缓存行大小计时的部分，复制程序，在例程 MakeLongList()的如下代码行

```
int extrabit = makelinear ? 0 : (1 << 14);
```

的后面，添加一行代码来抑制 DRAM 的交替行地址模式。

```
extrabit = 0;
```

解释这种修改使打乱计时产生了什么样的变化，尤其是对像 128 字节这种潜在的行

大小的影响。记住，从虚拟内存到物理内存的地址映射会在你进行修改前，破坏交替行模式，并在你进行修改后，破坏相同行模式。

3.4 在 mystery2 的第二部分，即查看总缓存大小的例程 FindCacheSizes()，L1 缓存、L2 缓存和 L3 缓存的总大小分别是多少？

3.5 对于每个缓存级别，你对加载-使用时间的周期数做出的最佳估测是多少？

3.6 为了在缓存大小不是 2 的幂的 CPU 上运行，如 Intel i3 的 L3 缓存大小为 3 MB，你会如何修改程序来测试常见的不是 2 的幂的缓存大小？你不需要实际修改程序，只需要解释你会怎么做。

3.7 在 mystery2 的第二部分，即查看总缓存大小的例程 FindCacheSizes()，解释每个缓存级别中周期计数的变化。刚好不能填满一个级别的加载速度要比完全填满一个级别的加载速度更快一些，为什么？

3.8 实现例程 FindCacheAssociativity()。每级缓存的相联度是多少？

第4章 CPU与内存的交互

我们已经测量了 CPU 指令的时间和内存访问时间。CPU 与内存如何交互呢？

考虑一个矩阵乘法程序，它能够操作两个维度为 1024×1024 的双精度数组，并将结果写入相同大小的另一个数组中。在附录 A 描述的示例服务器上运行这个程序，该示例服务器有一个 x86 CPU，32 KB 的 8 路 L1 缓存，256 KB 的 8 路 L2 缓存以及 3 MB 的 12 路 L3 缓存，所有缓存行长度为 64 字节。图 4-1 显示了 L1 缓存的布局，它包含 64 组，每组都是 8 路相联的。对于 64 字节的行，地址位<5:0>用于选择一行内的字节，地址位<11:6>用于选择一组。给定的内存行可以位于 8 路的任何一路中。这个 L1 缓存中的每个垂直路可以保存 4 KB，8 路总共可以保存 32 KB。

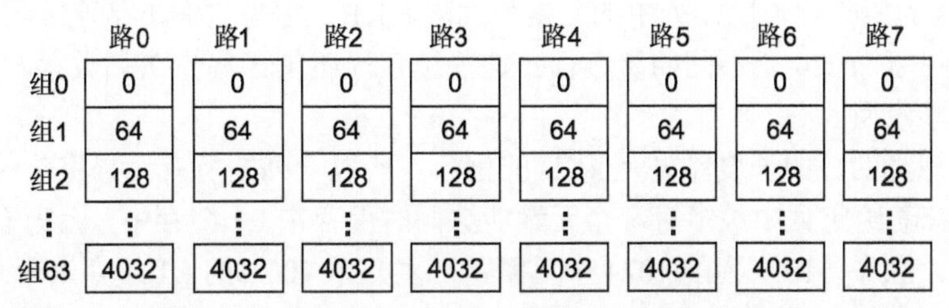

图 4-1 组相联的 L1 缓存，分 64 组，8 路相联，缓存行长度为 64 字节

4.1 缓存交互

因为 L1 缓存使用低地址位选择组，所以连续的内存位置会分布在 64 组中，但是出于相同的原因，相差 4096 的倍数的内存单元又都落入相同的组中。对于 L1 缓存中保存的总共 512

个缓存行（32 KB），访问 4 KB 的连续字节能够填充 64 组的路 0，访问接下来的 4 KB 可以填充 64 组的路 1，以此类推。但是，对于 L1 缓存中包含的总共 8 个缓存行（512 字节），如果仅访问一个 4 KB 区域的前几字节，然后跳到另一个 4 KB 区域的前几字节，以此类推，则只能使用组 0 路 0，然后是组 0 路 1，等等。后续的间隔 4 KB 的访问仍将落入组 0，所以它们必须开始替代之前的 8 行。对于这种访问模式，缓存的其他 63 组未使用，缓存的有用部分只有 512 字节，而不是 32 KB。这种访问模式相比连续访问模式会产生多得多的缓存未命中。

矩阵通常以行优先顺序存储，换言之，行中的元素存储在连续的内存单元，而列中的元素隔开一行的长度。老 FORTRAN 程序采用列优先顺序存储矩阵。图 4-2 显示了一个 8 字节双精度浮点数的 3×3 矩阵，它采用行优先顺序存储。元素 A～H 填充了一个缓存行，元素 I 开始填充下一个缓存行。

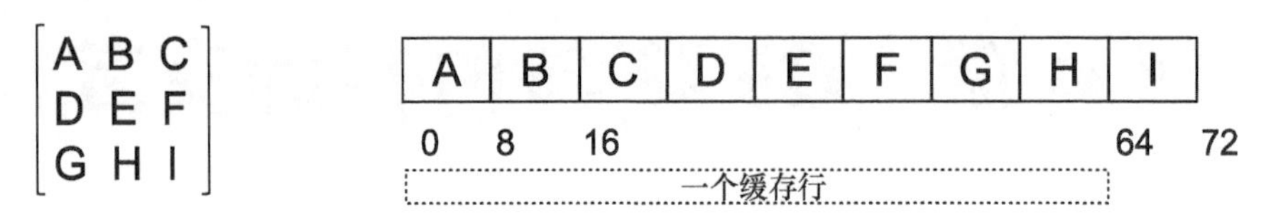

图 4-2 采用行优先顺序存储的一个简单的 3×3 矩阵

在本章使用的 1024×1024 示例矩阵中，一个矩阵行有 8 KB（用 1024 乘以每个双精度浮点数的 8 字节）长。对于 64 字节的缓存行，8 个值能够放在一个缓存行中，所以一个矩阵行能够放在 128 个缓存行中，前提是矩阵行的开始地址是 64 的倍数，即矩阵行是缓存行对齐的。否则，矩阵行将分布到 129 个缓存行中，第一个和最后一个缓存行的一些字节不在矩阵行中。本章中的 matrix 程序事实上在 4 KB 边界位置对齐了数组。因为 8 KB 的矩阵行能够分布在 64 个缓存组中，所以 32 KB 大小的缓存能够保存 4 整行，总共 4096 个双精度浮点数。

对于 8 KB 的矩阵行长度，列中的元素将间隔 8 KB。因为它们不是连续的，所以一列的 1024 个元素将占据 1024 个不同的缓存行。这些缓存行还包含其他 7 列数据，它们可能对我们有用，也可能没用。

因为示例矩阵的行的长度刚好是 4KB 的倍数，所以一列的所有元素将落入相同的 L1 缓存组中。这意味着给定列中最多有 8 个元素能够同时保存在 L1 缓存中，因为 L1 缓存是 8 路相联的。因此，顺序访问一列的 1024 个元素将产生几乎 100%的 L1 缓存未命中。

如果矩阵中的行包含（1024+8）个元素，则一列的连续元素将落入不同的缓存组中。例如，一列的连续 64 个元素落入 64 个缓存行中，而它们又分布在 L1 缓存的 64 个不同的组中。为了查看内存访问模式的真实效果，本章将使用 1024 个元素，这是一种糟糕场景下的矩阵行长度（长度为 1 KB）。

对于包含 1024 个元素的行，一种将列元素分布到多个缓存组的方式是，让组选择不再仅仅是低阶地址位的函数，而变成对更多地址位进行操作的哈希函数。我们通常不会为 L1 缓存这么做，因为对于 L1 缓存，我们无法足够快地获得页表转换后的高物理地址位。即使进行了哈希，对于我们现在的示例，矩阵的一整列也会存放在 1024 个不同的缓存行中，这是 L1 缓存中缓存行的两倍。即使使用了哈希组选择，访问一整列也会产生至少 50%的 L1 缓存未命中。不过，在接下来的内容中你将看到，在 L3 缓存中，哈希组选择会提供帮助。

认真思考访问模式能够最大化缓存命中，从而最大化性能。请记住，如果数组的维度刚好是 2 的幂，就可能发生组访问偏差——过度使用某些组，而不使用其他组，从而更容易发生缓存空间利用不足的问题。

在该示例中，每个完整的矩阵的大小是 8 MB，所以无法放入 3 MB 大小的 L3 缓存中。除了查看访问单个矩阵中的元素时的动态之外，我们还需要考虑交互：访问 3 个矩阵时的动态如何产生更多的缓存未命中和主内存流量。

4.2 简单矩阵乘法的动态

简单矩阵乘法的算法具有代码片段 4-1 所示的 3 个嵌套循环。

代码片段 4-1 简单矩阵乘法的算法

```
// Multiply matrix a times b giving c.
// All arrays are 1024 x1024 in this example
for (int row = 0; row < 1024; ++row) {
  for (int col = 0; col < 1024; ++col) {
    double sum = 0.0;
    for (int k = 0; k < 1024; ++k) {
      sum += a[row, k] * b[k, col];
    }
    c[row, col] = sum;
  }
}
```

查看最内层的循环，可以发现，对数组 ***a*** 的访问是沿着行进行的，所以我们期望它们访问 8 KB 的连续内存位置。一个矩阵行能够轻松存放在 L1 缓存中。但是，对数组 ***b*** 的访问是沿着列进行的。这些元素间隔 8 KB，所以落入 1024 个不同的缓存行中，它们都属于相同的 L1 缓存组，并且只属于 4 个不同的 L2 缓存组。我们期望对数组 ***b*** 的几乎所有引用都不会命中缓存。

4.3 估测

这个矩阵乘法应该用时多少呢？它一共有 1024×1024×1024≈10 亿次乘法和 10 亿次加法。第 2 章曾介绍过，在我们的示例服务器上，双精度乘法需要 4 个 CPU 周期，双精度加法亦如此。暂时忽略内存访问，要执行10亿次乘法，每次乘法需要4个周期，CPU频率为3.9 GHz，因此大约需要1 s，加法亦如此，所以总共需要2 s。这没有考虑重叠。如果乘法和加法完美重叠，并且如果循环被展开后，成功重叠4次迭代，那么所有计算将能够在（1/4）s左右完成。

在我们的示例服务器上，在展开的循环中执行乘法和加法时，测量结果是0.274 s。

读取8 MB的完整数组意味着访问128K[1]个缓存行，每个缓存行64字节。对于数组***a***、***b***和***c***中的每一个，我们应该至少会看到128K次缓存未命中。但是，在使用前面显示的简单访问模式时，对于数组***b***，我们应该期望看到大约10亿次缓存未命中：将内层循环的1024次未命中乘以内层的100万次循环。如果CPU频率为3.9 GHz，并且每次未命中需要200个周期或50 ns，则数组***b***的缓存未命中时间总共为50 s，注意还要加上数组***a***和***c***的少量时间。这没有考虑重叠。如果未命中的时间更短一些，并且其中许多是重叠或顺序获取的，则我们可以期望内存访问时间缩短90%大约需要5 s。

我们的估测结果说明内存访问模式是决定程序性能的关键因素。总的来说，对于整个矩阵乘法，我们期望的时间在5～50 s。

请记住，底层存在虚拟内存到物理内存的地址映射，相比只考虑虚拟地址的情况，这会扭曲缓存看到的地址分布。

4.4 初始化、反复核对和观察

要测量真实的矩阵乘法，我们需要分别使用100万个值初始化数组***a***和***b***。应该使用什么值呢？在计算机科学中，标准选择是0、1和随机数。0和1很可能触发CPU芯片中的短路计算逻辑，所以我们应该避免使用这两个值。使用随机数是可行的，但是它们可能在每次运行时发生变化，并且可能不小心触发浮点数上溢/下溢，以及相关的缓慢处理或额外处理。

我们不使用这3个值，而使用一个接近1.0的已知值来初始化每个数组元素，具体来说，也就是

```
1.0 + ((row * 1024 + col) / 1000000.0)
```

上述表达式的计算结果在1.0和刚刚超过2.0之间，平均值接近1.5。因此，每个内层循环的和大约是1024×1.5×1.5≈2300。

当重新组织矩阵代码循环时，我们很容易犯错。因此，我们将进行如下简单的可信度检查：将结果数组***c***中的所有元素相加。结果应该是大约2300×100万，即23亿。如果结果是10 000，则说明存在严重的错误。如果最简单的矩阵方法得到了校验和*S*0，而复杂技术得到的校验和*S*1等于*S*0，则复杂技术很可能是正确的。如果*S*1与*S*0有差异，但差异不大，则说明重新计算引入了稍微存在差异的舍入行为。如果*S*1和*S*0相差很大，则说明

① 128K = 128×1024。

存在问题。

因为内存访问模式对计算时间有这么大的影响，所以我们还需要插桩代码，以可选的方式统计模拟的 L1、L2 和 L3 缓存未命中数。当关闭插桩代码时，我们获得性能时间；当打开插桩代码时，我们获得未命中的计数。缓存模拟和统计会将矩阵计算时间延长十倍以上，所以我们无法同时完成这两种测量。

4.5　初始结果

将代码片段 4-1 转换为有效的 C 代码，显示二维下标如何计算并为维度创建编译时常量，这使得编译器能够将大量的循环开销工作优化掉。在我们的示例服务器上运行前面简单的三层嵌套循环，可以得到计时结果 4-1 所示的输出。

计时结果 4-1　简单矩阵乘法的用时和缓存未命中数

```
SimpleMultiply          6.482 seconds, sum=2494884076.030955315
Misses L1/L2/L3         1077341184 1058414205 886641817
```

以上结果与我们的估测基本一致。

- 总的运行时间约为 6.5 s，估测时间为 5～50 s。
- 结果数组 ***c*** 的所有元素的和约为 25 亿，估测值为 23 亿。
- L1 和 L2 缓存的未命中数约为 10 亿，L3 缓存的未命中数稍微小一些，约为 8.9 亿，估测的未命中数为 10 亿。

你可以在测试机器上编译并运行 matrix 两次来得到这些结果。在运行时，一次将 TRACK_CACHES 设置为 0，一次设置为 1。两次都要将 HASHED_3 设置为 0，并将 gcc 优化选项设置为-O2。对于不同的计算机，计时结果会有一点变化。

仔细查看代码片段 4-1 中的循环结构，你可能会注意到，col 变化得比 row 快，在内层循环的每次迭代中，col 都不同。交换外层两个循环的顺序，有可能改变总的运行时间，因为 b[k, col]的访问模式变了。根据期望的缓存未命中数，估测代码片段 4-2 中的程序相比代码片段 4-1 中的程序运行得更快还是更慢。

代码片段 4-2　简单矩阵乘法的算法，列改变得比行慢

```
// Multiply matrix a times b giving c.
// All arrays are 1024 x1024 in this example
for (int col = 0; col < 1024; ++col) {
  for (int row = 0; row < 1024; ++row) {
    double sum = 0.0;
    for (int k = 0; k < 1024; ++k) {
      sum += a[row, k] * b[k, col];
```

```
    }
    c[row, col] = sum;
  }
}
```

查看内层循环可知，它顺序扫描一行，垂直扫描一列。如前所述，8 KB 的一行能够轻松地分布在 128 行、64 组的 L1 缓存中，但列会映射到一组中，所以几乎总是不会命中。观察代码片段 4-1 中的循环顺序，内层循环的 1024 次迭代访问相同的行，而代码片段 4-2 中的循环顺序会一直改变行。因此，我们可能期望代码片段 4-1 中的循环顺序产生更少的缓存未命中，从而变得更快一些。

在我们的示例服务器上运行代码片段 4-1 中的三层嵌套循环，可以得到计时结果 4-2 所示的输出。

计时结果 4-2　简单矩阵乘法的用时和缓存未命中数，行改变得比列快

```
SimpleMultiplyColumnwise   5.115 seconds, sum=2494884076.030955315
Misses L1/L2/L3            1209008128 1209008128 1092145348
```

正如我们期望的那样，校验和是相同的，这个循环顺序产生的缓存未命中数要多 10%以上。但是，这个版本更快一些，而不是更慢一些。这里发生了什么呢？

如果你仔细查看 matrix 的源代码，就会注意到模拟缓存未命中统计时的几点差异。首先，这里使用了程序的用户态虚拟地址，而不是它们映射到的物理地址。对此，我们没有什么办法，只能希望我们模拟的缓存计数与真实的缓存计数相似。其次，注意 L3 缓存模拟是一个 2 MB 的 16 路缓存，而不是我们的示例服务器上真实的 3 MB 12 路缓存。但是，这并没有太大影响，因为在这两种情况下行都能放在缓存中，列都不能。

真实的示例服务器上的 L3 缓存并不使用地址位<16:6>对组进行索引，而使用了这些地址位以及一些高地址位的哈希（哈希算法没有文档说明）。对于这里的程序，这种哈希的效果是将列分布到所有的 L3 缓存组中。这一点很重要，事实上，这也是我们在 L3 缓存中进行哈希的原因。我们应该期望这个真实的 L3 缓存未命中数比程序中的简单计数更少，甚至少到使代码片段 4-2 中的循环比代码片段 4-1 中的循环更快。

为了接近这种行为，在选择缓存组时，L3 缓存模拟将以可选的方式对高位执行 XOR 运算。在我们的示例服务器上，重新运行代码片段 4-1 和代码片段 4-2，并将 HASHED_L3 设置为 1，得到的输出如计时结果 4-3 所示（每次运行时，总的运行时间会稍有变化，我们认为你应该能够意识到这一点）。

计时结果 4-3　简单矩阵乘法的用时和缓存未命中数，这里使用了哈希后的 L3 缓存组选择

```
SimpleMultiply             6.482 seconds, sum=2494884076.030955315
Misses L1/L2/L3            1077341184 1058414205 886641817
```

```
SimpleMultiplyColumnwise   5.115 seconds, sum=2494884076.030955315
Misses L1/L2/L3            1209008128 1209008128 1092145348

SimpleMultiply             6.458 seconds, sum=2494884076.030955315
Misses L1/L2/L3-hashed     1077341184 1058414205 751193415

SimpleMultiplyColumnwise   5.211 seconds, sum=2494884076.030955315
Misses L1/L2/L3-hashed     1209008128 1209008128 184542843
```

可以看到，针对列估测出的 L1 和 L2 缓存未命中数相比之前增加了 10%以上，但代码片段 4-2 中的 L3 缓存未命中数比代码片段 4-1 中的计数结果少 75%。每一次的 L3 缓存未命中可能需要 100～200 个 CPU 周期，所以未命中数的差异足以让总的运行时间从慢大约 20%变为快大约 20%。从 CPU 的角度来看，代码片段 4-1 的 10 亿次缓存未命中平均每次大约需要 25 个周期，而在代码片段 4-2 中，平均每次只需要 20 个周期。

请记住，这里的所有缓存未命中数都只是软件模拟，而不是真实情况。在一些机器上，可通过读取性能计数器来获知 L3 缓存未命中数，但通常用户态代码无法读取性能计数器，并且内核代码或其他程序可能污染性能计数器，或者多个 CPU 核心的每个核心上都部分执行代码，导致性能计数器不准确。第 11 章将详细讨论性能计数器。不过，即使知道了准确的缓存未命中数，也不能完全确定总的运行时间。一些 L3 缓存未命中在访问 DRAM 时可能需要最坏情况下的时间，而另一些未命中则被硬件预取器完美预测到，所以实际上不需要时间。

你现在只需要记住，缓存行为很重要，现代处理器芯片有时候使用非常复杂的方式来提高性能。如果执行模式无意间破坏这些性能改进，就可能导致较大的事务时延，这不仅对于矩阵运算成立，而且对于在每个事务中需要访问大量分散内存（考虑大的哈希表）的任何程序都成立。

4.6　更快的矩阵乘法，转置方法

如何加快矩阵乘法呢？我们的目标应该是，提高对获取到缓存中的数组元素的重用率。本节将介绍两种方法：一种需要转置数组 ***b***，另一种需要重新排列 3 个矩阵的方形子块。

数组 ***b*** 是按照列顺序访问的，当行大小是 4096 的倍数时，这种访问顺序会产生不好的缓存行为。将数组 ***b*** 转置为数组 ***bb***，然后按行顺序访问数组 ***bb***，即可得到一种优秀的缓存模式，但需要付出什么呢？

要转置数组 ***b***，就需要按行顺序读取数组 ***b*** 中的元素，这会发生 12.8 万次缓存未命中，然后按列顺序写数组 ***bb***，这会发生 100 万次缓存未命中，所以总共发生 112.8 万次未命中。但是，这总共只执行一次，所以要比上面的 10 亿次未命中好几乎 1000 倍。

为了核对转置代码，我们可以将一个数组转置两次，然后检查结果是否与原来的结果完全相同。对于直接 L3 组选择和哈希 L3 组选择，分别运行这种检查，可以得到计时结果 4-4。

计时结果 4-4 转置两次的缓存未命中数，不使用哈希 L3 组选择和使用哈希 L3 组选择各一次

```
Transpose Misses L1/L2/L3          2359296   2359258   2342724
Transpose Misses L1/L2/L3-hashed   2359296   2359258    943198
```

两次转置的 L1 和 L2 缓存未命中总数接近一次转置的估测值的两倍，但是当使用哈希 L3 组选择时，L3 缓存未命中数显著减少，这符合预期。

修改后的矩阵乘法首先将数组 ***b*** 转置为数组 ***bb***，然后将数组 ***a*** 乘以数组 ***bb***。我们期望在数组 ***a*** 的一行上内层循环发生 128 次未命中，并且希望在数组 ***bb*** 的一行上也发生 128 次未命中，而这个循环会运行 100 万次，因此大约总共应该有 2.56 亿次未命中。对于直接 L3 组选择和哈希 L3 组选择，执行修改后的矩阵乘法，可以得到计时结果 4-5。

计时结果 4-5 转置后的矩阵乘法的用时和缓存未命中数，不使用哈希 L3 组选择和使用哈希 L3 组选择各一次

```
SimpleMultiplyTranspose     1.138 seconds, sum=2494884076.030955315
Misses L1/L2/L3             269018803  148146944  142050176

SimpleMultiplyTranspose     1.144 seconds, sum=2494884076.030955315
Misses L1/L2/L3-hashed      269018803  148146944  133124904
```

计时结果约是计时结果 4-1 中的 1/6。L1 缓存未命中数接近我们的估测值，L2 缓存未命中数降低了很多，但是当使用哈希后的缓存组时，L3 缓存未命中数继续降低。

我们还可以做得更好一些。要更快速地转置数组 ***b***，就需要读取 8×8 的元素块（因为缓存是 8 路相联的，而每个缓存行有 8 个元素），并在转置这些元素块后写入它们。每次未命中时，在数组 *bb* 的每一个缓存行中填入 8 个元素，而不是只填入 1 个元素。另外，可以将转置循环展开 4 次，以降低循环开销。我们期望读数据产生大约 128 000 次未命中，写数据也产生大约 128 000 次未命中，总共产生大约 256 000 次未命中，这比简单的转置好 5 倍。对于直接 L3 组选择和哈希 L3 组选择，运行转置两次的检查，可以得到计时结果 4-6。

计时结果 4-6 转置和块转置两次的缓存未命中数，不使用哈希 L3 组选择和使用哈希 L3 组选择各一次

```
Transpose      Misses L1/L2/L3          2359296   2359258   2342724
BlockTranspose Misses L1/L2/L3           552960    524395    522240

Transpose      Misses L1/L2/L3-hashed   2359296   2359258   1019221
BlockTranspose Misses L1/L2/L3-hashed    552960    524395    522427
```

事实上，块转置的缓存未命中数要少大约 77%，并且 L3 缓存组选择算法的影响并不大。

矩阵乘法的内层循环也可展开 4 次，以降低循环开销，并提供更多的机会来并行执行加法和乘法。对于直接 L3 组选择和哈希 L3 组选择，将所有这些处理综合起来，可以得到计时结果 4-7。

计时结果 4-7　更快的矩阵乘法的用时和缓存未命中数，不使用哈希 L3 组选择和使用哈希 L3 组选择各一次

```
SimpleMultiplyTransposeFast 0.586 seconds, sum=2494884076.030954838
Misses L1/L2/L3             268100748  147229568  141132672

SimpleMultiplyTransposeFast 0.579 seconds, sum=2494884076.030954838
Misses L1/L2/L3-hashed      268100748  147229568  132811796
```

计时结果约是计时结果 4-1 中的 1/10，约是计时结果 4-5 中的 1/2。L1、L2 和 L3 缓存的未命中数相比计时结果 4-5 中的分别只下降了约 100 万次，所以大部分加速来自循环展开。注意，与计时结果 4-5 相比，校验和稍微有所改变。这并不是转置导致的，而是因为内层循环展开 4 次，这并行产生了 4 个和值，它们在最后又相加一次。

4.7　更快的矩阵乘法，子块方法

另一种完全不同的方法是重新排列 3 个矩阵的方形子块，使得每个子块只添加到缓存中一次，并完整使用。子块的大小可以是 8×8、16×16、32×32、64×64 等。对于我们的示例服务器的缓存设计而言，32×32 是最快的。

图 4-3 从大的 1024×1024 矩阵中提取出了一个 4×4 的子块，然后重新排列了这个子块。原来的 16 个元素都映射到相同的 L1 缓存组，但重新排列后，它们填充的连续内存单元分布在不同的缓存组中。

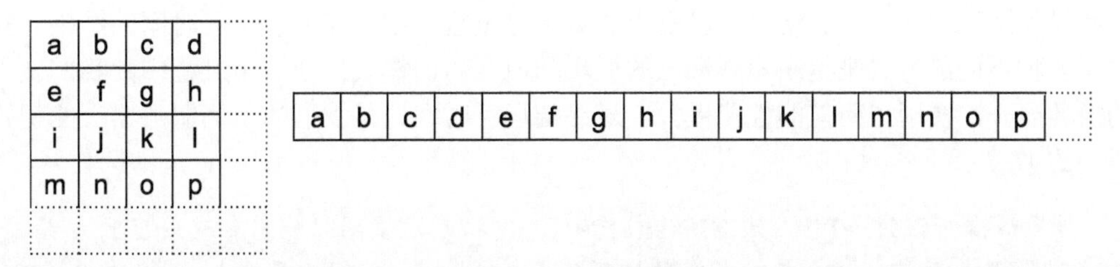

图 4-3　重新排列大矩阵的子块，将每个子块放到能够很好地缓存和预取的连续内存单元

在 matrix 中，以行优先的顺序只读取每个 32×32 的元素子块一次，然后将其顺序写入一个新的数组中。复制的子块不是 32 个不连续的行（每行 32 个元素），而是连续的 1024 个元素。复制操作对每个数组只发生 128 000 + 128 000=256 000 次未命中，这与转置方法相同。

之后，使用（展开的）内层循环处理复制的子块，这个循环将 32 个元素重复了 32×32=1024

次，得到数组 *cc* 的一个部分和子块，它们都只使用了 L1 缓存。完整的乘法需要将数组 *a* 重新映射到数组 *aa*，将数组 *b* 重新映射到数组 *bb*，将数组 *aa* 和数组 *bb* 相乘，得到数组 *cc*，然后反向映射数组 *cc* 的子块，得到数组 *c*。对于直接 L3 组选择和哈希 L3 组选择，将所有这些处理综合起来，可以得到计时结果 4-8。

计时结果 4-8 子块重映射的矩阵乘法的用时和缓存未命中数，不使用哈希 L3 组选择和使用哈希 L3 组选择各一次

```
BlockMultiplyRemap          0.373 seconds, sum=2494884076.030955315
Misses L1/L2/L3             26161141     8116254     5228737

BlockMultiplyRemap          0.392 seconds, sum=2494884076.030955315
Misses L1/L2/L3-hashed      26161141     8116254     5243627
```

L1、L2 和 L3 缓存的未命中总数又减少了 1/10 左右，但总的运行时间约缩短了 1/3。L3 哈希实际上稍微增加了原本就少的 L3 缓存未命中数，这也稍微增加了运行时间。但无论是哪一种情况，我们都在接近测量算术运算需要的时间，测量结果约为 0.274 s。这意味着是时候停止优化内存访问模式了。

32×32 子块的校验和与简单乘法完全相同，这纯属偶然。其他大小的子块在第 5 个小数位会稍有不同。

4.8 感知缓存的计算

本章介绍的案例分析通过优化代码来改进缓存行为，从而缩短运行时间。通过使用第 2 章中测量加法和乘法时间的结果，以及第 3 章中测量缓存维度和内存访问时间的结果，我们探索了 4 种不同的方式来组织矩阵乘法的循环和内存访问模式。在这个过程中，我们做了显式的循环展开，实现了两倍的性能提升。最终结运行时间约是我们的示例服务器上的初始运行时间的 1/17。

许多读者听说过 SPEC 基准[Dixit 1991]，这种基准试图以相当有代表性的方式测量 CPU 性能。最初的 SPEC89 基准套件包括了程序 030.matrix300，这是一个 FORTRAN 程序，用于执行 300×300 维度的矩阵乘法。这个程序引入了编译器优化来重新安排缓存访问，包含这种优化的硬件的性能可以提高 10 倍，这促使所有主流硬件供应商都联系 Kuck Associates，想要购买这种编译器技术，SPEC 联盟不得不在后续的 SPEC92 套件中去除了 030.matrix300 程序。

在探索过程中，我们估测了时间和缓存未命中数，然后测量了真实的代码，并将测量结果与我们的估测结果做了对比。我们还引入了一种简单的机制——全数组校验和，以检查使用不同方法得到的计算结果是否相似。当时间接近我们对可能实现的最短纯计算时间的估测值和测量值时，就停止优化内存访问模式。对于软件从业人员来说，这是一种需要养成的重要习惯。

4.9　小结

在处理大量数据时，对缓存友好的组织方式相比没有经过仔细考虑的组织方式，能够显著提升性能。将在时间上一起访问的数据，在内存中也放到一起会有所帮助。

这不仅适用于矩阵，也适用于哈希表、B 树、链表节点、网络消息和其他许多数据结构。例如，不使用 16 字节的链表节点（里面包含 8 字节的指针和 8 字节的数据），而是使用 64 字节的节点（里面包含 1 个指针和 4 组以上的数据），可以将缓存性能提高 4 倍。

习题

进一步将矩阵乘法的用时缩短 20%左右。

CHAPTER 5

第 5 章　测量磁盘/SSD 的传输时间

要测量其性能的第三种基本硬件资源是磁盘/固态硬盘（Solid-State Disk，SSD）。在本章中，我们测量磁盘/SSD 的传输时间：真实存储设备的读写需要多长时间？前几章介绍了如何测量几千次相同操作的平均 CPU 时间和内存时延，本章则不同，本章旨在分析一次用时较长的磁盘/SSD 读或写操作的内部动态，揭示许多子结构以及一些令人意外的地方。

当执行磁盘读或写操作时，真正发生了什么？如图 5-1 所示，这涉及几层软件，包括操作系统和文件系统。至少文件系统和驱动器自身会缓存磁盘数据。文件系统一般会预取和缓存读取的数据，并缓冲写出的数据，而后在空闲时将它们提交到磁盘，试图将较少、较大的数据转移写入磁盘。现代磁盘驱动器也都在磁盘上包含了预取缓存，以至少保存来自当前磁道的数据，并且也会经常保存来自多个磁道的数据。另外，现代磁盘驱动器还会在磁盘上包含写缓冲区，以保存磁盘在空闲时提交到磁盘表面的写出数据。

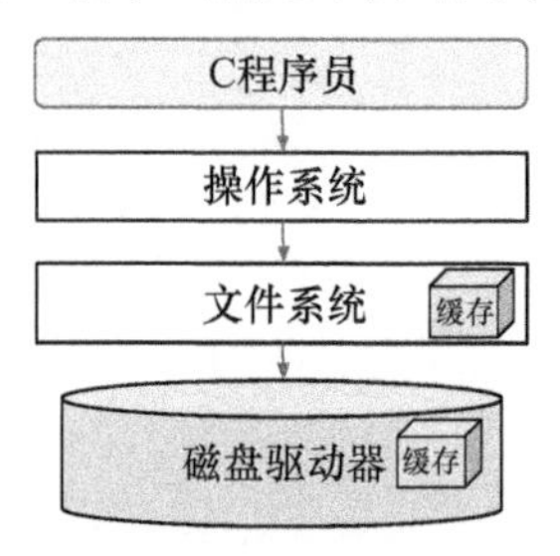

图 5-1　访问磁盘驱动器时涉及的软件和硬件

与前面一样，为了进行准确的计时，我们需要抑制其中一些预取、缓存和缓冲机制。下面我们首先对磁盘和 SSD 操作进行一些背景介绍。

5.1　关于硬盘

如今，标准的 3.5 英寸硬盘能够保存 1 TB 左右的数据，它们在内部通常有 1～4 个盘片，图 5-2 中的硬盘看起来有 3 个盘片。因为盘片的两个表面都记录了数据，所以对于 3 个盘片来说，传动臂的两端有 6 个读写磁头。图 5-3 显示了一对读写磁头。传动臂可通过移动，将读写磁头放到磁盘上的特定径向位置。读写磁头下方的数据环是一条磁道，如图 5-4 所示。同时处于全部读写磁头下方的垂直一叠磁道称为柱面。在一条磁道上，有几百个 4 KB 大小的磁盘数据块（或扇区）。因为磁盘靠外的磁道在物理结构上比靠内的磁道更长，所以现在大部分磁盘会使每个磁道的扇区数有所区别，在靠外的磁道上存储更多的数据，而在靠内的磁道上存储较少的数据。这意味着靠外磁道上的数据传输率更高（以恒定速率旋转时，每次旋转传输的字节数更多）。

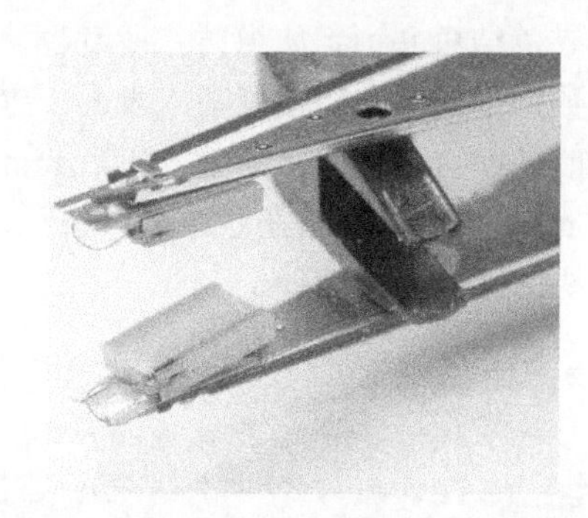

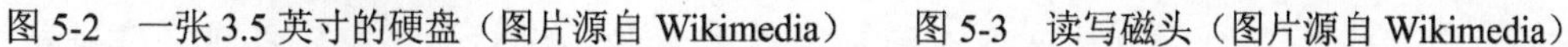

图 5-2　一张 3.5 英寸的硬盘（图片源自 Wikimedia）　　图 5-3　读写磁头（图片源自 Wikimedia）

读写磁头的活动部分很小，大约只有一条磁道的宽度。通常，写磁头与单条磁道的宽度相同，而读磁头要窄一些，以便能够定位到磁道的中间，读取最佳信号。磁道很窄，每英寸有超过 200 000 条磁道（每厘米约 80 000 个）。大约 1000 条磁道的宽度合起来才能达到人的一根头发的直径。

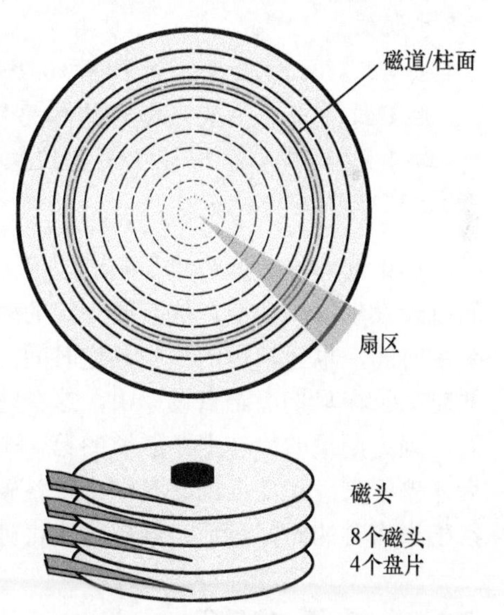

图 5-4　扇区、磁道和柱面的示意图（图片源自 Wikimedia）

当从一个磁盘位置读取数据时，发送到磁盘的命令都有一个逻辑块地址（Logical Block Address，LBA）。驱动器先将 LBA 映射到特定的柱面，再映射到该柱面内的磁道，最后映射到该磁道中的某个 4 KB 大小的块或扇区。然后开始寻道，将传动臂移动到该柱面，同时在电子方式上切换至监听合适的读磁头。完成寻道后，驱动器读取选定读磁头下方的位，寻找每条磁道上块之间的特定嵌入伺服模式。这些模式用于告诉驱动器当前所在的磁道，即使传动臂仍然在径向移动。在寻道的最终阶段，驱动器会锁定期望的磁道，在该磁道上居中，然后准备读或写数据。Rubtsov 对磁盘的物理布局进行了很好的讨论。

磁道特别窄，以至于当一个读磁头在某个磁道上居中时，其他读磁头在它们的表面上会靠近对应的磁道，但它们没有精确地在那些磁道上。如果其他读磁头在径向上偏离的宽度约等于人的一根头发的直径，那么它们就会偏离 1000 条磁道。在任何时候，都只有一个读磁头在正确的磁道上。在这么小的维度上，磁道也不是正圆形，而是稍微偏离中心或者不太圆。磁盘在旋转时，磁道的中心会发生变化，可能偏内或偏外。因此，伺服机制总是有效的，旨在将读写磁头稍微向内或向外移动，以使其停留在磁道的中心。

当寻道结束并锁定磁道时，驱动器会等待期望的块经过读磁头的下方，然后复制从表面读取的数据，或者将新数据写入表面。寻道可能需要 4～15 ms，具体取决于传动臂一开始距离期望的柱面有多远。典型的 7200 r/min 的磁盘每秒旋转 7200/60=120 次，所以每次旋转需要 8.33 ms。平均下来，在寻道后，磁盘需要等待半次旋转（大约 4 ms），期望的块才能旋转到读磁头的下方。

如果外力导致磁盘振动，磁头可能轻微移动，驱动器可能发现磁头离开了磁道，此时就会停止读取或写入，等待一次旋转，然后再次尝试。按照设计，写入对于这种情况要比读取更加敏感。在数据中心环境中，许多磁盘紧密堆叠在一起，此时可能产生如下效果：当磁盘 D 被写入时，邻近磁盘上以某种共振频率发生的强烈寻道活动可能导致磁盘 D 错过旋转，使其写入变慢，但这只有当完全无关的邻近磁盘恰好有某种活动模式时才会发生。如果有 10 万块磁盘，但没有实施很好的隔振措施，这种现象就可能发生得相当频繁，但又让人感觉很难理解。作为程序员，我们习惯于把世界想象成由 1 和 0 组成，但这只是一种数字抽象——现实世界仍然是模拟的，时不时以恶意的方式破坏这种抽象。

如果读取的数据跨越了磁道边界，则一条磁道的最后一个块和下一条磁道的第一个块之间就会发生磁头切换，这需要一定的时间。这个时间既包括将读电子器件切换到下一个读磁头的时间，也包括短的伺服寻道时间，以及定位到新磁盘表面上的期望磁道的中间位置所需的时间。在早期的磁盘设计中，这个时间还包括等待磁盘一直旋转到新磁道的第一个块的时间，因为期望的块在上条磁道的第一个块的正下方，但磁盘盘片会一直旋转到稍微超过磁头后才停下来。在如今的磁盘中，每条磁道的第一个块偏离前一条磁道可能 1/5 转，所以当切换磁道需要的时间过后，期望的块将处在读磁头的下方。

5.2 关于 SSD

SSD 使用闪存而不是旋转的磁盘盘片。相比硬盘，它们的成本更高，所以不会立即取代数据中心环境中的硬盘。但是，在使用电池的便携式设备［如 iPod（最初有一个很小的硬盘）、iPad、笔记本计算机以及手机］上，它们正在快速取代硬盘。

闪存芯片中的每位通过在浮栅上注入或释放电荷（这是通过浮栅上方的一个控制闸实现的）而存储到一个晶体管中。在这里，“浮栅”是完全隔离的，不和任何其他东西相连，如图 5-5 所示。当注入或释放电荷时，浮栅可在没有提供电源的情况下保存其中的值很多年。

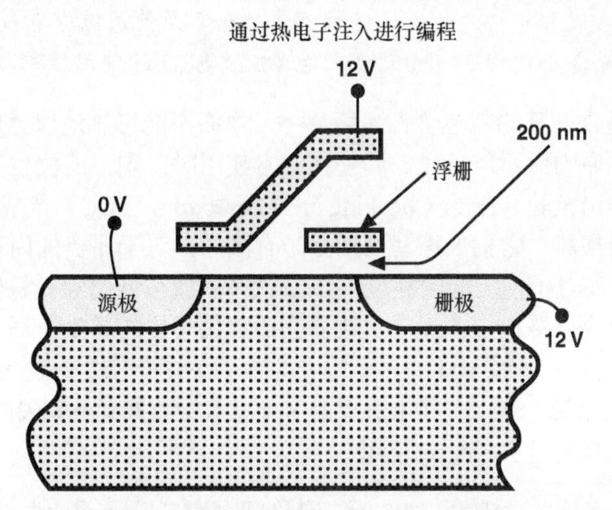

图 5-5　闪存位（图片源自 Wikimedia）

从浮栅释放电荷需要的电压比正常电压高得多。以正常的 3.3 V 电源为例，其一极释放电子，另一极接收电子，从而驱动 3.3 V 的电压，但释放电荷需要大约 12 V 的电压。这个过程是在芯片上完成的，但提高电压需要一些时间，在这段时间内，芯片什么也做不了。考虑到电气因素以及升压需要的延迟，采用的设计风格是时不时地一次性释放一个内存块（大小可能是 4 KB～16 KB）的全部位。擦除周期会将所有位的值设置为 1。当要进行写入时，需要先执行块擦除，将位设置为 1，然后再有选择性地通过注入电荷来写入 0。通常，一个写入周期会一次性地写入 4 KB 的块，来模拟磁盘驱动器的行为。

读取操作使用较低的电压来感知浮栅上的电荷，该电压不会对读取产生干扰。读取位所需的访问时间是 $O(100)$ μs，这是 DRAM 访问时间的 1000 倍，但是硬盘的访问时间的 1/100。与 DRAM 相似，这里也会一次性读取几千位。100 μs 的“寻道时间”过后，使用 Serial AT Attachment（SATA，其中的“AT”来自 IBM 个人计算机的 AT 型号）总线连接的 SSD 每秒能够传输 500～600 MB，相比硬盘的 100 MB/s，大约快了 5 倍。使用更快的外围组件高速互联（Peripheral Component Interconnect express，PCIe）总线建立的连接能够以超过 1 GB/s 的速度传输数据。与硬盘一样，SSD 也会缓冲写入，之后再应用到预擦除的块。擦除块的操作比较慢，需要 $O(10)$ ms。写入块要快一些，需要 $O(1)$ ms。这两种操作都比读操作慢得多。与硬盘不同，LBA 到实际内存块的映射的动态程度相当高，SSD 控制器会从一个巨大的预擦除块的池中快速分配新的块。

一些 SSD 控制器不仅会重新安排 LBA 到物理块的映射，而且会在写入之前压缩数据，从而使用更少的块，然后在读取时进行解压缩。对于一些控制器，写 100 个包含 0 的块可能只分配一个包含 0 的物理块，然后将 100 个 LBA 映射到该物理块。因此，在测试读/写速度时，我们更愿意使用随机的位来填充数据块，而不是使用像全 0 或全 1 这样的简单模式，比如都使用 0 或者都使用 1。随机的位能够挫败 SSD 的使用压缩的快速路径。

SSD 中的闪存通常一开始就包含许多坏位——浮栅不能可靠地保存电荷，要么因为短路接地，要么因为其他原因而不能工作。即使在正常使用时，剩下的位也有一些不可靠，所以到处会使用额外的差错校验（Error Checking and Correction，ECC）位或多位纠错码。此外，在使用过程中，位会损坏，它们的擦写周期数是有限的。对于昂贵的闪存中的位，30 000 个写周期是典型情况；而对于便宜的闪存位，3000 次写入就可能已经是极限。为了避免过快损耗一个块，并使其他块保持稳定，SSD 控制器会跟踪每个块在其生命周期内的写入次数，并将对块的分配分散开，尽量让写入每个块的次数相同。这个过程称为“磨损平衡”（wear-leveling）。总的来说，SSD 在其生命周期内可写入的数据量是有限的，所以对于大量的、稳定的写入流量，SSD 可能并不适合使用。

对一个闪存位置读取数千次，事实上可能会干扰邻近晶体管的电荷，所以除标准的写磨损平衡之外，一些 SSD 控制器还会进行简单的读磨损平衡。

较廉价的 SSD 的另一个属性也使得它们变得不可靠。一些多电平单元（Multi-Level Cell，MLC）驱动器不是在每个晶体管中存储一位，而是使用 4 种不同的电平来存储两位。如今，大部分常见的 SSD 存储了 8 个电平，因而在每个晶体管中能够存储 3 位。这将模拟噪声的容限减小了 7/8，所以一些位更容易误读，之后（如果幸运的话）被 ECC 逻辑纠正。但是，这种闪存芯片的每个晶体管保存的位数比原来多 3 倍，所以每位的成本更低。在每一代新芯片的制造过程中，实际的晶体管越来越小，存储的电量也越来越少，所以噪声水平会升高，信号水平会下降。

最终的结果是，SSD 虽然比硬盘快，但已经不是神奇的存储解决方案。

等到后面讨论磁盘和 SSD 的计时结果时，我们将查看这些细节造成的后果。现在，让我们看看软件程序。

5.3 软件磁盘访问和磁盘缓冲

当你第一次访问磁盘上的一个文件时，如打开一个文件，文件系统就会在一个目录中查找这个文件的名称。目录是一种特殊的磁盘文件，它通过使用逻辑块编号，指出文件数据保存在什么地方。根据写文件的方式，文件可能存储在磁盘上的一个文件区块（file extent）中，也可能存储在多个分散的区块中，每个区块是一组连续的 LBA。

虽然一组连续的 LBA 通常映射到在物理上连续的磁盘块，但驱动器有时候也可能将一个块重新映射到邻近的位置，以便使用一个好的备用块替换磁盘表面上的一个坏块。

文件系统会把你的读取 N 个块的请求转换为一个请求（N 不是特别大，并且块都在相同的区块内）或多个总共读取 N 个块的请求（N 很大，或者块跨越了多个区块）。因为驱动器需要在区块之间寻道，所以碎片化严重、使用了大量区块的文件读起来会很慢。碎片整理软件会把文件复制到其他位置，试着让每个文件保存在一个区块中。

目录包含关于文件的其他各种元数据，包括文件的大小、读/写/执行的访问权限、所有者、创建时间和最后访问时间。

atime（last time）代表文件的最后访问时间，它在每次访问文件时会更新，这意味着哪怕仅仅读取文件的 1 字节，甚至只是打开文件，都可能导致对应的目录条目被读取、修改，然后写回磁盘。这可能让一次磁盘访问变成 3 次访问，从而造成性能严重下降。目前，已有至少一种文件系统默认实现了“近似 atime”，最多一天更新一次目录文件。对于查看上次使用或者备份文件距离现在已经过去了几个月，这种方法够用了。

幸运的是，Linux 系统中的 open()系统调用有一个 O_NOATIME 参数，它有可能挫败这种更新。说“有可能”，是因为按照 open()系统调用的定义，文件系统可以忽略这个选项。在 Linux 系统中，只有文件的所有者能够使用 O_NOATIME 来打开文件。

Linux 系统中的 open()系统调用还有一个 O_DIRECT 参数，它有可能取消文件系统的大部分缓冲和缓存。这两个参数都会用上。

根据 Linux 手册，“O_DIRECT（自 Linux 2.4.10 开始提供）试图最小化对这个文件的 I/O 缓存效果。一般来说，这会使性能降级，但在特殊情况下它是有用的，例如当应用程序自己进行缓存时。文件 I/O 直接在用户空间的缓冲区进行。”

在一些磁盘上，也可以关闭磁盘上的写缓冲和读缓存，但这么做几乎总是一种性能上的灾难，所以我们将保持它们打开的状态。（只有超级用户能够使用命令关闭它们：hdparam -W0 可以关闭写缓冲，hdparm -A0 可以禁用预读缓存。）关闭预读缓存后，两次读取 64 KB 数据的操作在把第二次读取发送到磁盘时可能不够快，导致在发送前错过一次旋转（在转速为 7200 r/min 时需要 8.33 ms）。关闭写缓冲后，两次写入 64 KB 数据的操作在把第二次写入发送到磁盘时也可能不够快，从而也会导致错过一次旋转。这两种情况都会造成性能上的灾难，所以请不要这么做。

当磁盘驱动器上的读缓存（read caching）按照预期方式工作时，就可以从预读缓存中获取稍微延迟的第二次读取的 64KB 数据，预读缓存则复制磁盘读磁头下方的数据。这是一件好事。

当磁盘驱动器上的写缓冲（write buffering）按照预期方式工作时，磁盘对于第一次的 64KB 写入会撒谎，一旦缓冲完最后一字节的数据，就给出写入完成的信号，此时，寻道和将数据传输到实际磁盘表面的工作远没有完成，甚至可能还没有开始寻道。这给了操作系统足够的时间来发送第二次的 64KB 写入，之后当寻道完成时，两次写入将一起完成。这种缓冲有些好处，能让多次写入更加高效。

但是，如果将读取和写入混合起来（这在数据中心环境中很常见），就可能发生一种让人失望的情况。假设程序 A 向某个磁盘驱动器发送了 10 次不同的、在物理上分散的 1 MB 写入操作，然后程序 B 试图从这个驱动器读取 64 KB。假设在驱动器内不会重新排列请求，则程序 A 的第一次写入将进入磁盘上的写缓冲区，然后开始寻道。驱动器在这时候会撒谎，说写入已经完成。其他 9 次写入也会被缓冲，驱动器会说它们早就完成了。然后，程序 B 的读取请求到达该驱动器。驱动器可能先完成所有写入（包括 10 次寻道），这大约总共需要 400 ms，所以相比从空闲驱动器读数据，这会使程序 B 的读取速度降低为原来的 1/10。对于响应时间目标为 200 ms 的实时、面向用户的软件，这会造成性能上的灾难。

重新排列请求的驱动器有可能提高平均性能，但无法去除处理速度降低为原来 1/10 的糟糕场景，而且事实上，有时候反而可能导致用户可见的磁盘时延变得更糟。当重新排序时，前面的读操作可能会绕开缓冲的写入，立即开始自己的寻道和读取，但这会有隐藏的开销。当读取操作绕过写入操作，但新的写入操作也抵达时，写缓冲最终会被填满。此时，驱动器必须停止读取，并实际执行一些写入。一种设计选择是在这个时候完全清空整个写缓冲，另一种设计选择是只执行一次写入，然后继续读取。前者对于磁盘驱动器固件来说更容易实现，所以通常我们会采用这种方法。对于这种情况，所有读取操作（用户代码可能认为这可以立即完成）会长时间暂停——对于用户代码来说，这是可能发生的最长等待时间，因为必须等待填满的写缓冲被清空。更糟糕的是，如果是其他程序执行写入，则从执行读取操作的程序的角度来看，什么时候出现这种情况是完全随机的。对于实时的、面向用户的流量来说，这是另一种性能上的灾难。

对于对时延敏感但又混合了读写操作的应用程序来说，必须更加小心，以避免写缓冲影响读取时延。一种解决方法是在磁盘有足够的时间把写缓冲区内容复制到磁盘表面之前，不启动另一个磁盘操作，这样可以保持磁盘写缓冲区接近为空。

因为 SSD 上块的擦除周期很长，并且会阻止其他磁盘活动，所以在混合读写操作时，闪存驱动器也会引入意外的读延迟。如果 SSD 刚刚启动一次擦除周期，则 100 μs 的读寻道时间时不时就会变为 10 ms（10 000 μs）。同样，从执行读取的程序的角度来看，发生这种情况的时间也完全是随机的。因此，对于实时的、面向用户的流量，尽管 SSD 的绝对时间尺度比磁盘更好，但写入操作仍然可能造成性能上的灾难。

5.4 磁盘读取有多快

为了测量真正从磁盘表面获取数据，而不是从磁盘上的读缓存获取数据的一次磁盘读取操作的速度，我们需要采用的策略与计算内存访问时间相似。创建一个磁盘文件，使其相比预期的磁盘缓存更大。我们期望看到的现象是，大部分早期数据会被逐出，只有部分最终数据留在缓存中。然后，我们使用早期数据开始读取和计时。

因为涉及的时间尺度只有微秒和毫秒级别，所以不需要使用纳秒级周期计数作为时间基准。标准的 gettimeofday()调用（在内部执行的可能是 100 ns 的系统调用）就够用了。该调用将当前时间作为两个 int 值返回，这两个 int 值分别代表秒和微秒。使用这两个 int 值是 32 位处理器时代遗留下来的处理方式。在 mystery3 程序中，GetUsec()例程使用 gettimeofday()将这两个 int 值合并成一个 64 位的微秒计数，以使我们能够方便地进行减法计算。为了获取总的磁盘传输率，我们可以读取时间，在读取几兆字节后，再次读取时间并相减。但是，这不会把细节告诉我们，比如寻道用的时间与传输数据用的时间各是多少，对多个区块进行了多少次寻道，改变磁道或改变柱面需要的时间，等等。为了获取更多数据，我们可以把很多兆字节读入一个数组，记录下每个 4 KB 块进入内存的时间。具体的步骤如下。

（1）写入并使用 fsync 同步一个包含非零值的 40 MB 文件（比磁盘上可能具有的 32 MB 缓存更大），使磁盘缓存失效。

（2）指定 O_DIRECT 和 O_NOATIME 来重新打开文件。

（3）记录开始时间。

（4）通过异步读取，将该文件读取到一个全部为 0 的数组中。

（5）在读取过程中，查看每个 4 KB 块的第一个字，看看它是否仍然为 0。如果不为 0，就记录它从 0 变为非零值的时间。

完成后，我们将有一个开始时间和 10 000 个时间戳，每个时间戳对应一个 4 KB 大小的块，用于显示该块数据到达用户态数组的时间。

我们期望看到什么呢？

磁盘传输率是 *O*(100) MB/s，可能在 50 MB/s～200 MB/s 这个范围内。因此，读取全部 40 MB 大约应该需要 400 ms。如果我们看到 40 ms 或 4 s，则说明存在问题。但是，在 40 MB 以下，我们期望看到什么模式呢？

在开始 40 MB 的计时读取时，磁盘的传动臂在什么位置呢？在磁盘上，我们上次执行的操作是写入 40 MB，所以我们期望传动臂在该文件的最后 1 MB 附近。因此，我们首先要做的是寻找大约 40 MB 的空间（如果涉及多个区块，则需要寻找更多空间），这次寻道的延迟是 *O*(10) ms。之后呢？图 5-6 显示了一次较短读取的示例，这里读取了 100 个磁盘块，共 400 KB。

图 5-6（a）显示了最简单的模式。在寻道后，文件的块 0 进入内存，然后，后续的数据块按固定的时间间隔（大约总共用了 4 ms）顺序进入数组。图 5-6（a）显示，寻道用了 16 ms，之后块 0 到达，然后另外 99 个块每隔大约 40 μs（传输率大约为 100 MB/s）相继到达。寻道时间是从 0 到第一个块的时间，大约为 0.016 s。传输率是对角线（实际上是 100 个点，每个点对应一个块）的斜率。

注意，在这种磁盘上随机读取 400 KB 的数据时，大约 80%的时间（16 ms）用在了寻道上，只有 20%的时间（4 ms）用在传输数据上。如果你的程序从磁盘上随机读取 4 KB 大小的块，情况会更糟，超过 99%的时间将用在寻道上，只有少于 1%的时间用于传输数据。

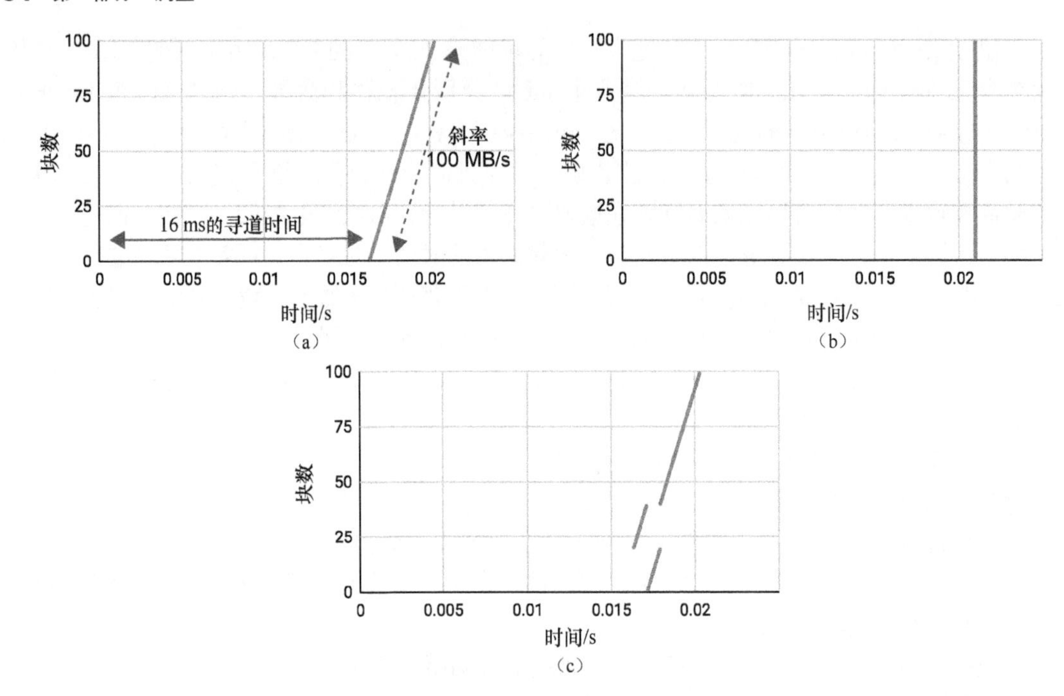

图 5-6 100 个数据块可能发生的磁盘读取计时

在有时延的情况下，实现高效率的一种经验法则是，努力在至少一半的时间内做有用的工作，即所谓的“半有用原则”(Half-Useful Principle)。在这里，也就是在用 16 ms 寻道后，用 16 ms 传输数据。这意味着每次寻道能够传输大约 1.6 MB 的数据；在进行 16 ms 的寻道后，如果只用 40 μs 传输 4 KB 的数据，就违反了半有用原则，但很少有程序或数据库设计会关注这一点。

半有用原则

在启动时延 T 后，至少在时间 T 内做有用的工作。换言之，至少在一半的时间内做有用的工作。

图 5-6（b）显示了另一种可能发生的模式，即在很长时间内没有数据进来，然后在大约进行 21 ms 的寻道加上传输后，所有块同时进入用户缓冲。如果操作系统将所有数据读入内核缓冲，然后通过重写页表条目将数据交付到用户空间，就可能发生这种情况。

图 5-6（c）显示了第三种模式，即在中间某个地方（可能靠近文件的开头）开始读取，过了一会儿才填充文件的开头，然后继续填充文件的其余部分。如果磁盘优化了寻道后的读取，不等待第一个块旋转到合适的位置，而从读磁头首先经过的任意块开始传输数据，并且等到经过前几个块的时候才读取它们，就可能发生这种情况。

如果文件存储在两个区块中，中间需要进行寻道，你期望看到什么呢？文件的一部分被读取，当寻道/旋转到第二个区块时，就需要先经过一个延迟，之后才读取文件的剩余部分。

如果文件有一个坏块，磁盘驱动器就会在内部将其替换为相同磁盘柱面上的一个保留块（不会有长时间的寻道，而只使用一条不同的磁道和一个不同的扇区位置），你期望看到什么呢？文件的一部分被读取，然后在磁盘柱面上有一次短暂的寻道/旋转，以定位到替换块，然后再次经过一次短暂的寻道/旋转，回去继续读取主文件。

注意，如果没有看到多个区块的模式或者坏块的模式，则按照逻辑排除法，说明只有一个区块，并且没有坏块。

5.5　一次粗略估算

传输一个 4 KB 大小的块应该需要多长时间呢？如果传输率是 *O*(100) MB/s，则每微秒可以传输 *O*(100)字节，所以 4 KB 大约需要 40 μs。对于一些速度较慢的磁盘，需要的时间可能接近 60 μs，传输 10 000 个块的总时间大约为 600 ms。

我们的“查看每个 4 KB 块的第一个字”的循环的每一次迭代需要多长时间呢？这些项都相隔 4 KB，它们无法很好地分布在 CPU 的 L1 缓存、L2 缓存甚至 L3 缓存中，而只能使用少部分缓存相联组，所以很可能它们中的大部分无法在缓存中命中。另外，I/O 硬件在同时访问相同的数据，所以有可能进一步推迟任何假想的 CPU 缓存行为。如果主内存访问大约需要 50 ns，则一次性执行 10 000 次内存访问大约需要 500 μs。但是，我们期望块每 60 μs 到达一次。你能看出这里的问题吗？

为了获得更加精确的连续块计时，我们仍每隔一次迭代就查看期望的下一个块，而不是每 10 000 个块查看一次。为了避免得到低的时间分辨率，同时避免把时间都用在 gettimeofday() 系统调用上，我们权衡了一下，每扫描 10 000 项中的 256 项时就更新时间，大致每 20 μs 更新一次。

现在编译并运行 mystery，看看得到了什么模式。注意，我们的示例服务器上的磁盘非常廉价，转速为 5400 r/min（而不是 7200 r/min）。它们的寻道速度也不快。你应该合理地降低对时间的期望。我们的示例服务器上的 SSD 也很廉价；你看到的平均传输率可能比磁盘的高，但仍然只有 400～800 MB/s。

程序 mystery3 会将我们要写入的 40 MB 文件的名称作为命令行参数。我们的示例服务器还有另一块专门用于数据的磁盘（没有操作系统活动的干扰），被挂载为/datadisk/dserve。可使用如下命令将临时文件保存到该磁盘上。

```
g++ -O2 mystery3.cc -lrt -o mystery3
./mystery3 /datadisk/dserve/xxxxx.tmp
```

其中，“xxxxx”是你的登录名或其他唯一的名字。g++命令允许使用完整的 C++语言构件，-lrt 标志为异步 I/O 提供了合适的库支持。这个程序将基于输入的文件名，写入一个 JSON（JavaScript Object Notation）输出文件。在本例中，也就是写入如下文件。

```
/datadisk/dserve/xxxxx_read_times.json
```

上述 JSON 文件包含 10 000 对时间和块编号，其中时间是开始异步读/写后的秒数加上微秒数。

我们的示例服务器还有一个专门用于保存数据的 SSD，被挂载为/datassd/ dserve。可使用如下命令运行程序。

```
./mystery3 /datassd/dserve/xxxxx.tmp
```

这将生成如下文件。

```
/datassd/dserve/xxxxx_read_times.json
```

你会发现这些 SSD 计时有很大的不同，并没有你期望的那么简单。

与前面一样，如果在其他计算机上运行程序，或者如果使用了不同的操作系统、磁盘或 SSD，那么得到的结果会有所不同，有时可能还会得到不同的模式。

5.6 磁盘写入有多快

要测量磁盘写入的速度，我们可以采用一种类似的策略，只不过这一次，我们想获取把每个块从缓冲区复制到磁盘时的时间戳。具体的步骤如下。

（1）使用非零值填满一个 40 MB 大小的数组，将每个 4 KB 块的第一个 int64 值设置为 0。

（2）打开一个文件准备写入，指定 O_DIRECT 和 O_NOATIME。

（3）在一个变量中记录开始时间。

（4）异步地写入文件。

（5）在写入过程中，重复扫描数组，将每个 4 KB 块的第一个 int64 值设置为当前时间。每个块的这个值将被复制到磁盘上。

写入完成后，从磁盘读回全部 40 MB 的文件。查看数组，看看对于每个 4 KB 大小的块，什么时间戳被实际复制到磁盘上（或者更准确地说，查看从用户态数组复制出去的时间）。

完成后，我们将获得开始时间和 10 240 个复制出去的时间。你期望看到什么模式呢？

在后面的习题中，你可以基于在 mystery3 程序中完成的 TimeDiskWrite()例程回答这个问题。复制该程序，编辑并完成修改，然后在上述两种类型的设备上运行该程序，获取写入时间。

5.7 结果

现在应该有 4 个结果文件。

```
/datadisk/dserve/xxxxx_read_times.json
/datadisk/dserve/xxxxx_write_times.json
/datassd/dserve/xxxxx_read_times.json
/datassd/dserve/xxxxx_write_times.json
```

如果块乱序到达，则这些文件中的时间也将是乱序的。我们需要对它们进行排序，然后再次显示结果。为了保存 JSON 文件中期望的初始行和最终行，我们必须严格按照字节值（包括空格）排序，而不能按照名称字母排序。可使用如下 Linux 命令来设置合适的排序算法。

```
$ export LC_ALL=C
```

然后执行下面的命令，以及针对磁盘写、SSD 读、SSD 写的其他类似命令。

```
$ cat /datadisk/dserve/xxxxx_read_times.json |sort \
  |./makeself show_disk.html >xxxxx_disk_read.html
```

makeself 程序将接收一个 HTML 文件作为模板，并在合适的位置把 JSON 文件和其他一些项合并进去。show_disk.html 文件就是模板。执行 4 次，可得到 4 个不同的 HTML 文件用于显示。你可以平移和缩放显示的 HTML 页面，以查看计时细节。这个 HTML 文件的前 30 多行注释包含对接口的说明。

5.8　从磁盘读取

在我们的一个示例服务器上，整体的磁盘读取计时显示效果可能如图 5-7 所示。x 轴显示了异步读取后的时间，从 0 ms 到大约 800 ms。这比我们一开始预估的以 65 MB/s 读取 40 MB 的总用时 600 ms 要长。但是，这是一张既旧又慢的磁盘，所以用时 800 ms 也是可能的。

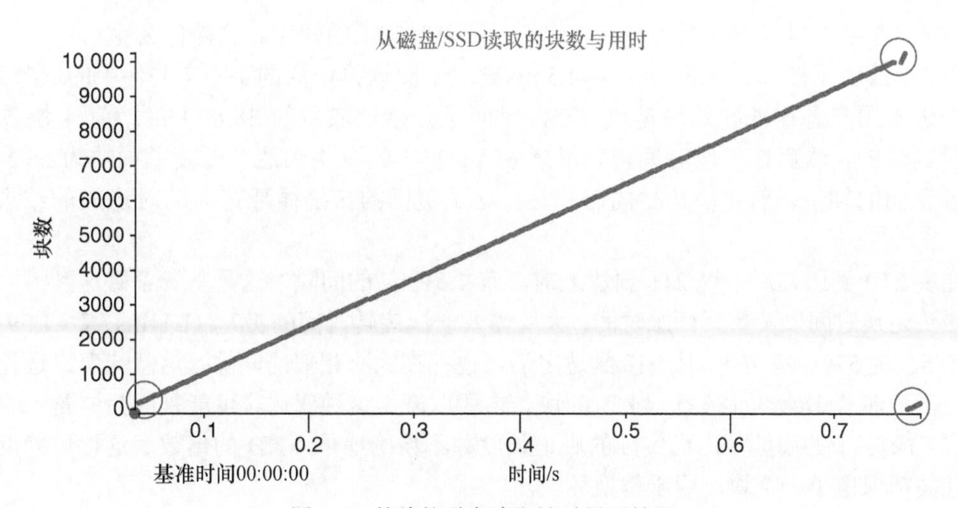

图 5-7　整体的磁盘读取计时显示效果

乍一看，好像 10 240 个块是顺序传输的，但如果你仔细观察，就会发现传输过来的第一个块（在最左边）并不是块 0，而更像是块 200。在最右边，顶端出现了中断，最前面的大约 200 个块最终传输过来，出现在右下角。这里发生了什么呢？

首先来看刚开始读取 40 MB 时的情况，图 5-8 显示了前 100 ms。在这个时间尺度，我们可以看到，当开始异步读取后，第一个块在大约 39 ms 后到达。这是一开始寻道和旋转使用的时间。这比我们预估的 20 ms 的寻道时间要长一些，但这是一块既旧又慢的磁盘，所以用时 39 ms 也是可能的。

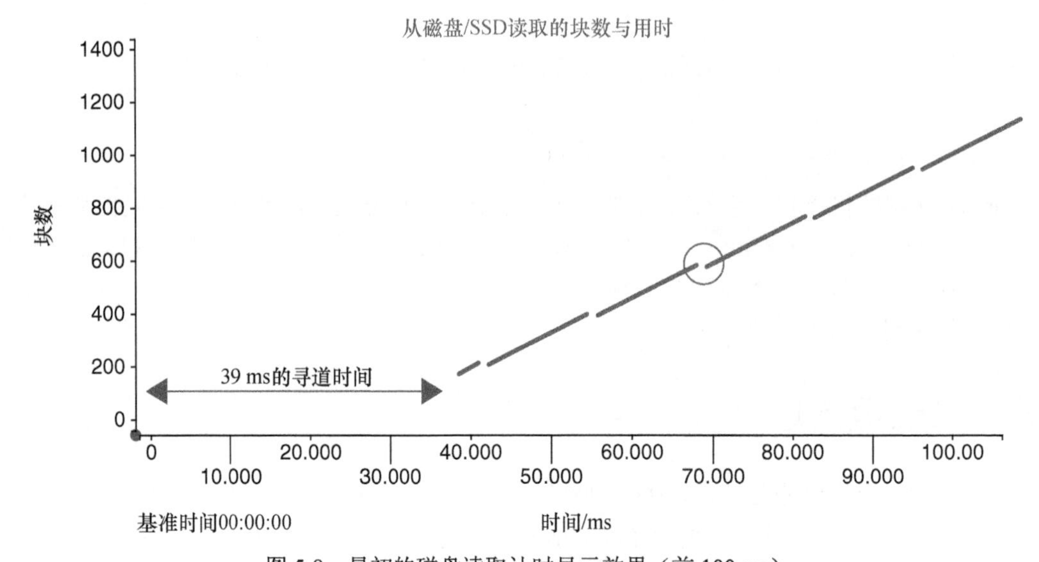

图 5-8 最初的磁盘读取计时显示效果（前 100 ms）

在图 5-8 中，每隔 200 个块左右，就可以看到时间上的间隙。这是什么呢？

图 5-9 放大了图 5-8 中的 38.5～44.5 ms 部分。阅读排序后的 JSON 文件中的细节可知，第一个进入用户态缓冲区的块是块 173，时间是开始读取后的 38.809 ms。前 4 块看起来是同时到达的，然后在一段时间内，每隔 65 μs 左右就有块到达。传输率大约为 60 MB/s，这符合我们的期望。前 4 块几乎同时到达，这是缓慢的扫描循环在启动时造成的结果，参见 5.5 节。

在块 210 到达之后、块 211 到达之前，有 1.51 ms 的间隙，这是从一条磁道到另一条磁道的磁头切换时间以及重新伺服时间，大约需要一次旋转时间的 1/7（11.11ms / 7≈1.59 ms）。在块 395、块 579、块 764、块 948 到达之后，也存在大小相似的间隙。这意味着磁道长度稍有变化，可能有 184 或 185 个 4 KB 的块。之所以产生这种变化，可能是因为这是一块旧磁盘，有 512 字节的扇区，因而实际的磁道长度并不精确地是 4 KB 的倍数。这也可能反映了每个柱面都保留了一个块，用于替换坏块。

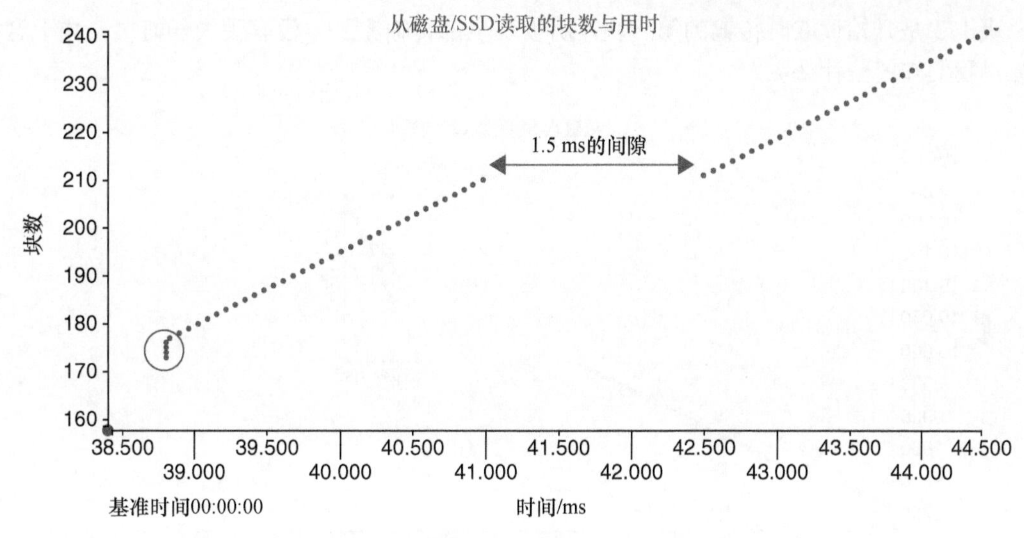

图 5-9　最初的磁盘读取计时显示效果（放大显示了其中约 5 ms）

观察图 5-7，可以发现两个奇怪的部分：一个在右上方，放大后如图 5-10 所示；另一个在右下方，放大后如图 5-11 所示。在图 5-7 的右上方，靠近传输末尾的一些磁道进入用户态缓冲区，一直到开始读取后的 754 ms。然后是 1.51 ms 的间隙。接下来传输了一个 4 KB 的块，这需要 6.46 ms 的间隙。最后以 250 MB/s 的速度传输了 256 个块（1 MB），这比磁盘表面的传输率高得多。这 256 个块的传输包含一些不明显的子结构，它们是具有微小间隙（15～70 μs）的 5 次传输——244 KB、140 KB、256 KB、192 KB 和 192 KB。对此，我们知道些什么呢？

因为这比磁盘表面传输速度快，所以传输一定来自某种电子缓冲区或缓存。如果 1 MB 的传输来自主内存的文件系统缓存，则速度应该接近内存速度，传输率在 10 GB/s 以上。但我们观察到的传输速度并没有这么快。如果传输来自磁盘上的磁道缓冲区，则传输率可以达到 SATA III 总线的最大传输率 600 MB/s，但实际传输率很可能比 600 MB/s 慢。因为这是一块既旧又慢的磁盘，只有 SATA II 连接，其设计限值是 300 MB/s，所以磁盘上的磁道缓冲区的传输率很可能是 250 MB/s。

这里有一条很好的经验法则：如果传输大小（transfer size）是 2 的幂，则可能由软件决定；如果传输大小不是 2 的幂，则可能由物理约束决定。因为传输大小刚好是 1 MB，所以与磁盘磁道的大小没有关系。在这种情况下，软件或磁盘固件很可能决定了传输大小。另请注意，在这次传输的 5 个子部分，有 3 个（256/192/192 KB）刚好是 64 KB 的倍数。

除了识别出磁盘缓冲区是数据传输的来源以外，我们目前还无法完全解释图 5-10 中的动态。

最后的磁盘读取计时显示效果如图 5-11 所示。文件的前 173 块分为两个部分最后传输。图 5-10 中的最后一个块和图 5-11 中的第一个块之间有 6.46 ms 的间隙，但是这里没有显示出来。然后，在图 5-11 中，传输块 0～26，出现 1.51 ms 的间隙，然后传输块 27～172。回忆一下，块 173 是开始读取时传输的第一块，所以块全部传输完了，没有丢失任何块。关于这种行为，我们知道些什么呢？

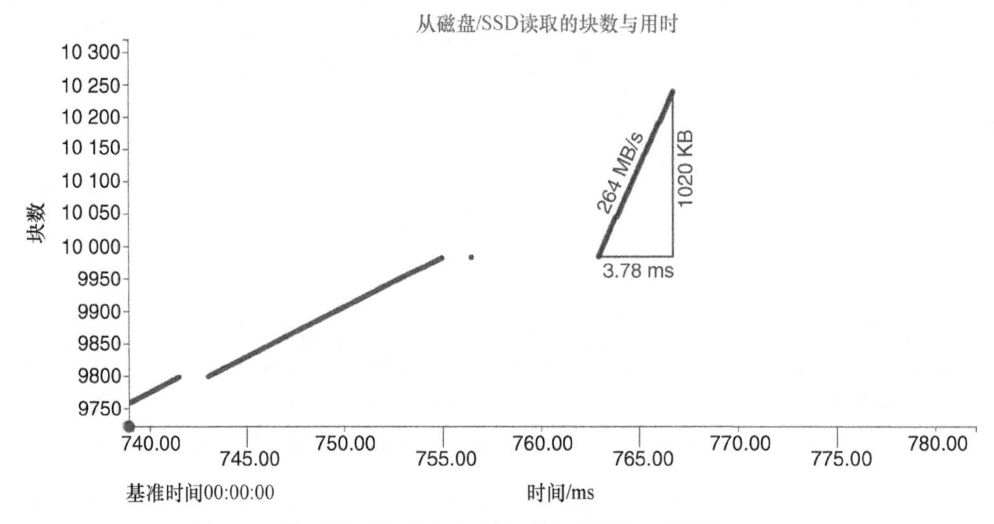

图 5-10　接近最后的磁盘读取计时显示效果（时长为 40 ms）

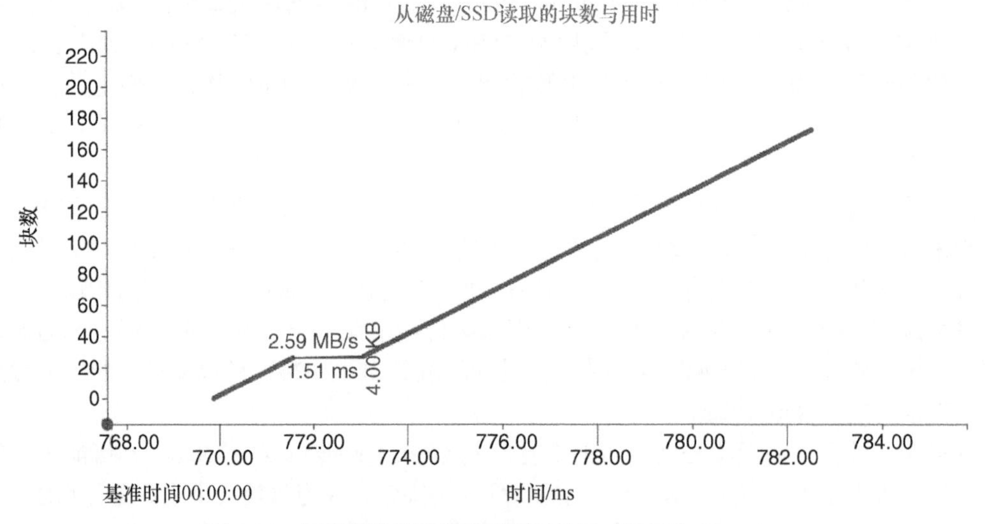

图 5-11　最后的磁盘读取计时显示效果（时长为 20 ms）

1.51 ms 的间隙是从一条磁道到另一条磁道的寻道时间，所以文件的最开始部分位于磁道的中间，延续了 27 块，之后传输了 146 块（块 27～172）。回忆一下，在刚开始读取时，传输了 38 块（块 173～210）。因此一共传输了 146 块 + 38 块 = 184 块，这在事实上构成了一个 184 块的磁道。但是，为什么文件的前 173 块最后传输呢？

当多次运行 mystery3 程序时，最后传输的前几个块的数量是变化的。在不同的磁盘上运行该程序，可得到更加明显的图 5-6（a）所示的模式，首先传输块 0，然后依次传输其余块。对于观察到的动态，一种可能的解释如下：文件被写入两个区块中，一个是包含 173 块的短区块，另一个是包含其余块的长区块。40 MB 的异步读取操作在第二个区块的前端开始执行（可能在开始读取时，在物理上更接近读写磁头），完整读完该区块，然后返回去读取第一个区块。

但是，这里想要表述的是，我们观察到了这次 40 MB 磁盘读取的真实动态——比我们脑海中形成的简单图像要复杂得多。

5.9　写入磁盘

在我们的示例服务器上，整体的磁盘写入计时显示效果如图 5-12 所示。这里到底发生了什么？*x* 轴显示了异步写入后的时间，从 0 ms 到大约 800 ms。这与 40 MB 磁盘读取的用时大致相同，事实上也理应如此，因为进行读写时的磁盘旋转速度是相同的。

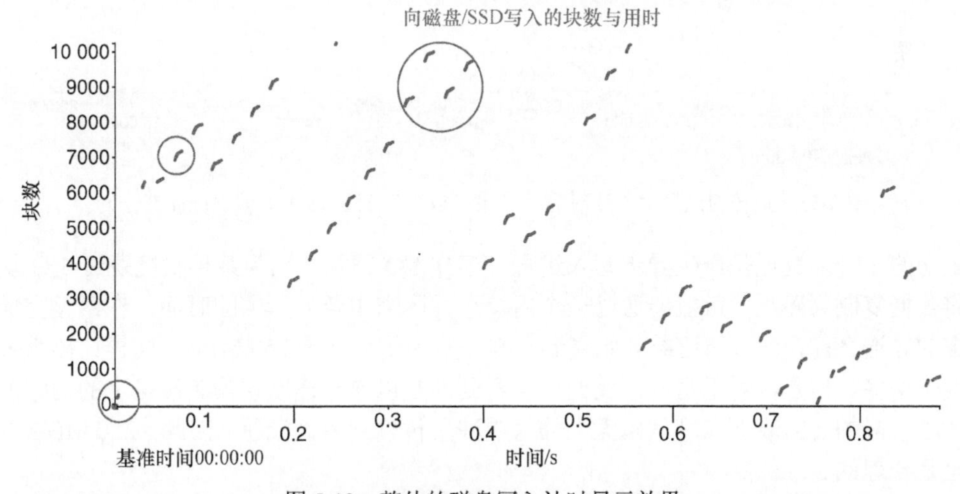

图 5-12　整体的磁盘写入计时显示效果

如果你仔细观察，就会发现一共有 40 个不同的小传输，每次刚好传输 1 MB，再加上几个片段。再次运行程序，仍然会有 1 MB 的片段，但它们会落在不同的时间点。显然，有某种机制将 40 MB 的写入拆分成了 40 个 1 MB 的写入，然后乱序执行它们，每次有 10～12 ms 的间隙。标出的斜线显示了 1 MB 的写入，它们中间有 2 MB 的序列间隙。但也存在−3 MB、−5 MB、17 MB 这样的间隙。稍后我们将继续探讨这一点。

观察图 5-12，注意最左下角的小片段，这是写入的前几个块。对前 25 ms 进行放大，得到图 5-13。可以看到，从开始写入直到从用户态缓冲区复制出去一个块，存在 13 ms 的延迟。最先复制的是块 173，与在 40 MB 磁盘读取中一样。这说明读取和写入之间共享某种公共的、不依赖时间的机制。可能文件系统的数据分配策略与这个磁盘的驱动程序是以一种奇怪的方式进行交互的，也可能包含 173 块并且较短的第一个区块最后被写入目录文件。跟踪找到精确的行为不在本书的讨论范围内。同样，这里的关键点是，我们观察到了这次 40 MB 磁盘写入的真实动态——也比我们脑海中形成的简单图像要复杂得多。

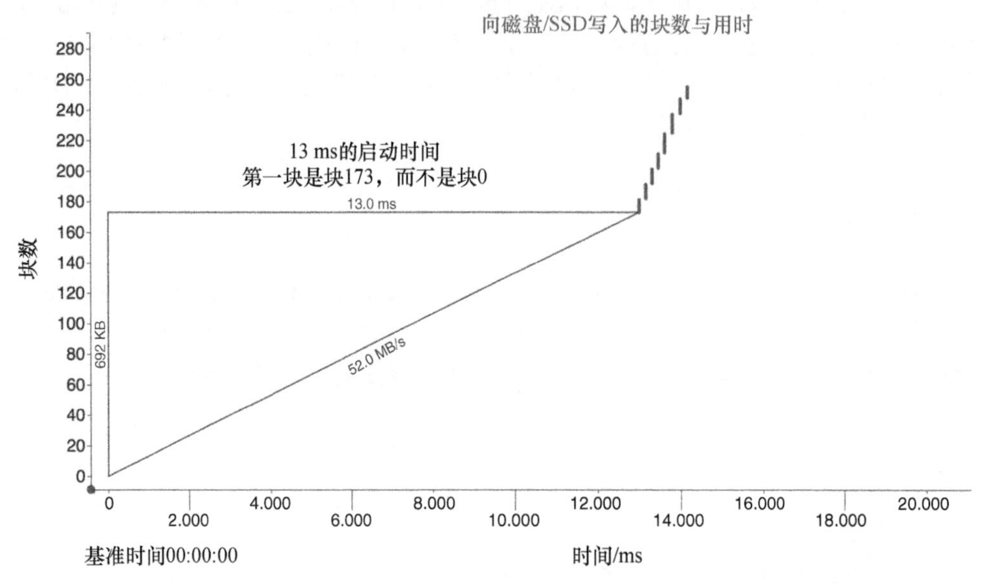

图 5-13 最初的磁盘写入计时显示效果（放大了图 5-12 中的前 20 ms 部分）

最初的 13 ms 延迟是产生异步写入进程、建立 I/O 路径、因为某种状况跳过 173 块以及开始将数据复制到磁盘（可能会通过一个内核缓冲区来中转）所需的时间。在磁盘完成对初始磁道的寻道之前，就可能已经开始复制。刚开始的传输率是 250 MB/s，同样比磁盘表面传输速度快得多。但是，对于写入，我们期望看到的是以电子速度传输到磁盘上的写缓冲区，后面才以较慢的磁盘表面速度从磁盘上的写缓冲区传输到磁盘表面。因此，250 MB/s 的传输率完全是合理的。

在图 5-13 中，可以看到，有很多（9～12）块会同时传输。这就是慢扫描循环人为造成的。这些组相隔 150～180 μs，即为一开始完整执行一次扫描循环（旨在将时间戳写到内存中的 10 000 个不同块的开头）实际需要的时间。在前几次传输过后，时间下降到每次循环耗用 80～90 μs，并一直稳定保持。

图 5-14 显示了大约 50 ms 后一次完整的 1 MB 写入的详细动态。前 736 KB 以 250 MB/s 的速度快速复制，然后复制速度慢了下来，以 60 MB/s 的速度复制剩下的 72 MB。如果假定以 250 MB/s 的速度（电子传输速度）复制到磁盘写缓冲的操作与以 60 MB/s 的速度（磁盘表面传输速度）从中复制出去的操作有重叠，则写缓冲的有效填充速率约是 250 MB/s−60 MB/s = 190 MB/s。在图 5-14 中陡峭的 2.8 ms 部分，有足够的时间填充 532 KB 的缓冲区。这非常接近 512 KB。填充并同时清空 512 KB 的磁盘写缓冲，之后当缓冲区填满时，只按照清空速率填充缓冲，或许可以解释这里的两个传输斜率。

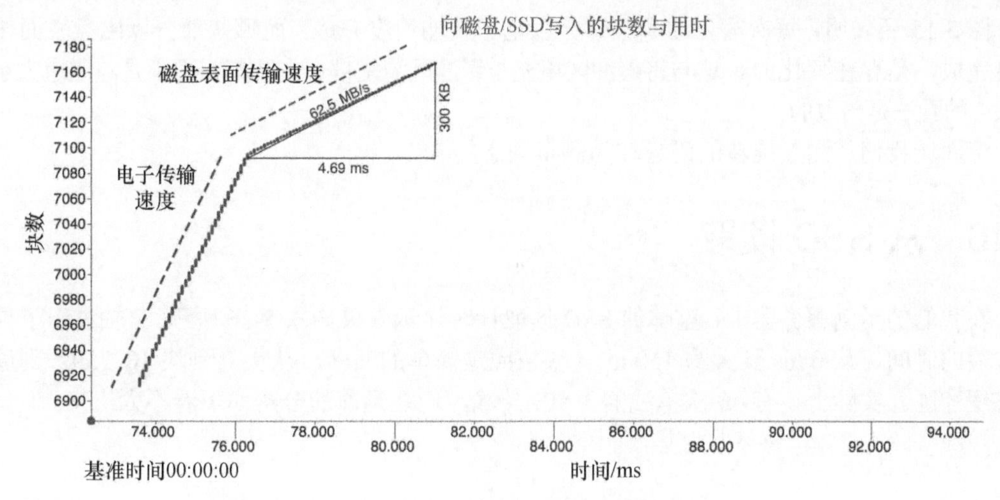

图 5-14　一次完整的 1 MB 磁盘写入（时长为 20 ms）

换一种方式，在图 5-14 中，一开始传输的 736 KB 是 184 块，这正好是我们在测量读取操作时观察到的磁道大小。因此，磁盘驱动程序用一个磁道的数据填充磁盘写缓冲，然后以更慢的速度传输 1 MB 的剩余部分，这或许也可以解释这两个传输斜率。但是在后面其他 1 MB 数据的传输过程中，它们的初始填充大小约为 650 KB，且后面紧跟 1.5 ms 的延迟（这是寻道过程中切换磁道所需的时间），所以笔者倾向于前一种解释。

在把 1 MB 的数据从内存复制到磁盘缓冲区的最后阶段，复制会停止，但从缓冲区清空写到磁盘表面的操作还要另外持续 2.8 ms，尽管这里看不出来。

每次传输的 1 MB 大于一条磁道的大小（256 块相比 184 块或 185 块），所以每次传输必须包含切换磁道的寻道时间，一些传输还必须包含切换两次所需的时间。在复制过程中，刚开始是以电子传输速度复制的，当发生寻道时，在计时数据中是看不到寻道时间的。但是，在以磁盘传输表面速度复制的过程中，寻道时间将表现为 1.51 ms 的间隙。图 5-15 显示了 4 次 1 MB 磁盘写入，其中两次在以磁盘表面传输速度复制的过程中在稍微不同的时间具有可见的寻道间隙。

图 5-15　左侧的两次 1 MB 磁盘写入具有明显的 1.51 ms 的间隙

图 5-15 还表明，每次写入的哪些部分以电子传输速度完成，而哪些部分以磁盘表面传输速度完成，是存在变化的。这与将缓冲区填充与缓冲区清空耦合在一起，而不是与磁道大小直接耦合的看法是一致的。

下面让我们从测量旋转的磁盘转为测量固态的 SSD。

5.10 从 SSD 读取

在我们的示例服务器上，整体的 SSD 读取计时显示效果如图 5-16 所示。x 轴显示了异步读取后的时间，从 0 ms 到大约 150 ms。块按照最简单的顺序，从块 0 到块 10 239，到达用户态缓冲区。实际上，有 40 次单独的 1 MB 传输，但在当前的分辨率下看不太出来。

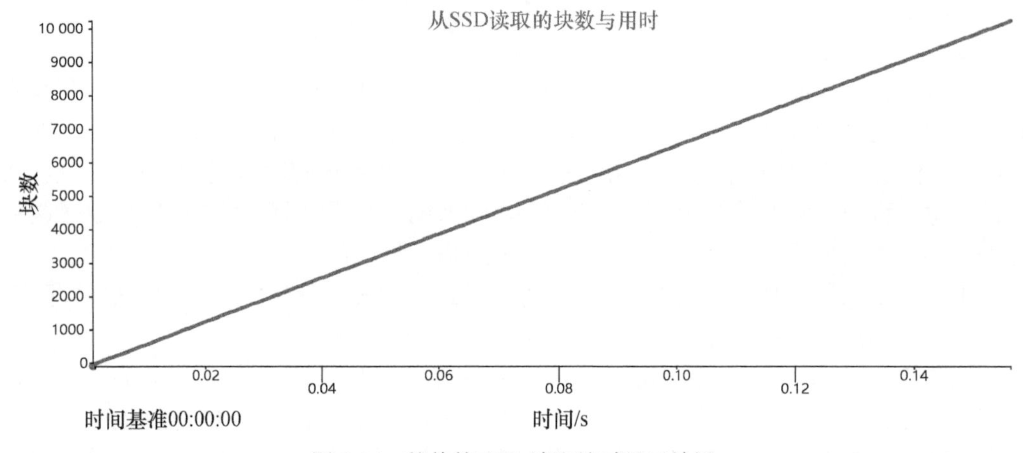

图 5-16 整体的 SSD 读取计时显示效果

图 5-17 显示了读取第一个 1 MB 的情况，到块 0 到达之前，有 1.14 ms 的延迟。对于第一个块，计时上有一些意外的地方，可能是因为无关的操作系统活动。因此，我们看看图 5-18，其中显示了稍微靠后的一个块。

图 5-18 显示了完整的一次 1 MB 传输以及下一次 1 MB 传输的一部分。每次的 1 MB 传输需要 3.88 ms，包括块之间 94 μs 的间隙。在包括这个间隙时，平均传输率是 258 MB/s，这接近我们的示例服务器上 SATA II 总线的限制。

如果更仔细地观察图 5-18，你就会发现，每次 1 MB 传输的开头刚好有 16 个块以较慢的速度传输，大约是 164 MB/s，然后其余块的传输速度增加到 274 MB/s（在间隙之前）。看起来好像 94 μs 的间隙是读访问时间，并且 SSD 内有 16 个存储体。每个存储体的第一个块在经过一定的延迟后到达，所以它们在时间上是分散开的，然后其余的块以约 1.6 倍的速度更快地连续到达，这可能是通过使存储体的交错存取和流水线实现的。

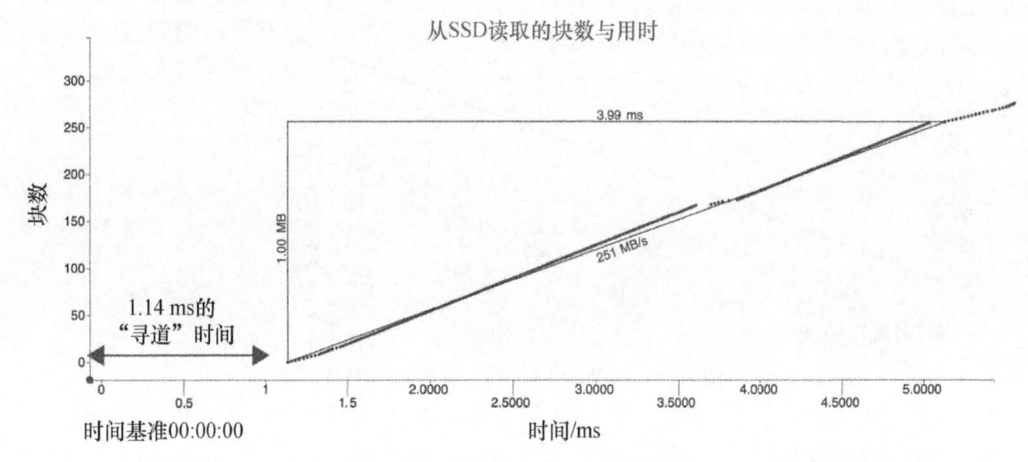

图 5-17 读取第一个 1 MB 的情况

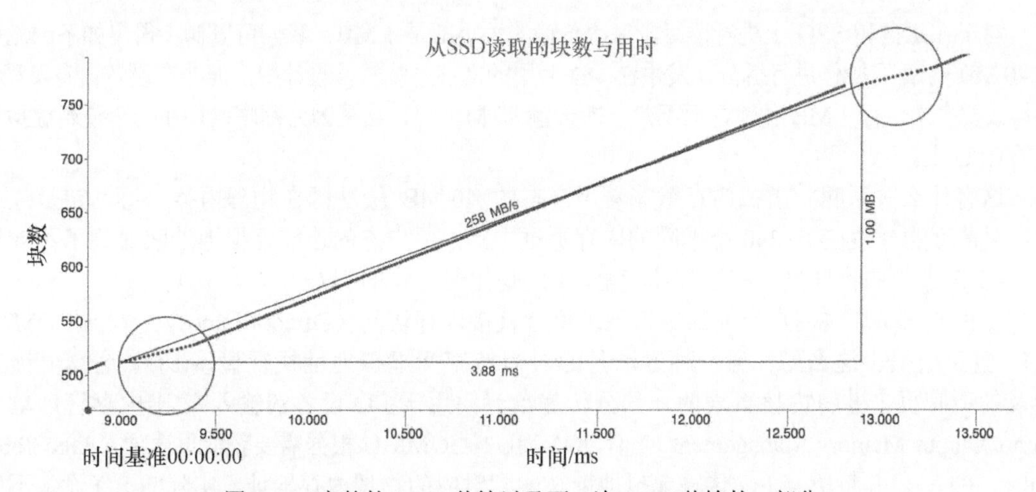

图 5-18 完整的 1 MB 传输以及下一次 1 MB 传输的一部分

5.11 写入 SSD

在我们的示例服务器上，整体的 SSD 写入计时显示效果之一如图 5-19 所示。*x* 轴显示了异步读取后的时间，从 0 ms 到大约 150 ms。从用户空间缓冲区复制出第一块的延迟是 4.76 ms。从计时中看不出有子结构，整个写入是以电子传输速度完成的，复制到 SSD 写缓冲和闪存单元自身存在完美的重叠。这说明闪存单元比 SATA II 总线的速度至少要稍快一些。

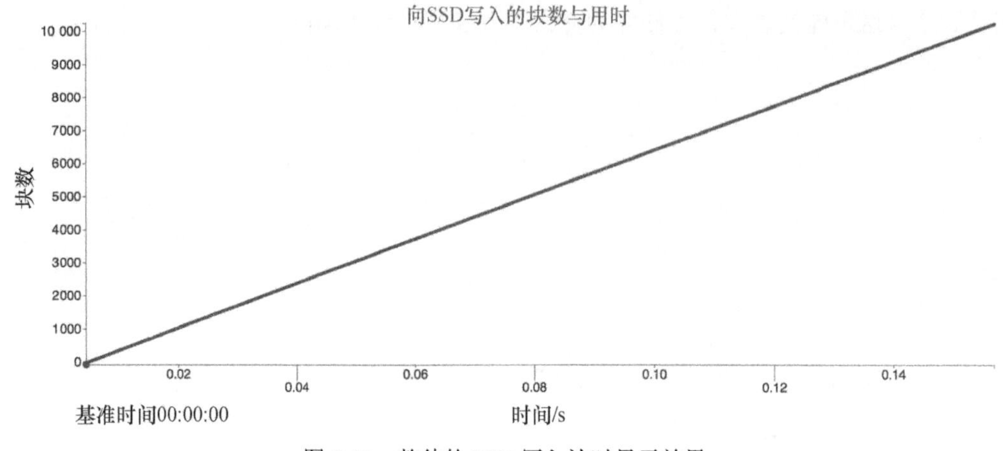

图 5-19 整体的 SSD 写入计时显示效果

5.12 多次传输

对于在磁盘和 SSD 上进行读写，每次传输的大小都是 1 MB，我们可以初步得出如下结论：对 40 MB 的读/写操作进行拆分，发生在一些公用的文件系统软件设计中，而非在设备自身实现。为什么要多次进行 1 MB 传输，而不是一次传输 40 MB 呢？这是因为程序运行在一个使用虚拟内存的 CPU 上。

这有什么关系呢？虚拟内存意味着用户态的 40 MB 缓冲区在物理内存上不一定是连续的，而是可能分散在 10 240 个不同的内存页框中的，用户态的连续虚拟地址映射到了不连续的、4 KB 大小的物理页。在这种环境里，I/O 是如何工作的呢？

一种方法是通过用户空间的虚拟地址执行直接内存访问（Direct Memory Access，DMA）I/O，但我们很少这么做。另一种方法是通过内核空间虚拟地址执行直接 I/O，这需要锁定涉及的所有页，并将内核页表的一部分传递给专门用于 I/O 设备的输入/输出内存管理单元（Input/Output Memory Management Unit，IOMMU）。IOMMU 根据需要获取页表项（Page Table Entry，PTE），并将所有 I/O 传输虚拟地址映射到对应的物理内存地址。实际的 I/O 设备不知道虚拟内存。对于快速设备，如 SSD 和传输速度在 10 Gbit/s 以上的网络，IOMMU 难以用足够短的时延加载新的 PTE。

还有一种方法是在处理器的 DMA I/O 路径中（或每个 I/O 设备上）构建一个中等大小的、物理页框地址的分散-聚集表，然后在开始 I/O 传输之前，从内核 PTE 中预加载这个表。我们通常会采用这种方法，标准表的大小是 128 项或 256 项，每项映射 4 KB。我们的示例服务器看起来有一个包含 256 项的硬件表，它刚好能够映射 1 MB。这个硬件表的使用模式如下。

（1）将每次传输拆分为 1 MB 大小的多个部分。

（2）加载接下来的（最多）256 项。

（3）传输（最多）1 MB。

（4）当传输结束时，中断回到操作系统。

（5）加载接下来的表项。

部分文件系统和设备驱动程序代码负责拆分较长的传输。一旦将一个较长的传输拆分为多个部分，一些设备驱动程序就可能根据 I/O 设备的某个物理属性（如磁盘的读写磁头的当前位置），重新排列这些部分。

5.13　小结

本章介绍的是相比测量简单的、用户态的“手动传输”行为，它们决定了什么时候做什么，而不是测量简单的、用户态的“手动传输”行为。

我们讨论了磁盘和 SSD 的传输计时，以及每个 4 KB 大小的块什么时候传入或离开用户空间里的缓冲区的详细计时。详细计时揭示了大量子结构和一些令人惊讶的动态。我们可以把大部分动态与已知的硬件和软件设计联系起来，并且通常可以为剩下的观察结果提出较合理的解释。

- 用户态程序和存储设备（如磁盘或 SSD）之间存在许多软件层。
- 要测量设备上的活动，就需要抑制缓存、预取和缓冲机制。
- 通过记录每个 4 KB 大小的块传入和离开用户空间缓冲区的时间，可以获得实际的硬件和软件动态的一个详细视图。
- 在这个详细视图中，可以测量寻道时间、磁道之间的间隙、磁盘表面传输速度、电子传输速度等许多类似的指标。
- 实际动态比我们脑海中形成的简单图像要复杂得多。
- 在数据中心环境和数据库系统中，我们很容易在没有意识到的情况下以低效方式使用存储设备。了解它们的复杂动态有助于避免这种事情的发生。

习题

编译并运行 mystery3，注意，使用 g++和-lrt 命令行选项十分关键。此外，还需要提供/datadisk/ dserve/xxxxx 磁盘文件名。写入的 JSON 文件如下。

```
/datadisk/dserve/xxxxx_read_times.json
```

上述 JSON 文件包含块号，以及相对于开始时间该块被传输的时间（精确到微秒）。取决于运行程序的机器、使用的磁盘、空闲空间的位置以及碎片化程度，每次运行程序都会得到稍微不同的结果。

使用前面介绍过的 makeself 程序，将每个 JSON 文件转换为一个 HTML 文件，以更加方便查看模式。转换后，可使用鼠标拖动，使用滚轮缩放，单击左下角的红点可重置视图。按住 Shift 键单击并拖动，然后松开 Shift 键和鼠标按键，可以测量时间和字节数。

5.1 是什么导致会产生包含 150～250 块的分组，并且组之间有间隙？组之间的间隙是关于什么的？是什么导致了这种延迟？

5.2 附加题：如果一些组比其他组短一块，原因是什么？

5.3 在 JSON 文件中，找出最短传输时间（可能不在文件中靠前的位置）。到达第一个读取的块的寻道时间和旋转时间分别是多少？

5.4 在 JSON 文件中，找出最长传输时间，除以传输的 40 MB。观察到的传输率是多少？（这个时间包含初始寻道时间和全部的中间延迟。）

5.5 查看一个包含大约 200 块的典型组，它在两侧都有时间间隙。该组内的传输率是多少？这个传输率应该就是读写磁头的真实传输率。

5.6 寻找一个传输率比磁盘表面支持的速率更高的组。这个更高的传输率是多少？当出现这种传输率时，发生了什么？

5.7 使用/datassd/dserve 在一个 SSD 上运行 mystery3。读取最快到达的块的寻道时间，从开始读取到结束读取的传输率是多少？

5.8 SSD 计时的模式可能与磁盘计时的模式不同，前者有非常规律的中断或传输率上的变化。一共有多少中断？简单说一下你认为发生了什么。

5.9 补充 TimeDiskWrite()例程中缺少的部分。笔者的版本多了 7 行代码，设置了块的当前时间。如果你认真学习了本章介绍的策略，则这道习题没那么难。如果你只是简单地浏览了内容和代码，则可能觉得难一些。不过，在完成这道习题后，你将能够更好地理解发生了什么。

5.10 在磁盘上重新运行程序，查看磁盘写入计时。你有可能看到大量的中断。共有多少不连续或大组？简单说一下你认为发生了什么。

5.11 在 SSD 上重新运行程序，查看 SSD 写入计时，并简单说一下你认为发生了什么。运用你对数量级的认识，比较各种延迟和可能造成这些延迟的原因。如果某种原因造成的延迟与观察到的延迟具有不同的数量级，请分析另一个可能造成延迟的原因。

CHAPTER 6

第6章　测量网络流量

要测量网络的流量：真实的网络传输需要多长时间？具有什么样的动态？与前面测量单次操作的内部动态不同，这里将查看多个重叠的网络请求。磁盘测量以及CPU和内存测量的环境相当简单，如图6-1所示——一个程序运行在一个CPU上，访问一块磁盘，一次执行一个传输。

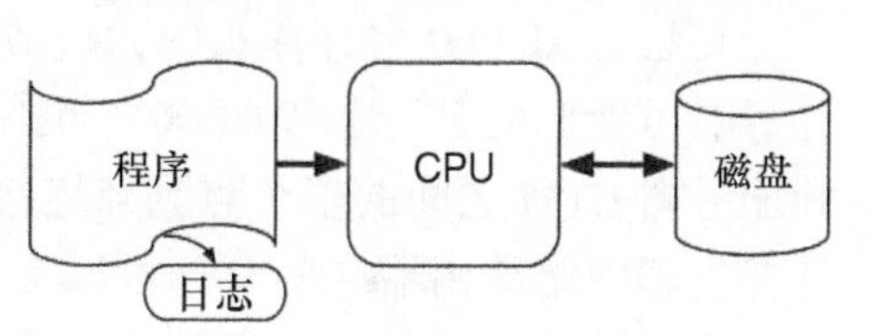

图6-1　磁盘测量的环境

但是，网络测量的环境要复杂得多，如图6-2所示。这里有多个客户端程序向服务器程序发送请求消息，服务器程序则返回响应。这些程序都运行在各自不同的计算机上，它们之间存在网络连接。常见的服务器程序包括数据库软件。

一般来说，图6-2中的不同计算机可以位于世界上的任何地方，但本章关注物理上接近的计算机，例如它们都在同一数据中心房间中。网络连接可以是以太网、Infiniband、光纤通道（fibre channel）等，但我们主要关注以太网连接。可以使用的网络协议有很多种，如虚拟通道、用户数据报协议（User Datagram Protocol，UDP）或传输控制协议/互联网协议（Transmission Control Protocol/Internet Protocol，TCP/IP）。我们主要关注TCP/IP，这在数据中心环境中是一种常见的选择。

可采用不同的方式构建请求消息以及它们的响应，我们主要关注远程过程调用（Remote Procedure Call，RPC）消息。每个RPC请求消息都指定了要执行工作的服务器计算机，要调用的特定方法（即函数或过程的名称）以及所有方法的实参。每条响应消息则指定了要接收响应的客户端计算机以及响应数据自身。请求和响应消息的大小可以相差很大，从约一百字节到几十兆字节都有可能。RPC通常是异步的，这意味着调用方不需要等待RPC响应，而可以继续执行，并行地发出其他 RPC 请求，并最终等待以任意顺序返回的响应。正是因为能够并行执行许多小任务，数据中心软件才能够快速进行响应。与 TCP 和其他网络协议不同，RPC 消息的格式并没有标准化。本书使用了一种简单的、编造的格式，6.8 节将描述这种格式。

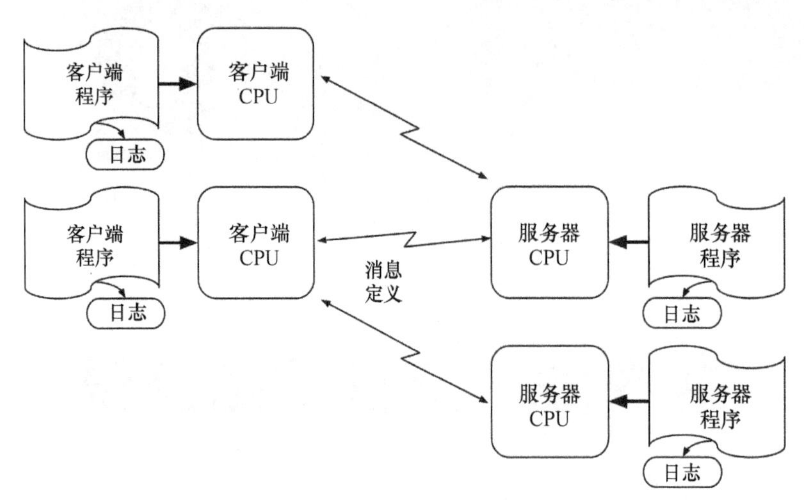

图 6-2 网络测量的环境

在包含 20 000 台计算机的大型数据中心，每台计算机上都运行着许多不同的程序，一台计算机可能同时打开了 10 000 个网络连接，通过它们交换 RPC。图 6-2 显示了客户端 CPU 和服务器 CPU 之间的多个点到点连接，但这些只是概念上的连接。物理网络可能只是在每台计算机和网络路由器之间有一条以太网链路，所有 RPC 流量都将在这些链路上共享。这些底层的物理链路以及与它们相关的内核软件，就是本章将要测量的共享网络资源。

关于用语的一些说明。在计算机行业中，"服务器"这个词表达的含义有些多。既可以表示作为硬件的计算机，也可以表示为各种客户端程序执行特定功能的程序。一个执行特定功能的服务器程序还常常称为一种"服务"，这进一步加剧了读者的困惑。在本书中，当上下文不够清晰的时候，我们将使用"服务器 CPU"或"示例服务器"来表示硬件，并使用"服务器程序"来表示提供某种服务的软件。不加限制的术语"服务器"通常指的是 CPU。

如第 1 章所述，数据中心软件包含一层又一层的子系统，其中很多是并行运行的，并且常常还运行在几百台甚至几千台不同的服务器上。所有这些活动可通过某种形式的网络消息传递或 RPC 连接起来。本章将介绍如何观察并测量一些简单的 RPC，第 7 章将介绍如何测量多个重叠的 RPC。这涉及多层软件，比如在客户端和服务器计算机上，就包括用户代码、操作系统和 TCP。我们将通过在一个用户态程序与另一个用户态程序之间来回发送 RPC，测量示例服务器的行为以及它们之间的延迟。

6.1 关于以太网

以太网是全世界都在采用的标准网络技术，在数据中心环境中得到了大量使用。Xerox PARC（施乐帕洛阿尔托）在1973年最初开发的以太网使用了单根同轴电缆（把一根导线放在包含另一根导线的管子中，二者之间是绝缘的），所以是一种共享介质。单独的Alto计算机通过一个插入式分接头连接到导线，该分接头使一个绝缘的尖峰通过外层导线接触到内层导线，此外还有与外层导线的另一个连接，如图6-3所示。后来发现，插入式分接口不够可靠，所以很快被替代。想要发送数据的计算机会监听同轴电缆（载波监听），等待同轴电缆空闲，然后尝试发送。在传输过程中，继续监听，判断发送的位是仍然在导线上，还是由于其他计算机也开始发送，导致自己发送的位被篡改。如果发生这种情况，两台计算机都会停止传输，各自等待随机的时间，然后重新尝试发送。连接到共享的同轴电缆的任何节点都可以看到所有的数据包，而不只是发送给自己的那些。这对监控网络性能和调试网络问题很有用，但造成了安全问题。

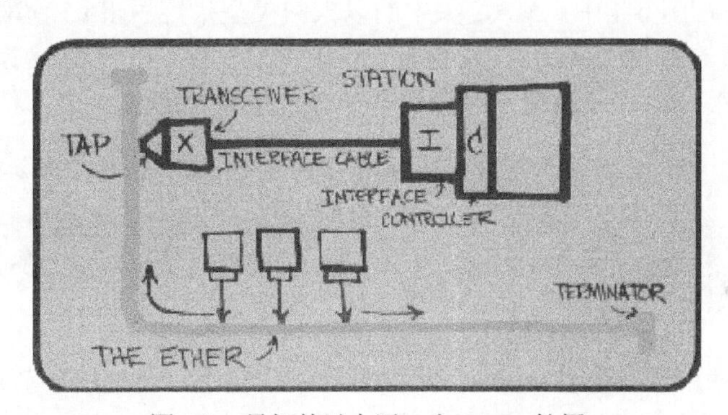

图6-3　最初的以太网，由Boggs拍摄

如今，以太网数据可作为最多包含1518字节的数据包（巨型数据包可能更大）传输，中间存在间隙，末尾有一个校验和，如图6-4所示。网络软件将长消息转换为数据包序列。单独的数据包具有很高的交付概率，但并不能保证100%到达。特别是，过载的交换机和路由器可以在任何时候自由丢弃数据包。包含不正确的校验和的数据包也会丢弃。

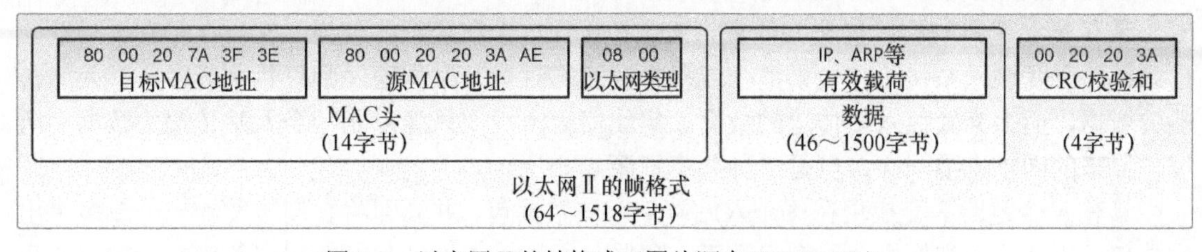

图6-4　以太网Ⅱ的帧格式（图片源自Wikimedia）

每个以太网数据包首先包含 48 位的目标 MAC（Media Access Control，介质访问控制）地址，然后是 48 位的源 MAC 地址，接下来是 16 位的以太网类型字段，最后是数据包的剩余部分。MAC 地址的最后 24 位是分配的组织唯一标识符（Organizationally Unique Identifier，OUI）。

数据包的剩余部分通常包含几个头，对应不同的交换协议层，末尾是一些用户数据。我们将使用 TCP/IPv4 协议对，它使用一个 20 字节的 IPv4 头，给出了源机器和目标机器的 4 字节的 IP 地址，而后是一个 20 字节的 TCP 头，给出了这些机器上两字节的端口号，以及用于实现依序保证交付的数据序列号（SEquence Number，SEQ）和确认号（ACKnowledgment bits，ACK）。

我们在示例中使用了 IPv4，但 IPv4 的全部 32 位的 IP 地址在全世界已用完，所以数据中心现在还使用了更新的 IPv6。IPv6 使用 128 位的 IP 地址，一个完整的 IPv6 头有 40 位，而不是 20 位。

MAC 地址作为唯一的 48 位标识符，被分配给世界上的每个网络接口控制器（即网卡）。最初的 3 Mbit/s 的以太网使用了 8 位地址。以太网类型字段指定了如何解释接下来的数据字节。对于 TCP/IP 流量，在图 6-4 中，MAC 头中的以太网类型指定了 IPv4，其后在前几个数据字节中指定了 20 字节的 IPv4 头。IP 头指定自己的后面立即跟一个 TCP 头，这个 TCP 头则指定自己的后面立即跟一定数量的用户消息数据（有效载荷）字节。

虽然最初的 3 Mbit/s 的以太网使用一根共享的同轴电缆实现了网络连接，但后来的实现更多使用了双绞线或光纤，从每个计算机点对点地连接到一个集线器、交换机或路由器。这些连接的速度越来越快，从 10 Mbit/s 到 100 Mbit/s，再到 1 Gbit/s、10 Gbit/s、100 Gbit/s，400 Gbit/s 也即将实现，这比最初的速度快了 5 个数量级。

注意，传统上使用比特每秒（bit/s）来测量网络传输率，而使用字节每秒（B/s）来测量磁盘传输率。Mbit 指的是兆比特，而 MB 指的是兆字节。

6.2 关于集线器、交换机和路由器

两台以上的计算机之间的点对点以太网连接需要有某种形式的交换结构。你可能会遇到 3 种不同的交换结构。

具有 N 个链路的集线器非常便宜，但这种设计如今已经很少使用，它会在所有不活跃的出站链路上复制入站传输。如果两个或多个链路同时有入站传输，则只复制其中一个入站传输的数据，而丢弃其他入站传输的数据。集线器因为一次只能复制一个入站传输的数据，所以与原来的同轴电缆一样，也是一种共享资源。

具有 N 个链路的交换机在每个入站端口存储数据包，并立即将它们转发给一个或多个出站端口。更智能的交换机会用表记录下来哪些目标 MAC 地址与哪个端口关联在一起，并只

向正确的目标端口转发数据包。交换机可能在每个入站端口只存储两个数据包，在第二个数据包到达的时候转发第一个数据包。如果不同的入站端口上的多个数据包使用相同的出站端口，但没有足够的缓冲区来保存它们，就会丢弃其中的一些数据包。如前所述，以太网不保证数据包一定能够交付，而只是尽力交付。

路由器是交换机的一种更加复杂的形式，它不仅使用每个数据包中的 MAC 地址，而且使用更高层的 IP 和其他头地址信息来为每个数据包选择输出端口。路由器常常与其他路由器连接起来，使数据包能够从一个终端节点经过几个路由器，到达另一个终端节点。

路由器在数据中心环境中的典型用法是，在每个竖直的机架上安装 40～50 台服务器，并在每个机架的顶部（或中部）安装一个路由器。同一机架上的服务器之间的流量由架顶的路由器直接交付，针对其他机架的流量则从源架顶路由器发送给多个中间路由器中的一个，这些中间路由器最终将数据包发送给目标架顶路由器，之后再发送给目标服务器。通常在这种情况下，跨路由器的链路的运行速度比单独的服务器链路的更快。例如，机架内使用 10 Gbit/s 的铜线服务器链路，机架间使用 100 Gbit/s 的光纤链路。我们将使用“线上”来表示任何类型的链路上的比特传输。路由器通常在每个输入端口上缓存几个数据包，所以当几个输入包针对相同的输出端口时，可以缓解一定程度的网络拥塞。

我们的每台示例服务器都有一个 1 Gbit/s 的以太网端口，多台服务器可通过一个 5 端口的交换机连接起来，其中 4 个端口用于连接最多 4 台示例服务器，第 5 个端口用于连接到建筑内的其他网络，如附录 A 所示。

6.3　关于 TCP/IP

TCP/IP 的设计允许数据包不仅在一栋建筑内路由，而且可以路由到全世界任何连接到互联网的地方。这种路由通过各种介质发送数据包，不仅包含以太网链路，还包括长距离的专用光纤、卫星无线链路、房屋内的 Wi-Fi 连接和其他多种类型的子网。长距离通信的复杂动态和延迟不在本书的讨论范围内，我们将只关注一栋建筑内的以太网连接的动态和延迟，它们已经足够复杂了。

对于从机器 A 发送到机器 B 的消息，机器 A 上采用保证交付协议（如 TCP）的发送软件会跟踪已经发送但没有到达的数据包，并重新发送它们。因此，数据包不保证按照最初的发送顺序到达，所以接收软件也会跟踪它们，并在接收缓冲区中重组消息。这种跟踪是由机器 B 上的接收 TCP 软件完成的，对于接收到的一个或多个数据包，该软件会向机器 A 发回一条 ACK 确认消息。虽然可以用独立的短包发送 ACK，但我们通常把它们包含在已经要从机器 B 发送给机器 A 的其他包中。发送方的“发送未完成”数据包（已发送但还未确认的数据包）在数量上是有限制的。当达到这个限制时，发送方必须等待一些 ACK 到达。如果数据包 ACK 没有在配置好的超时时间内到达，则发送方需要重新发送这些数据包。

我们会使用 TCP/IPv4 在服务器之间发送 RPC 消息，每条 RPC 消息可能需要多个数据包。我们的远程过程调用依赖 TCP 的保证交付机制来交付完整的消息，同时使各个数据包保持合适的顺序。

在我们的示例服务器集群中，不大可能看到丢弃硬件错误导致的数据包，然后重新发送的情况。但很快，我们会试着产生足够的网络拥塞，迫使由于交换机缓冲区过载而丢弃一些数据包。为了避免在我们进行饱和实验时，建筑内的其他网络也发生过载，最好如前所述，将我们的实验机器通过它们各自的本地交换机彼此直接连接起来。

TCP 旨在建立一个可靠的连接，并在两台机器上的两个程序之间传输一对字节流，每个方向一个流，它们就是图 6-2 中显示的双向连接。每台机器通过 IP 地址指定，程序通过端口号指定。两字节的端口号的范围为 0～65535，但低于 1024 的端口有特定的用途。在我们的示例服务器上，我们将把端口 12345～12348 用于 RPC 流量。我们的实验机器可能安装了软件防火墙，会关闭其他大部分端口上的流量。

连接一旦建立后，两台机器之间的每个方向上就会有一个数据流可用。一台机器可以一次性发送（几乎）任意数量的字节，TCP 软件既能够把长消息拆分为多个数据包，也能够把多条短消息或者长消息的多个片段合并为单个数据包。我们的通信模型就是一个字节流，所以给定的 RPC 消息可能在数据包的中间开始和结束。

另外，一台机器可以请求将（几乎）任意数量的字节接收到缓冲区中，但实际上一次性交付的字节数可能小于缓冲区的大小。接收调用通常会返回可用的任何数据，最多返回请求的数量，而不是等待接收到完整的请求量之后再返回数据。这种设计允许接收软件在管理缓冲区和管理等待数据多久（或者在此期间做其他什么事情）方面有一定的灵活性。因此，接收逻辑必须准备好执行多个接收调用来获取一条完整消息的所有片段，并准备好在每次调用时接收多条消息和部分消息。

6.4 关于数据包

除了 IP 头和 TCP 头之外，数据中心的数据包还可能包含其他头。例如，通过在 IP 头之前包含 4 字节的 VLAN（Virtual Local Area Network，虚拟局域网）头，可以实现 VLAN。彼此协作的路由器可以基于它们的 VLAN 头交付数据包，这可以防止来自某个 VLAN 的数据包到达与其他 VLAN 关联的端口。这种设计允许多个完全无关的网络使用共享的交换设备。不包含 VLAN 头的数据包可能被路由器丢弃，或被发送到特定的不安全端口。针对特定端口但包含错误的 VLAN 头的入站数据包可能被丢弃。这里的目标是，每种类型的流量完全无法观察其他任何流量，即使连接在一起的一些计算机模拟它们的 MAC 地址和 IP 地址，试图读取甚至修改和转发其他计算机的数据。如果路由器自身工作正常，就可以实现一定程度的安全性和隐私性。

VLAN的一种用途是构建建筑范围内的网络，其中专门授权的机器（通过MAC地址授权）被连接到专门的路由器端口并且使用了VLAN头。连接到网络的未授权机器则无法使用任何VLAN头，因而只能看到由它自己和一台网关/授权计算机组成的很小的默认网络，这台网关/授权计算机既可能选择停止与这台设备的所有通信，也可能将其转换为可以使用VLAN的一个授权节点，还可能允许它连接到一个外部的互联网端口，从而支持来自建筑外部的设备访问网络，但只允许这些未授权的机器进行有限的访问。

数据包也可以加密。只要保持足够的初始信息不加密，就可以允许数据包被路由，然后用一个封装头指出，任何路由机制在传递剩余字节时，都不应该修改或解释它们。封装的数据可以通过多种方式被发送方加密以及被接收方解密。封装技术也可以用来在标准互联网上传输封装的流量，里面的字节流可以实际包含非互联网的数据，针对连接不同地区的私有网络，使用完全不同的路由协议。

在本书的剩余部分，我们只考虑未封装的数据包，因为我们关注的是服务器到服务器的网络的性能，而非互联网的所有可能使用方式。

6.5 关于RPC

我们的实验将使用远程过程调用的一种形式。对于本地过程调用，比如例程A使用参数调用某个方法并获得一个返回值，所有代码都运行在一台机器上。

```
routine A {
    ...
    foo = Method(arguments);
    ...
}
```

对于远程过程调用，思路是相同的，但是方法（如C函数）运行在远程机器上。

方法的名称和实参在请求消息中传递给远程服务器，调用的返回值则最终在一条响应消息中传递回来，如图6-5所示。我们构建的客户端程序和服务器程序都调用了一个RPC库。请求和响应消息的构造、发送与解析工作由库例程完成，以实现特定的RPC设计。非阻塞的RPC允许多个RPC请求同时处于未完成状态，并允许响应不按顺序返回。

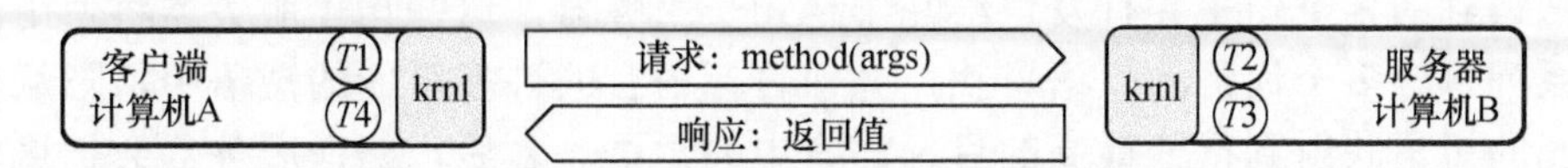

图6-5 一个RPC发送一条请求消息，并最终收到一条响应消息；“krnl”代表内核代码；*T*1～*T*4是发送/接收RPC请求和响应消息的用户态代码的时间戳

每条消息都表示一次网络传输。请求消息从计算机 A 上的一个用户态客户端程序开始，在时间 *T*1 被发送到计算机 A 上的内核态代码；然后通过网络，请求消息被发送到计算机 B 上的内核态代码；在时间 *T*2，请求消息被发送到计算机 B 上的用户态服务器程序。

响应消息在时间 *T*3 和 *T*4 以相反的方向传输。RPC 时延测量的是计算机 A 上的用户态客户端程序发送请求的时间 *T*1 与收到响应的时间 *T*4 之间的差值。当响应延迟时，延迟可能发生在任何地方——请求或响应，用户代码或内核代码，机器 A 或机器 B，发送或接收网络的硬件。*T*1～*T*4 这 4 个时间有助于我们整体观察时间消耗在什么地方。

为了检查网络 RPC 的性能影响，我们将在时间线上使用 *T*1、*T*2、T3 和 *T*4 来表示 RPC 计时。我们将把单独的 RPC 绘制成时间线，并使用缺口显示时间 *T*1～*T*4，如图 6-6 所示。缺口虽然并不占用很多图空间，但它们很容易识别，即使有几百条 RPC 时间线紧密汇聚在一起也不影响。用户模态客户端程序观察到的总 RPC 时延是 *T*4−*T*1。RPC 的总服务器时间是 *T*3−*T*2。

图 6-6 这里显示了 4 个时间 *T*1～*T*4。*T*1 到 *T*2 是从客户端的用户态代码发送 RPC 请求到服务器端的用户态代码收到该请求的时间。*T*2 到 *T*3 是用在执行请求上的服务器时间。*T*3 到 *T*4 是从服务器端的用户态代码发送 RPC 响应到客户端的用户态代码收到该响应的时间。时间 *T*1 和 *T*4 取自客户端 CPU 的时钟，*T*2 和 *T*3 则取自服务器 CPU 的时钟。这两个时钟可能差几微秒到几毫秒。第 7 章将讨论如何处理时钟对齐的问题。*w*1 是客户端的内核态代码将请求发送到网络硬件的时间（*w* 代表线路，wire），*w*3 则是服务器的内核态代码将响应发送到网络硬件的时间

RPC 的返回值可能是一个状态数字，也可能是几千字节的数据。始终返回调用的整体状态（成功、失败或具体的错误码）以及代表其他结果的字节字符串（可能为空）会很方便。

大部分数据中心软件使用 RPC 在服务器之间发送工作。例如，在通过网页界面将一段文本传递给 Google Translate 时，这段文本有可能被发送给一个负载均衡服务器，后者会将这段文本转发到一个最空闲的翻译服务器。翻译服务器有可能将这段文本拆分成句子，并把得到的各个句子并行发送给几十台句子服务器，这些句子服务器将使用源语言执行一系列包含多个词语的短语查找，并在目标语言的许多可能的短语中，把从源语言中查找到的短语映射到得分最高的目标语言中的短语。之后，翻译服务器会把这些结果放到一起，得到翻译后的结果文本。

6.6 空程差

空程差（slop，表示无法确定的通信时间）=(*T*4–*T*1) – (*T*3–*T*2) = (*T*2–*T*1) + (*T*4–*T*3)。当客户端 RPC 时延和服务器时间几乎相等时，空程差很小。当存在通信延迟时（通常发生在其中一台机器或另一台机器的内核代码中，而不是发生在网络硬件中），空程差可能很大。图 6-6 显示了一个大的空程差，整体 RPC 时延是服务器时间的大约 1.5 倍。由于还需要减去请求和响应消息的传输时间（见第 7 章），空程差的计算公式将变为

```
slop = (T4 - T1) - (T3 - T2) - requestTx - responseTx
```

当空程差很大时，意味着在相互通信的两个用户态程序之间，在某个地方存在严重的延迟。第 15 章将介绍如何记录 RPC 头在线上的 *w*1 和 *w*3 时间，它们在图 6-6 中显示为灰色。在这里，它们表明请求和响应消息在发送后会几乎立即进入线上，所以长延迟是接收方的内核代码导致的。

图 6-7 显示了执行一次 Web 搜索的两级 RPC 调用树。顶部的大约 100 条浅绿色（见彩插）RPC 弧线来自标记为“hsdr”的机架的顶部，它们是并行执行的，所有包含二级的大约 20 条深蓝色 RPC 弧线的组也是并行执行的，这很快就会将作业拆分到大约 2000 台服务器上。调用树中的每个叶子执行一部分搜索，当一个组中的所有并行 RPC 返回时，这些结果将组合起来。

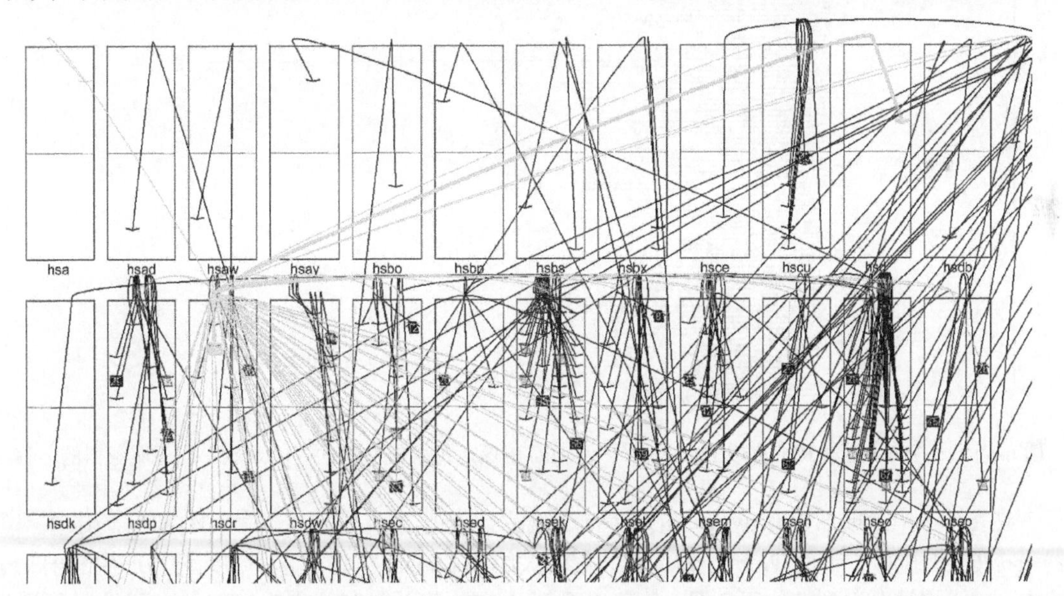

图 6-7 一次 Web 搜索的两级 RPC 调用树，旨在将一次搜索拆分为对一个 Web 索引的不同部分的大约 2000 次部分搜索。每个矩形代表包含大约 50 台服务器计算机的机架。浅绿色弧线显示了从机架“hsdr”上的一台机器发送到另外 100 台机器的大约 100 个一级 RPC。深蓝色弧线显示了从这 100 台机器中的每一台发送到约 2000 台服务器的大约 20 个二级 RPC

6.7 观察网络流量

本章将观察并测量一些简单的 RPC。与观察本地 CPU、内存和磁盘活动不同，测量网络流量需要有两台彼此连接的机器和两套软件。我们不是仅仅观察孤立的数据包，而是观察一个 RPC 系统，其中包括客户端软件、服务器软件、涉及多个数据包的 RPC 请求和响应消息、多个服务器线程以及重叠的客户端调用。与前面一样，我们希望在观察时获得足够的细节，以检测出异常的动态。

图 6-8 显示了这种动态的一个例子，它是由 RPC 日志和 Dapper 捕捉到的。图 6-8 仍使用图 6-6 中单个 RPC 的图风格，不过这里带缺口的线显示了 93 个并行 RPC 的时间分布，类似于图 6-7 中显示为不带时间的浅绿色弧线的一级 RPC。

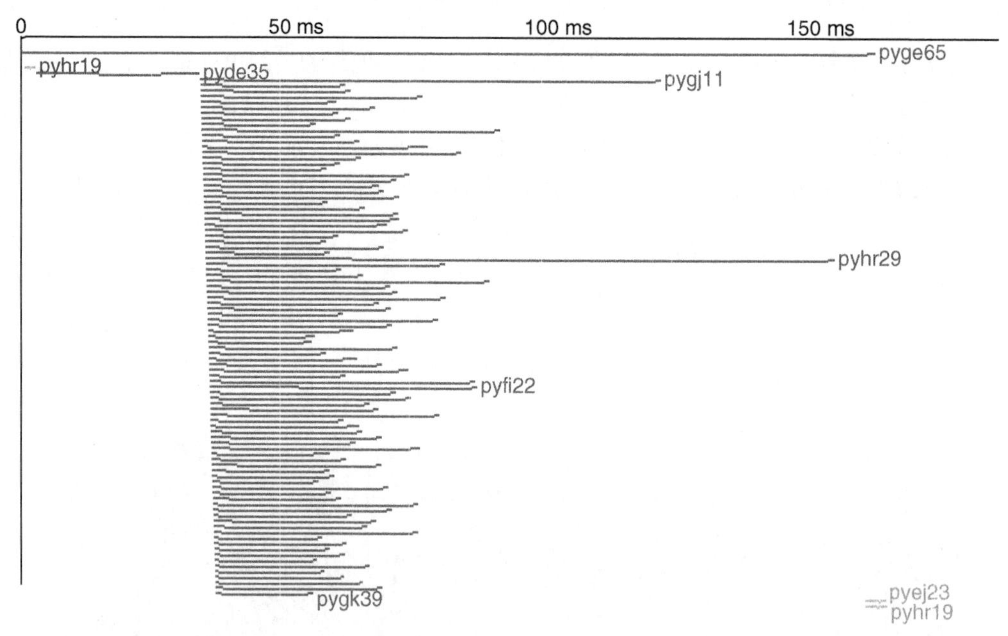

图 6-8 一次 Web 搜索 RPC 的大约 100 个一级 RPC 的图，每条线右侧的“pyxxxx”表示服务器的名称

在图 6-8 中，顶部标有 pyge65 的带间隙的蓝线（见彩插）显示，一个入站 RPC 请求在服务器 pyge65 上执行了一次 Web 搜索，总共用时大约 160 ms。它的下方是初始调用产生的出站子 RPC，它们将被发送到其他服务器。你可以看到子 RPC 事务时延的变化，第 99 百分位的最慢的并行 RPC（在服务器 pyhr29 上）决定了整个 Web 搜索 RPC 的响应时间。你还可以看到，理解并消除长时延的来源，可以让这个示例的响应时间缩短一半，从 160 ms 降至 80 ms。

我们来看看产生的 RPC。首先，在图 6-8 的左上方，有一个很短的、刚刚能看到的对服务器 pyhr19 的调用，用于检查以前是否缓存了可以立即返回的答案。使用对以前执行的搜索缓存的答案，能够显著加快相同的查询。之后对服务器 pyde35 的调用是一个金丝雀请求。只有当该请求成功返回时，比如没有使服务器 pyde35 崩溃，才会执行其他 RPC。如果你的一个请求执行的代码存在 bug，导致服务器崩溃（你一定会遇到这种情况），则金丝雀策略可以只让一台而不是几千台服务器崩溃。在图 6-8 中，金丝雀请求返回了，所以启动了对服务器 pygj11～pygk39 的 90 多个并行调用。图 6-8 中没有显示这些调用产生的 RPC，它们总共大约 2000 个，对应图 6-7 中的深蓝色弧线。

只有当服务器 pyhr29（这些并行调用中最慢的那个）返回时，初始的 Web 搜索 RPC 才会完成。图 6-8 的最右下角有两个并行调用，它们用于更新服务器 pyej23 和 pyhr19 上重复的缓存结果。这两个调用实际上发生在初始的 RPC 完成之后。50 ms 位置的纵向白线只是一个时间网格。

如果仔细查看对服务器 pyde35 的金丝雀调用，你就会注意到，把请求消息从客户端的用户态代码发送到服务器端的用户态代码用时超过 10 ms，把响应消息从服务器端发送到客户端也用时超过 10 ms。这个空程差比后续大部分 RPC 的空程差时间长得多，这意味着我们找到了第一个意外的超长时延的来源。对于一栋建筑内的数据中心网络，硬件交换结构的路由器造成的延迟很少会超过 20 μs。因此，比这个延迟时间长 500 倍的延迟只能是客户端或服务器上的软件延迟，而不是硬件延迟，而这种延迟既可能是用户代码造成的，也可能是内核代码造成的。本书第四部分将讨论这种延迟。

仔细观察图 6-8，93 个并行调用并不是在完全相同的时刻启动的，几乎垂直的左边有一个小坡度。它们的开始时间分别递增大约 6 μs，反映了 CPU 创建和发送每个 RPC 的时间。每条线最左边的缺口显示，几乎所有的 RPC 请求相当快速地到达了对应的服务器程序，对服务器 pyhr29 和 pyfi22 的调用除外，它们用了超过 20 ms 才到达。这是另一个需要解决的时延之谜。每条线最右边的缺口显示，所有的 RPC 响应在发送后很快到达了客户端程序，所以这里不存在时延之谜。

但是一开始，我们更加关心服务器 pyhr29 和 pygj11 的响应时间，因为它们使初始 RPC 的整体响应时间延迟了大约 70 ms。要理解这些延迟，你需要观察这些 CPU 上各自发生了什么，并依次对它们应用我们的观察工具和思路。图 6-8 是使用事务日志文件创建的，相同的方法也可用于服务器 pyhr29 和 pygj11 上的日志，以查看它们的延迟动态。这里有一种常规模式：通过观察，关注严重的问题，忽略不重要的观察结果，然后更加细致地检查重要的观察结果，解决它们，你需要不断地重复以上过程。

好消息是，我们针对一台机器上的 RPC 活动得到的图揭开了消息传递的两个时延之谜，并精确指出了使这次 Web 搜索的整体响应很慢的另外两台机器，以及精确到微秒的时间。通过观察几十秒内的多个这样的 Web 搜索，可以揭示出服务器 pyhr29 和 pygj11 是经常很慢，还是刚好在此次观察时很慢。

本章的目标是捕捉关于每个 RPC 的足够的信息，以便能够绘制出图 6-8 所示的图，然后使用这些图来跟踪造成延迟的根本原因。在后面的章节中，尤其是第 26 章，我们将添加一些工具，观察造成 RPC 图揭示的延迟的根本原因。

不过，在探索如何观察网络动态之前，我们需要更加详细地介绍示例“数据库”RPC 系统。

6.8 示例 RPC 消息的定义

本地过程调用的动态相对简单：在一个给定的 CPU 核心上，（过程）A 调用（过程）B，然后该 CPU 核心执行 B 中的指令；在 B 返回之前，不会继续执行 A 中的指令。本地过程调用可能会嵌套，如 A 调用 B，B 调用 C。但是，这些调用是在一个 CPU 核心上顺序执行的。通过捕捉每个过程的进入和退出时间，我们可以观察一个完整的本地调用树。嵌套的进入/退出时间说明存在嵌套调用。在一个多核心、多线程程序的环境中，对 B 的多个本地调用可以同时发生，但是它们来自在不同软件线程上执行的不同调用方，并且这些软件线程可能使用了不同的 CPU 核心。

远程过程调用更加复杂。与子例程调用不同，从客户端机器把请求消息传输到服务器机器的过程并不是立即完成的。同样，从服务器机器到客户端机器的响应消息也不是立即完成传输的。因为这些消息使用共享的网络资源，其他网络流量可能使它们延迟，所以我们至少需要捕捉每条消息的发送/接收时间。

如图 6-8 所示，RPC 可能是非阻塞的，即 A 可能与 B 并行执行，向 C、D、E 等发出其他并行 RPC。从 B、C、D、E 等最终返回的响应消息以异步的方式到达 A，并且不一定遵守顺序。为了在 RPC 库代码中匹配多个请求和响应对，可以为每个未完成的 RPC 分配唯一的 ID，并将其包含在请求和响应消息中。为了将一个 RPC 与其执行的任何子 RPC 匹配，每个子 RPC 也会包含其父 RPC 的 ID，这将使我们能够重构整棵调用树。

调用方可能会等待收到所有 RPC 响应后才完成，也可能提早完成，如图 6-8 所示（在最右下角的服务器 pyej23 和 pyhr19 的调用返回前，最右上角的服务器 pyge65 就已经返回了）。如果网络连接断开或者服务器崩溃，则一些响应可能永远都不会到达，调用方需要能够检测并处理这种问题，而不是一直等待下去。

在 A 等待 B 的响应时，相同或不同机器上的其他客户端也可以向 B 发送一些 RPC，B 可能在处理这些 RPC 而不是 A 的 RPC。如果发生这种情况，从 B 发送到其他某个服务器 Z 的子 RPC 则可能是 A 的工作的一部分，或是 B 的其他任何客户端的一部分。父 ID 显示了合适的关联关系。

> 如果 A 调用了 B，并且请求消息的 RPC ID 是 1234，而 B 随后代表 A 的请求调用了 Z，那么对 Z 的调用的父 ID 是 1234。此外，这个调用还有自己的 RPC ID，例如可能是 5678。

在大型数据中心环境中，所有这些复杂因素会相当频繁地出现。

只有通过捕捉调用方/被调用方对，以及每个请求和响应消息的发送/接收事件，并显式地记录下来所有嵌套 RPC 的父调用方，我们才能观察一棵完整的远程调用树的动态。这些信息中的大部分必须放到每条请求消息和响应消息中，在机器之间传递。

对于示例 RPC 系统，每条请求消息或每条响应消息以一个 RPC 标记开头，后跟一个 RPC 头，之后是一个可选的字节字符串，其中包含请求的实参值或者响应的结果值，如图 6-9 所示。每条完整的消息会拆分为有效载荷数据，并存放到一个或多个 TCP/IP 数据包中。在本章剩余部分，我们将关注完整的消息而不是单个数据包。

如图 6-10 所示，16 字节的 RPC 标记旨在限定消息、定义变量的长度以及用于完整性检查。

标记	RPC头	数据…
16字节	72字节	0..*N*字节

图 6-9　在我们的示例 RPC 设计中，请求或响应消息的整体结构

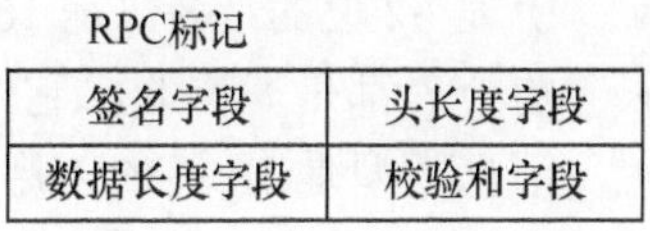

RPC标记

签名字段	头长度字段
数据长度字段	校验和字段

图 6-10　16 字节的 RPC 标记

签名字段是一个固定的 32 位值，它允许快速检查后续的字节是否能够开始一条 RPC 消息。如果出于某种原因，TCP 连接没有同步，那么签名字段还允许向前扫描，直至找到一个签名，从而通过这种方式重新同步。这并不一定是个好主意；可能更好的做法是丢弃连接，然后强制干净地重新启动。第 15 章将使用签名字段来过滤出看起来是 RPC 消息开头的数据包，并为每个这样的数据包记录 KUtrace 条目。

32 位的头长度字段给出了后面 RPC 头的字节长度，在真实的数据中心环境中，随着 RPC 库的更新和扩展，RPC 头的大小很可能在几个月或几年的时间内发生变化。为了提高检查的能力，头长度字段的值必须小于 2^{12}。在示例 RPC 设计中，头长度字段总是 72。

32 位的数据长度字段给出了在 RPC 头的后面可选的实参或结果字符串的字节长度。长度为 0 表示没有字符串。为了提高检查的能力，使大消息无效，数据长度字段的值必须小于 2^{24}。头长度字段和数据长度字段使 RPC 库能够将消息拆分为长度可变的组成部分。

最后，32 位的校验和字段用于执行健壮的完整性检查，以确认 RPC 标记及其后续字节是否为一条有效的 RPC 消息的开始部分。

RPC 标记是一条完整的网络消息的一部分，但它对 RPC 库软件的调用方不可见。调用方只处理 RPC 头和数据字符串。

如图 6-11 所示，RPC 头包含的字段描述了一条 RPC 请求或响应消息。这些字段初始化为 0，然后随着 RPC 的处理，RPC 库将逐渐填充这些字段。例如，当客户端程序即将发送一条 RPC 请求消息时，RPC 库将填充 *T*1 和第一个 *L*。当服

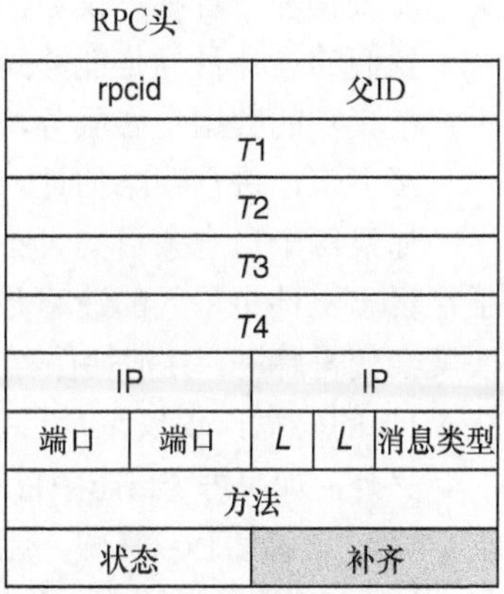

RPC头

rpcid		父ID		
T1				
T2				
T3				
T4				
IP		IP		
端口	端口	*L*	*L*	消息类型
方法				
状态		补齐		

图 6-11　72 字节的 RPC 头

务器程序即将发送一条 RPC 响应消息时，RPC 库将填充第二个 *L*。当客户端程序收到 RPC 响应消息时，RPC 库将填充 *T*4。

简单来说，自然对齐的字段如下。

- rpcid 是 32 位的，包含唯一的 ID，代表每个未完成的请求。
- 父 ID 也是 32 位的，包含产生当前请求的那个请求的 rpcid。
- *T*1～*T*4 是 64 位的挂钟时间戳，精确到微秒，它们分别给出了请求发送时间、请求接收时间、响应发送时间和响应接收时间；*T*1 和 *T*4 基于客户端机器的时钟；*T*2 和 *T*3 基于服务器机器的时钟。
- IP 是 32 位的，端口是 16 位的，它们给出了客户端机器和服务器机器的 TCP/IP 地址。
- 两个 *L* 都是 8 位的，它们给出了请求和响应消息的字节长度的对数。
- 消息类型是 16 位的，用于指出这是请求、响应还是其他类型的消息。
- 方法是 64 位的（8 字节），这是被调用例程的 ASCII 名称，用零补齐长度。
- 状态是 32 位的，这是返回值的状态，用于指出 RPC 成功、失败或特定的错误码。
- 补齐是 32 位的，用于使 RCP 头的总长度是 8 字节的倍数。

RPC 头所包含字段的大小在一定程度上是随意的，不同的大小都能够很好地工作。将字节长度减小为对数，只是用精度（比如在 10%以内）换取空间的一个例子。

这种头格式的灵活性比真正的数据中心环境中使用的头格式要差一些，但对于我们的示例 RPC 够用了。

6.9 示例日志设计

后面介绍的客户-服务器程序都会写一个日志文件，以记录它们处理的所有 RPC。这种日志记录是我们设计到程序中的观察工具，用于观察 RPC 系统的动态。日志记录不能太慢，更不能太臃肿，否则不仅会消耗大量资源，还可能影响底层服务的性能。

我们的设计目标是能够处理并每秒最多记录 10 000 个 RPC，同时让相应的开销很小。对于一个真实的数据中心服务，这是合适的数量级。

接下来，进行粗略估计。

如果每个日志条目的大小是 1000 字节，则对于每个服务，每秒记录 10 000 个 RPC 相当于在日志文件中写入的速率是 10 MB/s 或 864 GB/d，而每台服务器上运行着多个服务，这很快就会变得臃肿，并消耗保存了多个日志文件的磁盘的大量带宽。每个服务几乎每天会填满一块 1 TB 的磁盘，仅仅记录日志就可能需要多块磁盘。

另外，如果每个日志条目只有大约 100 字节，则一个服务的记录速度大约为 1 MB/s，折合 86 GB/d。这仍然有点臃肿，但让几个服务每秒向日志磁盘写入 1 MB 是一个比较容易维持的速率，而且这些服务只需要一个 1 TB 的磁盘来保存一天的日志条目，这是一个可以管理的日志量。

对于每秒处理大约 1000 个 RPC 的更慢的服务，我们可以负担得起让每个日志条目占用

1000 字节，不过大部分日志记录并不需要为每个 RPC 记录这么多数据。在设计时，应该进行粗略估算，记录我们可以接受的最大日志记录开销。

对于示例 RPC 设计，二进制日志格式只复制了当前的 RPC 头，将完整数据长度从 RPC 标记中移到了数据的前面，并截断数据或用 0 将其扩展到 24 字节，如图 6-12 所示。因此，每个日志条目的大小刚好是 96 字节。

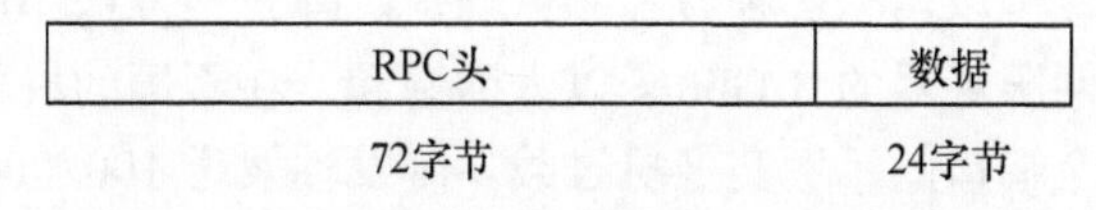

图 6-12 示例日志条目的格式，总共 96 字节

日志系统的性能是一个重要的考虑因素。截断数据使每个日志条目的大小有了上限，并且在可能要求用户提供数据（如电子邮件消息）时，提供了一定的隐私保护。不过，即使只包含少量数据，也有助于识别在发生异常时延时发生了什么。将日志条目记录为二进制字段，而不是输出 ASCⅡ值，可以节省文件空间以及格式化所有数字需要的 CPU 时间。这种方法大大降低了日志开销。可根据需要，在以后对二进制日志文件进行处理时，将其转换为可读的 ASCⅡ值。

每个服务器程序在运行时将写一个包含这些日志条目的本地二进制文件，而每个客户端程序会写自己的包含日志条目的本地二进制文件。对于一个运行在 2000 台机器上的服务，服务器程序将在这些机器上写 2000 个本地日志文件。分散的客户端程序将在自己的机器上写本地日志文件。

在大型数据中心，所有程序将定期关闭自己的日志文件，并打开新的日志文件。后台服务将把关闭的日志文件收集到一个位置，或者收集到一个分布式文件系统中，以便能够高效地对它们进行后处理。为了节省空间，会在几天后丢弃大部分日志。如果没有人再次读取数据，那么保留这些数据是没有意义的。对于示例环境，我们并没有进行这种日志管理，我们只是处理在各个服务器上本地写入的本地日志文件。

6.10 使用 RPC 的示例客户-服务器系统

本章的 server4 和 client4 程序实现了一个带有日志记录功能的示例 RPC 系统。另外，本章的 dumplogfile4 程序用于将二进制格式的日志转换为 JSON 格式的 ASCII 文本，从而使你能够看到它们包含什么，并使显示它们变得更容易。

server4 和 client4 提供的服务是内存键-值存储（一个简单的数据库）。服务器程序接收在内存中读写键-值对的 RPC 请求，客户端程序则发送这些请求。服务器程序实现的方法如下。

- ping(data)：没有键-值动作，返回原始数据。
- write(key, value)：记忆键值-对。
- read(key)：返回值。

- chksum(key)：返回值的 8 字节校验和。
- delete(key)：删除键及对应的值。
- stats()：返回有关服务器使用情况的一些统计数据。
- reset()：擦除所有键-值对。
- quit()：停止服务器及其所有线程。

使用这两个程序，你可以用无数种方式制造麻烦。阵发性发送 100 个 1 MB 的值，会在至少一秒的时间内让示例服务器的 1 Gbit/s 以太网饱和。在不同的机器之间独立执行两个这样的操作，会使包含 4 个端口的示例交换机过载。阵发性发送 100 000 个 1 字节的值，会使 CPU 饱和，还会堵塞日志系统。如果让高强度爆发式请求和一些中等强度的任务在时间上发生重叠，那么这些中等强度的任务很可能会受到干扰。

6.11 示例服务器程序

图 6-13 所示的服务器程序不断接收 RPC 请求消息，处理它们，然后发送响应消息。在运行时，服务器程序通常会使用多个线程处理应用到单个共享数据库的独立 RPC。

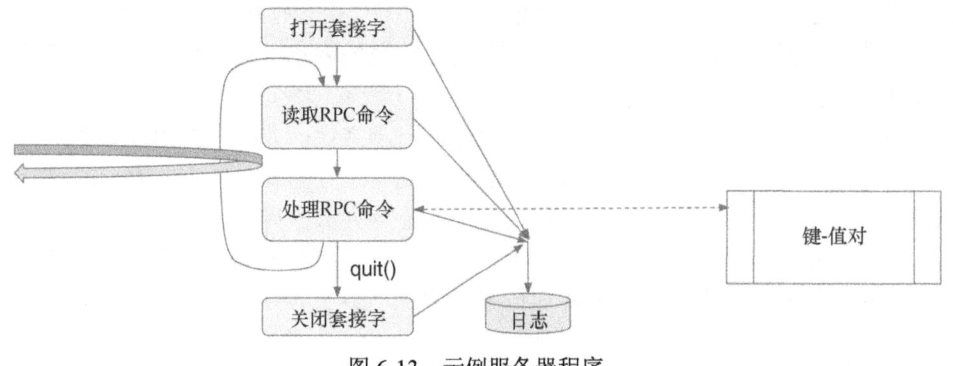

图 6-13 示例服务器程序

服务器程序 server4 接收两个命令行参数，它们指定了要监听的端口范围。对于每个端口，分出一个专门的监听线程。每个这样的线程都会在自己的端口上打开一个 TCP/IP 套接字，等待 RPC，当 RPC 到达时，就顺序执行它们。默认行为是使用 4 个连续端口（端口 12345～12348）分出 4 个对应的线程。

尽管通过命令行在后台启动了服务器程序 server4，但作为一项安全措施，服务器程序 server4 每次启动后，就会在 4 min 内自动销毁，以防止出现不受控制的程序或僵尸程序。

可以启动服务器程序 server4 多次，只要它们不使用重复的端口号就可以。服务器程序 server4 可以运行在多台服务器机器上。在目前简单的设计中，我们没有提供机制来防止多人启动程序 server4 并彼此影响。

键是小于 256 字节的字节字符串，值是小于 1.25 MB 的字节字符串。总的内存空间要小于 200 MB。

键-值对数据库是一种 C++字符串映射。所有的服务器执行线程都将共享键-值对数据库，因此涉及该数据库的每个操作首先会获取一个简单的自旋锁，然后才访问数据。这是一种有缺陷的设计——虽然能够工作，但可能存在严重的阻塞动态，我们稍后将观察到这种现象。

6.12 自旋锁

用于保护软件临界区的自旋锁是我们讨论的 4 种基本硬件资源（CPU、内存、磁盘和网络）外的第 5 种共享资源。软件锁有许多形式，自旋锁是其中最简单的形式：当一个线程无法获取代码临界区的锁时，就会循环（自旋），不断地尝试获取锁，直到其他线程最终释放锁为止，此时这个线程将成功地获得锁。第 27 章将更加详细地讨论锁。

示例服务器代码定义了一个名为 SpinLock 的类，它在构造函数中获得自旋锁，并在析构函数中释放锁。因此，以下代码模式将使内层块成为一个临界区，一次只能被一个线程访问。

```
LockAndHist some_lock_name;
  ...
{
  SpinLock sp(some_lock_name);
  <这是临界区代码>
  ...
}
```

SpinLock 类采用的构造函数/析构函数机制保证了在进入临界区的时候能够获得锁 some_lock_name，并且在退出临界区的时候能够释放锁，即使退出由于意外或异常。这种设计完全消除了编程错误的一种源头——进程有时候未能释放锁。

这种自旋锁实现还定义了一个小直方图，用于记录获得锁的时间。这是另一种被设计到程序中的观察工具。软件锁有一个常见的问题：在某些情况下，一个线程可能需要等待很久才能获得锁；因此，当一个线程持有锁的时间太长时，就可能导致另一个线程出现很长的事务时延。为每个锁创建一个获得锁的时间的直方图，可以显示获得一个争用的锁的正常时间，以及有多少次获得锁的时间特别长。如果对于给定的锁，不存在很长的获得时间，则锁等待不是造成长事务时延的原因，你需要寻找其他原因。

锁的伪代码如下。

```
start = __rdtsc()
  test-and-set loop to get lock
stop = __rdtsc()
```

```
elapsed_usec = (stop - start) / cyclesperusec
hist[Floorlg(elapsed_usec)]++
```

其中，rdtsc 用于读取 x86 周期计数器；Floorlg(*x*)用于计算 floor(log2(*x*))的值，对于 32 位的无符号整数 *x*，得到的将是一个介于 0 和 31 的数字；hist 是用于计数的一个直方图数组（底为 2 的对数函数能够将或长或短的获得锁的延迟分配到不同的计数桶中），前面提到的 stats 命令能够返回这个直方图数组。

6.13 示例客户端程序

如图 6-14 所示，客户端程序接收命令行参数，并向指定的服务器和端口发送一些 RPC，这些 RPC 会被重复发送并在时间上分散开。

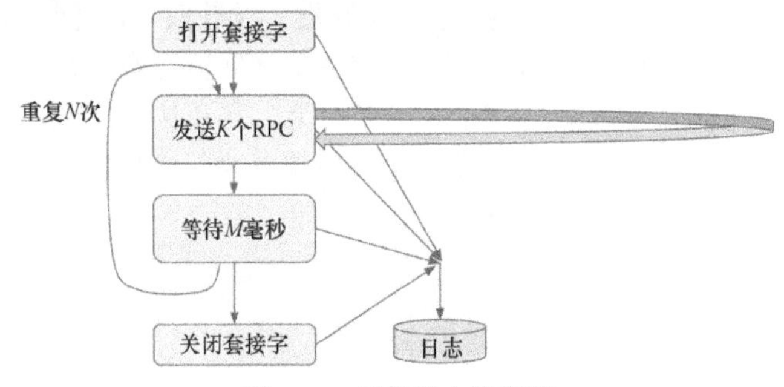

图 6-14 示例客户端程序

可在后台启动客户端程序 client4 的多个实例，使它们在同一台机器上运行并在时间上发生重叠；当然，也可以在不同的机器上运行多个实例。服务器程序 server4 和客户端程序 client4 的实例虽然可以运行在相同的机器上，但它们不会使用网络进行本地通信；对于这种“退化”的场景，内核网络代码将在内存中移动消息字节。

客户端程序 client4 的命令行参数允许指定下面的动作对重复 Rep 次：<发送 *K* 个 RPC，等待 *M* 毫秒>。阵发性的 *K* 个 RPC 中的第一个 RPC 由其方法和初始的键/值数据指定。这两个字段可以用伪随机数据来填充，以达到指定的字节长度。连续 RPC 中的后续 RPC 将保留该方法和基础字符串，但提供递增的键/值。在阵发性 RPC 中，一旦前一个 RPC 返回一个响应，就会发送下一个 RPC，但不会在前一个 RPC 返回响应前发送下一个 RPC。

客户端程序 client4 接收一组命令行参数（详细的解释见表 6-1），如下所示。

```
./client4 server port
    [-rep] [-k] [-waitms] [-seed1]
    [-verbose] command
    [-key "keybase" [+] [padlen]]
    [-value "valuebase" [+] [padlen]]
```

表 6-1　客户端程序 client4 的命令行参数

命令行参数	解释
-rep	重复外层循环一定次数
-k	重复命令一定次数（内层循环），然后等待，接下来继续执行外层循环
-waitms	指定在执行阵发性的 *k* 条命令后等待多久（毫秒）
-seed1	指定填充字节的随机数生成器的种子为 1，这将允许使用可重现的伪随机值
-verbose	输出关于每条请求消息和响应消息的一些信息
-key "keybase" [+] [padlen]	指定一个基础字符串为键，可以选择递增它，也可以选择使用随机字符填充它。当命令行参数-rep 和-k 重复出现时，“+”表示递增基础字符串，padlen 则用于指定填充长度
-value "valuebase" [+] [padlen]	指定值，使用相同的算法

write（写）、read（读）和 delete（删除）命令都需要一个键，ping 和 write 命令都需要一个值。

例如：

```
./client4 target_server 12345 -k 5 ping -value "vvvvv" + 10
```

这表示向目标服务器 target_server 的 12345 端口发送 5 条 ping 命令，发送的值字符串如下。

```
vvvvv_0u5j
vvvvw_trce
vvvvx_qxol
vvvvy_1bv3
vvvvz_dg1w
```

在上面的例子中，“+”指定了递增基础字符串中的 v w x y z，“10”指定了使用随机字符填充至总共 10 个字符。递增会使基础字符串的低位字符加 1，9 将环绕到 0，z 将环绕到 a，Z 将环绕到 A，可根据需要进位到更高位字符（下一个基础字符串将是 vvvwa）。递增对于键最有用，填充对于值最有用。

ping [-value "valuebase" [+] [padlen]]将一个 RPC 请求发送给指定的服务器端口，请求包含 RPC 标记、RPC 头以及可选的 RPC 数据（其中包含指定的值）。服务器使用相同的数据进行响应。

write -key "keybase" [+] [padlen] -value "valuebase" [+] [padlen]将一个 RPC 请求发送给指定的服务器端口，请求包含 RPC 标记、RPC 头和 RPC 数据（其中包含指定的<键,值>对）。服务器保存每个<键,值>对并使用一个状态码（通常是 SUCCESS）进行响应。

read -key "keybase" [+] [padlen]将一个 RPC 请求发送给指定的服务器端口，请求包含 RPC 标记、RPC 头和 RPC 数据（其中包含指定的键）。服务器使用匹配的值和一个状态码（通常是 SUCCESS）进行响应。

delete -key "keybase" [+] [padlen]将一个 RPC 请求发送给指定的服务器端口，请求包含

RPC 标记、RPC 头和 RPC 数据（其中包含指定的键）。服务器删除每个匹配的<键,值>对并使用一个状态码（通常是 SUCCESS）进行响应。

stats 将一个 RPC 请求发送给指定的服务器端口，请求包含 RPC 标记和 RPC 头，但不包含 RPC 数据。服务器使用任意状态字符串和一个状态码（通常是 SUCCESS）进行响应。对于服务器程序 server4.cc，状态字符串是前面描述的自旋锁直方图的文本版，即使用空格分隔的 32 个计数值。

reset 将一个 RPC 请求发送给指定的服务器端口，请求包含 RPC 标记和 RPC 头，但不包含 RPC 数据。服务器删除所有的<键,值>对并使用一个状态码（通常是 SUCCESS）进行响应。

quit 将一个 RPC 请求发送给指定的服务器端口，请求包含 RPC 标记和 RPC 头，但不包含 RPC 数据。服务器使用一个状态码（通常是 SUCCESS）进行响应，然后立即退出。

客户端程序 client4 将输出自己发送的前 20 个 RPC 的往返时间，并基于这些往返时间绘制一幅对数直方图，其中包含总的 RPC 数、总用时（毫秒数）、总共传输和接收的数据量（以 MB 计）以及每秒传输和接收的 RPC 消息数。在数据中心系统中，这种信息将显示在仪表板网页中。

6.14 测量一个示例客户-服务器 RPC

回忆一下第 1 章介绍的那个思维框架。在思考性能问题时，我们将按照程序员的方法，首先估测某个任务应该需要多长时间，然后观察实际用了多长时间，最后分析为什么存在差异。图 6-15 再次显示了这个思维框架。

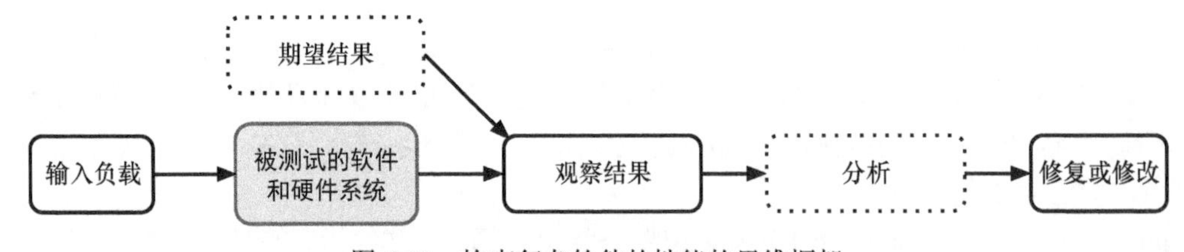

图 6-15 检查复杂软件的性能的思维框架

思考这样的输入负载：客户端程序向服务器程序发送了一个写 RPC，其中有一个 5 字节的键和一个 1 000 000 字节的值。对于使用 1 Gbit/s 网络的示例服务器，我们期望用时是多少呢？

回忆一下，当从比特转换为字节并包含一些开销时，1 Gbit/s 大约是 100 MB/s，或大约每微秒 100 字节。因此，发送大约 1 000 000 字节的 RPC 请求应该需要大约 10 000 μs（10 ms）的网络传输时间。在服务器端，如果主存的传输速度是 10 GB/s，那么创建 1 000 000 字节的字符串并将其保存到一个 C++映射中，应该只需要大约 10 μs。100 字节的短响应应该只需要 1 μs 的网络传输时间，再加上一些小的软件开销。总的来说，在勾画时间线时，我们可能期望时间线如图 6-16 所示。

图 6-16 对于写 1 MB 的数据，我们期望的 RPC 用时

图 6-16 所示的 RPC 用时虽然有些失真，但能够大概表达意思：传输请求消息中的 1 MB 用了很长时间，将其保存到键/值存储中的用时要少 1/100，传输响应消息的用时则再少 1/100。我们来看看实际发生的情况。

编译 server4，并在运行该程序时不指定实参，以使用监听 4 个端口的默认配置。

```
./server4
```

编译 client4，并在一台不同的机器上使用下面的实参运行该程序。

```
./client4 target_server 12345 write -key "kkkkk" \
  -value "vvvvv" 1000000
./client4 target_server 12345 quit
```

编译 dumplogfile4 并在客户端运行它，指向 client4 为 1 MB 写操作写入的日志文件。

```
./dumplogfile4 client4_20190420_145721_dclab-1_10479.log \
  "Write 1MB" \
    >client4_20190420_145721_dclab-1_10479.json
```

编译 makeself 并在客户端运行它，指向前面的 JSON 文件。

```
./makeself client4_20190420_145721_dclab-1_10479.json \
  show_rpc_2019.html \
  > client4_20190420_145721_dclab-1_10479.html
```

显示得到的 HTML 文件。

```
google-chrome client4_20190420_145721_dclab-1_10479.html
```

6.15 后处理 RPC 日志

如前所述，程序 client4 和 server4 负责写入包含 96 字节的记录的二进制日志文件。

程序 dumplogfile4 负责读取这些日志文件，将它们转换为 JSON 文件，并将时间戳和其他信息转换为 ASCII 文本。JSON 文件有一个特殊的头，其中包含日志记录的开始时间、第二个命令行参数给出的标题（之前是“写 1 MB”）、一些坐标轴标签等。在这个头的后面，是日志记录的文本行。默认情况下，JSON 文件只包含收到响应情况下的日志记录，即旨在描述完整的往返事务的记录。-all 标志表示包含所有记录。

程序 makeself 负责读取 JSON 文件，基于一个模板写出 HTML 文件，并在其中包含 JSON 信息。第 5 章曾提到过 makeself 程序，但我们现在使用一个不同的模板文件，名为 show_rpc.html。

6.16 观察

在一对客户端和服务器机器上，笔者测量的结果如下：从客户端发送写请求到服务器用时 9.972 ms，在服务器上处理请求用时 1.118 ms，将响应发送回客户端用时 10 μs。笔者对开始时间和最后的时间所做的估测相当合理，但是实际耗时长了几倍（如表 6-2 所示）。

表 6-2 估测的和测量的 RPC 用时

操作	估测值	实际值
发送 1 MB 的请求	10 ms	9.972 ms
处理请求	100 μs	1118 μs
发送 100 字节的响应	2 μs	10 μs

图 6-17 基于客户端日志，并采用与图 6-8 相似的风格，显示了 10 个这样的 RPC，它们放在了时长大约为 120 ms 的时间轴上。线的空心部分（或者更准确地说，白色的叠加线）大致显示了从客户端到服务器的 1 MB 数据的传输时间。可以看到，在客户端，从一个 RPC 结束到下一个 RPC 开始，中间存在 1～2 ms 的间隙（见第一个间隙处显示的椭圆形）。

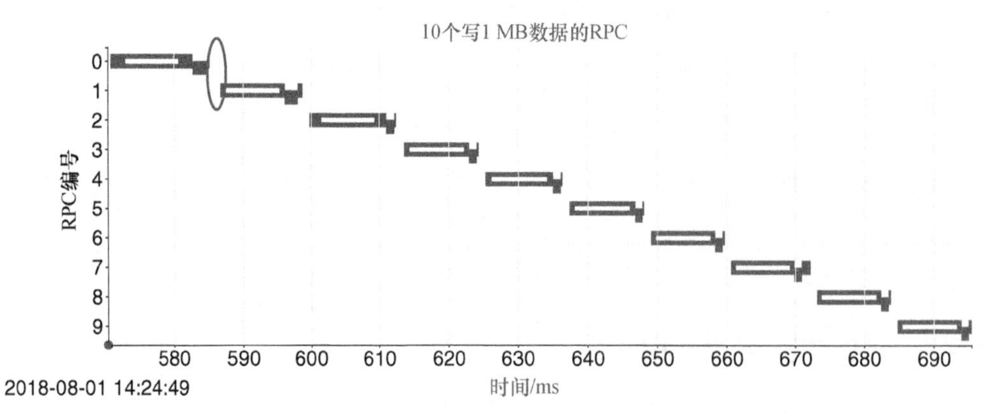

图 6-17 10 个 RPC，每个 RPC 发送 1 MB 的数据。椭圆形突出显示了连续 RPC 之间存在的 1～2 ms 的间隙

图 6-18 显示了相同的 10 个 RPC，但这一次因为把它们对齐到一个相同的起始点，所以很容易比较不同 RPC 的相对时间。现在可以更加清楚地看到，前几个 RPC 用时较长，然后

时间稳定了下来。此外还可以更加清楚地看到，7 号请求在把响应消息发送回客户端的时候，有一个额外的延迟。

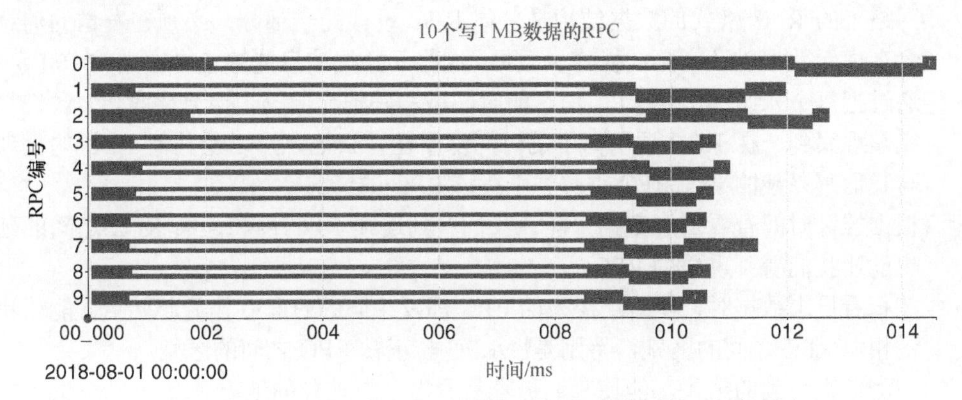

图 6-18　相同的 10 个 RPC，但这一次它们都使用相同的起始点

请求从客户端发送到服务器的时间是大约 9 ms，这符合我们的估测，但是服务器上的处理时间是大约 1 ms，比我们估测的每 1 MB 用时 100 μs 长得多。为什么我们的估测不准确呢？

因为要将每个 1 MB 的消息从网卡复制到内核缓冲区，再从内核缓冲区复制到用户缓冲区，然后从用户缓冲区复制到单独的键和值字符串，最后从值字符串复制到映射的条目，所以示例服务器代码中每个 1 MB 的数据将从内存读取或者写入内存大约 8 次而不是只有一次。由于这些复制操作，我们估测的时间增加到大约 800 μs，接近观察到的 1 ms。从服务器到客户端的响应时间大约是 350 μs，比期望的时间长了一些，但这还可以接受。预先估测用时能使我们更容易看出存在差异的地方。

6.17　小结

本章介绍了一个示例 RPC 数据库系统，并运行在两台联网的计算机上，记录下来发送和接收每个 RPC 消息的时间。得到的包含带缺口的线的图显示了测量的时间，每条消息近似的传输时间，连续 RPC 之间的间隙，以及多个相似 RPC 的相对时间。底层的日志记录是以可维持的速率实现的，达到了每个服务每秒 10 000 个 RPC。

第 7 章将详细介绍多个客户端和服务器上多个重叠的 RPC，事务内的锁，以及多台机器上的时间对齐。我们将扩展示例内存数据库，使其成为一个同样简单的磁盘数据库。在本书后面的章节中，我们将分析这些 RPC 中较慢的部分，包括识别消息传输中的延迟和 RPC 处理中的延迟。

本章的要点如下。

- 为了理解多个远程过程调用的动态，绝对有必要在程序中设计观察钩子（observation hook），其中至少包括 RPC ID、发送和接收时间以及字节长度。
- 这些钩子的开销必须足够低，以便在高实际负载下也能有用。

- 要创建 RPC 流量，就需要在不同的机器上至少运行一个客户端程序和一个服务器程序。
- 一种小的风格化语言使得我们能够构建一个客户端并生成有用的 RPC 序列。
- 网络上的 RPC 格式的数据结构是总体 RPC 设计的一部分，必须在发送的消息中包含观察元数据以及实际的操作及数据。这些元数据信息能够包含在大约 100 字节中。
- 通过把每个入站和出站 RPC 消息的时间戳和其他元数据记录到磁盘上，我们将能够完整观察到一棵 RPC 调用树中的时间都用在什么地方，以及其他 RPC 的处理可能与我们感兴趣的某个 RPC 重叠并干扰该 RPC 的情况。
- 根据挂钟时间查看日志数据，能让我们看到连续 RPC 内和连续 RPC 之间的延迟，也能让我们看到重叠的 RPC。
- 在查看日志数据时，使给定类型的 RPC 都以相同的时间 0 作为起始点，能让我们看到相似 RPC 之间的区别，特别是慢 RPC 与正常 RPC 之间的区别。
- 估测期望看到的结果，能使我们更容易看出存在差异的地方。

习题

考虑下面的任务。

（1）发送 10 条 ping 消息，每条消息 100 KB。

（2）对于键 kkkkk、kkkkl、kkkkm、…、kkkkt，发送 10 个 1 MB 随机数据的 write 请求。

（3）使用相同的 10 个键，发送 10 个对应的 1 MB 数据的读取请求。

（4）发送一条 quit 命令。

自行绘制一幅草图，描绘你期望看到的 RPC 用时。

在示例服务器上运行 server4 程序，在另一台机器上运行 client4 程序，针对上面的步骤顺序发送命令。运行 dumplogfile4 程序和 makeself 程序，生成前 3 个客户端日志文件并显示实际结果。

你很可能会发现，两台服务器的挂钟时间相差了几毫秒，这可能已经足够让 HTML 图形看起来很奇怪，例如，消息的发送时间的时间戳可能晚于接收时间的时间戳。第 7 章将介绍时间对齐。在此之前，可以考虑通过手动编辑 JSON 文件来调整 *T*2 和 *T*3，使它们位于 *T*1 和 *T*4 之间。虽然并不是必须这么做，但这么做有助于你理解第 7 章的程序需要做什么。

6.1 估测 ping 请求和它们的响应消息的传输时间是多少毫秒。它们实际用了多少毫秒？简单说明一下差异。

6.2 估测写请求和它们的响应消息的传输时间是多少毫秒。它们实际用了多少毫秒？简单说明一下差异。

6.3 估测读请求和它们的响应消息的传输时间是多少毫秒。它们实际用了多少毫秒？简单说明一下差异。

CHAPTER 7

第7章 磁盘和网络数据库的交互

本章延续第6章对RPC测量的介绍，但是增加了复杂度。第6章的最后对一个客户端和一台服务器进行了简单的测量，并且RPC之间没有重叠。本章将介绍如何对齐多个CPU上的时钟。我们将使用多个客户端发送重叠的RPC，并探讨服务器上的数据库和自旋锁行为。我们将从使用内存数据库，改为使用磁盘数据库，并观察多个重叠的RPC在访问共享磁盘时的交互。与之前一样，我们仍将估测每次实验期望的动态，测量实际行为，然后比较二者以理解软件动态，特别是理解事务时延的变化。

7.1 时间对齐

在第6章中，我们忽略了一个复杂因素——对齐不同计算机上的时钟。如果这些时间相差100 μs或更多（构成100 μs的时钟偏移），则很难将一台机器上的事件与另一台机器上的对应事件匹配起来，并且随着差异加大，我们将越来越难理解观察到的一组结果。

每块计算机主板上都有一个晶体振荡器，如图7-1所示，用于为CPU芯片提供基频。

两块不同主板上的晶体不会以完全相同的频率振荡。其中一个可能比另一个快 1/1 000 000或10/1 000 000，这意味着在额定3.0 GHz的机器上统计30亿次时钟脉冲（大约1 s）时，一块主板会比另一块主板快1～10 μs。因此，在两台计算机上，在执行C库中的gettimeofday()例程后，得到的时钟每秒会有1～10 μs的时钟偏移。或者说，在每100秒的性能测量中，产生100～1000 μs的时钟偏移，如图7-2所示。

图 7-1 石英晶体振荡器（图片源自 Wikimedia）

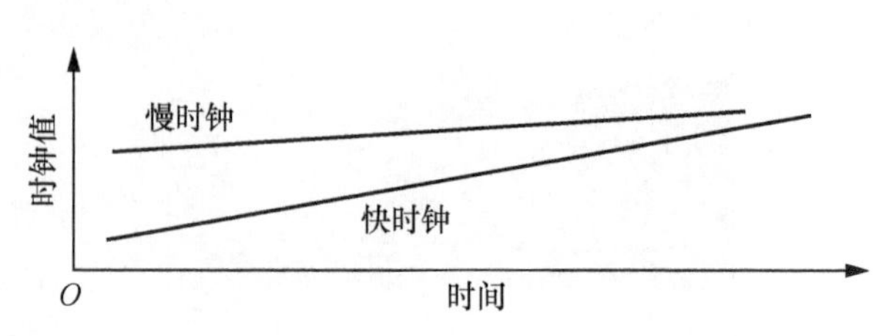

图 7-2 两台服务器上的时钟以稍微不同的晶振频率运行

晶振频率会随着温度和输入电压而变化，所以两个时钟之间的频率差异不是恒定的。好在晶振频率发生大变化的时间是几十分钟，而同一房间内的两台服务器通常面临相似的温度和电压变化，所以一般也会跟随着变化。

即使能够访问精确的时间源，并使用像网络时间协议（Network Time Protocol，NTP）这样的软件，许多数据中心服务器上的时钟也仍会彼此之间有一些偏移，而且这些偏移在一分钟左右的时间内还会发生一点漂移。最终结果是，gettimeofday()例程给出的结果在两台计算机之间很容易相差几毫秒。在看到时间向后走的时候，文件系统等软件可能会失败，所以关注时间偏移很重要。

在图 7-3 中，第一个 RPC 的原始数据的 *T*1～*T*4 时间如下所示，这是相对于跟踪开始时间的秒数。

- **49.567**609。在 *T*1，发送请求，这表示客户端时钟。
- **49.582**785。在 *T*2，接收请求，这表示服务器时钟。
- **49.585**007。在 *T*3，发送响应，这表示服务器时钟。
- **49.582**178。在 *T*4，接收响应，这表示客户端时钟。

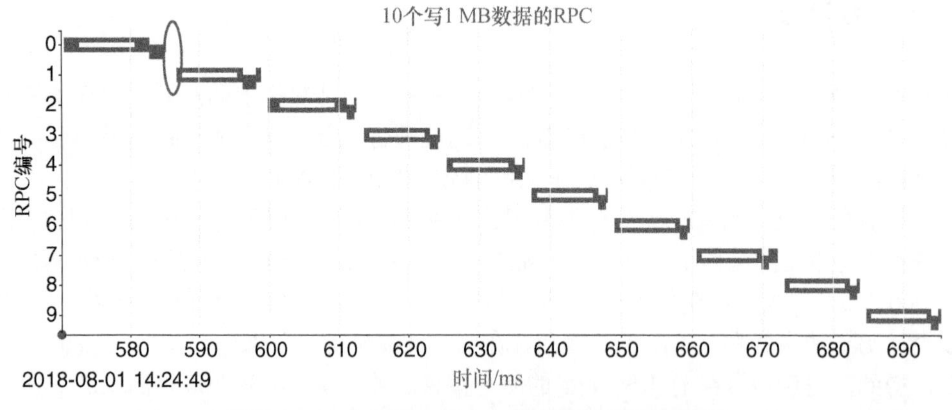

图 7-3 10 个 RPC，每个 RPC 发送 1 MB 的数据

*T*1 和 *T*4 时间是客户端的时钟，*T*2 和 *T*3 时间是服务器的时钟。注意，响应消息的发送

时间是 *T*3=49.585007，看起来它被接收的时间是 *T*4=49.582178，即它在发送之前的 3 s 被接收。事实上，在测量时，这两台计算机的时钟相差 3.1 ms，服务器要快一些。我们在第 6 章对齐了时间，得到了图 6-17 和图 6-18。几天后，这两台计算机在反方向上相差了 0.1 ms。

许多人做了大量实验，试图使用各种形式的硬件和软件，将计算机的时钟同步到 1 μs 或更短的时间。但是在大型数据中心，这些方法可能不划算，并且可能无法在几个月或几年的时间内一直按照期望那样工作，也可能不够健壮，无法应对设备故障，如单点失败的 GPS 接收器。Stanford 和 Google 近期的研究①有可能改善这种情况。

假定我们观察的服务器的时钟不相同，并在后处理软件中对齐时间，这是更加简单、更加便宜且更加可靠的方法。在本章中，我们会学习如何去做。

我们的 4 个 RPC 时间戳来自两个时间源——客户端和服务器的时间。为了进行对齐，我们希望找到一个 delta 时间，使得

```
T2' = T2 + delta
T3' = T3 + delta
```

然后将服务器上的 *T*2 和 *T*3 映射到客户端上的 *T*2'与 *T*3'。

通过前面显示的 4 个时间，我们能够知道关于 delta 的什么信息呢？我们知道，请求消息在发送后才能收到，所以有

```
T1=49.567609 一定小于 T2'= 49.582785 + delta,即
49.567609 - 49.582785 < delta,即
-0.015176 < delta
```

我们还知道，响应消息在发送后才能收到，所以有

```
T3'=49.585007 + delta 必须小于 T4=49.582178,即
delta < 49.582178 - 49.585007,即
delta < -0.002829
```

从而得出

```
-15.1 ms < delta < -2.8 ms
```

事实上，我们还知道更准确的信息。在理想的 1 Gbit/s 以太网上传输 1 MB 的请求消息，也就是以 1 000 000 000 bit/s 的速度传输 8 000 000 位（bit），大约需要 0.008 s。如果我们假定数据包的数据部分有额外 10%的位，其中包括数据包头、校验和以及以太网数据包之间必要的间隙，则实际情况更有可能是用 9 ms 发送 1 MB。这意味着对于 *T*1→*T*2'的传输，更好的计算公式为

```
T1=49.567609 + 0.009000 < T2'=49.582785 + delta,即
(49.567609 + 0.009000) - 49.582785 < delta,即
-0.006176 < delta
```

① 参见 Geng Yilong, Liu Shiyu, Yin Zi 等的文章“Exploring a Natural Network Effect for Scalable, Fine-Grained Clock Synchronization”。

对短的响应消息进行类似的计算，只涉及大约 1 μs 的传输时间，所以在算术运算上不会有大的变化。

```
delta < -0.002829
```

由此，我们可以把 delta 大致界定为

```
-6.1 ms < delta < -2.8 ms
```

有了更多的几个 RPC，通常就可以进一步缩小边界。在发送几百个或几千个 RPC 时，常常会有一些开销极小的消息，使得 delta 能够被界定到小于 100 μs 的范围内。

但是，如果我们记录一分钟或两分钟内的 RPC 时间，则必须考虑时钟漂移。如果两台机器的时钟每秒只相差 2 μs，那么开始观察时的 delta 值与一分多钟以后结束观察时的 delta 值可能相差几百毫秒，如图 7-4 所示。幸运的是，在一两分钟的时间内，我们可以假定漂移率是恒定的；随时间变化产生的影响（如数据中心环境中室内温度的变化）非常平缓，需要几十分钟的时间才会影响时钟频率。因此，使用只有一两分钟的时间段上的一个线性函数来近似表示变化的 delta 是合乎情理的。

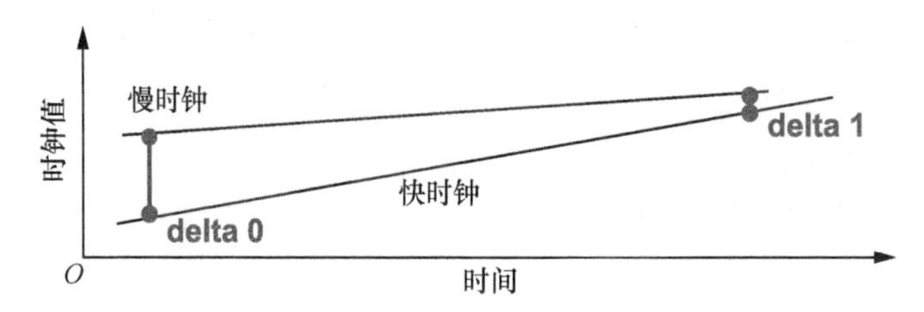

图 7-4 在两台不同的服务器上，以稍微不同的晶振频率运行的时钟突出显示了时间差异的漂移

时间对齐问题可以简单描述为

> 给定两台机器之间的一组 RPC 时间 *T*1 ~ *T*4，计算这两台机器之间的时间差异（delta）的线性近似的偏移和斜率。

我们希望这种计算对软件和硬件消息传输延迟的变化相对不敏感。

第 6 章介绍了 RPC 的空程差。在这里，我们将其定义为既没有消耗在服务器上也没有消耗在消息传输上的总的 RPC 时间，即

```
slop = (T4 - T1) - (T3 - T2) - requestTx - responseTx
```

其中，requestTx 和 responseTx 是在一个空闲网络上传输请求与响应消息的估测时间。空程差小的消息为两台机器之间的时间偏移确定了紧界（tight bound）。为了计算一条随时间变化的 delta 线，我们首选具有少量空程差的 RPC。我们其实只需要两个高质量的点，一个靠近日志或跟踪的开头，另一个靠近日志的末尾。但是，真实的 RPC 数据可能会有噪声，无法预测，所以具有最小空程差的 RPC 可能不会出现在靠近日志开头或末尾的地方。因此，更健壮的方

法是查看分散在整个日志中的几个空程差相对小的事件，然后从中进行选择。

为了从长度未知的 RPC 日志中选出一些具有小的空程差的事件，同时只使用少量存储空间，一种简单的方法是读取整个按时间排序的日志（按 *T*1 排序），并将每个 RPC 转换为一个四元组：

```
slop, T1, mindelta, maxdelta
```

并记录下来所有这些四元组的一个有用的子集。这个子集可以保存在少量的数组元素中，例如 8 个数组元素，让每个数组元素包含一组 *N* 个连续 RPC 中具有最小空程差的四元组，*N* 一开始是 1。当填充了最初的 8 个数组元素后，我们就把它们成对收缩，只保留每对中具有最小空程差的四元组，释放一半的桶，然后让 *N* 加倍。之后，用接下来的 *N* 个 RPC 中具有最小空程差的四元组来填充释放的桶。根据需要重复进行收缩操作，直到处理了完整的 RPC 日志。

在这个过程的最后，整个日志文件已读完，有 5～8 个桶包含有用的、具有最小空程差的四元组，并且尽管一开始我们不知道日志文件中有多少个条目，但这些四元组会分散在整个日志时间上。我们可以把一条标准的直线 $x' = m\,x + b$ 拟合到第一个桶和最后一个桶中的两个数据点，其中 x'是客户端机器的时间，x 是服务器机器的时间，b 是初始偏移量，m 是斜率（即每秒的 delta 变化量）。第一个桶和最后一个桶包含的具有最小空程差的数据点分别靠近跟踪的开头与末尾。这两个数据点对于拟合一条有用的时钟-delta 线已经足够。

因为使用微秒的时间值可能很大，而 delta 很小，所以通过首先减去 Toff（日志中最小的 *T*1 值）并相应地调整 *b*，可以使计算在数值上更加稳定或精确。

```
x' = m (x - Toff) + b
```

timealign 程序使用 16 个桶而不是这里的 8 个桶，进行随时间变化的 delta 拟合。过程如下：将一组 RPC 日志文件（可能有两个或更多个）的文件名作为输入，并将所有 RPC 时间映射到一个相同的时间基准（即日志中编号最小的那个 IP 地址的时间基准）；然后重写所有日志文件，并在文件名的后面添加“_align”，比如将 logfile_foo.log 重写为 logfile_foo_align.log。这个两遍扫描算法将首先读取所有日志文件，保留每对服务器之间的少量偏移桶；然后将一条随时间变化的线拟合到这些偏移；最后应用合适的 delta，重写所有的日志文件。

在读取图 7-3 中的前 8 个 RPC 时间后，8 个桶如下。

```
N = 1
    slop T1 delta min..max midpoint (all times in usec)
[0] 3452 49583896 -6281..-2829 = -4555
[1] 1184 49597153 -3573..-2389 = -2981
[2] 2696 49611677 -5520..-2824 = -4172
[3]  716 49623585 -3585..-2869 = -3227
[4] 1003 49635583 -3888..-2885 = -3386
[5]  789 49647344 -3686..-2897 = -3291
```

```
[6]  665 49658856 -3535..-2870 = -3202
[7] 1550 49670369 -3507..-1957 = -2732
```

在第 9 个 RPC 中，使用 2 作为因子将这些桶收缩起来，只保留每对中具有最小空程差的条目，于是得到

```
N = 2
    slop T1 delta min..max midpoint (all times in usec)
[0] 1184 49597153 -3573..-2389 = -2981
[1]  716 49623585 -3585..-2869 = -3227
[2]  789 49647344 -3686..-2897 = -3291
[3]  665 49658856 -3535..-2870 = -3202
```

我们还注意到，每对中具有更小空程差的条目的 delta 范围的绝对值更接近 0，而不是更接近具有更大空程差的条目。笔者在跟踪中看到过这种现象；机器时钟之间可能出现的大 delta 往往是由测量问题产生的，而不是由实际的时间偏移量产生的，所以空程差更小的 RPC 具有更符合现实情况的估测，其偏移量也更小。

剩下的两个 RPC 填充了另一个桶。

```
[4] 669 49694473 -3541..-2872 = -3206
```

将一条线拟合到第一个数据点和最后一个数据点得到的斜率是 $m = 0.001934065$（大约每秒 1934 μs 的漂移，这已经相当大了），初始偏移量 $b = 3039$ μs。

根据在最后进行 $2x$ 次收缩后出现了多少个 RPC，最终会填充 5～8 个桶。在示例中，填充了 5 个桶。第一个桶包含跟踪的前 1/5～1/8 部分中空程差最小的 RPC，而且如果最后一个桶在大多数情况下是满的，则该桶包含跟踪的最后 1/5～1/8 部分中空程差最小的 RPC。在最坏的情况下，最后一个桶中只有一个空程差很大的 RPC。在这种情况下，可能更适合对所有的桶更加仔细地进行直线拟合。

在计算直线拟合时，我们选择的对齐点是桶的 min..max 范围的中点。也可以选择使用 min..max 范围内靠近 0 的一端，以便向机器间更小的时钟偏移。另外，还可以选择对所有填充的桶进行最小二乘法拟合，而不是只对第一个桶和最后一个桶进行拟合。甚至可以基于每个桶中的 RPC 数，进行加权的最小二乘法拟合，如果最后一个桶不很满，就降低它的权重。不过，即使最简单的拟合也能带来很好的效果。

再次运行程序 timealine，就会显示随时间变化的 delta 并写一个新文件。

```
Pass2: client4_20180801_142449_dclab11_14072.log
49567609 T1 += 3039,  T2 += 0,  T3 += 0,  T4 += 3067
49583744 T1 += 3070,  T2 += 0,  T3 += 0,  T4 += 3093
49596704 T1 += 3095,  T2 += 0,  T3 += 0,  T4 += 3120
49610541 T1 += 3122,  T2 += 0,  T3 += 0,  T4 += 3143
49622256 T1 += 3145,  T2 += 0,  T3 += 0,  T4 += 3166
49634255 T1 += 3168,  T2 += 0,  T3 += 0,  T4 += 3189
```

```
49645916 T1 += 3191,  T2 += 0,  T3 += 0,  T4 += 3211
49657450 T1 += 3213,  T2 += 0,  T3 += 0,  T4 += 3235
49669905 T1 += 3237,  T2 += 0,  T3 += 0,  T4 += 3258
49681525 T1 += 3259,  T2 += 0,  T3 += 0,  T4 += 3280
client4_20180801_142449_dclab11_14072_align.log written
```

注意，随着应用的 delta 缓慢增长，这反映了随时间变化的 delta 线的非零斜率，在 0.1 s 的时间跨度上增长了大约 200 μs。

我们在第 6 章中对日志进行的后处理完成了下面的工作。

```
foo.log => foo.json => foo.html
```

在本章中，则添加了在机器之间进行时间对齐的处理。

```
foo.log => foo_align.log => foo_align.json => foo_align.html
```

7.2　多个客户端

接下来，介绍从多个客户端驱动示例服务器的场景。如图 7-5 所示，两台客户端机器上分别运行着两个客户端程序，总共有 4 个并行的 RPC 源。

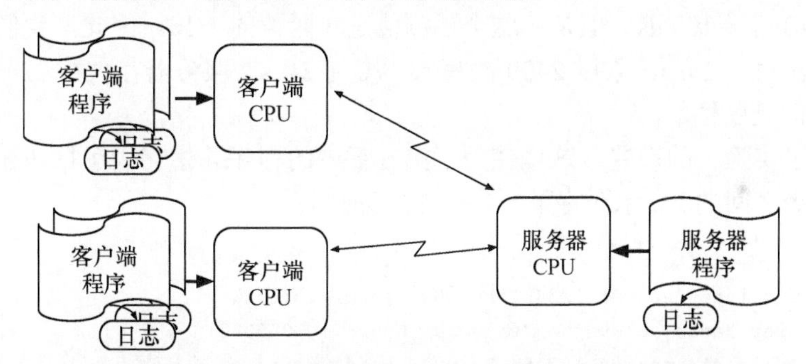

图 7-5　两台客户端机器上各运行着两个客户端程序，它们访问同一个服务器

这种设置将允许我们有足够的客户端请求在服务器网络链路、服务器 CPU、数据库自旋锁和磁盘访问上制造瓶颈。

7.3　自旋锁的应用

第 6 章介绍的自旋锁用于保护示例服务器程序中的数据更新代码，本章介绍它们的应用，第 27 章将更加详细地介绍它们。当只有一个客户端程序并且一次最多只有一个等待处理的 RPC 时，服务器看不到对自旋锁的争用。但是，当存在多个客户端并且服务器运行多个线程时，两个或更多个 RPC 就有可能在相同的服务器上发生时间上的重叠。在这种情况下，服务器代码必须确保一个 RPC 能够完整更新数据库，并且不会同时执行与另一个 RPC 有冲突的更新。为了管理这种行为，示例服务器将对整个数据库使用一个软件锁，在一个 RPC 更新数据库期间，获得并持有该锁，并在完成更新后释放该锁。等待获得数据库锁的时间可能造成很大的事务延迟。我们将使用 RPC 日志和关于延迟时间的分析，观察并理解锁争用的动态。我们将会看到，为整个数据库使用一个锁可能不是一种好的设计。

7.4 实验 1

在第一个实验中，我们将让 4 个客户端分别向服务器上的一个数据库写 1 MB 的数据。其中两个客户端先开始向一个 CPU 分别写 1000 个值，大约一秒之后，剩下的两个客户端开始向另一个 CPU 分别写 200 个值。我们期望这个过程用时多少呢？

对于以太网，我们期望看到在写 1000 次+1000 次+200 次+200 次= 2400 次 1 MB 的数据时，每次写入需要大约 9 ms，所以仅网络流量就需要至少 2400 × 9 ms = 21.6 s。如果有两台服务器，并且流量被拆分开，则我们可能期望数据传输有重叠，这样总的数据传输时间就会是这个时间（21.6 s）的一半，但是在我们的示例服务器配置中，服务器的单个入站网络链路会成为瓶颈。

对于服务器 CPU 和额定 10 GB/s 的主内存带宽，我们可能期望访问每兆字节数据需要大约 1 MB /(10 GB/s) = 100 μs。但是，这个估测值是实际值的 1/10。因此，我们期望的服务器时间是大约每次写入 1 ms，乘以 2400 次写入，得到 2.4 s。服务器在大约 22 s 的时间内应该只有 10%的时间是繁忙的。

下面显示了实验 1 的设置，这里使用了第 6 章中的程序并使它们运行在 3 台不同的机器上。注意，命令之间的&表示允许下一条命令立即执行。

```
server $  ./server4 &
client1 $ ./client4 server 12345 -k 1000 -seed1 write \
          -key "aaaa" + -value "valueaaa_0000" + 1000000 & \
          ./client4 server 12346 -k 1000 -seed1 write \
          -key "bbbb" + -value "valuebbb_0000" + 1000000
client2 $ ./client4 server 12347 -k 200 -seed1 write \
          -key "cccc" + -value "valueccc_0000" + 1000000 & \
          ./client4 server 12348 -k 200 -seed1 write
          -key "dddd" + -value "valueddd_0000" + 1000000
```

图 7-6（a）显示了实际测量的、时间对齐的结果，其中使用 4 种颜色来显示每个客户端的 RPC。

图 7-6（a）顶部的红线（见彩插）显示了来自一个客户端程序的 1000 个 RPC，中间的黄线显示了来自另一个客户端程序的 1000 个 RPC。底部的绿线和蓝线则分别显示了另外两个客户端程序的 200 个 RPC。这里的每条“线”实际上包含 1000 或 200 条带间隙的 RPC 线，就像图 7-3 所示的那样，但是这里比例太小，无法显示这样的细节。

在图 7-6（a）的最左侧，只有两个客户端写了大约 1 s，在接下来的 6 s，4 个客户端的 800 个 RPC 都在写入，之后又回到两个客户端；在图 7-6（a）的最右侧，只有一个客户端在写入。图 7-6（a）有助于查看整体时间流，显示重叠的 RPC 以及斜率（吞吐量）在不同部分的变化。越陡的斜率表示越大的吞吐量。

图 7-6（b）使用相同的颜色（见彩插）显示了相同的 RPC，它们是按 y 轴上的开始时间进行排序的，这里使用了相对开始时间，以使所有 RPC 从 x 轴上的时间 0 开始。这个图形更加清晰地表明，最初的大约 100 个 RPC 来自红色和黄色的两个客户端，然后接下来的大约 800 个 RPC 来自 4 个客户端，然后回到两个客户端，最后在底部回到一个客户端。为什么是一个客户端？因为红色和黄色的两个客户端对网络的访问稍微有一些区别；黄色的客户端能更快地完成，所以最后只剩下红色的客户端。从图 7-6（b）中可以看到，当有 4 个客户端时，由于存在网络瓶颈，每个 RPC 都需要更长的时间，而到了最后，当只有一个客户端时，每个 RPC 更快了，因为此时不存在网络争用。在有些情况下，你可以在 RPC 的左端看到服务器时间中带间隙的线。这说明较长的 1 MB 网络传输时间发生在服务器代码运行之前，用于描述客户端写数据到服务器的情况，这符合我们的期望。对于客户端从服务器读 1 MB 的情况，我们期望较长的传输时间发生在服务器代码运行之后。

下面我们来看看当客户端启动和结束时，这些切换附近的一些 RPC。图 7-7（见彩插）显示了图 7-6 中从两个客户端切换到 4 个客户端的情况。左侧只有两个客户端，你可以看到，估测的网络时间（显示为白色）大概是每个事务时间的一半；而对于右侧的 4 个客户端，网络时间大概是事务时间的 1/4。这种人为添加的白色只是一种估测，放到了客户端到服务器的时间（包含 100 字节的服务器到客户端响应的时间，但是因为太短，所以看不到）的中间。实际的网络传输可能发生在白条之前或之后，而且当发生多个重叠的传输时，不同消息的数据包有可能随意地混杂在一起。

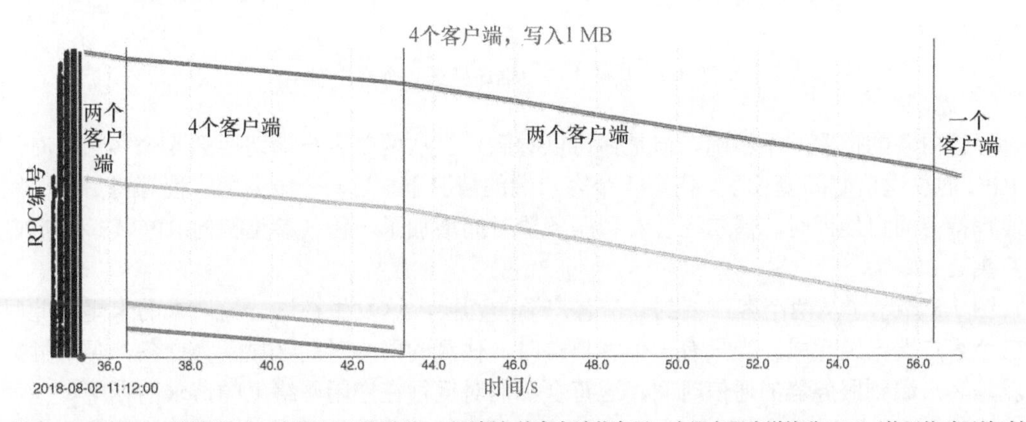

（a）每个 RPC 写 1 MB 数据的 2400 个写 RPC 的图形，不同颜色的客户端将向同一个服务器发送这些 RPC（使用绝对开始时间）

图 7-6　测量结果

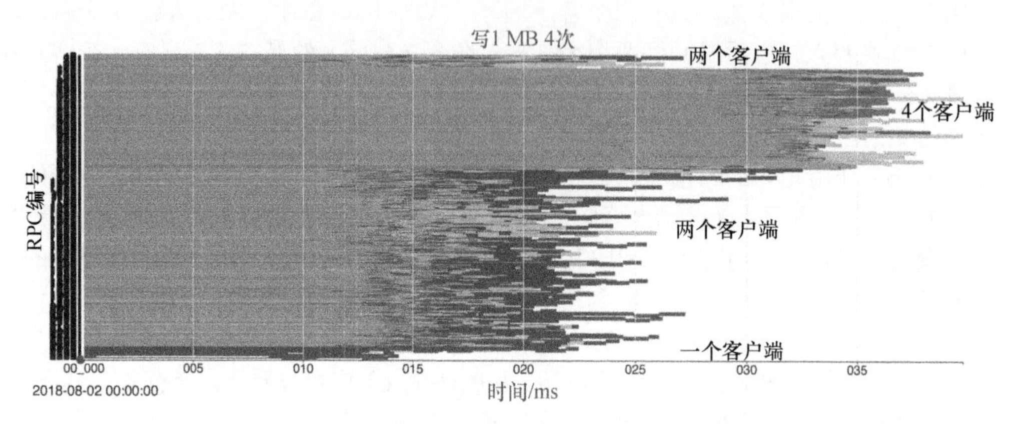

（b）每个 RPC 写 1 MB 数据的 2400 个写 RPC 的图形，不同颜色的客户端将向同一个服务器发送这些 RPC（相对于开始时间）

图 7-6 测量结果（续）

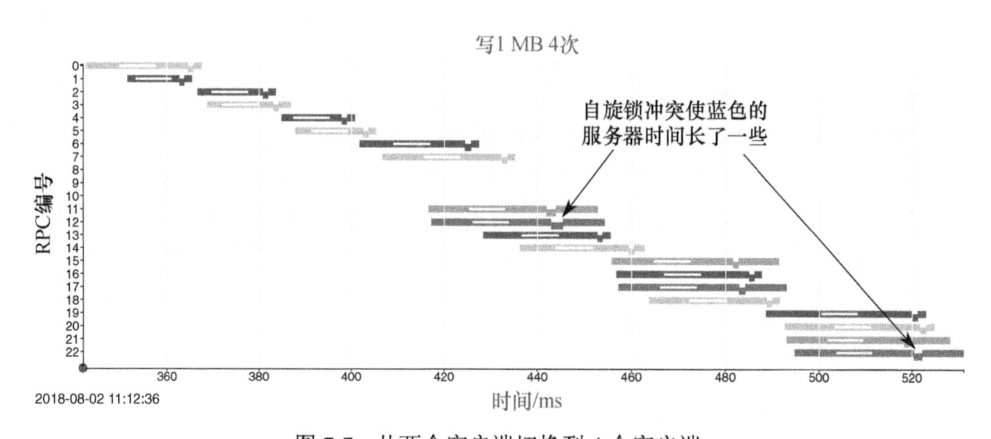

图 7-7 从两个客户端切换到 4 个客户端

尽管白条的位置并不精确，但是你可以看到，当从两个客户端切换到 4 个客户端时，每个 RPC 的总通信时间变长了。在有 4 个客户端的情况下，当一个服务器线程等待另一个服务器线程持有的自旋锁时，偶尔还会看到服务器时间增加了一倍（参见指向 RPC 12 和 RPC 22 的箭头）。

图 7-8 显示了从两个客户端到一个客户端的切换，这发生在这一轮请求的末尾，此时其他三个客户端已经完成。当只有一个客户端时，估测的网络时间（显示为白条，见彩插）几乎就是客户端到服务器的通信时间，这符合我们对运行在空闲网络上的请求的期望。

接下来，我们将查看类似的客户端-服务器设置，但访问的是磁盘数据库而不是内存中的数据库，并且每个事务的处理时间更长。

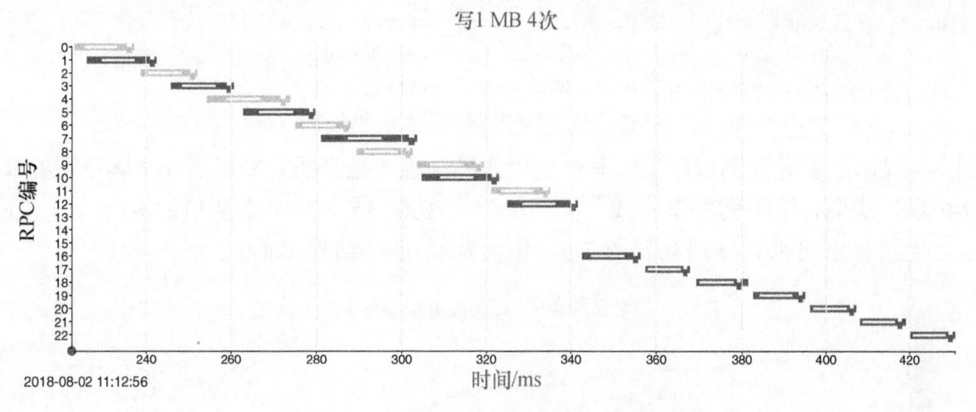

图 7-8　从两个客户端切换到一个客户端

7.5　磁盘数据库

server4 程序会在内存中保存键-值对。server_disk 程序亦如此，只不过在磁盘上保存键-值对。具体来说，键是文件名，值则是文件的内容。使用磁盘代替内存，意味着引入寻道时间和慢传输时间，导致服务器时间更长。与介绍磁盘测量的第 5 章相比，这里使用普通的文件 I/O，不指定 O_DIRECT，也不进行其他修改。

7.6　实验 2

在第二个实验中，我们将让 3 个客户端向磁盘上的一个数据库写 1 MB 的数据。我们在持有自旋锁的时候，会人为地将服务器的处理时间针对每个 RPC 增加 5 ms。在这三个客户端中，一个客户端先开始向一个 CPU 写 1000 个值，大约两秒后，剩下的两个客户端开始向另一个 CPU 分别写 200 个值。我们期望这个过程用时多少呢？

网络时间与实验 1 类似，只不过是写入 1400 次，而不是 2400 次，1400 × 9 ms = 12.6 s。因为使用的磁盘的传输速率是 60 MB/s，所以写入 1400 MB 需要大约 23.3 s，比网络时间更长。这只是磁盘数据传输时间，寻道和目录访问还会增加时间。1400 次写入会创建 1400 个新文件以及对应的目录条目。回忆一下，磁盘 I/O 通常被缓冲和缓存在内存中，所以我们应该期望，一些写入操作甚至全部写入操作也会被缓冲在内存中，写入磁盘的操作以后才会发生。这种缓冲会让性能和性能分析变得更加复杂。

下面显示了实验 2 的设置，这里使用了 3 台不同的机器。

```
server$  ./server_disk&
client1$ ./client4 server 12345 -k 1000 -seed1 write \
         -key "aaaa" + -value "valueaaa_0000" + 1000000
```

```
client2$ ./client4 server 12347 -k 200 -seed1 write \
           -key "cccc" + -value "valueccc_0000" + 1000000 & \
         ./client4 server 12348 -k 200 -seed1 write
           -key "dddd" + -value "valueddd_0000" + 1000000
```

图 7-9 显示了实际的测量结果，其中使用 3 种颜色（见彩插）来显示 3 个客户端的 RPC。和图 7-6（a）类似，这里的每条“线”实际上包含 1000 或 200 个带缺口的 RPC 线，但是它们太小，无法显示出来。仔细观察图 7-9，你会发现几个异常的地方。

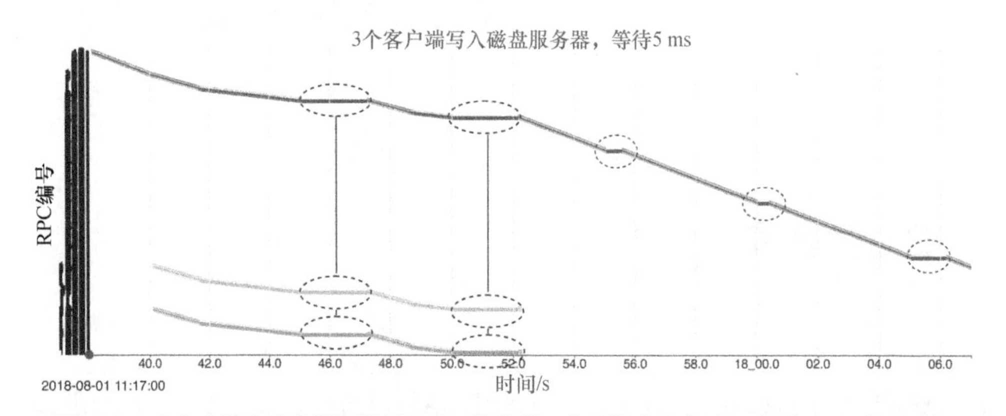

图 7-9 3 个客户端向磁盘服务器写 1 MB 的数据，自旋锁内多出了 5 ms 的 RPC 处理时间

26 s 的总时间相比我们估测的网络时间要长，相比估测的磁盘传输时间也长，但在合适的范围内。这表明写入操作并不能完全缓冲到内存中，否则总时间将接近只使用内存的服务器，就像我们在实验 1 中看到的那样（只不过进行了 2400 次写入，而不是这里的 1400 次）。

这里一共有 5 组水平线，图 7-9 用椭圆形将它们标记了出来。它们说明没有 RPC 在这段时间完成，这意味着存在很长的响应时间。注意，位于 45 s 和 50 s 位置的前两组水平线影响了 3 个客户端而不是一个客户端，这意味着长响应时间更可能是由公共的服务器而不是 3 个客户端造成的。另外请注意，均匀的 5 s 的时间间隔说明某个软件每 5 s 在执行一些奇怪的操作。一种合理的猜测是，文件系统的某个部分每 5 s 将缓冲区刷新到磁盘。在后面的章节中，在有了更多的观察工具后，我们将重新探讨这个问题。

在 42 s 和 49 s 处，这 3 个客户端的吞吐量斜率稍微发生了变化。换句话说，在两个拥有相同的 3 个客户端输入负载的时间段，RPC 的性能发生了变化。当只有一个客户端负载时，如在 57 s 和 63 s 处，就不存在这种情况。

我们将放大并更加详细地观察这些异常。图 7-10 显示了在 40.1 s 处从一个客户端切换到 3 个客户端的情况。图 7-11 显示了 41.7 s 处的斜率变化，此时吞吐量开始变慢。图 7-12 显示了 45.0 s 处较长的 2.2 s 的延迟，对于面向用户的实时事务系统，这是不可接受的。

图 7-10（见彩插）的左侧显示了一个客户端的 RPC，右侧显示了 3 个客户端的 RPC。对于单个客户端的 RPC，从客户端到服务器的时间是发送 1 MB 需要的 8～9 ms 的网络时间，

再加上 5 ms 的服务器处理时间，因为我们预期不会发生写磁盘的操作。

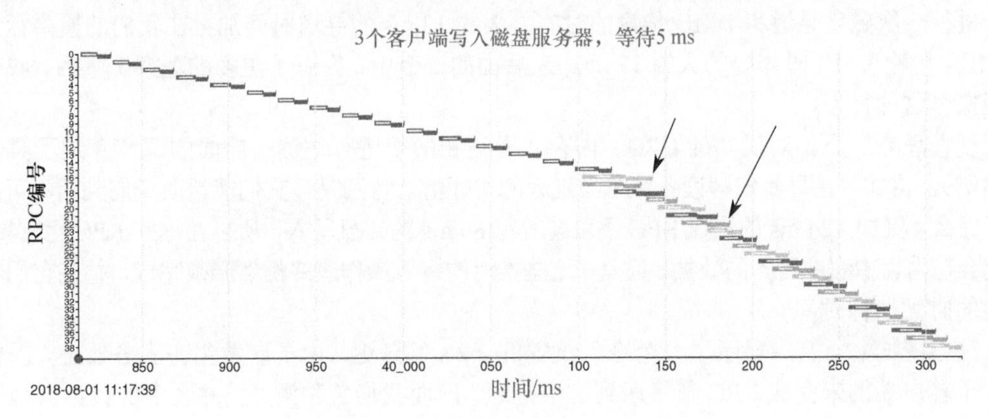

图 7-10　从一个客户端切换到 3 个客户端

当另外两个客户端启动后，模式发生了变化：客户端到服务器的时间变长了，因为并行 RPC 传输 3 MB 用了 24 ms，其中一些与 RPC 处理时间发生了重叠。可以看到，当重叠的 RPC 争用同一个数据库自旋锁时，处理时间将超过 5 ms（参见图 7-10 中箭头指向的内容）。这符合我们的估测。

图 7-11（见彩插）显示了一个让人意外的阶段变化。在左侧，3 个客户端的前 10 个 RPC 就像图 7-10 那样正常工作，每个客户端的重复间隔是大约 24 ms。换句话说，每个红色的 RPC 在上一个红色 RPC 启动后大约用 24 ms 启动。这与发送 3 个 1 MB 的请求用时大约 3×8 ms = 24 ms 是一致的，因为客户端最终将以轮循的方式访问网络。

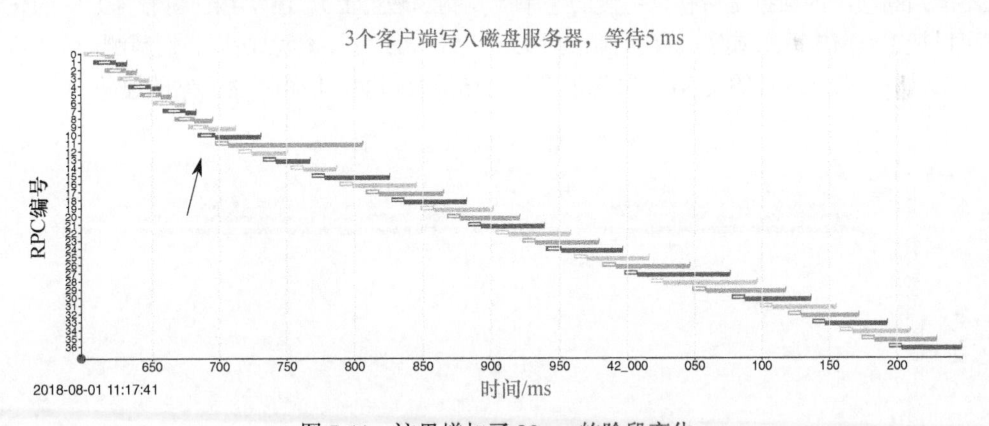

图 7-11　这里增加了 30 ms 的阶段变化

观察图 7-11 中箭头指向的内容，请求开始需要 55～100 ms 才能完成，其中包含了在服务器上消耗的额外时间。由于每个服务器的重复间隔是 60～80 ms，因此网络不再繁忙，客户端到服务器的请求时间下降至 8～9 ms。是什么导致较长的服务器时间？

一种合理的猜测是，阶段转变反映了服务器状态的变化，从在内存中缓冲写入的数据变成了把这些数据（或已缓冲之前写入的数据）发送到磁盘。每个 RPC 额外消耗的约 30 ms 正好符合进行一次磁盘寻道和 1 MB 传输的时间：大约 13 ms 的寻道时间加上在我们的慢磁盘上以 60 MB/s 传输 1 MB 时需要的大约 17 ms。在后面的章节中，在有了更多的观察工具后，我们将重新探讨这种行为。

现在思考一下，对已知的 CPU、内存、磁盘和网络进行估测（前面的章节介绍了具体如何估测），将如何指导我们解读各种时间延迟的实际值。特别是，它们能帮助我们判断不可能发生了什么。例如，24 ms 的快速 RPC 不可能等待 30 ms 的磁盘写入，所以在这些 RPC 运行期间，一定会在内存中缓冲写入的数据。但是，这些推迟的写入操作最终仍然必须完成，并在它们实际发生的时候消耗时间。

观察图 7-12，其中显示了一个令人不安的 2.2 s 的延迟。由于这发生在服务器上，因此来自 3 个客户端的未完成 RPC 都将遇到这个延迟。前面我们曾猜测，缓冲区中的数据会被刷新到磁盘，这与你在这里看到的细节一致。

在出现长延迟之前，图 7-12 左侧的前 3 个 RPC 呈现的模式与图 7-11 中的慢 RPC 相同——每个 RPC 大约 55 ms，它们应该是在执行一次磁盘写入。在经过延迟之后，最右侧的 RPC 回归到图 7-11 中的快速 RPC 模式——每个 RPC 用时大约 25 ms，服务器在这段时间里只能在 RAM 中缓冲 1 MB 的数据，而做不了其他事情。

对于长延迟，最合理的解释是，一些文件系统软件在清空累积的写缓冲区数据（时间太长了，所以不可能是一次磁盘写缓冲区的清空）。我们在图 7-9 和图 7-11 中看到，最初的阵发性快速 RPC 从 38 s 持续到 41.7 s，执行了 180 个写 1 MB 的 RPC，所以总共缓冲了 180 MB 的写入数据（我们还不能判断缓冲的数据是否在以更慢的速率被复制到磁盘上）。图 7-12（见彩插）中的长暂停长到可以把 120 MB 写入磁盘，但没有长到可以把 180 MB 写入磁盘，所以我们猜测，另外 60 MB 在写入磁盘时，与 55 ms 的慢 RPC 发生了重叠，这虽有帮助，但跟不上入站的速率。

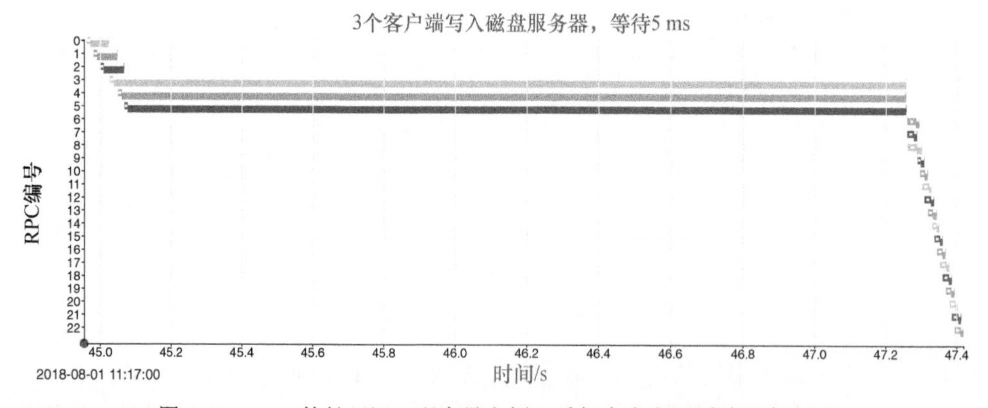

图 7-12 2.2 s 的长延迟，观察最右侧，看起来内存写缓冲区变空了

在长暂停的左侧，注意最初的 3 个快速入站 RPC 在时间上分散开了，接下来的 3 个在几

秒后才返回的 RPC 在时间上也分散开了，并且时间间隔与最初的 3 个 RPC 大致相同。因此，在服务器开始 RPC 的时候看起来没什么问题。但是，在长暂停的右侧，情况就不同了——全部 3 个延迟的 RPC 在几乎相同的时间返回（它们只相差了大约 0.8 ms）。这种行为与一个 RPC 持有自旋锁，另外两个 RPC 等待自旋锁的行为是一致的；之后，当第一个 RPC 最终释放锁的时候，另外两个 RPC 快速完成它们简短的、CPU 密集型任务，然后返回。

在图 7-9 中，50 s 处的第二个长延迟也是大约 2 s。图 7-9 中的剩余 3 个延迟要短一些，大约 0.5 s，但是在那时候输入负载也只是原来的 1/3。

对于面向用户的数据中心软件，这样的延迟是不可接受的。为了避免这些延迟，数据中心软件通常会在不同的线程上执行 I/O，可能每个磁盘/SSD 驱动器一个线程，这样面向用户的线程就不会被阻塞了。数据中心软件还会严格控制写缓冲区的大小，并且对于所有针对相同磁盘的读操作和写操作，都优先处理读操作。一些大型数据中心软件公司还编写了自己的文件系统，以便更好地控制 I/O 延迟。

7.7　实验 3

在前两个实验中，网络带宽比磁盘带宽只大一点点（对于读和写都是如此），所以磁盘争用不容易被观察到。在第三个实验中，我们将引入一个新的服务器操作，旨在检查磁盘上的现有值的校验和。与读操作类似，我们将从磁盘读取一个完整的文件，但只在网络上发送一个 8 字节的校验和响应。通过这种方式，我们可以创造并检查磁盘争用和自旋锁争用，但不会混杂网络争用。一个 CPU 上的一个客户端程序启动，要求服务器读取 1000 个 1 MB 的值并对它们求和。大约一秒后，另一个 CPU 上的两个客户端程序启动，它们分别要求服务器读取 200 个值并对它们求和。值保存在磁盘文件中，但是如果最近被访问过，则它们可能会被缓存到内存中。这个过程需要多长时间呢？

如果文件在内存中，则由于内存带宽是 10 GB/s，因此读取并求校验和应该只需要 100 μs。如果文件在磁盘上，则时间应该与实验 2 中的相同：大约 13 ms 的寻道时间加上在我们的慢磁盘上以 60 MB/s 的速度传输 1 MB 需要的大约 17 ms。我们可能希望连续的文件在磁盘上也是连续存储的，这样在读取第一个文件后，大部分文件就不再需要寻道了。

下面显示了实验 3 的设置，这里使用了 3 台机器。

```
server$  ./server_disk&
client1$ ./client4 server 12346 -k 1000 -seed1 chksum \
         -key "aaaa" +
client2$ ./client4 server 12347 -k 200 -seed1 chksum \
         -key "bbbb" + & \
         ./client4 server 12348 -k 200 -seed1 chksum \
         -key "bcaa"
```

图 7-13（a）显示了 3 个客户端计算 1400 个（由 1000+200+200=1400 得到）文件的校验

和，这些是我们在图 7-9 中写入的文件。即使在这种简单的环境中，3 个客户端、文件和自旋锁之间的交互也是相当复杂的。用时总共只有 4 s，前 1000 个文件（顶部的黄线，见彩插）和最后 200 个文件（底部的蓝线）已经缓冲在内存中。只有中间的文件（绿线）是从磁盘读取的。在图 7-13（b）中，我们可以看到，client1 读取的 1000 个文件中的大部分用了 1 ms，这非常快，不可能从磁盘上读取 1 MB。我们还可以看到，接下来是 client2 读取的 200 个文件，其中的大部分用了 17 ms，这差不多就是在没有寻道时间时从磁盘读取 1 MB 数据所需的时间。接下来，我们只观察用椭圆形表示的前导和尾随边缘。

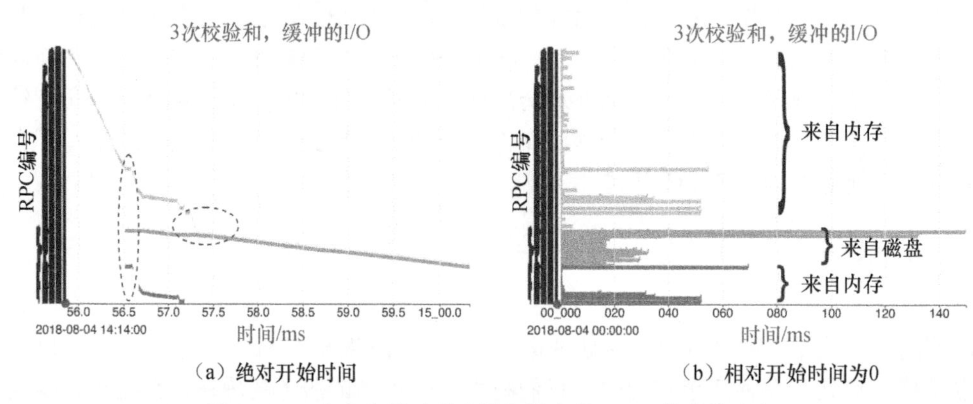

（a）绝对开始时间　　（b）相对开始时间为0

图 7-13　3 个客户端对磁盘服务器上的 1 MB 值求校验和

图 7-14（见彩插）中的前导边缘显示，一开始只有 client1 在运行，每毫秒对一个文件求和一次。之后，另外两个客户端启动，它们开始争用自旋锁。放大开始时间后，可以看到 client2 首先获得锁，但是，通过查看图 7-14 中用 3 个箭头标记的、波动的锁释放过程，我们可以更容易地看出：client2 释放，允许 client1 启动；然后 client1 释放，允许 client3 启动；最后 client3 释放。

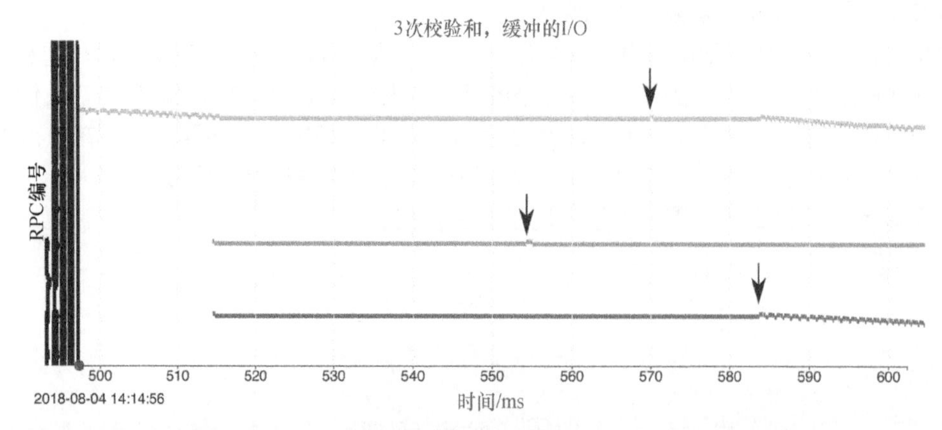

图 7-14　3 个客户端对磁盘服务器上的 1 MB 值求校验和（这里对图 7-13 中 client2 和 client3 的启动过程进行了扩展）

client2 的服务器线程（线程 2）首先获得锁，40 ms 后，在最左侧的箭头位置（555 ms 处）

释放锁。在此期间，服务器实际上访问了磁盘，用了 15 ms 的寻道时间和 25 ms 的传输时间，可能是在访问目录。接下来，client1 的服务器线程（线程 1）获得自旋锁，并在 15 ms 后，在 570 ms 处释放锁。之后，client3 的服务器线程（线程 3）获得锁，并在 13 ms 后，在 583 ms 处释放锁。这些时间表明，线程 1 和 3 也访问了磁盘（即使没有自旋锁，它们也会由于磁盘争用而等待）。最后，在图 7-14 的右侧，线程 1 和 3 使用内存中缓冲的文件，连续执行了许多求和操作。但是，线程 2 仍然处于“饥饿”状态——由于另外两个线程始终先获得自旋锁，因此线程 2 无法获得锁。

对于简单的自旋锁，3 个竞争者就已经让饥饿地等待锁成了一个问题（“饥饿”问题），当有几十个或更多个竞争者时，饥饿问题只会变得更加严重。因此，数据中心使用的锁库会努力去避免发生饥饿问题，这通常是通过建立一个等待线程的列表来实现的——每当锁被释放时，就按照到达顺序一次分派一个线程。第 13 章和第 27 章将更详细地介绍“饥饿”问题。

图 7-15（见彩插）显示了在工作即将结束时，client1 和 client2 的线程活动变少了。线程 1 从内存读取文件，每毫秒发送一两个 RPC。线程 2 则继续从磁盘读取文件，每次需要 20～40 ms。

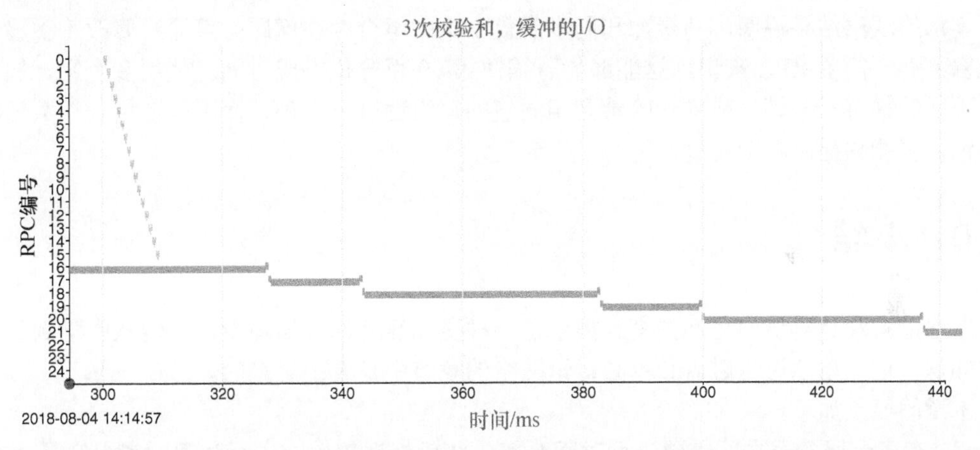

图 7-15　剩下的两个客户端对磁盘服务器上的 1 MB 值求校验和（这里对图 7-13 中变慢的活动进行了扩展）

通过图 7-15，我们可以确认 client2 的数据都来自磁盘而不是内存。

7.8　日志

希望你现在已经意识到，以抵消对数据中心的所有事务的时间戳进行仔细的日志记录，可以为我们提供非常大的帮助。本章显示的图形是根据第 6 章引入的 96 字节的简单 RPC 日志直接绘制的。它们不仅揭示了意料之外的软件动态，还揭示了关于延迟值的一些重要的线索，即延迟的原因可能是什么，以及不可能是什么。第 8 章将更详细地介绍日志。

7.9 理解事务时延的变化

回忆一下第 1 章，我们将软件动态定义为“一段时间内的活动：哪些代码在什么时候运行，它们等待什么，占用多少内存空间，以及不同的程序如何彼此影响”。我们在第 5 章中介绍磁盘时，曾提到一些意料之外的动态，在本章中我们看到了更多意料之外的动态。

如果一个程序运行缓慢，同时有其他程序正在运行并消耗共享的 CPU 或缓存资源，CPU 和内存的争用就会暴露出来。当访问共享存储设备的时候，如果存在比预期更长的延迟，磁盘争用就会暴露出来。当通过共享网络发送 RPC 请求或响应的时候，如果存在比预期更长的延迟，网络争用就会暴露出来。当服务器发生延迟并等待获得软件锁的时候，临界区争用就会暴露出来。以上因素都会造成事务时延的变化。要识别它们，你需要对期望的行为做出合理的估计，观察实际的行为并对二者进行对比。

请回忆一下第 1 章介绍的思维框架，其中包括用输入负载驱动被测系统，对期望的行为进行估测，对真实系统进行观察和测量，对观察结果进行分析并根据分析来修复一些性能问题。本章的观察结果说明，写缓冲和同步磁盘 I/O 的组合存在问题。可通过修改 I/O 设计避免阻塞，对于简单 RPC 来说，这能够显著缩短第 99 百分位响应时间。使用多个锁，例如让每个不同的键有一个锁，或者让哈希到相同值的每组键有一个锁，而不是使用一个数据库范围的锁，也能够提高响应速度。

7.10 小结

网络请求和磁盘访问之间的交互揭示了一种更加复杂的性能环境，我们从中学到了一些新的知识，这在单独讨论磁盘和单独讨论网络的章节中是看不出来的。

本章的要点如下。

- 在多台服务器之间需要进行时间对齐，在后处理软件中进行时间对齐很容易。
- 记录所有 RPC 的时间戳和日志为事务时延提供了一个基准视图，这可以用极低的开销来实现。
- 可在每个消息中包含父 RPC 和子 RPC 的 ID，以便重新构建完整的调用树。调用树加上时间戳，提供了每个 RPC 动态的完整视图，包括在时间上重叠的不相关 RPC 的视图。
- 按挂钟时间查看多个 RPC 能够显示重叠和间隙。
- 相对于开始时间查看多个 RPC 能够显示慢 RPC 和快 RPC 的区别。
- 锁争用是导致数据中心延迟的主要原因，所以应该关注锁争用。
- 可设计一些简单的操作，如 ping 和 chksum，以分开不同的、潜在的瓶颈。

- 绘制自己期望看到的结果并测量实际的行为，通过对它们进行比较，你将能够学到很多知识。

在本书剩余部分，我们将深入介绍一些工具，它们可以帮助我们观察和理解导致事务时延发生这种变化的根本原因。

习题

7.1　使用你在第 6 章的习题中创建的客户端日志文件，运行程序 timealign、dumplogfile4 和 makeself，创建原始的 HTML 图形和对齐时间后的 HTML 图形。

7.2　在你的示例服务器上，自行构建并运行实验 1。使用你的数据重新创建图 7-6（a）和图 7-6（b）。简单说明你观察到的区别。

7.3　构建并运行实验 2。使用你的数据重新创建图 7-9。简单说明你观察到的区别。

7.4　构建并运行实验 3。使用你的数据重新创建图 7-13（a）和图 7-13（b）。简单说明你观察到的区别。

7.5　构建并运行实验 3，但是这一次，在使用程序 mystery3 中的代码片段时要指定 O_DIRECT（即磁盘关闭读缓存和写缓冲的）和 O_NOATIME。使用你的数据重新构建图 7-13（a）和图 7-13（b）。简单说明你观察到的区别。

第二部分 观察

人应该追求客观事实，而不是一味寻找自认为是事实的想象。

——阿尔伯特·爱因斯坦

如第一部分所述，测量是确定某个东西的大小、数量或程度的动作。

“观察”是一个相比“测量”更加宽泛的术语。观察指的是仔细查看某个东西，但包含多个方面。测量确定了单个方面的数字值（带单位），而观察同时涵盖了许多方面，其中一些可能会出乎意料。观察还可以涵盖事件的时间序列，即动态。

第二部分将介绍一些技术，用于观察有时间约束的软件的行为。好的代码会记录每个事务和子事务的开始和结束时间，并同时记录足够的信息，以便能为每个面对用户的事务在所有服务器上的服务，构造出由很多消息（即远程过程调用）组成的带时间戳的调用树。当面向用户的事务的总用时很长时，这种日志信息能够显示软件的哪个部分很慢，并且在记录许多事务的日志时，还能够显示异常慢的模式。但是，仅靠日志并不能说明为什么有的地方很慢，第三部分和第四部分将介绍相关内容。

第二部分还将讨论显示复杂软件的关键健康指标的仪表板，探讨现有的观察工具，并介绍和鼓励采用低开销跟踪的思想，以便能够解释每个 CPU 上经过的每一纳秒。你需要观察复杂软件与操作系统和现代计算机硬件进行交互，了解其基本行为。等到第二部分结束时，你将会掌握完成该观察所需要的技术。

第8章 日　志

日志是软件系统中带时间戳的事件序列。对于理解任何软件的输入请求以及它们的响应，日志非常重要，而且它们还提供了有用的内部细节。日志是记录简单的计数、采样或跟踪，是以后进行分析和思考的基础。

8.1 观察工具

计数器是一种用于简单地统计事件的观察工具，例如执行的指令数、缓存未命中数、执行的事务数或经过的微秒数。性能分析器则是一种以准周期性的方式对某些值进行采样的观察工具，例如程序计数器（Program Counter，PC）、队列深度或系统负载。计数器和性能分析器都是低开销的观察工具。它们不捕捉任何时间序列，并且不区分异常的事务和正常的事务。

跟踪器是一种用于记录事件的时间序列的观察工具，例如磁盘寻道、事务的请求和响应、函数的进入/退出、执行/等待的切换或内核/用户态的执行切换。跟踪能够帮助我们理解正在运行的程序的动态行为，但是除非仔细设计，否则它们可能造成高开销，扭曲被测系统的行为。这种开销可能让它们不适合用于观察有时间约束的真实系统。跟踪可以区分异常的事务和正常的事务。要理解特别慢但又无法预测的事务，跟踪是效果较好的唯一方法。

8.2 日志

本章将介绍一个类似数据中心的程序的日志文件。日志文件是跟踪的一种，其中包含一系列带时间戳的文本或二进制条目，用于描述一个软件服务的特定实例所执行的操作，例如

第 6 章和第 7 章讨论的 RPC 日志。

日志是观察数据中心软件整体行为的一种工具。对于高速率的操作，记录的数据可以很简陋；而对于速率更低的操作，记录的数据则可以相当精细。日志文件既可以是追求紧凑和性能的二进制格式数据，也可以是方便人和其他程序直接读取的文本格式数据。二进制格式的日志可在使用时再离线转换为文本格式。

有许多工具可以观察干扰，为什么这里先讨论日志呢？

如果只能使用一种观察工具，那么应该使用日志。只有借助特定服务的日志，才能看到该服务在每个时间间隔执行了多少事务，一天中什么时间的输入负载特别少，以及什么时间的响应速度特别慢。当存在偶尔慢的事务时，带时间戳的日志可以显示同一时间发生了其他什么事情，从而为可能存在的干扰源提供一些线索。日志还可以显示服务什么时候下线/被禁用/崩溃，什么时候启动或停止，什么时候过载（导致其拒绝接收新的请求），以及什么时候仍在勉强维持工作（但每秒只能处理少量的请求）。如果服务 A 在某个时间运行得异常慢，而服务 A 依赖另一个服务 B，服务 B 在同一时间只能勉强维持工作并响应很慢，通过将这两个服务的日志关联起来，你很快就会知道应该先调查服务 B 的问题。

8.3 基本日志

所有优秀的数据中心软件都应该设计一个日志基础设施，其中包括方便记录日志的库以及规定好的使用风格，以便多个服务以类似的方式使用日志。

在记录日志时，需要把关于一个服务的一系列日志条目写入一个文件，以便以后能够阅读该文件，了解什么时候发生了什么。每个日志条目都带有一个时间戳，这个时间戳包括日期和时间（常常精确到微秒）。日志条目可能采用一定风格的类型或重要性级别，也可能包含创建它们的函数或进程的名称，还可能包含文本或二进制格式的信息字段。

格式最简单的日志条目只有一个时间戳和一个文本字符串。这种格式特别适合记录重要的服务事件，例如启动和关闭、配置选项、缺少依赖、资源不足以及其他不在期望的正常操作范围内的事件。通过包含一个类型或重要性级别（可以作为一个明确的字段，也可以在每个文本字符串的前面加上一个风格化的词），便可在需要快速找出关于关键错误条件的消息时，过滤掉不重要的消息。例如，Linux 内核例程 printk 针对内核日志消息（使用 dmesg 命令行程序获取的消息）提供了 8 个重要性级别——emergency、alert、critical、error、warning、notice、info 和 debug。

对于 RPC 请求驱动的服务，应该记录每个请求和响应。日志条目的一种格式包括时间戳和关于请求的信息，另一种格式则包括时间戳和关于响应的信息。对于请求率低的服务，这些条目可以是有格式的文本；但是对于请求率高的服务，则可以创建二进制格式的日志，让它们直接包含从 RPC 消息复制过来的字段，这样开销会更低。

你在第 6 章曾看到一个简单但并不十分健壮的 RPC 日志的例子。特别是，那里的简单代码既不能方便地容纳混有简单的<时间戳，文本>的条目，也不能对这种固定格式进行任何扩展。但是，日志中包含了每个请求和响应的如下关键信息：RPC ID和父RPC ID，请求和响应的发送/接收时间戳，涉及的两个服务器的“IP:端口号”对，请求和响应消息的长度，消息（其实是日志条目）的类型，RPC方法，以及返回状态。对于每秒收到10 000个RPC的服务（参见图9-7），要维持低开销，我们也只能接受用大约100字节的二进制数据来记录这些信息。

8.4 扩展日志

对于速率较低的服务，你可能希望记录更加详细的日志记录。对于一个服务，如果每个服务器每秒处理大约1000个事务，而每个事务生成大约两个日志条目（如请求和响应）；则对于每个1 ms的事务，使用5 μs来创建并写入/缓冲每个日志条目意味着1%的日志开销。而如果每个服务器每秒只需处理100个事务，则用在日志记录上的时间就可以相应地增加。

扩展日志具有以下功能。

- 扩展日志可以包含收到每个请求时队列行为的更多信息，例如，在入站请求的前面排队了多少工作，或者在每个出站响应的前面为网络连接排队了多少数据。
- 扩展日志可以分解消耗在单个事务内的时间——有哪些主要的软件组件，每个组件用了多长时间。
- 扩展日志可以记录RPC请求的更多参数，例如，提供磁盘数据的软件可以记录每个请求的磁盘号、文件名、操作、优先级、开始字节偏移和字节长度。对于每个响应，可以额外记录请求是命中了缓存还是需要访问磁盘，以及请求是超过还是低于管理员为它们设置的限额。

在一些环境中，具有可选的详细日志记录会很有意义：这样的功能通常处于关闭状态，但可以在需要调试的时候打开。例如，可以选择将每个请求及其所有参数扩展为某种文本格式并添加到日志中。如果某个过程生成许多回答，对它们进行评分，然后返回其中的最佳回答，那么扩展日志可以将所有的中间结果记录下来。

8.5 时间戳

时间戳是日志记录的关键部分。它们最好包含完整的日期，时间要精确到微秒。这正是C语言的gettimeofday()调用提供的信息。通过包含完整的日期，多年前保存的日志仍将保留它们准确的上下文。如果假定某个bug只在每月的第一个周六发生，则可以检查过去的日志，看看是否能够找到相关的任何证据。通过精确到微秒，在时间上相隔很近的事件就能够被识别出来，并按合适的顺序进行排列（如A在B前面）。对于用时50 μs的事务，毫秒级精度就没有什么帮助了。记录精度要达到纳秒级也是可能的，但在未来的十年里，这看起来并不必要，除非CPU的速度能突然快上10倍。

gettimeofday()调用会返回自1970年1月1日以来的一个32位的秒数，以及一个32位的表示微秒数的字段（其中只用了20位）。这64位可以原样记录到日志里，但使用一个函数来封装一下，直接返回一个64位的微秒值(tv_sec * 1 000 000) + tv_usec，通常会更加方便。将这样的时间相减，就可以得到时长。这在数据中心的代码中已经是惯常做法了，因此可以在创建时间戳的时候就先一次性转换好。

时间戳存在时区的问题。假设一家公司的数据中心位于多个时区，各个日志使用本地时间，试着将两个不同数据中心的日志中记录的事件关联起来，你会发现这是一个混乱且容易出错的过程。即使将一个日志文件从一个数据中心复制到另一个数据中心，也可能丢失时区信息。一种更好的设计是为公司范围的所有日志使用相同的时区。可行的选择包括使用协调世界时（UTC，基本上等同于格林尼治标准时间）或公司总部所在的时区。如果选择后者，则还需要考虑如何处理夏令时，特别是发生在一年两次、从夏令时过渡到标准时间来回切换的过渡期间的事件。

但无论如何选择，还有一个闰秒的问题需要考虑。大约每一年半，就要在6月或12月的最后一天的午夜之前加上闰秒，作为UTC 23:59:60，以补偿地球转动变慢的影响。注意，GPS时间不会插入闰秒，所以每隔几年，GPS时间就会与UTC差一秒。对此特别感兴趣的读者可以阅读Babcock等对计算机计时的复杂细节所做的介绍[①]。一些公司会“篡改”闰秒之前和之后几小时的数据中心时间，来防止时间之中突然出现不连续，但确实在这几小时中会额外多出一秒。不过，对于我们大部分人而言，只需要知道时间中可能存在一些不连续性，并尽量让构建的软件不会在遇到不连续时崩溃即可。

8.6 RPC ID

第6章介绍了RPC ID的概念，这是几乎不重复的整数，用于识别各个RPC。如果客户端有多个未完成的请求，并且响应不按顺序到达，就需要使用这些ID来把响应和请求匹配起来。RPC ID允许观察工具能够准确记录下来，任何一个给定的CPU核心在某个纳秒的瞬间正在处理的PRC，还允许在具有稍微不同的时钟的多台机器之间将日志文件和事件跟踪关联起来，如第7章所描述的那样。为了记录RPC的调用树，把每个更低级调用的父RPC ID记录下来就足够了。对于多级调用树，如果某个中间级别的数据丢失或损坏，只记录父RPC ID就不很健壮了，但是这是至少要有的信息。

“几乎不重复”指的是如果两个不同的RPC在时间上相隔足够远，那么为它们使用相同的数字是可以接受的。我们想要避免的是重复的RPC ID频繁地在几乎相同的时刻到达同一台机器上，因为这会产生二义性。

我们在这里将要探讨的是，当几十个数据中心分布在全世界并且有几千台计算机的时候，

① 参见Charles Babcock的文章“‘Leap Second’ Clocks In on June 30”。

我们如何在这些计算机上生成 RPC ID。每台计算机可以在启动时生成 ID 数字 0、1、2、…，但是当大量计算机使用庞大的 ID 数字空间的一个相同的小子集时，这种方法就会产生许多重复的数字。我们更想使用的机制是，选择一个最终会重复的 ID 数字的大空间，让每台计算机在启动时处在这个大空间中的一个随机位置。另外，让 ID 字段的子集经常改变会很方便，但并不是必须这么做。如果 ID 是一个 64 位数，以随机值开始且每次递增 1；则在 255 次递增中 8 字节中有 7 字节保持不变，在 40 亿次递增中 8 字节中仍有 4 字节保持不变。

一种更加健壮一些的递增方法是使用带多个 XOR 分接头的线性反馈移位寄存器。这听起来很复杂，其实如下。

```
rpcid = rpcid左移一位
如果原始高位是1
  rpcid = rpcid XOR 常量
```

其中，“常量”是一个精心选择的值，在多个字节存在为 1 的位，以确保 RPC ID 的值序列具有最大的周期（对于 64 位的 RPC ID 是 $2^{64}-1$；0 递增后会得到自身，所以完全不会使用）。在 C 语言中，这可以使用无分支的代码来实现，只需要 4 条指令即可。只需要使用算术右移，将高位转换为 0x0000000000000000 或 0xFFFFFFFFFFFFFFFF，然后与常量进行与运算即可。

```
static const uint64 POLY64 = 0x42F0E1EBA9EA3693;
uint64 x;
// ... Increment x:
x = (x << 1) ^ (((int64)x >> 63) & POLY64);
```

通过这种方式生成的伪随机 RPC ID 有一个方便的特点：字节的任何子集在每次递增时值都会变化。因此，一个 RPC ID 的两个低位字节可以用在一条有空间约束的跟踪记录中，代表整个 ID 数字。但是，不同于递增 1，这两个低位字节的连续值会根据 RPC ID 的高位大幅度地变化。如果两个不同来源的 RPC ID 发送的服务器 ID 的两个低位字节是相同的，那么序列中接下来的几个值极有可能就不会再相同。

本书第三部分在介绍 KUtrace 的设计时，将会用到伪随机 RPC ID 的这个特点。

8.7 日志文件的格式

前面已经多次提到，日志文件既可以记录二进制格式的数据，以实现简洁并方便生成；也可以记录文本格式的数据，以便人或其他程序能够直接读取数据。在示例服务器上进行测量后，我们发现，当每秒发生 20 000 次会写 128 字节二进制日志记录的调用时，每次写操作耗时 0.3 μs。对于每 100 μs 发生一次的事务，如果每个 RPC 写两条日志记录，这个时间已经足够短，只占事务时间的一小部分。

假设在相同的机器上每秒仍发生 20 000 次调用，但构造并写入 128 字节的文本日志记录，那么每次写入大约需要用时 6 μs，是写二进制日志记录耗费的时间的 20 倍。构造过程涉及调用 gettimeofday()和 ctime()来获取时间戳，以及调用 sprintf()和 fwrite()来格式化文本并进行固定大小的写入。每 100 μs 就有 12 μs 的日志开销，这已经高到让人无法接受。

但是，二进制日志记录可能很脆弱。当随着服务的演进添加一个新的字段时，以前保存的所有日志文件就无效了，因此需要认真地使用版本号。如果删除了一个字段，而某个下游的日志处理软件依赖寻找该字段，情况就会更糟糕。随着时间的流逝，很难对旧二进制文件的确切定义进行追踪。

二进制日志记录的另一个缺点是，它们常常为数字和文本使用不灵活的、大小固定的字段。这种字段可能会浪费空间，也可能会限制使用什么文本，因为如果采用正常表达方式，一些文本就有可能因为太长而无法放到某个字段中。

第三种设计选择是使用一种类似于 Protocol Buffer（意思是“协议缓冲区”，常简称为 ProtoBuf）的机制。这是一种包含<键，值>对的低开销、长度可变的二进制格式。键都是小整数，数字存储在最少字节中，文本也存储在最少字节中，但前面带有字节长度。再加上一个定义文件，离线程序就可以将键转换回有意义的名称。

Protocol Buffer 没有对字段大小和字段数进行约束。要在任何时候在设计中添加新的字段，只需要简单添加一个新的键数值即可。不再使用的字段可以被完全忽略。对于数字和文本，只需要进行极少量的格式化；对于数字，需要删除不必要的字节；对于文本，需要添加明确的记录长度。用于传输或写入磁盘的字节格式非常精简，只用 1 到 2 字节表示每个键，剩下的字节用于表示数据。因此，Protocol Buffer 在性能方面接近二进制日志，但灵活性接近随意的文本，所以强烈推荐使用这种机制。

8.8 管理日志文件

使日志文件的名称能够标识它们自身是很有用的。例如，对于第 6 章中的 server4 程序，我们使用了下面的形式。

```
server4_20180422_183909_dclab5_22411.log
```

其中包含创建日志文件的程序的名称，日志的开始日期和时间，所在的服务器，以及创建日志的程序的进程 ID（这可以防止在同一秒两份 server4 程序启动并出现重复的文件名）。这种命名约定可以避免在错误的一天或者错误的服务器上查看日志文件，并方便我们找到多年前的 12 月月初的一个日志文件，如 20131201。字段顺序和日期/时间格式是精心选择的，以方便直接对文件名进行排序；像 01-12-2013 这样的日期更难排序。

如果日志文件基于 Protocol Buffer 或其他类似的机制，则最好将定义文件与创建日志的程序保存在一起，比如与日志文件自身保存在一起，或者保存在一个明确定义的仓库中。为了避免随着时间的流逝丢失定义，将日志与它们的定义保存在一起通常是最安全的做法。

正常情况下，每个服务器可以把日志文件写入本地磁盘，并在几天后丢弃，也可以把日志文件复制到某个日志仓库中以进行更长时间的存储。在这种环境中，为某个低速率的服务打开一个日志文件，在接下来的几个月写入这个文件但从不关闭文件，就没有什么好处了。为某个高速率的服务打开一个日志文件，在前 24 h 内就写成 86 GB 的庞大的文件，也没有任何用处。

因此，日志设计必须在日志仓库中包含一些简单的机制，用于根据时间和大小来关闭旧的日志文件并打开新的日志文件，以及用于将选定的日志文件迁移到一个仓库中。我们通常需要使用一个简单的日志保存守卫程序来管理和执行迁移，但这并不复杂，在设计的早期阶段包含它最容易。

8.9　小结

如果只能使用一个观察工具，则应该构建一个低开销的日志系统，并在你的所有数据中心使用它。日志中的数据至少能够帮助你了解瓶颈、输入负载和意外的软件动态。如果连非常简单的日志都没有，你就无法知道自己的软件在做什么了。

CHAPTER 9

第 9 章　聚合措施测量

性能分析人员的总体目标是理解某个软件的动态，理解它什么时候慢、为什么慢，以及理解如何减少慢事务的数量，并降低其严重性。

每秒处理 10 000 个请求的服务，每天要处理差不多 9 亿个请求。只记录每个请求的到达时间就会有大约 8 亿个数据点，如果再记录其他东西，例如时延或者响应的字节数，则还会再多出几十亿个数据点。对于海量的时间或测量值，以几种不同的方式汇总它们会有帮助，每种方式的目的是揭示一种不同类型的性能问题。本章将介绍汇总简单事件计数（如到达的请求数）的多种方式，以及汇总针对每个事件测量的值（如请求时延或传输的字节数）的多种方式。

一些汇总的目的是显示基准的正常/平均行为，而其他一些汇总的目的是揭示非正常的行为或性能问题。显示高密度的行为模式是一种强大的汇总方法，这样当我们从这些模式中看到问题行为意外汇聚时，就可以问："那是什么？"

进行汇总并不是为了显示非正常行为的原因，而只显示发生了非正常行为，这样人或程序才能够进一步进行调查，来找出非正常行为的原因。汇总也有助于显示哪些不是问题，从而减少在错误的地方寻找时延问题所浪费的时间。

动态行为发生于许多不同的时间尺度，并且对于什么算正常、什么算慢，仅有不严格的定义。我们的测量结果几乎是几千个事务（每个事务都有一个开始时间）的计数或测量值（例如时延或传输的字节）的时间序列——<时间，事件>对或<时间，值>对。

我们希望按速率和值对它们进行汇总，并收集一段时间内的多个测量值。

9.1　均匀的事件率与阵发的事件率

假设有一个服务每秒接收 7 个请求，为该服务绘制一幅 5 s 的草图，使用“o”代表每个请求。

结果可能与图 9-1（a）有些类似，也可能看起来有些像图 9-1（b），还可能有些像图 9-1（c）。

ooooooo	ooooooo	ooooooo	ooooooo	ooooooo

（a）均匀到达

oooooooooo	oooooooooo	oooooooooo	ooooo	

（b）阵发性到达

	oooooooo o ooooooo o	oooooo oooo o	o o	o　ooo o

（c）多次阵发性到达

图 9-1　到达方式

数据中心环境中的事务根本不可能均匀分布，它们的请求更可能以阵发性方式出现。在图 9-1（c）中，在 5 s 的时间段内，每一秒分别分布了零个请求、17 个请求、11 个请求、两个请求和 5 个请求。输入工作的阵发性几乎总会导致性能问题，或者与性能问题产生不好的相互影响。当看到某组事件的平均速率时，养成以图 9-1（c）而不是图 9-1（a）的方式进行思考对你会有帮助。

如果想要平稳地计算每秒的请求数，则可以在整个 5 s 的时间间隔内进行测量，对于图 9-1 所示的 3 张图，可以得到 35 个请求/5 秒=7 个请求/秒。如果我们的目的是找出破坏性的阵发性请求或其他意外的模式，那么在图 9-1（c）中我们可以在 1 s 的时间间隔进行测量，然后思考“每秒 7 个请求”的服务在 1 s 内收到 17 个请求时会有怎样的行为。每秒 17 个请求是最坏情况吗？还是经常会发生每秒 50 个或更多个请求？抑或可能在 0.1 s 内收到 7 个请求，即速率为 70 个请求/秒？我们如何确定最坏情况呢？

9.2　测量间隔

发生率就是在某个时间间隔的计数，例如，每秒的请求数、每分的错误数或者每月的重启数。对于测量速率，一个不错的起点是决定最小的合理时间间隔。

对于理解服务的整体基准负载，我们可能想使用一整天的测量间隔。对于理解为什么特定服务在每天下午 6:01 左右有特别长的时延，我们可能想在这个时间点附近使用多个一秒的测量间隔。为了检测严重拥挤的请求，可以使用一个极端的测量间隔，例如一微秒，这可能会有用。

与前面一样，我们寻求的是能够为期望的和不期望的性能提供有用信息的汇总。我们常常不知道自己在寻找什么，所以我们需要用不同的方式进行观察，直到发现异常的行为。一开始不妨先进行一系列间隔短的测量，我们不仅可以从中推断出较长的间隔，还可以通过对测量结果进行排序来去除时间序列，以查看测量结果的分布。反过来则不行，我们无法将长间隔的测量结果转换为合理的、短间隔的测量结果。因此，在收集初始测量结果的时候，最好稍微偏向于使用较短而非较长的时间间隔。

如果一个服务每秒收到几千个请求，则一秒的测量间隔可能还不错。但是，如果该服务有 200 ms 的响应限制，则使用 200 ms 甚至 100 ms 的测量间隔来查看请求会很有用，这可以帮助你找出导致排队的工作量太多，并使最后一个响应大大超过截止时间的集聚行为。如果经常发生这种情况，则可以提高截止时间，增强计算机处理能力；也可以检查调用方，试着减少它们的请求或者使它们平稳地发出请求。另外，如果一个服务每分钟只收到几个请求，那么当使用一秒的测量间隔时，就会有很多秒没有请求，还有一些秒只有一两个请求。在这种情况下，10 s 或者 1 min 的测量间隔可能更加合适。

计算每个测量间隔的速率，是我们在汇总大量数据时选择的第一种方法，旨在将几十亿个到达事件分散到几千或几百万个间隔中。接下来，我们需要对这些测量结果进行汇总。

9.3 时间线

假设我们有一个服务，它每天有几千个测量间隔。显示和汇总这些测量结果都有哪些方式？

考虑到性能问题常常是时间上接近的事件或阵发性事件的干扰造成的，一种有用的展现方式是提供所有测量结果的一张时间线图。其中，x 轴表示时间，y 轴表示计数或发生率。

观察图 9-2 所示的时间线图，它显示了在过去的 5 亿 4200 万年有多少海洋物种灭绝，时间间隔大约为 300 万年。

时间线对于找出峰值、正常行为和周期性的重复模式很有帮助，并且有助于我们看出动态行为的阶段变化——变化之前有一种行为，变化之后有另一种显著不同的行为。在图 9-2 中，可以看到的基准行为如下：每 300 万年有 5～10 个海洋物种灭绝，偶尔也会出现超过 30 个海洋物种灭绝的峰值，最大值为 53。

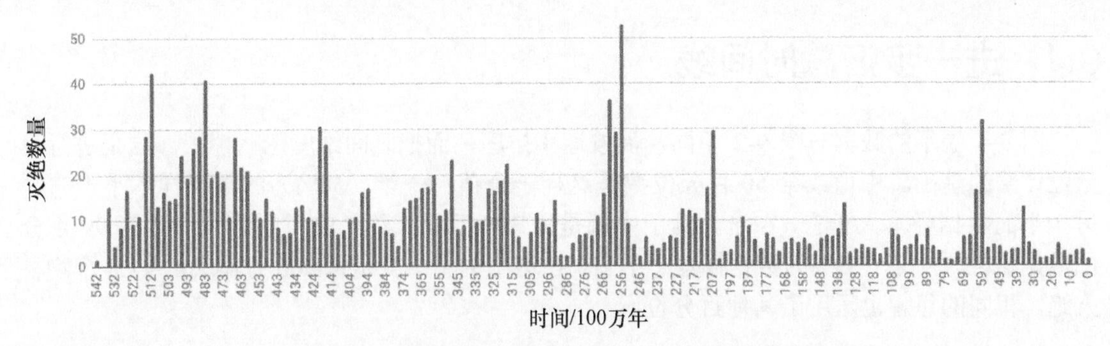

图 9-2　海洋物种每大约 300 万年灭绝数量的时间线

在图 9-2 中，大约有 165 个数据点。如果有几千或几百万个数据点，但没有特定的要关注的时间子集，那么包含这么多数据点的时间线会很难使用。图 9-3 显示了与图 9-2 相同的数据，但把它们聚合到了放大 5 倍的组中，每一组大约为 1500 万年。图 9-3 中只有 34 个柱状条，而不是之前的 165 个柱状条。图 9-2 中位于 256 百万年处的峰值在图 9-3 中被拆分到两组中，所以看起来缩小了；而图 9-2 中位于 483 百万年处的峰值及其附近的值合并了，所以在图 9-3 中更加突出。基准仍然是每 300 万年有 5～10 个海洋物种灭绝，但是在图 9-3 中，这显示为每 1500 万年有 25～50 个海洋物种灭绝，所以图形的比较变得困难了。如果图 9-2 和图 9-3 中的 y 轴相同，并且使用相同的单位，如每 1000 年灭绝的海洋物种数，那么比较这两张图就容易多了。你在自己的设计中应采用这种方法。

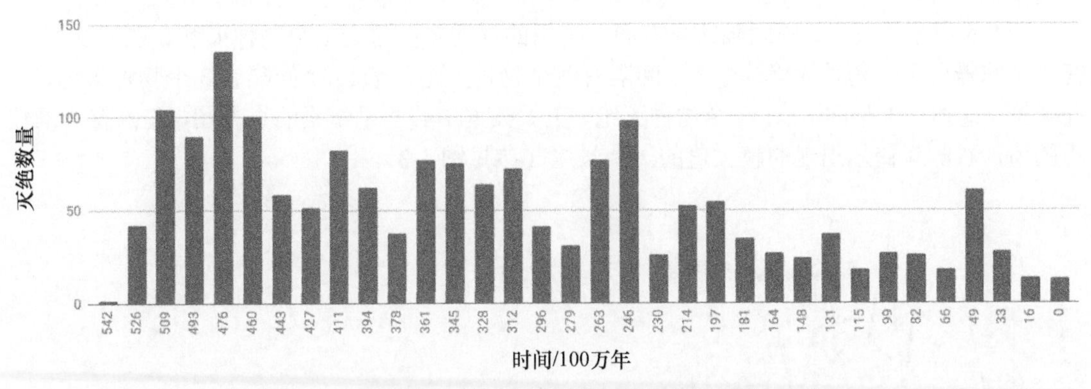

图 9-3　海洋物种灭绝的时间线，使用的组数只有图 9-2 的 1/5

在图 9-2 和图 9-3 中，对分辨率和臃肿度有不同的权衡。如果你的目的是找出异常情况，那么你应该优先考虑更高的分辨率。

9.4 进一步汇总时间线

图 9-4 显示的数据与图 9-2 相同，但按速率排序，而把时间维度忽略掉了。这是进行百分位计算的基础。中值或第 50 百分位数是这样一个值：一半（50%）的数据样本小于它，另一半的数据样本大于它，在这个例子中就是每 300 万年大约 7.85 个物种灭绝。第 99 百分位数是这样一个值：99%的数据样本小于它，在这个例子中就是每 300 万年大约 41.3 个物种灭绝。相同的思想也适用于其他百分位。

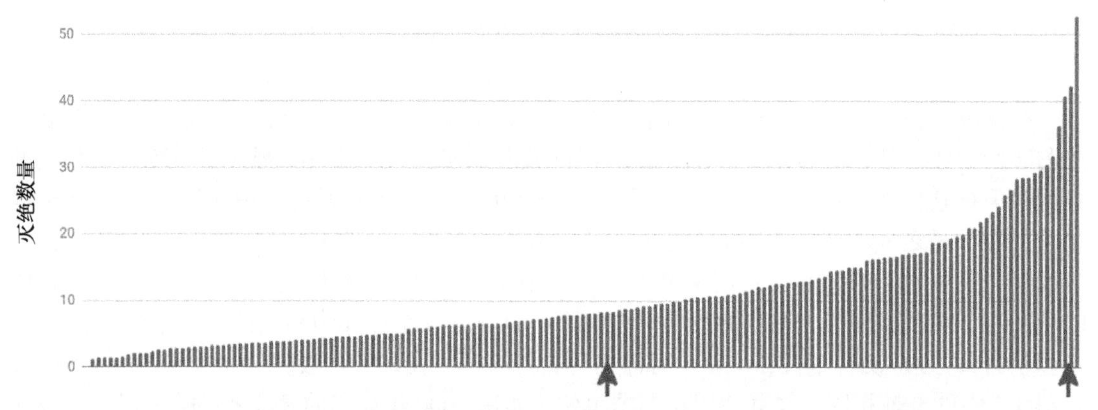

图 9-4 将图 9-2 中的数据按每 300 万年间隔的物种灭绝数量排序；左边的箭头标出了中值或第 50 百分位值（每 300 万年大约 7.85 个物种灭绝），右边的箭头标出了第 99 百分位值（每 300 万年大约 41.3 个物种灭绝）

图 9-5 显示了图 9-2 中间隔的直方图，使用的桶的宽度对应 1 个物种灭绝。在图 9-2 中，有 1 个间隔有 1 个物种灭绝，有 7 个间隔有两个物种灭绝，有 13 个间隔有 3 个物种灭绝，以此类推，直到有 1 个间隔有 53 个物种灭绝。正如数据中心测量结果的直方图，左侧有一堆较小的值，右侧有偶尔出现的较大值的一个长尾（参见图 1-3）。

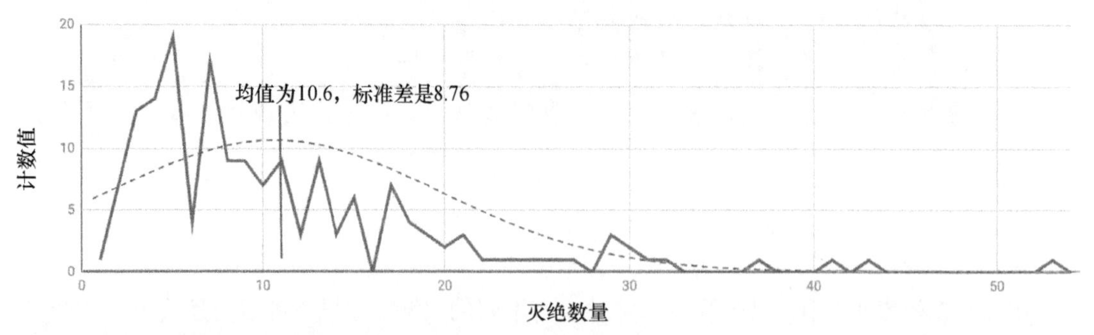

图 9-5 图 9-2 中间隔的直方图，其中显示了最适用的高斯正态分布的均值和标准差。该直方图不适合偏态的数据，不要使用均值来汇总长尾分布

均值为 10.6，标准差是 8.76，参见图 9-5 中用虚线显示的高斯正态分布。因为正态分布在均值的两侧是对称的，所以不适合近似表达长尾数据。特别是，正态分布不能很好地表达低于均值的数据，也不能很好地表达主要的峰值数据，更不能很好地表达最右侧的少量大值（它们是我们在理解性能问题时最可能感兴趣的数据）。不要使用均值和标准差来汇总非高斯分布。

图 9-6 显示了相同的数据，但标出了第 50 百分位数和第 99 百分位数。因为长尾中的极值提高了均值，但不会提高中值，所以对于长尾直方图，中值将低于均值。中值更接近左侧大驼峰的中心，第 99 百分位数显示了除最后的 1%外，长尾的其他部分延展了多远。数据中心性能分析的目的常常是理解最右侧的 1%。

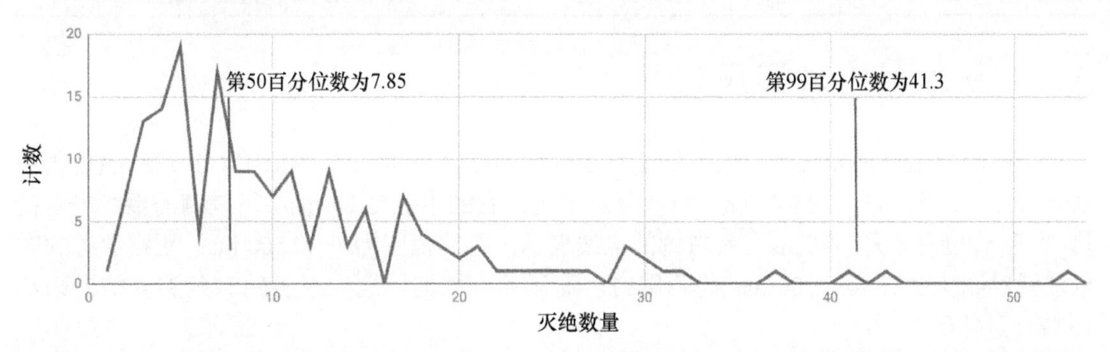

图 9-6　图 9-2 中间隔的直方图，这里显示了第 50 百分位数和第 99 百分位数，它们能够更好地汇总长尾分布

中值和第 99 百分位数是很好的汇总，它们能够描述正常行为和峰值的程度；对于长尾分布，请优先使用它们，而不是均值和标准差。找出并修复造成 1%的长尾的性能漏洞，即可降低第 99 百分位数，即使这些修改不会显著影响中值。

描述（以及应对）阵发性流量的另一种常见的方法是统计最繁忙的秒、最繁忙的分钟、一天中最繁忙的小时和一年中最繁忙的天的事件数。这也是描述正常行为和峰值程度的一些很好的汇总。较短的时间段指明了处理峰值或接近峰值的负载需要的设备，最繁忙的一天则指明了处理庞大的基准负载需要的设备，二者之间的比例说明了峰值有多么极端。早在 1896 年，美国的电话设备被设计为处理一天中最繁忙的小时。到了 1904 年，人们已经认真收集了不同电话交换台每小时的通话数。在美国，母亲节是一年中通话最繁忙的一天。

表 9-1 列出了图 9-2 中的数据的汇总值。总的来说，我们可以使用多种简单的方式来汇总时间线。前面曾提到，均值和标准差很少适合用来描述数据中心的时延分布；中值和第 99 百分位数通常能够更好地显示正常值和峰值。最小值和最大值偶尔对于描述一个值的集合有用，但是一天或更长时间段中的一个极值很容易扭曲它们。最繁忙的时间段对于根据期望的负载决定使用的设备很有用，并且是寻找性能问题的最好时机。

表 9-1 图 9-1 中的数据的汇总值

指标	说明
均值	每 300 万年灭绝 10.6 个海洋物种
标准差	每 300 万年灭绝 8.75 个海洋物种
中值（第 50 百分位数）	每 300 万年灭绝 7.85 个海洋物种
第 99 百分位数	每 300 万年灭绝 41.3 个海洋物种
最小值	每 300 万年灭绝 0 个海洋物种
最大值	每 300 万年灭绝 53 个海洋物种
最繁忙的大约 300 万年	每 300 万年灭绝 53 个海洋物种
最繁忙的大约 1500 万年	每 1500 万年灭绝 145 个海洋物种（大约每 300 万年灭绝 29 个海洋物种）

9.5 直方图的时间尺度

当显示长尾时延分布时，如何处理时延轴并不是显而易见的。考虑第 1 章的磁盘服务器直方图，即图 1-3，图 9-7（c）再次展示了它。它的中值是 26 ms，用左侧的虚线表示；第 99 百分位时延是 696 ms，用右侧的虚线表示；总体范围为 0～1500 ms。正常事务的时延测量结果大致在 0～100 ms 的范围内，而慢的有性能问题的事务的时延测量结果则从 100 ms 延伸到 1500 ms。

对于 x 轴，一种传统的选择是使用线性尺度的 0～1500 ms，如图 9-7（a）所示。正常范围被严重压缩到图形的大约前 6%的部分，剩下的 94%是长尾。图形正常部分的驼峰几乎难以辨别。

另一种传统的选择是使用对数尺度，如图 9-7（b）所示。x 轴的大约 1/3 覆盖 0～10 ms（小于 1 ms 时显示为 1 ms），另外 1/3 覆盖 10～100 ms，剩下的 1/3 覆盖 100～1000 ms。这严重扭曲了小于 100 ms 的正常时延访问的图形，并且由于大大扩展了 1～10 ms 的范围，我们在视觉上很难比较 1～10 ms 和 11～20 ms 这两个范围。通过扩展左侧并压缩右侧，可使对称（类似高斯分布）的驼峰变得不对称。这还会严重压缩直到第 99 百分位数并且更加值得关注部分的图形。

一种不那么传统的选择是图 9-7（c）所示的分段线性图形，它在 x 轴上两次改变了尺度。建议这样进行分段：x 轴有一半用于正常范围 0～100 ms，有 7/16 用于 100～1000 ms，剩下的 1/16 用于 1000～1500 ms。这允许我们在视觉上直接比较正常范围，同时仍然能够捕捉到 250 ms、500 ms、750 ms 等位置的驼峰。小于 100 ms 的线性分段（linear piece）更加精确地显示：曲线下方的面积有一半在中值以下，另一半的面积在中值以上，只是在最后有一点面积失真。

图 9-7（d）显示了图 9-7（c）在第一个分段过渡时的一些细节。坐标轴上 100 ms 的位置有一点不连续，其两端的分段分别向上翘和向下弯，标签则从按 10 递增变为按 100 递增。250 ms

处的驼峰仍然是对称的，因为它完全在一个分段中（在这种设计中，刚好跨越 100 ms 刻度变化的驼峰仍然会失真）。在使用分段线性（piecewise-linear）时一定要小心：粗心的用户很容易错误地解读结果。

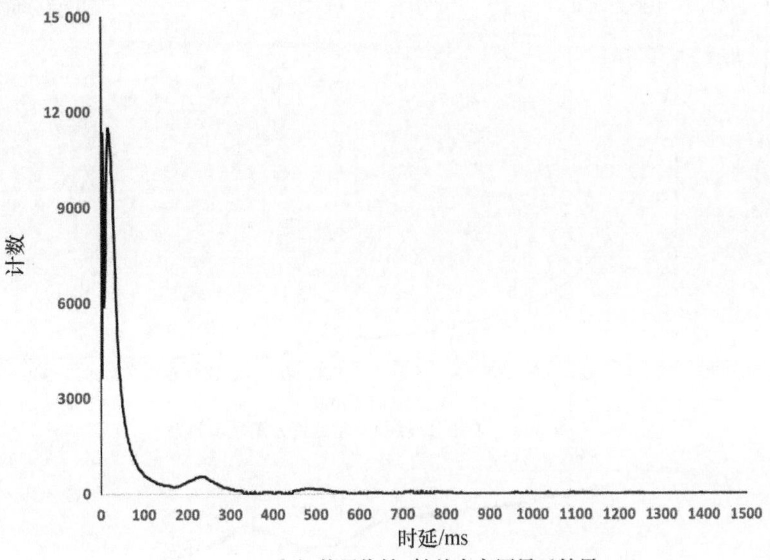

（a）使用线性x轴的直方图显示效果

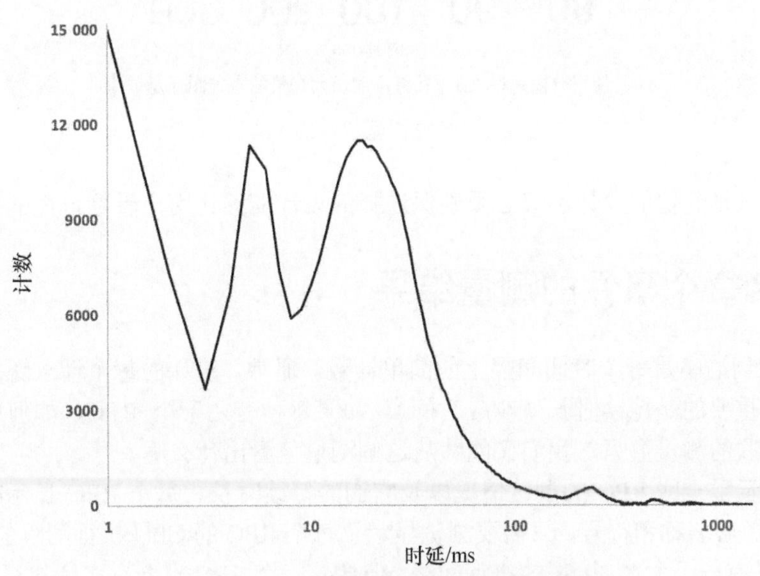

（b）使用对数x轴的直方图显示效果

图 9-7　直方图显示效果

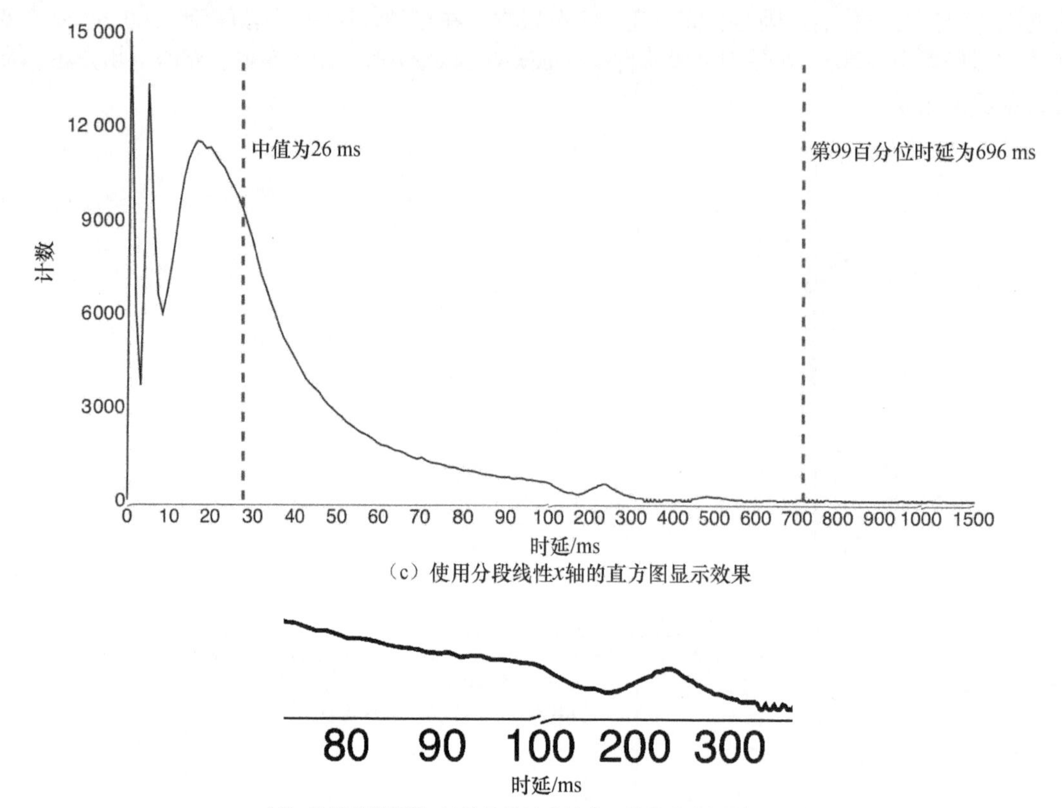

（c）使用分段线性x轴的直方图显示效果

（d）使用分段线性x轴并且将尺度扩大10倍的直方图显示效果

图 9-7 直方图显示效果（续）

你也可以选择其他的设计，但必须确保选择的设计能够让用户看到奇怪的数据。

9.6 聚合每个事件的测量结果

RPC 请求到达率是每个时间间隔上的简单计数。通常，统计的每个请求还关联着许多测量值，其中最重要的是持续时长（响应时间）。如果每秒有几千个 RPC，如何以有用的方式汇总与它们关联的测量值呢？我们又能够从这些测量值看出什么呢？

图 9-8 显示了一些 RPC 的到达情况以及它们的持续时长，每个 RPC 显示在单独的一行中。现在不必关心名称和符号，只需要浏览显示了每个 RPC 的 CPU 执行间隔的水平线即可。每个 RPC 通常有一个大约 50 μs 的执行间隔，但偶尔一个 RPC 也会有多个执行间隔，它们被等待时间隔开。每个 RPC 的持续时长或响应时间是这样测量的：从请求在其第一个执行间隔的左侧到达开始，到响应在其最后一个执行间隔的右侧被发送结束。因为 RPC 在时间上会重

叠，所以在绘制它们时，我们加上了纵向的偏移，以便能够看到各个 RPC。对图 9-8 与更简单的图 9-1 进行对比，可以发现后者只有一些（不相关的）到达时间。

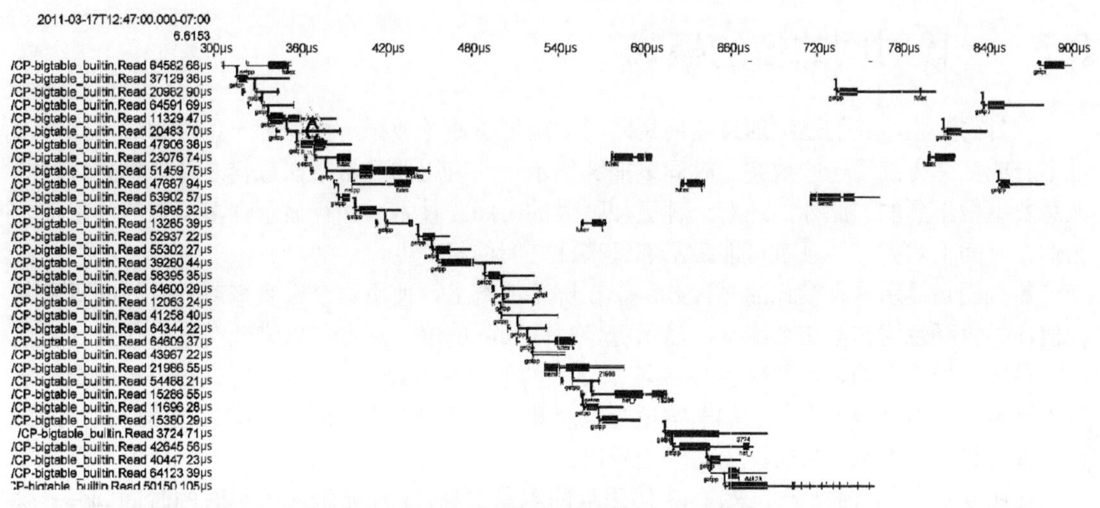

图 9-8　分散在 600 μs 时间段内的一些重叠的 RPC

完整的时间线图对于理解重叠的 RPC 之间的干扰很重要，在掌握了如何收集绘制图 9-8 所需的数据（详见第 14 章）之后，我们将进行相关的讨论。

如何汇总图 9-8 中的各个持续时长呢？与其每个测量间隔（如 1 s）有一个计数，不如有整个集合的不同测量值。我们可以说，到达率是每 600 μs 33 个（每秒 55000 个），但是对应的 33 个持续时长呢？虽然大部分用时 50 μs，但是其中有 5 个用时超过 500 μs。作为性能分析人员，我们最感兴趣的当然是这些慢的 RPC，以及告诉我们存在这些慢 RPC 的汇总信息。

为了汇总给定 600 μs 时间间隔上的持续时长，我们可以使用表 9-1 中的一些汇总措施，得到的中值持续时长是大约 50 μs，第 99 百分位的持续时长是 600 μs。对于更长的时间间隔，如 1 s、10 s 等，同一措施的效果也不错。记录多个短时间间隔（如 1 s 或 10 s）上的中值和第 99 百分位值，然后在一个图形中构建两条时间线，一条对应中值，另一条对应第 99 百分位数，且都带有线或柱形集合，也是很有帮助的。特别是，一段时间内第 99 百分位数的变化有时候能够突显重要的模式，比如下一节中的磁盘时延模式。

我们还可能对描述 CPU 总负载的措施感兴趣，如一秒内的 CPU 时间之和；或者描述重叠密度的措施，如已经启动但尚未完成的 RPC 工作队列的峰值密度和第 90 百分位或第 99 百分位队列深度。一天中最繁忙的那一分钟的每秒总 CPU 时间有可能让我们知道应该为这个服务预留多少 CPU 时间。

如果在某台服务器上第 90 百分位队列深度通常是 2，但在响应时间非常糟糕的 20 min 里队列深度激增到 35 左右，那么理解队列深度的激增是因为突然收到大量请求，还是因为在发送响应时存在很大的延迟，就成了十分重要的事情。后者可能意味着服务器上存在需要修复的性能问题，而前者可能意味着 RPC 客户端存在问题，导致它们发送或集聚太多的请求。除了队列深度之外，在较小的时间间隔中跟踪队列插入和移除率也可能会有用。

9.7 一段时间的值的模式

到目前为止，我们已经通过使用短时间间隔汇总原始数据，得到了一条时间线，然后通过聚合或汇总得到了一些数字。时间线能够揭示一些有用的且常常在意料之外的模式，这是汇总数字做不到的。此外，还有一种更加强大的时间线技术：并行显示许多不同的测量值，它们在时间上对齐，并且有可能揭示邻近事件之间的相关性。

热点图是显示这种模式的一种方法。在屏幕或纸上，使用两个维度来散开时间间隔和并行值，并将颜色用作第三个维度，显示每个时间间隔的值。热点图以降低精度为代价（我们不容易区分屏幕上的几百种颜色），换取了更大的信息密度。热点图可以用来在屏幕或纸上显示差不多 100 万个数据点。它们非常适合呈现基于时间的模式，而这些模式在读取数字的大列表或者只查看汇总结果时，无法轻松看出。

在图 9-9 中，*y* 轴显示了来自 13 块磁盘的测量结果，*x* 轴显示了一小时的时间间隔，颜色轴（见彩插）显示了第 99 个百分位磁盘读取时延。时间分辨率是 10 s 的间隔。蓝色表示低于 50 ms 的时延，红色表示超过 200 ms 的时延，白色表示没有活动。这是我们在一个日志页面上记录的 24 h 活动的一个子集从这个图形中，我们可以了解到关于慢性能的 3 条重要信息：

- 它在第一个时间段持续了 6 min，在另外两个时间段各持续了几分钟，而不是只持续了几百毫秒；
- 它在 1 h 内发生了 3 次（在没有显示的其他小时中也会偶尔发生），但没有可以预测的模式；
- 它基本上同时影响所有磁盘，而不会只影响一张过载的或缓慢的磁盘。

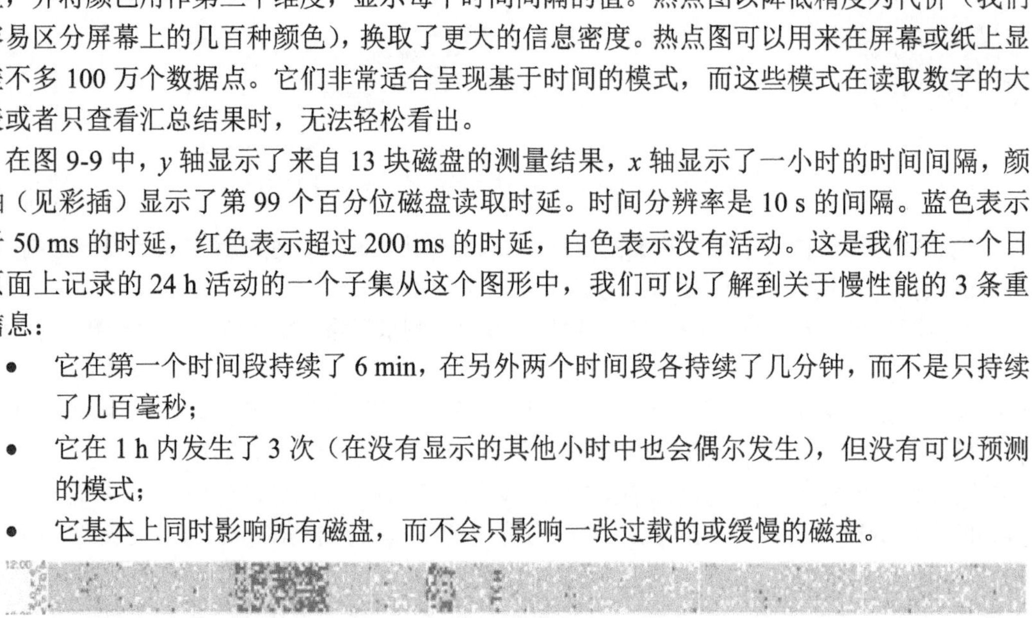

13块磁盘

1 h

图 9-9 在 1 h 的时间间隔内，13 块磁盘的第 99 百分位磁盘读取时延的热点图

回忆一下，汇总的目的不是显示非正常行为的原因，而只显示发生了非正常的行为，以使其他人或程序能够更加详细地进行调查，找出发生非正常行为的原因。在这里，日志记录下来了在 24 h 内对这个磁盘服务器发出的所有 RPC 的请求/响应时间戳，精确到微秒级。日志中的数据构成了这个例子所使用的原始数据。可以放大某个红色区域的开始位置，检查发生阶段变化的那一分钟，查看 RPC 行为如何发生变化。在检查这一分钟的行为后可知，Google 特有的调度程序将磁盘服务器进程锁住了 250 ms 的成倍时间，因为进程超出了自己过低的 CPU 配额！可通过提高所有磁盘服务器的 CPU 配额来修复根本原因，一共只花了 20 min，

但由于缩短了磁盘访问时间，将第 99 百分位时间从 700 ms 降低到了 150 ms，因此这一修复节省了数百万美元。

我们讨论了聚合事件计数和事件值的不同方式，并且使用时间线和热点图揭示了不当行为模式的方式。接下来，我们将介绍更多的细节。

9.8　更新间隔

当在屏幕上显示聚合值供其他人查看时，应定期刷新这些值。除了选择测量间隔和计算间隔，我们还可以选择在每个更新间隔提供汇总统计数据，这个更新间隔可以比测量间隔更长或更短。如果更新间隔比测量间隔更长，则意味着我们提供的是计算出来的测量值的一个样本或聚合结果，而不是全部测量值。

更常见的情况是，更新间隔等于测量间隔或者比测量间隔更短。例如，我们可能想要显示在 10 s 内测量/平滑的每秒磁盘访问数，但是每 2 s 就更新这个测量结果。为此，我们将在最近的 5 个 2 s 间隔上使用一个滑动窗口，下面的内容将介绍具体做法。如果人为查看汇总，而不用将汇总记录到一个文件中，则 1～15 s 的更新间隔最适合人们在修改/修复被观察服务的某个方面时，时不时查看值或者密切关注值。

在选择更新间隔的时候，我们其实是在选择做多少平滑工作。一方面，相比提供的信息，散布在各个地方的小值更容易让人分心；而另一方面，在很长的时间上计算出的值可能会掩盖重要的短期波动。可通过许多不同的方式来决定计算的间隔。图 9-10 显示了在汇总于 5min 内到达的 34 个请求时，可以使用的一些设计选择。当下载的软件需要很长时间才能完成时，进度条也会展现出这个过程的不同形式。

图 9-10（a）显示了完整的、没有重叠的 2 min 间隔中的请求，这是在刚好 2 min 的边界上记录的请求；需要使用完整的 2 min 间隔，才能计算每分钟的请求数，这会将更新率限制为相当长的 2 min。图 9-10（b）显示了在有重叠的 2 min 间隔中的相同请求；现在，只需要使用接下来完整的 1 min 间隔来计算每分的请求数。通过对使用重叠间隔的方法进行推广，便可将一个新的间隔与之前所有间隔的一个指数衰退平均值组合起来，对于新的间隔 X，这可以实现为 $X\text{avg}' = X\text{avg} - kX\text{avg} + kX$，其中 k 是衰退常量。如果 k 是 1/2、1/4 等，那么这种计算就相当于执行几次移位和加法。

图 9-10（c）显示了在最后的一个 1 min 间隔中，在前 6 s（0.1 min）只有 1 个请求到达之后，在一个部分完整的间隔中执行计算的一些细节。

在图 9-10（c）的右下角，顶部的计算假设完整的 1 min 间隔中有一个请求，即每分一个请求。这种形式的计算一开始结果很小，但取决于一个间隔中前几个请求的准确时间，可能在该间隔的第一部分还会有很大的变化。

中间是另一种可能的计算，在 0.1 min 的部分间隔中有一个请求，也就是每分 10 个请求。这种形式的计算一开始结果很大，并且在一个间隔的第一部分会有很大的变化。

底部是第三种可能的计算，将部分间隔与之前的一个完整间隔（或几个完整间隔）组合起来，得到前一个完整间隔中的 6 个请求，加上部分间隔（0.1 min）中的 1 个请求，也就是(6 + 1)个请求 / (1 + 0.1)分 = 6.4 个请求/分。这种将完整间隔与部分间隔组合起来的方法能够给出更精确、更稳定的结果，所以推荐采用这种方法。

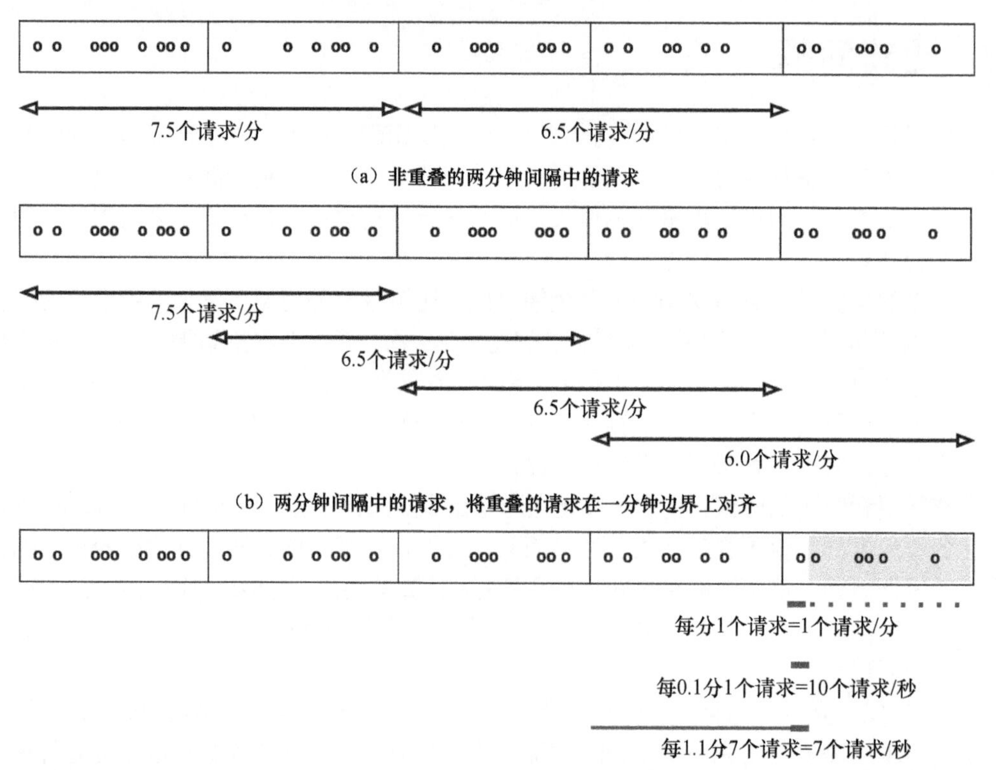

（a）非重叠的两分钟间隔中的请求

（b）两分钟间隔中的请求，将重叠的请求在一分钟边界上对齐

（c）0.1 分间隔中的单个请求。在顶部，假定间隔是完整的 1 min；在中间，假定间隔是 0.1 min；在底部，假定一个完整的间隔加上部分间隔总共是 1.1 min

图 9-10 不同的请求

9.9 事务采样

除了前面讨论的各种汇总之外，记录并向性能分析人员展示完整的近期事务的一些样本也会很有用。如何在响应时间变化很大的一些样本事务中做出选择呢？如果知道测量结果的可能范围存在一个严格的边界，例如 10～50 ms，则可以在 4 个等宽的桶（10～20 ms、20～30 ms、30～40 ms 和 40～50 ms 的响应时间）中，再加上小于 10 ms 和大于 50 ms 的两个桶中，保存近期的一些事务。这样你就有可能看出 10～20 ms 和 40～50 ms 的事务之间是否存在任何系统性差异。

更常见的情况是，对于响应时间或其他测量值，并不存在一个严格的边界。事实上，我们之所以观察某个服务，正是因为该服务有异常长的时间。在这种环境中，基于对数的桶宽度可能更加有用。要覆盖 1～1024000 μs 的范围，22 个桶就足够了。

```
<1 μs
[1..2)μs
[2..4)μs
[4..8)μs
…
[512K..1024K]μs
>1024k μs
```

图 9-11 显示了从图 9-8 中取出的几个桶。这几个桶中 RPC 的持续时长分别为 16～31 μs、32～63 μs 等。这里只显示了前两个桶和最后一个桶。

图 9-11　来自图 9-8 的几个 RPC 样本，已按对数 RPC 持续时长分组

每个桶中的 RPC 是对齐的，它们都从左边缘开始。这样就很容易看出，顶部的桶和底部的桶之间的主要区别是，持续时间长的 RPC 有两三个执行间隔，中间因为等待而被隔开。理解它们在等待什么，并弄明白需要修改什么，就可以让它们快 10 倍。本书第四部分将讨论等待的原因。

在每个桶中记忆最近的 3 个事务样本后，我们可以从空桶中看出测量值的实际边界，并且可以看到正常测量值和非正常测量值的活动样本。通过统计有多少个事务落入每个桶中，我们可以快速得出值的一个粗略直方图。使用 2 的幂甚至 10 的幂的桶创建粗略直方图，是一种十分强大的技术。第 27 章将使用这种技术来跟踪获得锁的时间。与前面一样，如果慢的响应与实际的事务有关系，则大桶中的几个样本有助于揭示到底是什么让它们变慢了。

另外，如果慢的响应与实际的事务无关，而与周围的干扰有关，那么事务样本不会有值得注意的模式。它们只是旁观者。在这种情况下，我们需要使用时间线、时间对齐的并行热点图和完整的跟踪（参见本书第四部分）来识别干扰模式。

9.10　小结

很多时候，我们需要大量的数据点来捕捉意外的执行模式，从而揭示出性能问题，但是我们需要用简单的方式来突出感兴趣的区域，并排除不感兴趣的正常行为。有多种聚合和汇总策略能够帮助我们突出这些区域。

首先，任何类型的速率计算都涉及时间间隔，所以至少必须把单独的事件分组到这种间隔中，这是进行汇总的前提。所选的最小时间间隔必须长到能够包含有用数量的事件，同时又必须短到不会平滑掉一些重要的尖峰。可以把几百或几千个间隔显示为时间线或热点图，以提供高密度的模式。单独事件或测量结果的时间线可以进一步汇总为直方图，而这些直方图又可以按照中值、第 99 百分位数或者最繁忙的秒、分钟或小时等措施进行汇总。

对于实时的数值查看，可在一个或多个最近的时间间隔上计算更新值。为了对差异进行关注，保存和显示最近的一些事务，并按照持续时长或另一个感兴趣的测量指标对这些事务进行分桶或分组，会比较有用。第 10 章将讨论如何对概要性能信息进行实时显示。

CHAPTER 10

第10章 仪表板

仪表板是用于观察数据中心软件的当前和近期整体行为的工具。仪表板针对特定服务或服务实例、服务器或其他某个感兴趣的系统，是这些系统的有用性能信息的集合。日志能够给出数据中心软件的详细历史信息，而仪表板则能够给出当前的实时信息的汇总结果。仪表板通常是更新频繁的HTML页面，展现在具有合适权限的人员的浏览器中。这就有可能让任何人观察任何一个服务的当前性能，比如观察它使用的任何子服务，或者观察它使用的任何计算机上正在发生其他什么事件。仪表板能告诉我们当前的性能是什么样子，但不能告诉我们为什么是这个样子。但是，仪表板对于将注意力集中到性能问题上十分关键，它能够促使相关人员根据需要使用更加详细的工具[Ousterhout 2018]。每个设计良好的数据中心程序都会包含一个或多个仪表板。

好的仪表板信息还能够用计算机程序读取，可能是通过爬取HTML页面，但更有可能是设计一个单独的接口，如提供格式化的JSON文本等。这种计算机程序可以实现功能更加丰富的监控脚本，它们用于查找多个仪表板中共有的问题模式。

为了使仪表板的设计更加具体，我们将描述一个简单的、虚构的示例数据中心服务，然后建议在其仪表板上显示一些有用的数据。

10.1 示例服务

本章的示例服务BirthdayPic将在每个用户的生日显示一张图片。这是一个内部服务，不是由用户调用的，而是每当用户登录或者发送请求给某个前端服务时，由其他面向用户的前端服务调用。例如，当一位女性用户在其生日当天搜索饭店评论时，示例服务BirthdayPic将使用她之前提供的一张照片，向她显示一张祝她“生日快乐”的图片。

BirthdayPic 的输入是一个 RPC 请求，当用户每天第一次使用某个前端服务时，就会发送这个请求，其中包含用户的 ID。BirthdayPic 的输出是一个 RPC 响应，它要么指出当天不是该用户的生日，要么包含该用户指定的图片。调用服务期望在 100 ms 内收到应答，否则将忽略结果，什么也不显示给用户。前端服务总共有大约 500 万个用户，每张图片大约有 100 KB 大小。因此，BirthdayPic 访问的总数据大约是 500 GB。因为 BirthdayPic 是面向用户的主服务之外的一个低预算的附加服务，所以应该在磁盘上存储这些图片，而不是在更加昂贵的 SSD 或内存中存储它们。前端服务非常受欢迎，几乎每个用户每天要访问至少一次。

通过以上简单的描述，我们能够知道 BirthdayPic 的性能如何吗？

如果有 500 万个用户，则我们期望每天有 500 万个请求，但其中有 99%不是用户的生日。BirthdayPic 的响应时间有两种模式：对于非生日请求，可通过对内存中的用户 ID 快速进行查找和响应来处理；而对于生日请求，则需要访问磁盘和传输图片，所以速度会更慢。

对于真正的生日请求，并非每天精确地有 500 万/365.25≈13689.3 个请求，而可能在两个方向上有 3 倍的变化，每天有 4000～40 000 个这样的请求，或者如果平均分散到一天中的 24 小时，平均下来每分有 3～30 个请求。但更有可能的情况是，请求会集聚起来，有几小时比其他时间更加繁忙。我们假定大部分流量集中在繁忙的 8 小时，也就是大约 500 min，所以每天 500 万个请求相当于大约每分 10 000 个请求，其中每分钟有 10～100 个缓慢的生日请求，但也有一些超过 100 的峰值。

每个请求应该用时多少呢？快速请求需要在内存中查找用户 ID，以查看今天是不是用户的生日。对于 64 位的二进制用户 ID 和 9 位的二进制生日（一年中的 1～366），包含 500 万个条目的完整表大约为 50 MB，并且如果以排序后的方式保存，则二分搜索大约需要进行 23 次比较。即使每次比较在主内存中都无法命中缓存，查找过程也很难超过 5 μs，请求率是大约 5 μs 一个请求。另一种设计是通过只保存在今天生日的较小的用户的 ID 列表来节省空间，并在每个午夜修改该列表。无论是哪种情况，超过 99%的请求应该只需要很短的时间。因此，我们可以将注意力集中到更慢的生日请求上。

如果从旋转的磁盘上的一个随机位置读取 100 KB，则期望寻道和旋转时间为 12～15 ms，再加上大约 1 ms 的磁盘传输时间以及另外 1 ms 的网络传输时间。但是，这种估测假定我们在读取一个已经打开的文件。如果必须首先打开每个图片文件，然后读取，最后关闭，则需要的时间可能要多 3 倍，因为打开和关闭操作需要读写一个或多个目录文件。我们可能期望一次完整的图片查找和响应大约需要 50 ms，也就是每秒大约进行 20 次查找。

磁盘系统每秒能够服务 20 个请求，而请求率的估测峰值是每分 100 个请求（每秒大约两个请求），所以我们预期不会发生性能问题。

但是，如果服务运行在单个服务器的一个实例上，并且使用了一块本地磁盘，则我们预期这个服务会有一些脆弱。如果保存图片的磁盘崩溃，或者如果运行服务的计算机崩溃，那生日图片就没法提供了。为了实现冗余，可在 3 台不同的机器上运行服务，并在这 3 台机器上对请求进行负载均衡，但是在进行性能设计时，我们只考虑有一台机器处理完整负载的情况，因为可能发生 3 台机器中有两台机器崩溃的情况。一般来说，如果其中一台机器崩溃，并且没有在 15 min 内重启并恢复正常，那么可以在另一台新机器上启动一个替换实例，并将图片复制过去。但是，复制操作会增加包含完整图片的机器的负载，所以如果不认真控制复制速率，则很可能导致这台机器上出现超期延迟。每个对健壮性的改进都会产生一些间接开销。

10.2　示例仪表板

BirthdayPic 服务需要多少个不同的仪表板？它们应该显示什么信息？BirthdayPic 服务至少有 7 个相关的不同仪表板。

- 一个主仪表板，用于显示整体服务。
- 3 个实例仪表板，用于显示 BirthdayPic 服务在每台机器（共 3 台）上的运行情况。
- 3 个服务器仪表板，用于显示这些机器的健康状况和性能。

主仪表板必须至少显示 BirthdayPic 服务是否正在运行（如果无法访问主仪表板的 URL，则可能说明 BirthdayPic 服务没有运行）。更有可能的情况是，BirthdayPic 服务有许多可能的状态，包括关闭、启动中、运行和即将关闭。启动中和即将关闭状态可能持续几秒或几分，具体取决于软件的详细设计。例如，启动中状态可能会寻找不同机器上的 3 个运行实例，如果有至少一个实例未找到，则可能会选择等待几分，或者无限等待下去。

如果 BirthdayPic 服务已启动，则主仪表板应该显示关于单独服务的一些信息，至少包括应该有多少个实例在运行，而实际上有多少个实例在运行。对于少量实例，可以显示运行服务实例的一个列表。对于实例数量很多（成百上千），这个列表会变得很长，全部显示不太现实，此时可以显示期望运行的实例数和实际运行的实例数，可能还会显示没有运行的服务或 5～10 个正在运行但运行很慢的服务的额外信息。在这种情况下，可提供一个选项按钮来展开和收缩列表。在实例列表中，使每台机器的名称文本也是一个链接，指向对应的实例仪表板会特别有用。这样一来，如果主仪表板显示正在服务器 srvaa12、srvaa13 和 srvcc04 上运行实例，则这些名称可以是 3 个链接，指向对应的实例仪表板。如果服务器 srvaa13 上的 BirthdayPic 关闭，则指向其实例仪表板的链接可能停止响应，而在更好的设计中，仪表板链接可能仍保持响应，同时显示该实例因为某种状况才停止运行。

10.3　主仪表板

主仪表板包含图 10-1 所示的信息。

这里提供了最重要的信息，即服务已经启动，但没有告诉我们关于服务性能的任何信息。我们还希望知道些什么呢？最好可以知道有多少请求到达，发送给每个实例的请求有多少，以及它们用了多长时间。

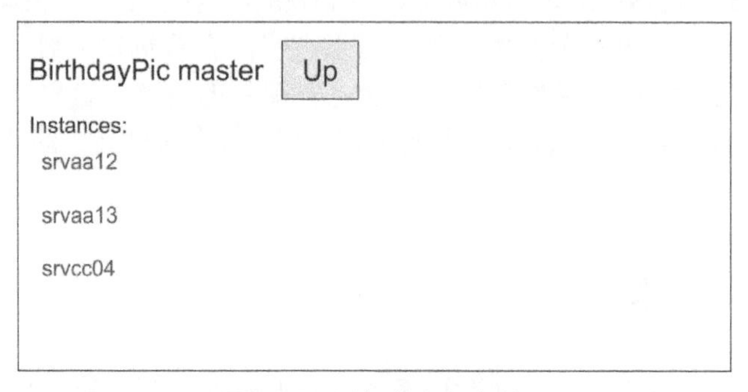

图 10-1 最初的主仪表板

10.3.1 汇总请求到达率

我们可以显示每秒、每分、每小时或其他某个时间单位的请求数。哪个最好呢？对于发生率，我们有 3 个彼此影响的设计维度：

- 显示单位；
- 更新间隔；
- 计算间隔。

在设计仪表板时，在同一家公司的所有仪表板上使用同一套单位，并且是人们所熟悉的一组单位，会很有帮助。在选择显示单位时，让值没有太多妨碍阅读的多余数位也会有帮助。数值或时间超过 6 位，或者小数点后有 6 位以上，都不可取。此外，仅有单个数字的值很可能会隐藏有用的信息。如果值有 3 个或 4 个主要是整数的位，就特别有用，因为这个位数既大到可以显示几个百分点数量级的变化，又小到能够快速理解。对于数据的大小，明智地选择字节、千字节、兆字节等作为单位，能够得到 3 到 4 个主要是整数的有效位数。

对于 BirthdayPic，我们选择分开显示非生日请求和生日请求，因为它们具有不同的性能特征。非生日请求率可以显示为大约 10 000 个请求/分，生日请求率可以显示为 10.0～100.0 个请求/分。使用每秒的生日请求数会得到不方便使用的数字，范围是 0.167～1.667；而使用每小时的生日请求数，则意味着时间窗口不够及时。额外的小数位可以防止我们对发生率的估测出现偏差：即使实际发生率接近每分 1 个请求，我们也能够看到值的变化，如 1.0 个请求/秒、0.9 个请求/秒、1.2 个请求/秒，而不是将它们四舍五入到 1 个请求/秒。

在选择更新间隔时，如果需要时不时看一眼值，那么 1～15 s 的范围通常最合适。因为我们感兴趣的低性能的 BirthdayPic 请求具有较低的发生率，所以应该选择每 10 s 更新仪表板的显示和数字。

在选择计算间隔时，我们希望有足够的生日请求，以得到一个在一定程度上平滑的请求发生率。当每分只有 10～100 个慢请求时，使用太短的间隔会得到波动很大的结果。因此，对于 BirthdayPic，我们将计算 1 min 间隔上的请求发生率，但每 10 s 就进行更新。为此，我们使用了 6 个 10 s 间隔的滑动窗口，类似于图 9-9。10 s 的间隔与我们选择的更新率匹配，所以不需要处理部分间隔。

10.3.2 汇总请求时延

每个请求都有一个服务器响应时间（又称为时延或持续时间），可通过观察从 RPC 到达 BirthdayPic 服务器，以及 BirthdayPic 服务器发送 RPC 响应来进行测量。它们就是图 6-6 所描述的 *T*2 和 *T*3。注意，在服务器上，我们只能观察到服务器时延；而在客户端，我们一定能看到更长的客户端时延 *T*1..*T*4，因为客户端时延还包括 RPC 的创建和传输时间，即使当服务器有合理的时延时，它们也可能造成性能问题。仪表板的作用之一是指出服务器时延是合理的还是比预期更慢（或比上个月更慢）。

我们之前曾估测，服务器时延对于非生日请求应该是大约 5 μs 或更短时间，对于生日请求大约应该是 50 ms。汇总许多请求的最好方式是什么呢？因为这两种请求执行的工作量有显著的区别，所以我们单独显示它们的统计数据。对于快速请求，我们选择在显示平均时延时，使用带一个小数位的微秒作为单位和精度；而对于慢请求的平均时延，我们选择使用带一个小数位的毫秒。这样一来，对于这两种情况，就都可以在显示服务器时延时得到两三个整数位。

平均时延计算间隔与速率计算间隔相似：选择一个足够大的间隔，以便能够显示汇总统计数据的几个百分点的变化。对于 BirthdayPic，我们也选择 1 min 的间隔，并且每 10 s 更新一次。

定义测量间隔的另一种方式是根据事件数进行定义。我们可以选择包含 100 个、1000 个甚至更多个事件的组。这种方式的优势是，在繁忙的时间有更多的测量值，在不忙的时间有更少的测量值。但仍要注意，不要在很长时间没有请求到达时完全停止测量。对于检查给定服务的性能，通常能够很明显地看出来，选择哪种测量间隔是合理的。

10.3.3 多个时间分组

你会经常发现，在几个不同的“人类尺度”测量间隔上汇总请求，并重点观察最繁忙的间隔，会非常有用。在不忙的间隔中，我们很少能够了解到关于性能的有用信息。在这里，“人类尺度”指的是日常生活中常见的间隔，它们之间以 10 为因子隔开——1 s、10 s 以及 1 min、10 min 等。

> 几年前，笔者在 Google 看到了不忙的负载发生的一种性能异常。相比正常或繁重的负载，某些服务在有轻量负载时运行得反而更慢，并因而有明显更长的响应时延。最终发现，问题出在多个服务器上的 CPU 太过空闲，以至于它们进入深度节能模式，所以当有请求到达时，它们需要 100 ms 左右的时间来退出深度节能模式，并再次开始执行指令。请求一开始被处理时，CPU 缓存是空的服务，所以在启动延迟之后，请求本身也运行得很慢。

将一个顶层请求的远程过程调用树级联分散到多个子系统中，就有可能在涉及的每个服务器上遇到这种变慢的情况。当观察不到深度节能模式的切换时，性能问题就成了一个谜，但如果能够观察到这种切换，原因就变得很明显了。在第 23 章，你将看到另一个例子：当级联启动空闲虚拟机时，也会发生相同的现象。

在理解一个服务的性能时，多个时间分组可以使我们不仅能够看到当前性能，还能够看到服务在过去的性能。对于 BirthdayPic，我们选择一个在最近 5 min 内计算的请求/分钟的时间分组，以及一个在最近 1 h 内计算的请求/分钟的时间分组。其他服务可能显示三四个这样的时间分组。

10.3.4 少了什么呢

少了上一次的仪表板更新时间。只有当看到这个值每 10 s 更新一次并且时间正确时，才能确定数据是最新的。另外还少了出错的请求数，包括超出截止时间的请求以及由于被认为不当输入负载而被拒绝的请求。

现在，主仪表板包含图 10-2 所示的信息。

BirthdayPic master | Up | Time hh:mm:ss
Restarted mm-dd hh:mm:ss

	Last 5 min						Last hour			...
	Non-b'day			B'day			Non-b'day			B'day
Instances:	Req /min	Latency (usec)	#Err /hr	Req /min	Latency (msec)	#Err /hr	Req /min	Latency (usec)	#Err /hr	Req ... /min
srvaa12	12345	2.7	0	12.3	47.0	0	10099	2.1	1	10.2
srvaa13	0	0.0	0	0.0	0.0	0	0	0.0	0	0.0
srvcc04	23456	3.1	0	19.4	72.3	1	25123	2.9	0	19.2

图 10-2 主仪表板中的信息

10.3.5 还少了什么呢

简短的列标题（如 Req/min）可以成为链接，并在单击的时候显示更详细的文本，从而把缩写拼全并给出计算细节。对于不是每天都使用某个仪表板的人来说，这特别有用。

排序对于找出大量数据中的模式是一个强大的工具。应该在合理的地方，使仪表板可以按列排序。

服务器 srvaa13 没有处理任何请求（在图 10-2 中已突出显示），服务器 srvcc04 处理了 2/3 的总负载，突出显示这些事实很有帮助。显示每个实例处理的负载百分比可能有帮助，也可以只显示期望的负载百分比和实际的负载百分比。显示每分的总请求数与整个服务的中值响应时间也会很有用，这些值是在 3 个实例上汇总得出的。

除了中值之外，给出能够在每个更新间隔中看到的第 99 百分位响应时间可能会有帮助。

给出期望的或“正常的”总负载和期望的总响应时间，以及对它们施加的任何限制或截止时间，可能也会有用。

如果服务已经停止，给出上次停止的时间、停止的原因以及成功重启的时间（从而能够知道服务中断了多长时间）会很有用。此外，还可以给出最近一个月的重启次数。如果上次重启发生在几个月之前，则没有问题。如果发生在今天上午 9 点，则需要更加密切地关注服务。如果最近一个月没有重启过，则没有问题。如果重启了 10 次，则说明某个地方存在问题。对于某些合约服务，过去一年的总可用性百分比（每年 315 s 的计划外停机表示 99.999%的可用性）是一个可以显示在仪表板上的重要指标。

主仪表板上可能有一些控件，用于修改实例、更新照片集合或者暂停/终止服务。这些控件通常以按钮形式包含在主仪表板中，且针对高开销的操作（如终止服务）提供了适当的双重确认。

对于 BirthdayPic，如果经验告诉我们，请求有时候会以阵发性方式到达（可能在午夜刚过后到达）并被处理得太慢，则显示过去 24 h 中最繁忙的 1 s、10 s 和 1 min，给出它们发生的时间以及相同间隔中对应的第 99 百分位响应时间，可能会有用。

主仪表板的目的是快速概览整个服务的健康状况，而实例仪表板的目的是给出细节信息，说明每个实例对于处理总负载做出了怎样的贡献。

10.4　实例仪表板

3 个实例仪表板显示了它们在主仪表板上的对应信息，以及有助于理解一个实例的性能变化或者这个实例与其他实例有何区别的其他细节信息。如果负载没有在实例之间很好地均衡，则实例仪表板应该显示足够的信息来解释原因，或者至少显示负载均衡算法使用的信息，如队列深度、响应时间等。

除了显示汇总值（如中值或第 99 百分位数），在实例仪表板上，显示请求和响应时间在过去几小时或一天的直方图也很合理。显示过去 7 天中按小时汇总的请求和响应时间，以给出基准性能的上下文，对你可能会有帮助。

对于每个时间间隔的总错误数，可以按错误类型进行分解。在修复某个错误后，修复人员可能想要查看这个仪表板，他们希望过去几分钟的错误数迅速减小为 0，并且希望前一小时左右的错误数能随着时间合理地顺势降低。

在显示最后几个错误或者每种类型的最后几个错误时，可以提供更完整的细节，如请求的准确时间、RPC 来自哪台客户端机器、用户 ID、图片大小等。错误的准确发生时间（精确到毫秒或微秒）可能与这台服务器或其他某台服务器上的某个事件的时间有关联。在详细信息中，可能有关于错误原因的其他线索。

对于特别慢的事务，给出精确的时间戳、发出 RPC 的客户端机器、用户 ID 和图片大小等信息同样很有用。这可以针对所有响应时间的对数桶中来做，从而使快的事务和慢的事务自动就有几个样本，再加上桶计数，就可以给出总体响应时间的大体直方图。图 9-11 就是这样的一个例子。

正如主仪表板应该有指向实例仪表板的链接一样，每个实例仪表板也应该有指向主仪表板的链接。此外，它还应该有指向对应的服务器仪表板的链接。

10.5 服务器仪表板

3 个服务器仪表板各自显示了对应服务器的整体健康状况，并列出了在对应服务器上运行的所有程序。列出的每个程序名称可以是一个链接，指向程序的实例仪表板。

如果服务器本身刚刚重启，处在过热状态并因而在限制处理器时钟频率，或者存在其他某个问题，则应该明确地显示相关信息，从而便于解释为什么部分或全部程序很慢。如果服务器连接了几块磁盘，但其中一块磁盘已经出故障，那么也应该显示这种信息，以便能够解释某些问题。如果服务器的带宽在某个方向上过载，则应该显示相关信息，以便能够解释其他某些问题。这只是一些例子，用于说明对于显示服务器的整体健康状况有贡献的一些细节。

因为服务器是许多程序共享的资源，所以服务器仪表板应该显示每个程序使用了服务器资源的什么部分——CPU 时间、内存空间、磁盘时间和空间、网络带宽等。可以使用的单位包括 CPU 时间的秒数、内存空间的字节数、每秒的磁盘访问次数、磁盘每秒传输的字节数、网络每秒发送量或接收量等。更新间隔可以是 1 s、2 s、5 s 或 10 s。你还可以使用过去 1 min、10 min 或 1 h 等时间长度对信息进行分组。

这里的目标是让严重的干扰可见，例如 BirthdayPic 之外的一个程序占用 95% 的磁盘访问，导致使用磁盘的其他所有程序运行缓慢。有时候可能出现这样的模式：每当程序 X 在同一个服务器上运行时，BirthdayPic 就很难满足截止时间。在识别到这种关联后，我们就能够检查程序 X 有什么样的奇怪行为，会导致 BirthdayPic 受到干扰，或者检查 BirthdayPic 对程序 X 的哪种正常行为特别敏感。

10.6 健全检查

好的仪表板设计包含一组健全检查以及当检查未通过时显示的消息。毕竟，如果服务器 srvaa13 上的 BirthdayPic 服务没有包含存放了 500 万张图片的目录，它就无法有效地运行。健全检查应该标出这种问题，而不是让仪表板简单地对入站 RPC 记录为全部失败。应该在访问启动时运行健全检查，可能在之后还应该定期运行。对于重要的服务，一些健全检查在未通过时可能还会呼叫服务工程师。

对于 BirthdayPic 服务，我们可以在整体上执行什么健全检查？

正在运行的实例的数量应该是 1～3（0 会很糟糕。1 还可以，但不够健壮）。

每分的请求数通常不应该是 0。每小时的请求数当然更不应该是 0。每分的请求数应该小于 500 万，事实上，很可能应该小于 50 000。每分的错误数应该小于 10。对于整体服务，你还可以想出更多的健全检查。

对于单独的实例呢？

每个实例应该有一个包含大约 500 万张图片的目录，这些图片可能包含在一组特定格式的子目录中，具有特定格式的名称。如果按照创建日期排列子目录，则今天的子目录应该存在，并且填充了数量合理的图片。每张图片应该具有合理的大小，10 字节太小，10 MB 太大。它们应该是有效的或者至少看似合理的图片。

每个实例应该有一个文件，在其中包含用户 ID 到生日的映射。如果用户 ID 没有直接转换为文件名，则这里也可以包含文件名映射。用户 ID 的数量应该是大约 500 万。如果提供一个新的映射文件，则它的变化应该小于前一个映射文件的大约 10%。这是一个非常重要的健全检查，许多软件错误可能导致新文件的长度是 0，或者只有正确大小的一半。用户 ID、生日和文件名都应该通过有效性或合理性检查。

可以把一些健全检查推迟到实际使用服务的时候进行，以便启动检查只需要几秒就能够完成，而不是需要几十分钟。

10.7　小结

如果只能使用两个观察工具，那么除了应该构建日志系统之外，并且即使只涉及一台计算机或一个服务，也应该构建仪表板。

仪表板是特定服务的性能数据的集合，可供管理服务的人或软件远程使用。如果一个服务的实现分散在多台机器上，则应该有一个针对整体服务的主仪表板，以及一些针对每台机器上的服务的实例仪表板和服务器实例的仪表板。

至少应该使用仪表板显示服务是正常运行，正在运行但存在问题，还是已经中止。应该显示请求的输入负载的信息，以及这些请求的响应时间的信息，并且应该在对我们有意义的一些时间间隔上显示这些信息。应该显示错误率，并且如果错误率过高，则应该突出显示它们。如果服务执行任何配置中的健全检查（它们应该执行），则应该在仪表板上显示未通过的检查，以便将注意力集中到低性能行为的可能的根本原因上。

应该计划好，后续随着对服务在真实使用环境中的行为有更多的了解，在仪表板上会包含更多的信息。

习题

50 ms 的名义时间和 100 ms 的截止时间有什么问题？如果 3 个请求都在相同的 50 ms 间隔到达，会发生什么？第 3 个请求能够满足它的截止时间吗？当每分收到 60 个请求时，发生这种情况的概率有多大？如果一天收到 10 000 个请求，你预期有多少个请求会错过截止时间？

CHAPTER 11

第11章 其他现有工具

现在已经存在各种各样的软件性能观察工具。事实上，如果在网络上搜索 atrace，btrace，ctrace，...，ztrace 这 26 个软件包，就会返回几千条结果。本章将概述 13 个常用的 Linux 工具。要想更深入地了解这些工具，强烈建议阅读 Brendan Gregg 撰写的 *Systems Performance*，这本书写得非常好。

11.1 观察工具的分类

根据所能够观察的内容和频率，观察工具主要分为 3 大类：

- 计数工具
- 性能分析工具
- 跟踪工具

计数工具用于简单地统计事件，如磁盘访问（读与写）次数、中断次数、可纠正内存错误数、L1 缓存未命中次数；或者用于对一些数值求和，如传输的网络数据字节数、挂钟时间的毫秒数等。收集这样的计数通常是很快的。它们概述了计算机系统中发生的活动，但并没有给出更多细节。对于理解整体负载或速率，各种计数可能有帮助，如每秒传输的字节数、每百万次磁盘访问发生的错误数、每秒发生的上下文切换次数等。相对于近期的平均值，特别高或特别低的计数可能说明存在各种形式的问题，如错误率突然升高、磁盘活动突然消失等。计数工具不仅能够覆盖 CPU 事件，还能够覆盖内存、磁盘、网络、锁以及等待/空闲时间等。

大部分概览工具（如 Linux 系统中的 top 命令或者伪文件/proc/diskstats 和/proc/meminfo）

使用计数来给出服务器上的总负载的汇总结果，并且通常每隔几分钟就进行更新。

一些计数工具统计一台服务器上运行的所有程序的事件，而另一些计数工具则允许选择只统计与某个程序关联的事件。前者对于理解服务器的整体行为最有帮助，数据中心的所有者和工程师更关心服务器的整体行为。后者对于理解单独程序的整体行为最有帮助，负责单独程序的程序员更关心程序的整体行为。这两种形式的计数都是有用的，只不过针对的受众不同。

因为计数工具的开销很低，所以可以连续运行它们，观察整台服务器或单个程序的平均或正常行为。

性能分析工具以近似周期性的方式累积某个量的样本。最常见的数量是某个 CPU 核心在运行单个程序时的程序计数器（Program Counter，PC）值。有了足够的样本后，PC 性能分析结果就可以合理地说明程序在什么地方用了最长的执行时间。取决于采样率，性能分析工具的开销可能很低，从而适合观察实时数据中心的程序。

一些性能分析工具使用每秒 100 次、每秒 400 次或每秒 1000 次的定期时钟中断来对 PC 进行采样。这些性能分析工具不仅忽略它们自己的操作（因为当发生中断时，它们不可能正在运行），并且忽略时钟中断例程消耗的时间。此外，还很可能忽略在内核代码中消耗的所有时间。其他性能分析工具使用硬件性能计数器来更加快速地创建采样中断，可能每 64 000 个 CPU 周期就进行一次采样，在 3.2 GHz 的 CPU 时钟频率上大约每 20 μs 进行一次采样。让它们在这种中断之间改变周期计数是常见的做法，这可以避免样本与某些严重的程序重复或者某些程序延迟存在同步锁定。我们将这些中断称为准周期中断。

一些内核代码是不可中断的，所以在对内核代码执行期间发生的中断进行采样时，采样工作会推迟到一些可以中断的代码到达的时候，这实际上会扭曲样本，使得在不可中断的内核代码中没有样本，而在之后的代码（可以中断的内核代码或用户代码）中又有多余的样本。有时候，所有内核态的样本都会推迟到之后的用户态指令，这将导致所有内核时间都加到附近的用户态例程上。如果一半的时间消耗在内核态中，就会导致用户态例程的测量结果出现两倍的扭曲。

PC 性能分析对于理解程序纯粹在 CPU 上的平均性能是有帮助的，但是它们把正常的执行路径与异常的执行路径混在了一起，这实际上隐藏了异常的行为。PC 性能分析忽略等待时间以及程序的启动/关闭时间，并且它们可能还会忽略甚至使内核时间严重失真。因此，对于理解这些领域的性能问题，它们不是令人满意的工具。

跟踪工具用于记录一些事件集合的时间序列，如磁盘驱动器上的所有访问、程序中的所有系统调用等。对于理解性能的变化，它们是最强大的工具。后续的所有章节都将重点关注跟踪工具。

日志工具就是一种跟踪工具。它们记录的事件是程序生成的日志消息，通常是文本字符串，但有时候也可以是二进制记录，这些二进制记录可以在以后被后处理为文本字符串。在进行了一定程度的缓冲后，日志库会把消息写入普通的磁盘文件。消息带有时间戳，常常精确到微秒。运行在服务器上的每个程序都有一个单独的、活跃的日志文件。日志库可能会定期轮转这些文件（关闭旧文件，打开新文件），并在一天左右时间过后，归档或删除旧文件。对于记录程序的启动/关闭/重启事件、检测到的错误、异常的场景，以及标记缓慢的事务，日志文件特别有用。对于速率足够低的服务，如远程磁盘服务器，可以使用日志来记录每个输入事务的开始和结束时间以及有限的参数。信息内容上严格限制的二进制日志也许能够跟得上发生率更高的事务服务。

锁工具是另一种跟踪工具。它们用于记录对保护代码临界区的软件锁的争用，这种争用会导致一个线程等待另一个线程持有的锁。许多数据中心程序会运行几十到几千个线程，有大量性能问题与意料之外的锁行为有关。

11.2 要观察的数据

接下来介绍的工具用于观察 5 种基本资源的动态使用情况，这 5 种基本资源分别是 CPU、内存、磁盘、网络和代码临界区。除此之外，要想全面地理解某些性能问题，还需要观察服务的输入负载以及该服务对其他服务的调用，11.15 节将讨论相关内容。这些因素中的任何一个都可能导致意外的延迟，进而导致出现用时较长的事务。表 11-1 列出了本章讨论的工具以及它们的一些属性。

在 Linux 发行版中，这些工具几乎是免费的，也很常用。另外，还有许多商用工具，但是这里没有讨论它们。使用免费工具并理解它们的局限，能够让你在需要购买商用工具时，做出更加明智的选择。标记为高开销的那些工具不适合在有时间约束的环境中使用。

表 11-1 本章讨论的工具以及它们的一些属性

名称	类型	单个程序还是全部程序*	主要资源	开销	要观察的数据
top 命令	计数器	全部程序	CPU	低	CPU 时间、内存分配
/proc 和/sys 伪文件	计数器	全部程序	CPU	低	多种软件计数器
time 命令	计数器	单个程序	CPU	低	用户/内核/消耗的时间
perf 命令	计数器	全部程序	CPU	低	多种硬件计数器
oprofile	性能分析器	单个程序	CPU	中	程序计数器
strace	跟踪	单个程序	CPU	高	系统调用
ltrace	跟踪	单个程序	CPU	高	C 运行时库函数
ftrace	跟踪	全部程序	CPU	中	Linux 内核
mtrace	跟踪	单个程序	内存	高	内存动态分配
blktrace	跟踪	全部程序	磁盘	中	磁盘/SSD 块访问
tcpdump	跟踪	全部程序	网络	中	网络数据包
锁跟踪	跟踪	单个程序	代码临界区	低	软件锁的活动

*标记为“全部程序”中的大部分程序也提供了过滤器，但只允许观察一个子集。

本章的重点不是介绍这些工具，而是讨论它们能够提供什么信息，以及什么时候使用它们会有帮助。这些工具对应的 Linux 系统里的手册页，以及其他地方对这些工具的讨论，为你提供了设置和使用它们的详细信息。

在这些工具的设计中，你会注意到一些常见的模式。一些工具将目标命令作为参数，然后运行目标命令并同时测量它们。这些工具一般只观察一个程序，而不是观察整个系统。观察工具有可能将它们的输出作为文本显示在屏幕上，也可能使用一个收集器将二进制信息或文本数据写入一个文件，由一个分析器在以后解码和查看。一些收集器将二进制信息写入内存缓冲区或数据结构，并保留一定的时间，以便在后面不执行观察的时候分析这些信息。还有一些收集器在所谓的飞行记录器模式下连续运行，以一种环绕的方式写入内存跟踪缓冲区，直至某个软件事件停止跟踪。

观察的开销（包括 CPU 时间和内存/磁盘空间）决定了工具选择什么策略；在把观察结果记录到文件时，磁盘带宽也影响了如何对策略进行选择。接下来介绍的工具都针对 Linux 系统。

11.3　top 命令

top 命令（以及相关的 htop 命令，但 htop 命令提供了更多图形选项）提供了正在运行的系统的动态、实时视图。默认情况下，top 命令能显示使用最多 CPU 时间的十几个进程，并每隔几秒进行刷新。它还能显示这些进程的内存使用情况和总运行时间。top 命令有一个汇总部分，显示整个计算机的负载、任务数、分配的内存，以及在执行用户代码和系统（内核）代码时消耗的 CPU 时间、空闲时间和其他一些变化。Windows 任务管理器是一个类似的程序，但我们在这里就不会进一步讨论了。

top 命令使用了软件计数器，开销很低。由于只显示平均行为，因此 top 命令对于发现时延的来源（除非整个服务器过载）不太有用。对于内核 CPU 时间，top 命令没有给出有关哪部分内核代码最繁忙的细节；而对于用户任务，top 命令没有给出有关哪部分用户代码最繁忙的细节。

top 命令适合在任何时候、在任何数据中心服务器上运行，它给出的概览数据能够说明系统有多少负载，有多少空闲时间，以及哪些进程消耗了最多的 CPU 或内存资源。但是，top 命令不显示磁盘或网络使用率，也不显示关于共享的内存或缓存行为的任何细节。

如果一台服务器的总 CPU 或内存过载，top 命令会告诉你。如果一个不受控的任务完全占用某个 CPU 核心或者消耗大量的虚拟内存，top 命令也会告诉你。如果一个任务没有运行，而你认为它应该运行，那么 top 命令会确认该任务处于睡眠状态（但一般不会说明它为什么睡眠）。如果某些具有较低 PID 的内核管理进程意外消耗了大量 CPU 时间，top 命令仍会告诉你。

top 命令是一个普通的程序，所以它也会显示在正在运行的进程列表中。因此，top 命令显示了自身，以使你能够很容易地看出它的开销是多少——在我们的示例服务器上，通常约为 CPU 时间的 0.3%。在本章讨论的工具中，top 命令是少数会显示自身开销的工具之一。

11.4 /proc 和/sys 伪文件

Linux 有许多伪文件——看起来是磁盘文件，但实际上纯粹是软件创造的对象。它们用于传递关于正在运行的系统的大量信息，有时候还通过向一些文件写入新值来修改参数。文件名/proc 是软件伪造的一个文件目录的顶层目录，其中包含的文件记录了进程信息；而文件名/sys 是一个类似的文件目录的顶层目录，只是其中的文件记录了各种内核子系统的信息。在伪文件/proc 中，编号的子目录按 PID 描述了每个正在运行的任务，而其他子目录一般给出适用于整个系统的文本或计数器值。

如果你对性能感兴趣，但不熟悉这些文件，则应该花点时间浏览它们，以了解它们提供了什么信息。在不同的 Linux 内核的实现中，实际的文件及其内容会有所变化，所以探索文件是你了解自己的系统都提供了什么信息的最佳方式。一些文件只给出一个数字列表，介绍这些数字的含义的文档可能很粗略，但是你可以先看看 proc 的手册页，并在网络上搜索像“linux/proc/stat”这样的东西。

除非访问这些文件，否则它们只有很小的开销，甚至没有开销。在访问这些文件时，生成它们的文本内容的底层软件会占用 CPU 一点儿时间，但不多，可能在几毫秒的时间内占用一个 CPU 的 10%。在任何时候，在任何数据中心服务器上，列举各个伪文件都是合理的操作（但在极短的时间间隔中重复列举就不合理了）。

如果你怀疑性能问题与某个子系统有关，则可以间隔几秒检查几次相关的/proc 或/sys 伪文件，这会揭示一个递增速度比你的预期快得多或慢得多的计数器。这不一定能解释到底发生了什么，但有助于减少可能的原因。

11.5 time 命令

time 命令后跟带参数的命令行，会运行该命令并报告系统资源的使用情况。默认情况下报告 3 种时间——real（真实）、user（用户）和 sys（系统）。时间用分钟数、整数形式的秒数和小数形式的秒数这样的形式表示，real 是实际命令运行时间，user 是用户态的 CPU 时间，sys 是内核态的 CPU 时间。real-(user+sys)就是等待时间（只对单线程程序有效），只不过没有明确报告出来。

time 命令是快速读取一个程序真实使用了多少时间和多少 CPU 时间的便捷方式，它对于批处理程序要比对于长时间运行的数据中心服务更加有用。time 命令使用简单的计数器，所以几乎没有开销。

11.6 perf 命令

perf 命令可以访问内置的硬件和软件计数器。perf 命令的子命令包括 stat、top、record、report 和 list。它们是在单独的 Linux 手册页中描述的，对应的手册页名称分别是 perf-stat、perf- top、perf-record、perf-report 和 perf-list。perf stat 命令接下来将详细介绍。perf top 命令的工作方式与 top 命令类似，只不过在默认情况下前者显示启动后的累计百分比，而后者只显示最近一次更新间隔中的百分比。perf record 命令类似于 perf stat 命令，只不过前者将观察结果写入一个文件，供将来使用。perf list 命令用于显示可用的计数器的名称。

perf stat <COMMAND>表示运行对应的命令，就像 time <COMMAND>那样。在一台示例机器上，当把字数统计命令 wc 应用到文件/etc/hosts 时，得到的输出如代码片段 11-1 所示。

代码片段 11-1 字数统计命令 wc 及其输出

```
$ wc /etc/hosts
  9 25 222 /etc/hosts
```

结果显示了 9 行文本，25 个单词，222 个字符。当使用 perf 和默认参数运行时，输出如代码片段 11-2 所示。

代码片段 11-2 将字数统计命令 wc 作为 perf stat 的子命令

```
$ perf stat wc /etc/hosts
  9 25 222 /etc/hosts

  Performance counter stats for 'wc /etc/hosts':

  0.701717  task-clock (msec)      # 0.632 CPUs utilized
         0  context-switches       # 0.000 K/sec
         0  cpu-migrations         # 0.000 K/sec
        65  page-faults            # 0.093 M/sec
 1,065,926  cycles                 # 1.519 GHz
   192,609  stalled-cycles-frontend # 18.07% frontend cycles idle
   135,916  stalled-cycles-backend  # 12.75% backend cycles idle
   914,402  instructions           # 0.86 insn per cycle
                                   # 0.21 stalled cycles per insn
   180,917  branches               # 257.820 M/sec
 <not counted>  branch-misses        (0.00%)

   0.001109696 seconds time elapsed
```

默认的性能计数器混合了软件和硬件。前 4 个计数器（task-clock、context-switches、cpu-migrations 和 page-faults）来自内核维护的时钟和计数器。剩余的计数器来自 x86 硬件性能计数器。这种简化用法运行 wc 命令只用了 1.1 ms。CPU 在 1 066 000 个周期中执行了 914 000 条指令（经过了四舍五入），所以每个周期执行了 0.86 条指令（Instructions Per Cycle，IPC）。

在 1 066 000 个周期中，有 193 000 个周期没有执行指令，这是因为前端停止了工作，这意味着指令解码硬件在等待指令缓存提供一些指令。另有 136 000 个周期在等待发射指令，但是没有发射它们，这是因为后端停止了工作，这意味着这些已经获取和解码的指令的执行单元处于繁忙状态，无法接收新的指令。在剩余的 737 000 个周期中，实际发射并执行了 914 000 条指令。要达到每个周期 0.86 条指令的平均执行率，CPU 实际上需要在 737 000 个周期中发射 914 000 条指令，也就是平均在每个未停止工作周期中发射约 1.24 条指令。多发射 CPU 设计通过这种方式隐藏了一些底层的停止工作周期。

注意，0.001 109 696 s 内的 1 065 926 个周期对应 0.968 GHz，这与代码片段 11-2 的注释中的 1.519 GHz 并不相等。本例实际使用的 CPU 芯片的额定频率为 3.5 GHz，也不等于 1.519 GHz。在查看新性能工具的输出时，养成在脑海中进行这些健全检查计算的习惯会有帮助。

笔者在运行 perf 命令的时候，CPU 芯片是完全空闲的，所以在测量时间时，CPU 需要从某个额定的空闲时钟频率（可能是 800 MHz）提升到最高频率，平均下来只有最高频率的一半。很可能经过的时间包含 perf 程序的启动时间，而周期计数只针对 wc 命令。如果被测命令用了较长的时间，则差异可能会小一些。

如果你怀疑性能问题与某个子系统有关，则通过检查相关的计数器，就可以发现一个增长速度比你的预期快得多或慢得多的计数器。这有可能准确解释发生了什么，但即使无法解释，也有助于减少可能的原因。

11.7 oprofile

oprofile 是 Linux 系统中的 CPU 性能分析工具。对于生成简单的中断，oprofile 使用了 x86、ARM 和其他处理器上提供的硬件性能计数器，它可以对选定的程序或整个系统进行性能分析。涉及的命令有 4 个：operf <COMMAND>和 ocount<COMMAND>运行被测命令，并写一个包含累计数的文件；opreport 和 opannotate 则将包含以前累计数的文件与原程序的二进制文件或源文件合并起来，生成人类可读的、带注释的输出。此类工具最适合与专门针对性能分析编译的 C 或 C++源代码一起使用，如果在编译这些源代码时，包含将 PC 地址映射回函数名称甚至行号的调试符号表，则效果更好。

回忆一下，作为观察工具，PC 性能分析工具会定期对程序计数器进行采样，然后显示这些样本中落入特定函数或代码行的部分有多少。内核代码中的采样通常被分配给下一条运行的用户态指令。代码片段 11-3 显示了对很旧的 1972 Whetstone 基准程序运行 oprofile 得到的部分输出。你在第 22 章中将会再次看到 Whetstone 基准程序。

代码片段 11-3　oprofile 的部分输出，这里显示了 PC 样本计数、占总计数的百分比以及对应的源代码行

```
                :/*
                :C
                :C   Module 2: Array elements
                :C
                :*/
                :    E1[1] = 1.0;
                :    E1[2] = -1.0;
                :
                :
                :    E1[3] = -1.0;
                     E1[4] = -1.0;
                :
 563  0.0608 :    for (I = 1; I <= N2; I++) {
 243  0.0263 :        E1[1] = ( E1[1] + E1[2] + E1[3] - E1[4]) * T;
1527  0.1650 :        E1[2] = ( E1[1] + E1[2] - E1[3] + E1[4]) * T;
1838  0.1986 :        E1[3] = ( E1[1] - E1[2] + E1[3] + E1[4]) * T;
1129  0.1220 :        E1[4] = (-E1[1] + E1[2] + E1[3] + E1[4]) * T;
                :    }
```

4 条初始赋值语句没有样本，然后 for 循环迭代了 $N2$=1200 万次，其中也包含 4 条赋值语句。循环计数代码被采样 563 次，赋值到 $E1[1]$ 243 次、$E1[2]$ 1527 次，等等。

在运行 oprofile 时，每隔大约 27 μs 就使用一个性能计数器中断来生成一个新的样本。总的运行时间为 25s，累积了 925 000 个 PC 样本。

图 11-1（a）显示了所有包含非零个样本计数的基准主程序，并且在显示时使每一行的高度与其样本计数成比例。另外，这些代码还使整张图的时间加起来等于 100%的主程序执行时间，即显示落入主程序的所有 PC 样本。通过使用这种可视化方法，我们很容易就能看出占据总执行时间超过 0.5%的热点。

优秀的程序员总能够使用这种性能分析结果来对热点进行调优并改进算法，从而提升程序的平均性能。做法通常是先找出使用最多时间的代码行或例程列表，再改进其中容易修复的那些。当性能分析结果变得相对平缓且没有明显的热点时，针对平均性能的简单调优就结束了。如果平均性能仍然是不可接受的，则需要更加深入地修改算法（或者彻底进行重新设计）。

遗憾的是，图 11-1（a）并不是真实情况，时间缩短了大概 1/3。

图 11-1（b）显示了一幅更加完整的图形，它在顶部用红色（见彩插）显示了落入 oprofile 文件运行时库自身的样本，这些样本来自名为 mcount.c 和_mcount.S 的源文件。蓝色的主程序样本来自图 11-1（a）。黑色的样本来自 C 运行时库。采样运行时库自身用了总时间的大约 47%，主程序只用了 30%，运行时库用了大约 23%。在本章的习题中你将会看到，在使用 oprofile 时，可以想方设法使开销低得多。

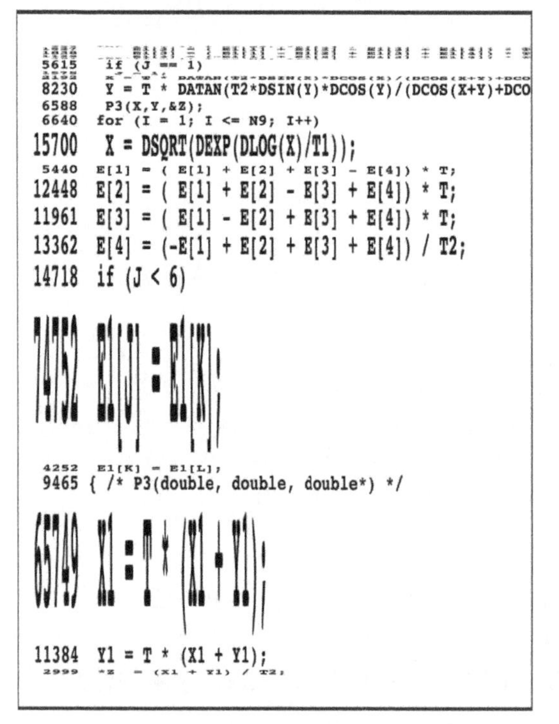

（a）所有包含非零个样本计数的基准主程序

（b）一幅更完整的图形

图 11-1　样本

从图 11-1（a）中可以看到，性能分析开销是主程序时间的大约 1.5 倍，库例程的时间几乎是主程序时间的 4/5。查看库例程的名称可知，它们是 sin、cos、atan、exp、log 等（不存在 sqrt 库例程，因为 sqrt 其实是一条 CPU 指令）。它们对应主程序中前几行的调用，所用的总时间实际上比对应的调用时间更长。注意，在性能分析中包含库名称的情况，并理解探查开销。

名称看起来很奇怪的 fenv_private.h 占用了大量时间，其中的代码用于处理 IEEE 浮点数舍入模式。除了主程序中用时最长的两行代码之外，fenv_private.h 使用的时间最多。不够严谨的性能分析工具会错过这种代码。注意，如果理解了使用这种显然无用的代码的原因，并避免使用它们，则整个基准程序（不包含性能分析开销）将加快 10%。

关于 oprofile 有一个好消息：它显示了落入自身的样本。如果没有这种数据，我们就必须在单独测量观察工具后，才能知道测量工具几乎使基准运行时间加倍了，并因而严重扭曲其行为。当然，对于实时的、有时间约束的代码，开销加倍是不可接受的。根本问题是，oprofile 看起来使用超过 10μs 的内核中断和信号处理程序来记录每个样本，而每秒有几乎 40 000 个样本（在 3.7 GHz，对应大约每 100 000 个 CPU 周期 1 个样本的默认速率）。将样本率降低 1/10，即可将开销直接降低 1/10。将每个样本的代码路径从 10 μs 降至 1 μs，也可以使开销降低 1/10。通过采用这两种方法，我们能够得到一个在有时间约束的环境中有用的工具。在 11.8 节中，我们将更仔细地讨论 oprofile 的开销。

与所有性能分析工具一样，oprofile 对于理解和调优程序在 CPU 上的平均行为有帮助。在正常情况下，性能分析工具每秒获取 100～1000 个 PC 样本，所以开销很低。这次运行 oprofile 时，每秒获取了几乎 40 000 个 PC 样本，开销要高得多，原因还没有完全确定。

我们从图 11-1（b）学到，应该了解分析的到底是什么代码的性能，以避免忽视一些重要的信息，这有点像用放大镜观察蜘蛛在卧室的一角织网，却无视厨房已经起火。

11.8 strace

strace <COMMAND>会运行被测命令，并通过在 stderr 或一个文件中写入文本描述来跟踪被测命令的所有系统调用。strace 只跟踪系统调用，而不跟踪其他任何内核活动。strace 的工作方式与前面的几条命令相似，但取决于系统调用的密度，开销可能更高一些。如果每秒有 100 个系统调用，则 CPU 开销可能是 1%或更低；但如果每秒有 100 000 个系统调用（在数据中心，这是一个合理的值），则 CPU 开销可能是 100%或更高。这意味着 strace 更适合用在离线检查程序中，而不是用在实时的数据中心。

代码片段 11-4 给出了在未进行性能分析的情况下运行 Whetstone 基准程序后得到的部分 strace 输出。一开始的 execve 调用加载主程序./whet。然后的 3 个系统调用序列加载共享库的文件——/etc/ld.so.cache、/lib/x86_64-linux-gnu/libm.so.6 和 /lib/x86_64-linux-gnu/libc.so.6（注意 libc 与 libm 的拼写区别）——并为它们设置内存保护。接下来的序列设置一个 12 KB（12 288 字节）的读写区域（笔者相信这对应原始 Fortan 程序里的 Common 区域）。最后的序列准备结果并写到 stdout，文件 ID=1。最后一项则是 exit_group 调用，它不再返回。

你可能没有想到启动程序会有这么多的系统调用。这里有一些重复的调用，但是它们对性能只有很小的影响。对于观察性能，这里缺少了一些重要信息，既没有在每个系统调用中的用时，也没有在不同的系统调用之间的用户代码中的用时。原生版本用了 6 s 的时间来运行。

代码片段 11-4 原生运行 Whetstone 基准程序后得到的部分 strace 输出

```
execve("./whet", ["./whet", "1000000"], 0x7ffca1ef6fc8 /* 53 vars */) = 0
brk(NULL)                                              = 0x55f60dd0d000
access("/etc/ld.so.nohwcap", F_OK) = -1 ENOENT (No such file or dir.)
access("/etc/ld.so.preload", R_OK) = -1 ENOENT (No such file or dir.)
openat(AT_FDCWD, "/etc/ld.so.cache", O_RDONLY|O_CLOEXEC) = 3
fstat(3, {st_mode=S_IFREG|0644, st_size=76093, ...})     = 0
mmap(NULL, 76093, PROT_READ, MAP_PRIVATE, 3, 0)          = 0x7fe0155c8000
close(3)                                               = 0
access("/etc/ld.so.nohwcap", F_OK) = -1 ENOENT (No such file or dir.)
openat(AT_FDCWD, "/lib/x86_64-linux-gnu/libm.so.6", O_RDONLY|O_CLOEXEC) = 3
read(3, "\177ELF"..., 832)                             = 832
fstat(3, {st_mode=S_IFREG|0644, st_size=1700792, ...})   = 0
mmap(NULL, 8192, PROT_READ|PROT_WRITE, ...)            = 0x7fe0155c6000
mmap(NULL, 3789144, PROT_READ|PROT_EXEC, ...)          = 0x7fe015016000
mprotect(0x7fe0151b3000, 2093056, PROT_NONE)           = 0
mmap(0x7fe0153b2000, 8192, PROT_READ|PROT_WRITE, ...)    = 0x7fe0153b2000
close(3)                                               = 0
  ...
```

查看代码片段 11-5，这是前面介绍 oprofile 时使用带有工具插桩的性能分析版本的输出。我们在编译时使用了额外的标志。

原生版本如下所示。

```
g++ -O2 whetstone.c -o whet
```

oprofile 版本如下所示。

```
g++ -DPRINTOUT -fprofile-arcs -ftest-coverage -fno-inline \
  -pg -g -O2 whetstone.c -o whet_pggp
```

strace 的输出一开始是相同的，然后加载了额外的运行时库/lib/x86_64-linux-gnu/libgcc_s.so.1，在过了一会儿后，调用 rt_sigaction 来启用信号，并调用 setitime 来每秒中断 100 次（tv_usec=10 000）。中断总共发生了 2500 次，每次发送一个 SIGPROF 信号，以 rt_sigreturn 结束。以每秒 100 次的频率发出 2500 次中断，对应前面在介绍 oprofile 时 25 s 的 Whetstone 运行时间。最后，就像我们期望的那样，探查运行时将把收集到的数据写入额外的文件 gmon.out 和 whetstone.gcda 中。

代码片段 11-5 使用 oprofile 进行性能分析的 Whetstone 基准程序的 strace 输出

```
execve("./whet_pggp", ["./whet_pggp", "1000000"], 0x7ffcbb7a1cc8 /* 53 vars */) = 0
brk(NULL)                                              = 0x557b7c175000
  ...
```

```
access("/etc/ld.so.nohwcap", F_OK)     = -1 ENOENT (No such file or dir)
openat(AT_FDCWD, "/lib/x86_64-linux-gnu/libgcc_s.so.1", ...) = 3
read(3, "\177ELF\2"..., 832)                                 = 832
fstat(3, {st_mode=S_IFREG|0644, st_size=96616, ...})         = 0
mmap(NULL, 2192432, PROT_READ|PROT_EXEC, ...)         = 0x7fa7a22f9000
mprotect(0x7fa7a2310000, 2093056, PROT_NONE)          = 0
mmap(0x7fa7a250f000, 8192, PROT_READ|PROT_WRITE, ...)  = 0x7fa7a250f000
close(3)                                              = 0
  ...
rt_sigaction(SIGPROF, {sa_handler=0x7fa7a202c240, sa_mask=~[], ...) = 0
setitimer(ITIMER_PROF, {it_interval={tv_sec=0, tv_usec=10000}, ...)  = 0
fstat(1, {st_mode=S_IFCHR|0620, st_rdev=makedev(136, 1), ...})      = 0
write(1, "     0         0        0   1.0000"..., 76)                  = 76
--- SIGPROF {si_signo=SIGPROF, si_code=SI_KERNEL} ---
rt_sigreturn({mask=[]})                                 = 571659
--- SIGPROF {si_signo=SIGPROF, si_code=SI_KERNEL} ---
rt_sigreturn({mask=[]})                                 = 1056338

  ... [about 2500 pairs]

--- SIGPROF {si_signo=SIGPROF, si_code=SI_KERNEL} ---
rt_sigreturn({mask=[]})                           = 4607182418800015908
--- SIGPROF {si_signo=SIGPROF, si_code=SI_KERNEL} ---
rt_sigreturn({mask=[]})                               = 1
--- SIGPROF {si_signo=SIGPROF, si_code=SI_KERNEL} ---
rt_sigreturn({mask=[]})                               = 1
write(1, "93000000         2      3    1.000"..., 77)     = 77
write(1, "\n", 1)                                     = 1
write(1, "Loops: 1000000, Iterations: 1, Duration: 25 sec", 49)      = 49
write(1, "C Converted Double Precision Whetstones: 4000.0 MIPS", 53)= 53
setitimer(ITIMER_PROF, {it_interval={tv_sec=0, tv_usec=0}, ...)      = 0
rt_sigaction(SIGPROF, {sa_handler=SIG_DFL, sa_mask=[], ...)          = 0

openat(AT_FDCWD, "gmon.out", O_WRONLY|O_CREAT|O_TRUNC| ...)       = 3
write(3, "gmon\1"..., 20)                                         = 20
writev(3, [{iov_base="\0", iov_len=1}, {iov_base="@\36"...)       = 4601
close(3)                                                          = 0

getpid()                                                          = 9192
openat(AT_FDCWD, "/home/dsites/code/whetstone.gcda", O_RDWR| ...) = 3
fcntl(3, F_SETLKW, {l_type=F_WRLCK, l_whence=SEEK_SET, ...)       = 0
fcntl(3, F_GETFL)                    = 0x8002 (flags O_RDWR|O_LARGEFILE)
read(3, "adcg*37A"..., 4096)                                      = 880
read(3, "", 3216)                                                 = 0
```

```
lseek(3, 0, SEEK_SET)                                      = 0
lseek(3, 12, SEEK_SET)                                     = 12
write(3, "\0\0\0\243W"..., 868)                            = 868
close(3)                                                   = 0

exit_group(0)                                              = ?
+++ exited with 0 +++
```

注意到两者之间巨大的差异了吗？

在代码片段 11-4 中，完全原生版本的基准运行用了 6 s；而在代码片段 11-5 中，性能分析版本使用了差不多 4 倍的时间（25 s）来运行。如果没有时间戳，就无法知道是从 SIGPROF 到 rt_ sigreturn 的代码消耗了多出的时间，还是其他不涉及系统调用的代码消耗了这些时间。但是，前面在介绍 oprofile 时讲过，在多出的时间中，大约 50%来自 40 000 个硬件驱动的 PC 样本，这在系统调用跟踪中完全不可见。

这里的经验是，一定要理解观察工具的完整开销。在关于 oprofile 的说明中，虽然建议使用前面的编译器开关，但是我们最初并没有比较原生版本和性能分析版本的运行时间，并且在执行这两个版本时也没有实际进行性能分析。费点力气，一次增加一个额外标志来进行编译，能够揭示出哪些标志导致多出了运行时间。为进行性能分析做的建议准备工作直接将运行时间扭曲了约 4 倍，所以无法忽视它们。习题还会继续讨论这个问题。

11.9 ltrace

ltrace <COMMAND>会运行被测命令，拦截并记录被执行进程触发的 C 库调用以及该进程收到的信号。ltrace 还可以拦截并输出程序执行的系统调用。ltrace 的用法类似于 strace 的用法，但是开销可能更高，因为库调用可能比系统调用多得多。

举一个极端的例子，使用 ltrace 重新运行前面显示的 Whetstone 基准程序，将文本输出发送到 null 文件以降低开销。

```
$ ltrace ./whet_pggp 1000000 2>/dev/null
```

用时不是 25s，而是 11h！

```
Loops: 1000000, Iterations: 1, Duration: 39566 sec.
C Converted Double Precision Whetstones: 2.5 MIPS
```

这是一个人为设计的基准程序，包含多个循环，每个循环运行数百万次，其中一些循环调用了库例程 sin、cos、atan、log 等。因此，程序执行了几千万次库调用。这是一个极端的例子，不能代表数据中心代码的真实情况。但是，如果你想在实时的数据中心代码中跟踪如此多的细节，就应该非常小心了——除非使用的是专门设计的工具，在记录每秒 100 万个事件时开销仍然很低。

11.10 ftrace

ftrace 是用于跟踪内核函数的一个工具，它不是为观察用户态程序以及它们的交互而设计的，但有时候它对于查看内核活动很有用。ftrace 主要用于调试内核，但这不是本书要讨论的主题。

ftrace 通常的用法是在内存或二进制文件中记录跟踪，并在以后把它们解码为文本。代码片段 11-6 给出了在一台空闲机器上跟踪对__do_page_fault 函数的调用的一个例子。

代码片段 11-6 在一台空闲机器上跟踪对__do_page_fault 函数的调用的一个例子

```
$ sudo trace-cmd record -p function -l __do_page_fault
  plugin 'function'
Hit Ctrl^C to stop recording
  ... wait a few seconds here ....
^C
CPU0 data recorded at offset=0x4f4000
    4096 bytes in size
CPU1 data recorded at offset=0x4f5000
    8192 bytes in size
CPU2 data recorded at offset=0x4f7000
    4096 bytes in size
CPU3 data recorded at offset=0x4f8000
    4096 bytes in size
```

记录的信息保存在一个内核的内存缓冲区中。代码片段 11-7 是格式化后的输出，其中显示了 gnome-shell 中的一个缺页错误，以及 trace-cmd 自身中的 14 个缺页错误。第二列给出了 CPU 编号，第三列是精确到微秒的时间戳。

代码片段 11-7 格式化后的输出

```
$ sudo trace-cmd report
cpus=4
   trace-cmd-2940  [001]  1172.651718: function:  __do_page_fault
   trace-cmd-2940  [001]  1172.651723: function:  __do_page_fault
   trace-cmd-2940  [001]  1172.651740: function:  __do_page_fault
   trace-cmd-2941  [003]  1172.651997: function:  __do_page_fault
   trace-cmd-2941  [003]  1172.652003: function:  __do_page_fault
   trace-cmd-2942  [002]  1172.652015: function:  __do_page_fault
   trace-cmd-2942  [002]  1172.652019: function:  __do_page_fault
   trace-cmd-2943  [001]  1172.652024: function:  __do_page_fault
```

```
   trace-cmd-2943  [001]  1172.652026: function:  __do_page_fault
   trace-cmd-2944  [002]  1172.652044: function:  __do_page_fault
   trace-cmd-2944  [002]  1172.652046: function:  __do_page_fault
gnome-shell-1531   [002]  1174.853922: function:  __do_page_fault
   trace-cmd-2944  [003]  1176.628836: function:  __do_page_fault
   trace-cmd-2942  [000]  1176.628839: function:  __do_page_fault
   trace-cmd-2943  [001]  1176.628869: function:  __do_page_fault
$
```

ftrace很强大、很灵活。与其他工具一样，得到这种强大能力的代价是，如果记录大量数据，整个系统就会显著变慢。前面对__do_page_fault函数的少数调用没有生成太多的跟踪数据，只有20 KB，其中许多跟踪数据可能由于将内存分配向上舍入到4 KB的倍数而未使用。但是，CPU1上的6个事件不能放到4 KB中，这说明记录每个事件需要超过600字节的空间。对于实时的数据中心环境，这个数字太大了。ftrace要做到有用，就必须以很挑剔的方式选择要跟踪什么。每当一个工具声称能够跟踪所有事件的子集时，就要留意它在未选择子集时的性能如何。

作为一个极端的例子，代码片段11-8为在一秒时间内跟踪所有内核函数的调用情况生成了多得多的跟踪数据：大约366 MB！在这段时间，因为记录过程跟不上事件，只记录了500 000个事件，所以有大约230万个事件未记录。在按下Ctrl+C快捷键后，所有跟踪数据就会停留在内核缓冲区中，开始导致操作系统发生“抖动”，并在我们只有4GB内存的示例服务器上换页到磁盘。

代码片段11-8　在一秒内跟踪所有内核函数的调用情况生成的跟踪数据

```
$ sudo trace-cmd record -p function
  plugin 'function'
Hit Ctrl^C to stop recording
^C
CPU 0: 704445 events lost
CPU 1: 252465 events lost
CPU 2: 977030 events lost
CPU 3: 404650 events lost
CPU0 data recorded at offset=0x4f4000
    94187520 bytes in size
CPU1 data recorded at offset=0x5ec7000
    85381120 bytes in size
CPU2 data recorded at offset=0xb034000
    68059136 bytes in size
CPU3 data recorded at offset=0xf11c000
    118435840 bytes in size
```

代码片段 11-9 对代码片段 11-8 中的一小部分数据进行了解码。可以发现，有时候每微秒就记录了四五个事件。

代码片段 11-9　对代码片段 11-8 中的一小部分数据进行解码

```
$ sudo trace-cmd report |head -n34
cpus=4
   trace-cmd-1873  [001]  109.774175: function:         mutex_unlock
   trace-cmd-1873  [001]  109.774176: function:    __mutex_unlock_slowpath.isra.11
   trace-cmd-1873  [001]  109.774177: function:         _raw_spin_lock
   trace-cmd-1873  [001]  109.774177: function:         wake_q_add
   trace-cmd-1873  [001]  109.774177: function:         wake_up_q
   trace-cmd-1873  [001]  109.774177: function:         try_to_wake_up
   trace-cmd-1873  [001]  109.774178: function:         _raw_spin_lock_irqsave
   trace-cmd-1873  [001]  109.774178: function:         select_task_rq_fair
   trace-cmd-1873  [001]  109.774178: function:         idle_cpu
   trace-cmd-1873  [001]  109.774178: function:         update_cfs_rq_h_load
   trace-cmd-1873  [001]  109.774179: function:         select_idle_sibling
   trace-cmd-1873  [001]  109.774179: function:         idle_cpu
   trace-cmd-1873  [001]  109.774180: function:         _raw_spin_lock
   trace-cmd-1873  [001]  109.774180: function:         update_rq_clock
   trace-cmd-1873  [001]  109.774180: function:         ttwu_do_activate
   trace-cmd-1873  [001]  109.774180: function:         activate_task
   trace-cmd-1873  [001]  109.774180: function:         enqueue_task_fair
   trace-cmd-1873  [001]  109.774181: function:         enqueue_entity
   trace-cmd-1873  [001]  109.774181: function:         update_curr
   trace-cmd-1873  [001]  109.774181: function:    __update_load_avg_se.isra.38
   trace-cmd-1873  [001]  109.774181: function:          decay_load
   trace-cmd-1873  [001]  109.774182: function:         decay_load
   trace-cmd-1873  [001]  109.774182: function:         decay_load
   trace-cmd-1873  [001]  109.774182: function:      __accumulate_pelt_segments
   trace-cmd-1873  [001]  109.774182: function:         decay_load
   trace-cmd-1873  [001]  109.774182: function:         decay_load
   trace-cmd-1873  [001]  109.774183: function:         decay_load
   trace-cmd-1873  [001]  109.774183: function:    __accumulate_pelt_segments
   trace-cmd-1873  [001]  109.774183: function:         update_cfs_group
   trace-cmd-1873  [001]  109.774183: function:         account_entity_enqueue
   trace-cmd-1873  [001]  109.774184: function:         __enqueue_entity
   trace-cmd-1873  [001]  109.774184: function:         enqueue_entity
   trace-cmd-1873  [001]  109.774184: function:         update_curr
```

在完成跟踪后，一定要释放用来保存跟踪数据的内核内存，如代码片段 11-10 所示。

代码片段 11-10 释放用来保存跟踪数据的内核内存

```
$ sudo trace-cmd reset
```

总的来说，ftrace 是一个极为强大的工具，但由于它可能产生巨大的 CPU 开销和内存开销，所以在实时数据中心环境中使用时要多加小心。ftrace 更适合在离线环境中寻找内核 bug。

11.11 mtrace

mtrace 是用于 C 和 C++代码的一个 GNU 扩展。它不是一个命令行工具，而是一个运行时库的工具，用于跟踪内存分配/释放。要使用它，你需要在 C 或 C++程序中包含下面的代码。

```
#include <mcheck.h>
mtrace();
muntrace();
```

并设置一个环境变量。

```
export MALLOC_TRACE=some_file_name
```

在编译和运行程序时，系统会跟踪 mtrace 和 muntrace 调用之间的每次内存分配/释放操作，并将每次操作的文本描述写入一个文件中。对于代码片段 11-11 中的示例程序，mtrace 的输出如代码片段 11-12 所示。

代码片段 11-11 示例程序

```
const char* key1 = "key1_678901234567890";          // 20 bytes
const char* value1 = "value1_89012345678901234";    // 24 bytes
const char* key2 =
   "key2_678901234567890key2_678901234567890";         // 40 bytes
const char* value2 =
   "value2_89012345678901234value2_89012345678901234"; // 48 bytes

typedef std::map<std::string, std::string> StrStrMap;
StrStrMap foo;

// Allocates 21 96 31 bytes
foo[key1] = value1;
```

```
// Allocates 41 96 49 bytes
foo[key2] = value2;
```

注意，因为所有内存分配调用都包含在 C 运行时库中，并且没有调用堆栈跟踪，所以我们很难将输出与源程序关联起来。这是观察工具常有的一个问题：它们本来应该给我们提供帮助，但是当我们想要知道涉及哪个源函数或代码行的时候，它们却出故障了。

代码片段 11-12　运行代码片段 11-11 中的程序后得到的 mtrace 输出

```
= Start
@ /usr/lib/x86_64-linux-gnu/libstdc++.so.6:(_Znwm+0x1c)[0x7f23ce04a54c]
    + 0x561f579312b0 0x15
@ /usr/lib/x86_64-linux-gnu/libstdc++.so.6:(_Znwm+0x1c)[0x7f23ce04a54c]
    + 0x561f579312d0 0x60
@ /usr/lib/x86_64-linux-gnu/libstdc++.so.6:(_Znwm+0x1c)[0x7f23ce04a54c]
    + 0x561f57931340 0x1f

@ /usr/lib/x86_64-linux-gnu/libstdc++.so.6:(_Znwm+0x1c)[0x7f23ce04a54c]
    + 0x561f57931370 0x29
@ /usr/lib/x86_64-linux-gnu/libstdc++.so.6:(_Znwm+0x1c)[0x7f23ce04a54c]
    + 0x561f579313b0 0x60
@ /usr/lib/x86_64-linux-gnu/libstdc++.so.6:(_Znwm+0x1c)[0x7f23ce04a54c]
    + 0x561f57931420 0x31
= End
```

将最后一列从十六进制转换为十进制，就会发现插入 key1 分配了 21 字节、96 字节和 31 字节，插入 key2 分配了 41 字节、96 字节和 49 字节。接下来我们解释这些奇怪的值。

在这两组值中，每一组的第 1 个值分配了键字符串的一部分，并为一个尾部的 NUL（零结尾）字符包含了额外的一字节，这样，c_str()总是一个零开销的操作。第 3 个值则分配了一个值字符串，也包含了尾部的 NUL 字符。出于某种原因，短的值字符串向上舍入到 31 字节，而不是 value1 期望分配的 25 字节。较长的值则不会向上舍入，从 valuel2 分配 49 字节可以看到这一点。

每一组的第 2 个值为 map<>的内部平衡树实现的一个节点分配了 96 字节，这个空间已经大到可以包含 12 个指针或 12 个 64 位整数。笔者认为其中有两个指针指向键和值，另有两个指针指向其他树节点。此外，可能还有一个指针指向每个节点的父节点。有 4 个值用于保存为每个字符串分配的长度和使用的长度。总空间足以在 96 字节的树节点中直接存储小于或等于 15 字节（包含 NUL 字符的一字节）的短字符串，而不需要分配一个字符串副本并指向这个副本。事实上，将 value1 缩短到 15 字节就能够消除第三次分配，但如果长度为 16 字节，系统就仍然会分配一个 31 字节的值。

运行一个小程序，让它插入 100 000 个 map 条目，这意味着在一个循环中进行 300 000

次分配。在我们的示例服务器上，当没有打开 mtrace 时，它用时 0.54 s，打开后用时 6.657 s，所以在这种环境中，mtrace 让程序的处理时间约是原来的 12 倍，开销为大约每次分配(6.657 – 0.54) / 300 000≈20 μs。尽管这是一个极端的例子，但它说明了在数据中心环境中当执行需要大量动态分配内存的程序时，不适合使用 mtrace。

11.12 blktrace

blktrace 会打开一个内核工具，并记录给定磁盘或 SSD 块 I/O 设备上的所有活动。当使用下面的命令跟踪磁盘时，CPU0 对磁盘的访问会记录到名称类似于 sda.blktrace.0 的文件中。

```
sudo blktrace -d /dev/sda
```

对于磁盘设备，blktrace 的开销非常小，所以它有时候可以用在实时数据中心环境中。但在 SSD 上，由于每秒的访问次数较高，达到几千而不是大约 100，因此对于跟踪 SSD 访问，blktrace 的开销就不适合在实时的数据中心环境中使用了。与其他工具一样，可试着在已知的负载上使用 blktrace，记录在运行和不运行 blktrace 时的 CPU 时间。代码片段 11-13 显示了运行 mystery3 程序的两个结果（加上了写入用时）。时间有大约 5%的偏差，有些更快，有些则更慢。在重现旋转磁盘的计时结果时，这基本上就是正常情况。这里没有证据说明 blktrace 有很大的开销。你可以进行更长时间、更加仔细的测量。

代码片段 11-13　当运行和不运行 blktrace 时，mystery3 程序的结果

不运行 blktrace 时

```
TimeDiskRead opening temp for write
TimeDiskRead opening temp for read of
40960KB
Async read startusec 1539971382967532,
stopusec 1539971383675708, delta 708176
scancount 18611, changecount inside scan
10240
  59.227Mbit/s overall

temp_read_times.txt and ... written
TimeDiskWrite to be completed
TimeDiskWrite opening temp for async
write...
Async write startusec 1539971383837798,
stopusec 1539971384671272, delta 833474
  50.323Mbit/s overall
```

运行 blktrace 时

```
TimeDiskRead opening temp for write
TimeDiskRead opening temp for read of
40960KB
Async read startusec 1539971397516114,
stopusec 1539971398200190, delta 684076
scancount 16922, changecount inside scan
10240
61.313Mbit/s overall

temp_read_times.txt and ... written
TimeDiskWrite to be completed
TimeDiskWrite opening temp for async
write...
Async write startusec 1539971398394019,
stopusec 1539971399281066, delta 887047
47.284Mbit/s overall
```

```
TimeDiskWrite opening temp for read          TimeDiskWrite opening temp for read
temp_write_times.txt and ... written         temp_write_times.txt and ... written

real 0min3.592s                              real 0min3.404s
user 0min1.613s                              user 0min1.620s
sys 0min0.041s                               sys 0min0.064s
```

代码片段 11-13 的第二列是运行 blktrace 时得到的输出，大约 3.4 s 的磁盘驱动程序操作被分散到 3700 行的输出中，然后是汇总信息。代码片段 11-14 只显示了读操作，它们对应 14881 号线程异步读取 40 MB 的操作。

代码片段 11-14　排队读取 40 MB 的 blktrace 输出

```
Device CPU  Seq  Seconds       PID  Action Sector + blocks
-----  --- ----  ----------- ----- ------ --------------------------------
  8,0    0    2  0.882966608 14881   Q    R 19974144 + 4096 [mystery3w_opt]
  8,0    0   12  0.883117924 14881   Q    R 19978240 + 4096 [mystery3w_opt]
  8,0    0   25  0.883260472 14881   Q    R 19982336 + 4096 [mystery3w_opt]
  8,0    0   38  0.883387790 14881   Q    R 19986432 + 4096 [mystery3w_opt]
  8,0    0   51  0.883518405 14881   Q    R 19990528 + 4096 [mystery3w_opt]
  8,0    0   64  0.883652768 14881   Q    R 19994624 + 4096 [mystery3w_opt]
  8,0    0   77  0.883770568 14881   Q    R 19998720 + 4096 [mystery3w_opt]
  8,0    0   90  0.883890361 14881   Q    R 20002816 + 4096 [mystery3w_opt]
  8,0    0  103  0.884010065 14881   Q    R 20006912 + 4096 [mystery3w_opt]
  8,0    0  116  0.884129328 14881   Q    R 20011008 + 4096 [mystery3w_opt]
  8,0    0  129  0.884270433 14881   Q    R 20015104 + 4096 [mystery3w_opt]
  8,0    0  142  0.884387582 14881   Q    R 20019200 + 4096 [mystery3w_opt]
  8,0    0  155  0.884503548 14881   Q    R 20023296 + 4096 [mystery3w_opt]
  8,0    0  168  0.884617310 14881   Q    R 20027392 + 4096 [mystery3w_opt]
  8,0    0  181  0.884732154 14881   Q    R 20031488 + 4096 [mystery3w_opt]
  8,0    0  194  0.884847049 14881   Q    R 20035584 + 4096 [mystery3w_opt]
  8,0    0  207  0.884963356 14881   Q    R 20039680 + 4096 [mystery3w_opt]
  8,0    0  219  0.885042450 14881   Q    R 20043776 + 4096 [mystery3w_opt]
  8,0    0  230  0.885112126 14881   Q    R 20047872 + 4096 [mystery3w_opt]
  8,0    0  241  0.885178125 14881   Q    R 20051968 + 4096 [mystery3w_opt]
```

因为 20 次读操作总共读取了 40 MB，所以每次读操作一定读取了 2 MB，这被描述为读取了 4096 个“块”。$2^{21}/2^{12}=2^{21-12}=2^9=512$，由此可知，这里的“块”指的是 512 字节，这是我们这个行业长期向后兼容的结果。这个扇区大小在 1973 年第一次出现在 IBM 的 33FD 8 英寸[①]软盘上，并且 50 多年后的今天仍在使用，尽管在 2011 年左右物理磁盘扇区的大小已

① 1 英寸 ≈ 2.54 厘米。

经改为 4 KB。

代码片段 11-15 显示了 mystery3 程序的汇总输出，其中包含写入的时间。这个程序总共读取了 80 MB，其中 40 MB 用于读操作的计时，另外 40 MB 用于在写入计时中读回数据。这个程序还写入了稍微超过 80 MB 的数据，其中 40 MB 在读取计时之前写入，另有 40 MB 在写入计时中写入，剩下的 1 MB 左右是 mystery3 和 blktrace 在输出文件中写入的数据。

代码片段 11-15 mystery3 程序的汇总输出

```
CPU0 (sda):
 Reads Queued:      20,  40960KiB Writes Queued:      28,   40992KiB
 Read Dispatches:   32,  32768KiB Write Dispatches:   33,   32800KiB
 Reads Requeued:     0            Writes Requeued:     0
 Reads Completed:    0,      0KiB Writes Completed:    0,       0KiB
 Read Merges:        0,      0KiB Write Merges:        7,      28KiB
 Read depth:        32            Write depth:        32
 IO unplugs:        81            Timer unplugs:       0
CPU1 (sda):
 Reads Queued:       0,      0KiB Writes Queued:       4,      16KiB
 Read Dispatches:    0,      0KiB Write Dispatches:    1,       4KiB
 Reads Requeued:     0            Writes Requeued:     0
 Reads Completed:    0,      0KiB Writes Completed:    0,       0KiB
 Read Merges:        0,      0KiB Write Merges:        0,       0KiB
 Read depth:        32            Write depth:        32
 IO unplugs:         1            Timer unplugs:       0
CPU2 (sda):
 Reads Queued:       0,      0KiB Writes Queued:      16,     304KiB
 Read Dispatches:    0,      0KiB Write Dispatches:   11,      44KiB
 Reads Requeued:     0            Writes Requeued:     1
 Reads Completed:    0,      0KiB Writes Completed:    0,       0KiB
 Read Merges:        0,      0KiB Write Merges:        2,       8KiB
 Read depth:        32            Write depth:        32
 IO unplugs:         4            Timer unplugs:       0
CPU3 (sda):
 Reads Queued:      32,  40960KiB Writes Queued:     104,   41664KiB
 Read Dispatches:   41,  49152KiB Write Dispatches:  142,   50128KiB
 Reads Requeued:     0            Writes Requeued:    17
 Reads Completed:   73,  81920KiB Writes Completed:  173,   82976KiB
 Read Merges:        1,    512KiB Write Merges:       14,      56KiB
 Read depth:        32            Write depth:        32
 IO unplugs:        82            Timer unplugs:       1
```

```
Total (sda):
 Reads Queued:       52,  81920KiB Writes Queued:       152,   82976KiB
 Read Dispatches:   73,  81920KiB Write Dispatches:    187,   82976KiB
 Reads Requeued:     0            Writes Requeued:      18
 Reads Completed:   73,  81920KiB Writes Completed:    173,   82976KiB
 Read Merges:         1,    512KiB Write Merges:         23,      92KiB
 IO unplugs:        168            Timer unplugs:         1

Throughput (R/W): 24439KiB/s / 24754KiB/s
Events (sda): 3741 entries
```

blktrace 对于观察磁盘的整体活动，以及按照进程 ID 和名称识别活动的来源很有用。它能够提升你对共享磁盘动态的认识。只是在把它用于速率较高的 SSD 时，你要小心跟踪它的开销。

11.13 tcpdump 和 Wireshark

tcpdump 会打开一个内核工具，把给定网络链路上的所有活动记录下来。数据可写到一个二进制文件里，供以后解析/输出。默认情况下，tcpdump 通过网络上某个位置的 DNS（Domain Name Service，域名服务）来查找每个 IP 地址。这有可能拖慢 tcpdump 并产生额外的网络流量，并且如果使用了几千个不同的网络节点（这在数据中心环境中并不罕见），那么还可能使 DNS 服务器过载。为了避免进行域名查找，从而只按照数字 IP 地址记录节点，可使用-n 标志。

另外，默认情况下，tcpdump 会保存/复制每个数据包的每一字节。一条繁忙的 10 Gbit/s 网络链路可能每秒传输大约 1 GB。保存每个数据包的所有字节，意味着使用 1 GB/s 的速度写入屏幕或输出文件，但二者的带宽都不足以支持这种写入，所以在跟踪过程中会丢失数据包。为了管控开销，应该让 tcpdump 只保留每个数据包中足够的初始字节，以使你能够识别它是什么，以及连接另外一端的节点是什么。

很多时候，128 字节就足够了，这可以用捕获长度标志-s128 来指定。在另外一些不同的环境中，你可能需要截取更长一些的开头数据。

通常情况下，tcpdump 会将文本输出到屏幕上，除非使用-w <filename>标志指定了一个二进制输出文件。通过使用-r <filename>标志，可以在后面将这个二进制文件格式化为文本文件。因此，要写一个相对低开销的网络跟踪，可以使用下面的命令。

```
$ sudo tcpdump -n -s128 -w tcpdump_out.bin
```

后面如果要查看这个跟踪，则对应的命令如下。

```
$ tcpdump -r tcpdump_out.bin
```

文本输出默认包含每个数据包（其时间戳精确到微秒）、涉及的网络协议的一些解码，以及数据包开头字节的十六进制转储，如代码片段 11-16 所示。

代码片段 11-16 文本输出

```
12:17:40.381706 STP 802.1d, Config, Flags [none], bridge-id
0fa0.18:9c:27:19:a4:b2.8001, length 43

12:17:40.471659 18:9c:27:19:a4:b2 (oui Unknown) > Broadcast, ethertype Unknown
(0x7373), length 118:
0x0000: 1211 0000 0040 a693 0ae6 a5fc 686f 548e  .....@......hoT.
0x0010: 834b 987c 164c c270 1009 3890 c0cb 9dc1  .K.|.L.p..8.....
0x0020: c45b 9184 e201 0000 0201 8003 0618 9c27  .[.............'
0x0030: 19a4 b204 0104 0701 0108 0618 9c27 19a4  .............'..
0x0040: b209 0102 0e18 0000 0000 0000 0000 0000  ................
0x0050: 0000 0000 0000 0000 0000 0000 0000 1908  ................
0x0060: 61ff 451c e24f b653                      a.E..O.S

12:17:40.471783 18:9c:27:19:a4:b2 (oui Unknown) > Broadcast, ethertype Unknown
(0x7373), length 118:
0x0000: 1211 0000 0040 a693 0ae6 a5fc 686f 548e  .....@......hoT.
0x0010: 834b 987c 164c c270 1009 3890 c0cb 9dc1  .K.|.L.p..8.....
0x0020: c45b 9184 e201 0000 0201 8003 0618 9c27  .[.............'
0x0030: 19a4 b204 0104 0701 0108 0618 9c27 19a4  .............'..
0x0040: b209 0102 0e18 0000 0000 0000 0000 0000  ................
0x0050: 0000 0000 0000 0000 0000 0000 0000 1908  ................
0x0060: 61ff 451c e24f b653                      a.E..O.S

12:17:43.877894 IP6 unknown b8975af85270.attlocal.net.37764 > qj-in-x8a.1e100
.net.https: Flags [.], ack 3939294343, win 334, options [nop,nop,TS val
1869126913 ecr 4116297880], length 0

12:17:43.968438 IP6 qj-in-x8a.1e100.net.https > unknown b8975af85270.attlocal
.net.37764: Flags [.], ack 1, win 248, options [nop,nop,TS val 4116344447 ecr
1869080288], length 0

12:17:44.263196 IP6 unknown b8975af85270.attlocal.net.50290 > dsldevice6.
attlocal.net.domain: 30562+ [1au] PTR? a.8.0.0.0.0.0.0.0.0.0.0.0.0.0.0.8.0.c.0.d
.0.0.4.0.b.8.f.7.0.6.2.ip6.arpa. (101)
```

较老的 tcpdump 版本会把每个数据包交付给另一个跟踪进程，然后转发给预期的目标，这会导致大约 7%的 CPU 开销，该版本太慢了，不能用在数据中心环境中。较新的 tcpdump 版本用在内核中，具有较低的 CPU 开销，所以可能适合在数据中心环境中使用，但是在用于大量的实时流量之前，你应该先测量它的 CPU 开销如何。

Wireshark 已经得到广泛应用，它是一个复杂的网络协议分析器。类似于 tcpdump，Wireshark 可以捕捉和转储数据包，但它也可以解码并以有意义的方式显示多种网络协议和捕捉文件格式、深入检查数据包以及解密消息等。它支持多种有线和无线网络实现，而非仅限于以太网。本节不讨论 Wireshark 的详细用法，但任何网络专业人员都应该熟悉它。

11.14　locktrace

这是假的吧？locktrace 根本不存在。Linux 内核中有几个工具和跟踪点，可用于对锁进行内核调试（参见 11.10 节的 ftrace）。此外，还有几个离线工具可以检测到用户代码中的死锁、争用锁、完全缺少锁等，但目前还没有一个全面的低开销工具，可通过跟踪用户态下的代码锁使用情况，来帮助我们理解争用锁的等待时间。

临界区代码锁是一种软件构件，所以许多数据中心程序使用内部的锁库。已经得到广泛使用的 POSIX 线程库（pthreads）并没有为争用锁设计跟踪工具。某些特定实现包含了跟踪工具，还有一些实现使用了 Linux 进程跟踪工具 ptrace，它实际上作为一个调试器被附加到正在运行的程序，用于跟踪各个断点位置的锁行为。但是，它们都太慢了，不能在实时数据中心代码中的所有锁中进行使用。

第 6 章和第 7 章介绍了一种简单的自旋锁。我们将在第 27 章构建一个低开销的互斥量库，它能够跟踪争用锁并创建获得每个锁时的时延直方图。这将使我们能够识别等待时间特别长的锁的来源。

11.15　输入负载、出站调用

第 6 章介绍的 Dapper 工具会记录并跟踪每个 RPC 的 4 个发送/接收时间，并识别端点、消息大小和父 RPC。类似的工具还包括 Zipkin 和 Money。我们专门设计 Dapper，是为了让它有足够低的开销，以便能够对每秒执行几千个事务的数据中心服务，记录每个入站和出站的 RPC。当在所有涉及的服务器上收集最终二进制日志文件后，就能够重新构造 RPC 树的时间线，就像图 6-8 中显示的那样。完整的、低开销的 RPC 日志还允许我们检查任何服务的输入负载。

对服务响应时间的承诺称为服务水平协议（Service Level Agreement，SLA），但除非对输入负载也有限制，否则这种承诺是没有意义的。针对每小时 2000 人乘坐而设计的服务，如迪士尼乐园的飞越太空山，在有 20 000 人同时到来时就很不好玩了。类似地，针对每秒 1000 个事务且消息大小在 10 KB 左右而设计的服务，在输入负载为每秒 5000 个事务且消息大小为 1 MB 时就会惨不忍睹。你可能承受着很大的压力，花了不少时间才找出性能问题，但后来发现，你的时间被浪费了，因为存在的问题根本不是性能问题，而是输入负载的问题。

假设磁盘服务器有 12 块磁盘，额定速率是每张磁盘每秒能够进行 100 次 256 KB 的传输（读或写），每个方向上的网络带宽是 300 MB/s，并且有几兆字节的内存读写缓冲。假设单个客户端对这个磁盘服务器提供的滥用式的输入负载，比如下面几种情况：

- 每秒写入 50 000 次，每次写入 243 字节；
- 每秒从一个文件读取相同的 1 MB 数据 1300 次；
- 连续 17 小时，在一个 35 GB 的文件中进行随机位置读取，每次读取大约 2700 字节；
- 写入 1 GB 数据。

上面的第 1 个输入负载消耗了所有可用的 CPU 时间，每秒处理几万个 RPC，这导致其他客户端延迟。第二个负载从内存中的缓存中获取数据，但试图在 1.1 GB/s 的链路上以 1.3 GB/s 传输，这导致网络链路饱和以及其他客户端延迟。第 3 个负载使一块磁盘连续 17 小时每秒寻道 100 次，当程序每天运行且连续运行几个月时，就会出现一个问题：一块磁盘在进行多少次寻道后，长臂机制会损坏？第 3 个负载也会使想要使用这块磁盘的其他客户端延迟。第 4 个负载将入站网络锁住了至少 3.3 s，这会使其他客户端延迟，并且会使内存缓冲溢出，磁盘将至少被锁住 10 s（假设磁盘的传输速度是 100 MB/s）。以上这些是这么多年来笔者在数据中心环境中实际遇到过的负载情况。它们都是客户端的设计错误或疏忽造成的。

经验一：在处理性能问题前，首先看看输入负载。没有工具可用？那就添加它们。

经验二：在构建服务时，要就输入负载达成协议，并且在每个 RPC 到达时，实时地根据协议进行检查，然后调节客户端或者拒绝不符合规定的请求。这是保护其他客户端的唯一方式。

在许多情况下，服务的一个入站 RPC 会触发几个或几百个针对更低层服务的出站 RPC。像 Dapper 这样的工具允许我们查看所有 RPC，以及入站事务什么时候很慢。入站事务慢的原因可能是某个更低层的 RPC 慢，此时工具会显示哪台服务器上的哪个 RPC 慢。服务器上的完备日志能够显示当时该服务器有多么繁忙，并且有可能还会显示它为什么慢。

在所有情况下，只要记录每个 RPC 请求/响应消息的时间戳，就会直接记录服务器端对于每个事务的时延，这将使你能够看到长尾事务。在客户端记录相同的时间戳，并减去服务器时间，将使你能够看到传输延迟。传输延迟通常不是发生在网络硬件上，而是发生在客户端或服务器软件上。此外，也有可能发生在排队等待过载的网络链路时。记录每个 RPC 的消息大小，将使我们能够倒推出这些网络链路在任意给定时间有多么繁忙。

11.16 小结

本章介绍了一些现有的软件性能观察工具，并解释了它们对于理解数据中心软件动态的用处。一些工具的开销虽然很低，但它们只报告平均行为。还有一些工具能够跟踪单独的事务，具体显示出慢事务有什么不同之处，但是它们的开销太高，在实时数据中心环境中没有什么用。只有一小部分工具又具体、又快。第 12 章将更加详细地讨论跟踪工具。

习题

11.1　选择你自己的一个简单的程序，然后运行一些现有的工具来观察它。你能发现任何让你感到意外的地方吗？

11.2　选择两个现有工具，对你的一个程序运行其中一个工具，然后用另一个工具观察这个工具的开销。

11.3　在编译 Whetstone 基准程序时逐渐增加建议使用的 oprofile 编译标志（在代码片段 11-5 之前有详细描述），然后运行 Whetstone 基准程序。哪个标志会导致程序运行慢得多？

CHAPTER 12

第 12 章 跟踪工具

相对于简单的计数和性能分析工具，本章将激发你对低开销跟踪工具的兴趣。

如第 11 章所述，计数工具要么统计单独的事件（如发送的数据包），要么对数量（如写入磁盘的字节数）求和。

性能分析工具会定期对某个量的样本进行计数。最常见的量是某个 CPU 核心在运行单个程序时的程序计数器（PC）值。有了足够的样本后，得到的 CPU 性能分析结果就能够大致显示出在进行性能分析的时间段，所有 CPU 时间用在了什么地方。但是，CPU 性能分析结果完全忽略了程序耗在等待过程中而没有执行时的时间。它们也可能忽略多线程应用程序中的其他线程，并且常常忽略操作系统的内核时间。另外，按照设计，它们还将忽略运行在相同服务器上的其他（可能会造成干扰的）程序。

跟踪工具记录了有时间序列的事件，例如，某个程序呈所有对磁盘驱动器的访问或者所有的系统调用。单独事件的时间戳通常精确到微秒，甚至可以更加精确。

12.1 跟踪工具的优势

跟踪磁盘或 CPU 上发生的所有事件，可以使我们看到原本隐藏起来的一些活动，这些活动可能是由系统库、文件系统元数据访问、内核代码和其他非程序来源产生的。精心设计的跟踪工具使得我们能够看到哪些事件来自哪些程序，以及哪些事件在时间上重叠并因此可能彼此干扰。

精心设计的跟踪工具不会出现遗漏——在跟踪的时间段内发生的每个事件都会记录下来，不会存在缺口或者丢失的样本。没有遗漏这个属性使得我们能够肯定没有发生什么事件，而在使用其他采样或取子集方法时，我们就不可能那么确定了。

跟踪使得我们能够区分异常的事务行为与正常的事务行为，即使我们事前并不知道什么样的事务是异常的事务。事件跟踪或者将多个事件跟踪（如 CPU、磁盘、网络）合并到一条公共的时间线上，能够让我们看到并理解程序为什么会发生等待，而不是在执行。它们能够显示异常和正常事务的执行路径的区别，一个线程上的代码等待另一个线程上的代码时的动态，以及使用共享资源的干扰程序的动态。

简单的计数器和 CPU 性能分析结果会完全忽略非 CPU 等待时间，完全丢失时间序列，因而完全不能表达几乎同时发生的事件之间的因果关系和其他交互。

因此，跟踪是理解运行中程序的动态行为的一种方式。

12.2　跟踪工具的缺点

与其他工具一样，观察的精度与它对被观察的底层系统造成的影响之间存在折中。要设计出好的跟踪工具，就需要在观察的精度与它对被测系统造成的扭曲之间精心权衡。第 13 章将详细讨论这个主题。

除非经过精心设计，否则跟踪工具的开销可能会很高。这种开销使得它不适合用来观察实时的、面向用户的数据中心系统。但是，要区分异常的事务和正常的事务的话，跟踪是最强大的工具。对于理解不可预测的异常事务，跟踪是唯一有效的方法。因此，我们想要使用，也就要构建开销足够低的跟踪工具。

记住，任何跟踪都只不过是计算活动的一个庞大的、连贯的样本。重复跟踪结果会稍微有所区别。一次跟踪可能不具有代表性，无法说明你想要理解的性能问题，所以有可能需要进行多次跟踪，并对结果进行比较，来了解整体的一致性。

12.3　3 个起始问题

在设计跟踪工具时，有 3 个重要的问题需要考虑。

（1）要跟踪什么？

（2）要跟踪多长时间？

（3）开销多大？

我们将依次讨论这 3 个问题。很多时候，事务时延说明存在性能问题，计数器或性能分析器能够说明哪个计算机资源与性能问题有关，但不能识别根本原因。它们是破解问题的起点，因而需要在仪表板中包含它们。

12.3.1　要跟踪什么

你可以跟踪 5 种基本资源中任何一种资源的事件，目标始终是理解复杂的和意外的序列或模式。在观察不同级别的细节时，要在观察精度和跟踪开销之间进行权衡。在非常精细的级别，CPU 跟踪工具能够跟踪一个程序中的每个条件分支和计算出的分支目标，但如果这是用软件或微代码实现的，程序的处理速度将变成原来的约 1/20。在粒度稍微粗一些的级别，CPU 跟踪工具可以跟踪一个多线程程序中的每一次函数调用和返回，并记录时间戳，但程序的处理时间会变成原来的 1.2～1.5 倍。在粒度更粗一些但更加全面的级别，CPU 跟踪工具可以跟踪一个多核处理器的所有核心和所有程序上发生的内核态和用户态之间的每一次切换，并记录时间戳，其开销低于 1%（参见本书第四部分）。在粒度最粗的级别，CPU 跟踪工具可以只跟踪一个多核处理器的所有核心和所有程序之间的上下文切换，并记录时间戳，其开销远低于 1%。所有此类工具都会让你对复杂服务器系统中真实的软件动态有一些了解。

内存跟踪工具能够记录一个程序中内存的每一次动态分配和释放，并且只有很小的开销。使用这种工具记录执行每个操作的程序位置很容易，但是当几乎所有的内存分配都发生在一个共享库中时，就像第 11 章使用 mtrace 那样，记录程序位置还不足以让我们理解意外的内存使用模式。更好的工具不仅会记录执行每个操作的程序位置，还会记录导致执行到该程序位置的调用路径。这样就可以区分一个调用路径执行的期望的内存分配与另一个调用路径执行的意外的内存分配（或者在分配后未能释放）。但是，只有进行精心的设计和实现，才能使这种工具的开销足够低。

磁盘跟踪工具可以记录服务器中每块磁盘/SSD 上发生的每个读写操作，并记录对应的时间戳，其开销很小。因为对于磁盘，这种事件很少超过每秒 100 个；而对于 SSD，这种事件很少超过每秒几千个。在操作系统级别运行的此类工具可以捕捉所有磁盘上的所有流量。当运行在单个程序级别时，虽然仍然可以捕捉程序的行为，但是捕捉不到其他程序造成的干扰。

在非常详细的级别，网络跟踪工具（如 tcpdump）可以记录传输和接收的每个数据包，并捕捉到时间、大小和另一个网络节点（如 IP 地址和端口）。但是当网络带宽超过 10 Gbit/s 时，在软件里这么做的开销会大到无法接受，所以变得不实用。当网络带宽达到 100 Gbit/s 时，每 6.4 ns（大约 20 个 CPU 周期）就会有一个新的最小长度的数据包。在粒度较粗但更加实用的级别，网络跟踪工具可以记录传输和接收的每个 RPC 消息及其时间戳，并捕捉到时间、大小和另一个网络节点。如果平均消息大小是几千到几百万字节，即每条消息有几个到几千个标准大小的数据包，那么其开销可以很小。即使网络带宽达到 100 Gbit/s，一个包含 1500 字节的完整数据包也需要 1.25 μs 的网络传输时间，所以在经过仔细设计后，跟踪这个大小或更大的消息是可以实现的。本书第三部分中的 KUtrace 设计中就有这种低开销的功能。

在最精细的级别，代码临界区跟踪工具可以跟踪每次获得软件锁和释放软件锁的操作。但是，从性能的角度来看，我们不怎么关心没有争用的锁，而只关心争用的锁以及未获得锁的线程被迫等待的时间。假设锁的设计很好，很少会发生锁争用的情况，那么对于一个低开销因而更加实用的跟踪工具，可以只对每次未能成功获得争用锁（另一个线程已经持有锁）的尝试，以及后来成功获得该锁的情况，进行跟踪和时间记录。此外，该工具还应该能够识别持有锁的线程。第 27 章将进行更加详细的介绍。

总的来说，跟踪工具可以跟踪 5 种基本资源。仔细选择的粒度级别能够让跟踪工具的开销足够低，以便在实时的数据中心环境中使用。一些处理器设计对 CPU 跟踪提供了不错的硬件支持，可以扩展跟踪的细节级别或者降低跟踪的开销。此外，也可以使用外部硬件，它们通常用在某个特殊的专门系统上[①]。

本章将介绍一个早期的外部硬件跟踪系统，以及一个完全用软件实现的跟踪工具，用来跟踪函数的调用和返回。在后面的章节中，我们将设计并构建一个低开销的软件跟踪工具，用于跟踪一个服务器的所有 CPU 核心上，以及所有程序之间发生的内核态与用户态之间的切换。

这么多年来，笔者曾构建或使用过针对 9 种不同类型的事件设计的跟踪系统，包括源代码语句、VAX PC 地址、Windows NT for DEC Alpha 的指令和数据地址、C 程序函数的进入/退出、远程过程调用的请求/响应、内核态/用户态的切换[②]、网络数据包、磁盘访问以及内存分配/释放。上述每个跟踪系统都揭示了程序动态的一个不同的方面。

12.3.2 要跟踪多长时间

这取决于你遇到的性能问题的时间尺度。一般来说，你需要跟踪足够长的时间，以便能够捕捉到问题的几个完整的样本。如果问题是大约 8 s 的意外事务延迟，则最少需要 16 s 的跟踪时间，才能有合理的机会捕捉到一个完整的慢事务，而不是捕捉到一个慢事务的片段。如果这种慢事务每分只在 10 台服务器上发生一次，则需要在所有这些服务器上各跟踪几分钟。

如果跟踪条目累积速度很快，则只有主存才是存储它们的合理位置。以下几项的乘积将决定你需要多大的跟踪缓冲区内存：

- 跟踪条目的大小；
- 每秒的条目数；
- 总的跟踪时长（单位是秒）。

如果需要的内存比现有的大，则需要在其中至少一个因素上做出让步。

一种让步是记录非常小（1 字节、2 字节、4 字节、8 字节）的跟踪条目，只保留能够提供一些线索并让你能够对异常动态有所认识的最少量的数据，但这种条目的时间分辨率或位置分辨率较差。

另一种让步是记录发生频率比期望更低，但仍然能够完整说明时间都消耗在什么地方的事件。这可能仍然足以让你找出根本问题。

有时候，我们还可以做出的让步是获取时长有限的多张跟踪快照，每张跟踪快照仅在可以接受的时间内进行记录，然后可能数据转储到磁盘，也可能只快速扫描数据，看看其中是否有可能包含性能问题的一个样本。如果不包含，就丢掉数据，然后开始新的跟踪。如果包含，就先转储到磁盘，之后开始新的跟踪。如果不能记录足够长的时间，从而在数据中包含性能问题的至少一个完整的样本，那么这种策略就没有效果了。

这种策略的一种变体是连续进行记录（即所谓的飞行记录器模式），在跟踪缓冲区中进行

---

① 参见 Joel Emer 和 Clark Douglas 的文章“A Characterization of Processor Performance in the VAX-11/780”。
② 参见 Richard L. Sites 的文章“KUTrace: Where Have All the Nanoseconds Gone?”。

环绕，同时寻找过长的整体时间延迟，或者有问题的迹象。如果发现有问题，就停止跟踪，转储缓冲区，然后再次开始记录。在使用这种方法时，最好认真地降低连续记录的开销。如果没有人立即查看产生的数据，则需要关闭连续记录。如果收集了大量跟踪数据，然后将它们保存在磁盘上但很多年都去使用，那就没意思了。

在找到了有问题的几个样本后，就停止记录，开始查看数据。记住，你并非真正知道自己在找什么，所以最好获取几个而不是一个样本，而且最好有几个行为正常的样本，以便进行对比。

在所有情况下，首先简单写下来你期望跟踪是什么样子：跟踪哪些事件、跟踪频率以及按什么顺序跟踪。这样更容易看出来不符合期望的跟踪部分，并且在这种差异中总可以学到一些东西。

12.3.3 开销多大

在实时的数据中心环境中，超过 1%的 CPU 或内存跟踪开销很少是可以接受的。但对于离线工作，大得多的开销，甚至速度变成原来的 1/20（2000%的开销）也可能是可以接受的。速度变成原来的 1/20 之后，依赖时间的工作负载、网络协议或操作系统就可能开始出问题了。

12.4 示例 1：早期的程序计数器跟踪

1964 年的一份 IBM 7010 操作系统时间报告提供了一个早期的指令计数器跟踪，其目的是帮助用户理解制造商提供的 sort 程序的性能。

12.4.1 谜团

IBM 提供的系统例程 sort 的运行速度比期望的慢，但没人知道原因。一些工程师构建了独一无二的外部硬件来记录正在运行的机器的程序计数器（Program Counter，PC）。

对于我们提出的 3 个关于跟踪的问题，答案如下。

（1）**要跟踪什么**？每个 PC 值，并把它们分到 100 字节的桶中。

（2）**要跟踪多长时间**？5s，并把时间分到 20ms 的桶中。

（3）**开销多大**？零。将外部硬件连接到 PC 地址总线，并从 PC 地址总线上获取来自主存的指令字符。

看起来，跟踪条目的大小可以是 1 位，包含在 250×250（也可能是 256×256）位的数组中，每次引用程序计数器都会设置自己的 100 字节指令地址桶和当前 20 ms 时间桶中的对应位。它们大约有 64 000 位，可以放在 8 KB 中（这比 IBM 1401-1410-7010 计算机产品系列的基本型号的主存还大）。外部硬件可能是一个 2 ft[①]×2 ft×6 ft 的外部机架，带有自己的磁心内存堆。这些数字纯粹是笔者的猜测；实现很可能记录了更多的信息，而且可见的分桶操作是在后处理中完成的。即使用今天的标准看，这种硬件也太小了，制作者们却能够用它来观察

① 1 ft ≈ 0.3048 m。

和理解一些重要的早期软件的动态，进而实现显著的性能提升。

在图 12-1（见彩插）中，指令计数器地址显示在 y 轴上，从 0 一直到 25 000；时间显示在 x 轴上，从 0.0 s 一直到 5.0 s。这里跟踪的是 IBM 7010 上 sort 例程的启动过程。外部硬件记录了时间和获取指令的地址，后面会把它们显示到阴极射线管（Cathode Ray Tube，CRT）上，进行拍照，最终输出到报告中。笔者扫描了该报告的一份纸质副本，得到了图 12-1 中模糊的图像。

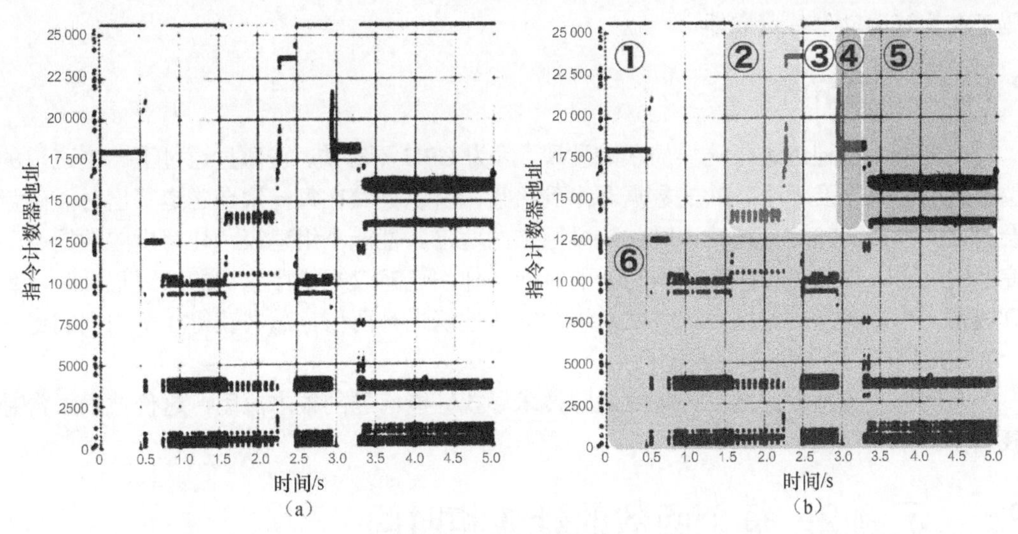

图 12-1　CRT 的输出

12.4.2　动态

图 12-1（a）给出了原始的跟踪输出。图 12-1（b）根据原始报告中的描述，将活动解析到重要的计算片段中。从 0 到 12 599 的低地址包含 Resident Monitor，这是一个初级的操作系统，可以保存在 12.3 KB 中，对应底部的粉色区域⑥。用户代码（即 sort 例程）则保存在高地址。左上角的 0.0～1.5 s 的白色区域①是 Resident Monitor 的加载例程把自身加载到内存中的过程：首先从地址 18 000 附近的循环开始，从磁盘或磁带（笔者也不知道他们用的是哪一种）加载低内存区域，然后在大约 0.5 s 后跳转到该区域。在 0.75～1.5 s，Resident Monitor 将 sort 例程的第一部分加载到了高地址，然后跳转到它。Assignment 例程从 1.5 s 运行到 2.5 s（对应于黄色区域②），会读取描述了排序字段的穿孔控制卡。在 Assignment 例程之后，在 2.5～2.9 s（对应于白色区域③），只有 Resident Monitor 在运行，会载入真实的排序代码来覆盖高地址的 Assignment 例程。

之后，绿色区域④是排序的 Initialize 排序阶段，从 2.9 s 运行到 3.2 s。最后，蓝色区域⑤的 Open 和 Get 例程开始运行，会使用待排序的前几个记录对 Record Storage Area 进行填充。在 3.2 s 之后的蓝色区域中，15 800 位置的上部黑色条带是用户代码比较例程，13700 位置的下部黑色条带是用户代码输入例程。输入例程大量使用靠近图形底部右侧的 Resident Monitor 的 I/O 例程。

再次查看黄色区域②，可以看到在地址 13 700 附近，从 1.5 s 开始有 9 个小黑点。这表示正在读取 9 张控制卡，每次读取需要使用 10 500 位置以及两个较低的地址范围的操作系统代码。第一个 0.5 s 有刚刚不到 7 个代表卡片读取操作的小黑点，这意味着每秒能够读取 13 或 14 张卡片，或者每分读取 780～840 张卡片。这个跟踪计时正好符合穿孔读取器的速度：每分读取 800 张卡片。CPU 代码只要稍微慢一点点，就会错过卡片读取器的一个机械旋转点，读取速率会降低到每分 400 张卡片，小黑点分布也会相应发生变化。因此，黄色区域②表明代码正在全速驱动卡片读取器。

12.4.3 谜团解开

性能调查小组通过进行这样的跟踪发现，因为 CPU 不够快，在磁盘通过下一个磁道的开始位置之前，来不及把下一次的数据写出到磁盘，所以导致在每一次全磁道写出时，磁盘排序会错过一次旋转。这使得排序时间变成原来的两倍。性能小组建议，让写出的数据少于一条完整的磁道，以获得一些磁道间切换的时间；他们还建议在排序当前的一组记录时，重叠地读取下一组要排序的记录。这种双重缓冲能让性能提升两倍，总共获得 4 倍的性能提升效果。在 1964 年，这是最先进的技术。

关于性能工程师使用真实的指令跟踪技术寻找性能问题的根本原因，这份技术报告是笔者找到的最早的样例。

12.5 示例 2：每个函数的计数和时间

一名程序员遇到了性能问题，可能是一个大型代码库中的一些函数在每次调用时用了太长时间，或者存在大量的对一些函数的意外调用。标准的低分辨率 PC 采样性能分析结果相当平坦，其本质决定了它们无法提供对调用计数的估测。

该程序员判断，对于这个大规模的 C++代码集合，他需要观察精确的调用计数以及在每个函数中消耗的总时间。观察 5 min 就足够了，他希望实现 1%的 CPU 开销。因此，对于我们提出的 3 个关于跟踪问题，答案如下。

（1）**要跟踪什么？**精确的调用计数以及在每个函数中消耗的总时间。

（2）**要跟踪多长时间？**每个调用跟踪 5 min。

（3）**开销多大？**1%的 CPU 开销（目标）。

怎么设计观察工具呢？

可以分两个步骤来进行设计：一开始只统计调用数以及在每个函数中消耗的时间，并且不在跟踪中记录时间序列，之后再进行完整的跟踪。

12.5.1 计数

假设我们有一种方式来对代码进行插桩，可能是通过重写源代码、编译器插入代码或重写可执行文件的二进制代码。下面显示了一个插桩后的函数。

```
int foo(int x, const char* y) {
  INSTRUMENTED_ENTER();
   ... code that manipulates x and y and sets a return value
  INSTRUMENTED_EXIT();
  return retval;
}
```

我们希望 INSTRUMENTED_ENTER()读取周期计数器或其他某个高频的、一致的时间基准；并且希望 INSTRUMENTED_EXIT()再次读取，做减法，把差值加到计算出来的总时间上，并递增调用数。假设我们把总时间和调用数保存在包含 50 000 对元素的大数组中，并且为 50 000 个不同的函数保存这样的数组，数组的下标是由代码插桩过程创建的一个常量。

12.5.2　粗略估算

我们所设计的观察方案的性能完全取决于调用的频率。如果每 100 ms 发生一次调用，则任何一种合理设计的开销都会低于 1%。而如果每 100 ns 有一个调用，那么没有哪种设计能实现 1%（即每个调用 1 ns）的开销。假设我们正在观察大规模的数据中心代码，不妨估测一下调用的频率。

12.5.3　第一次估测

从前面的章节中，我们知道数据中心代码每秒（每个 CPU 核心）执行大约 200 000 次系统调用或返回，或者大约每 10 μs 就有一个系统调用/返回对。这些系统调用由用户态代码触发，这些用户态代码通常需要进行几层函数调用，才能从某个处理代码到达系统调用。从数量级的角度看，我们可能是在观察每 10 μs 大约 3 个函数调用，或者大约每 3.3 μs 一个函数调用。对于 3 GHz 的 CPU，如果每个周期执行一条指令，那么每 10 000 个周期执行大约一个函数调用。要满足 1%的目标 CPU 开销，对于每个函数调用，就需要用 100 个周期来记录观察。

每个函数的插桩代码如下所示，其中每一行代码对应于 1～3 条指令，总共有大约 10 条指令。

```
INSTRUMENTED_ENTER():
  temp = __rdtsc()

INSTRUMENTED_EXIT():
  temp = __rdtsc() - temp
  array[12345].time += temp
  array[12345].calls += 1
```

如果对于每个函数调用，我们的预算是 100 个周期的 CPU 开销，那么这 10 条指令很容易满足预算，但实际情况可能不是这样。当连续多次执行 rdtsc 指令时，速度有多快？下面这个小程序执行了 1 亿条 rdtsc 指令。

```
gettimeofday()
for (int i = 0; i < 10000000; ++i) {
  sum += __rdtsc();
  sum += __rdtsc();
  sum += __rdtsc();
```

```
    sum += __rdtsc();
    sum += __rdtsc();
    sum += __rdtsc();
    sum += __rdtsc();
    sum += __rdtsc();
    sum += __rdtsc();
    sum += __rdtsc();
  }
  gettimeofday(), subtract, divide, print
```

结果显示，在我们的一台示例服务器上，每次调用__rdtsc()用时 6.5 ns，在 3 GHz 时大约为 20 个周期。因此，10 条插桩指令将需要大约 50 个周期，而不是 10 个周期。这没有超出我们的预算，但已经相差不多。

> 对于性能插桩，缓慢的 rdtsc 指令将是灾难。与之相对，1975 年的 Cray-1 有一条用时一个周期的 rdtsc 指令，1992 年的 DEC Alpha 也是如此。目前的 ARM64 实现也能够更加快速地读取时间计数器，需要 2 ~ 10 个周期。

还有另一个有可能导致观察开销的因素——计数器数组的缓存未命中数需要考虑。如果对 array[12345]的大部分访问未能命中缓存，需要访问主存，则每次还需要额外的 100 个周期。而如果需要访问 L3 或 L2 缓存，则额外需要 40 个或 10 个周期。如果大部分函数调用发生在循环内，则可以估测，几乎所有对 array[12345]的访问都会命中 L1 缓存，所以问题不大。在真实的数据中心代码中，正好是这种情况，尽管在理论上每次调用都可能针对不同的函数，而包含 50 000 个元素且每个元素有 2×8 字节的完整数组只能放到 L3 缓存中，需要大约 40 个周期的访问时间。在这里，我们估测缓存未命中不会增加观察开销，但你需要留意相反的证据。

12.5.4 第二次估测

如果在一种完全不同的函数调用模式中，存在大量对很短（5～10 条指令）的小函数的调用，而每次调用需要 10 个周期来执行，那么会发生什么？记住，我们的性能问题是，“一些函数在每次调用中消耗了太多时间，或者存在对一些函数的大量调用”。许多 C++代码很适合写成大量的短函数，并调用许多层这种短的例程。如果我们对所有短函数进行插桩，而它们又大量使用，则对于每个 10 周期的函数，就有可能增加 50 个周期的开销，从而扭曲被测系统。我们能做些什么呢？

12.5.5 降低开销

一种可行的策略是回顾关于跟踪的 3 个问题的答案，放宽约束条件。另一种策略是寻找一些更容易测量的信息，作为期望信息的代理。还有一种策略是细致调整测量范围来降低开销。我们会首先看一下最后一种策略。

当软件有很高的观察开销时，我们可能用一些方式来让它用合适的负载运行。例如，可以复制代码在实时数据中心环境中处理的负载，然后将相同的请求发送给一个并行运行的版本，该版本运行插桩后的代码，但是不响应实时用户。从收集到的高开销数据，找出大量调用但是累计的总时间很短的函数（需要减去会造成扭曲的观察开销）。然后重新对代码进行插桩，但是不对这些函数进行插桩。或者在对它们进行插桩时，只统计调用次数，而不使用缓慢的 rdtsc 指令统计时间。这种部分插桩的版本的开销可能足够低，能够满足最初的约束。通过继续统计调用次数，你就可以去确认，部分插桩的代码在实时运行时与并行运行的完全插桩的代码在调用行为上是相同的。

对于测量代理的策略，可以降低执行插桩代码或其中 rdtsc 部分的频率。一种方法是运行一个全局计数器，然后使用其较低的几位，在 8 次执行中只执行一次插桩代码（也可以选择其他频率），例如：

```
if ((counter++ & 7) == 0) {
  instrumentation
}
```

上面使用降低观察精度的方式，换取更低的开销。记住，如果多个 CPU 核心上的多个线程同时使用同一个全局计数器，就会造成灾难性结果，导致包含计数器的缓存行发生抖动。如果存在这种问题，就让每个 CPU 使用一个计数器，或者使用每个函数的调用计数器来指定运行缓慢的插桩代码的条件，例如：

```
array[12345].calls++;
if ((array[12345].calls & 7) == 0) {
  slower rdtsc instrumentation, 1 time out of 8
}
```

另一种方法是将任何高频的短函数改为内联函数（这通常是一个好主意），从而不对它们进行插桩。这会把它们的时间加给外层函数，如果内联函数确实用了大量的时间，这将会扭曲结果。但是，这种设计至少能够保证总时间不会损失。

在 12.6 节中，我们将找出太大的观察开销，然后使用第三种细化测量的方法，通过找出短函数并对它们进行最低程度的插桩，从而降低开销。

相比采样性能分析结果，对函数调用数和时间进行计数可以给出执行时间的一幅高分辨率的图像，但其中没有任何时间序列。尽管给出了平均图像，但仍不能将异常的慢事务与经常发生的正常事务区分开。为此，我们有必要使用跟踪工具。

12.6　案例分析：Gmail 的按函数跟踪

2006 年左右，有一个按函数跟踪工具通过将异常的慢事务与正常事务区分开，解开了 Gmail 中的一个性能之谜。问题出现在离线测试中，当投递大量邮件的时候。这个性能之谜是，每条消息的响应时间存在意料之外的 10 倍的变化，平均事务时延为大约 50 ms，但第 99 百分位事务时延超过了 500 ms。

在运行离线测试时，Gmail 的 CPU 时间性能分析结果显示了图 12-2（a）所示的按函数分布。

如前所述，性能分析结果会将正常事务和异常事务归到一起，给出平均行为，所以我们无法知道异常事务存在哪些不同之处。对于理解变化，性能分析结果不是正确的选择。为了强调这一点，图 12-2（b）突出显示了我们在跟踪中发现的 3 个函数，它们只在慢事务中调用。

性能分析结果还有另一个重要的缺陷：它只包含 CPU 执行时间，而不包含等待时间。二者之和是耗时（这里只讨论一个线程的情况）。图 12-2（c）显示了经过时间的真正分布，它的右侧包含两个显著的例程，这是图 12-2（a）和图 12-2（b）中所没有的。这两个例程等待临界区锁（semaphore::）和新任务（SelectServer）的时间，占用了耗时的 50%以上。特别是，等待锁的时间超过了耗时的 40%。

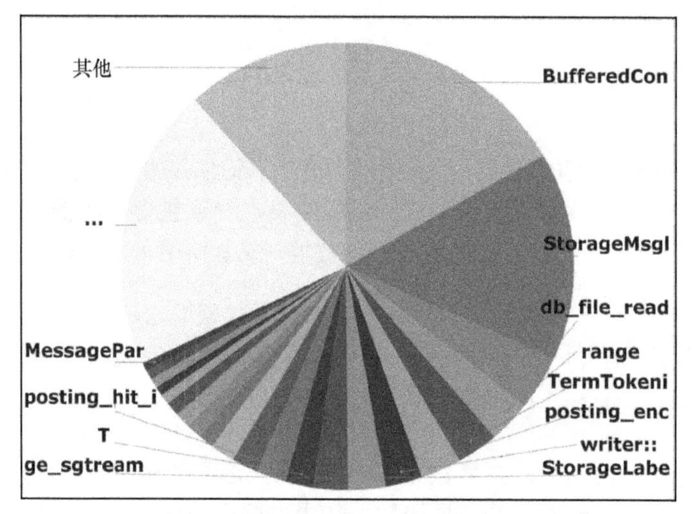

（a）早期 Gmail 离线测试的 CPU 时间的函数性能分析结果

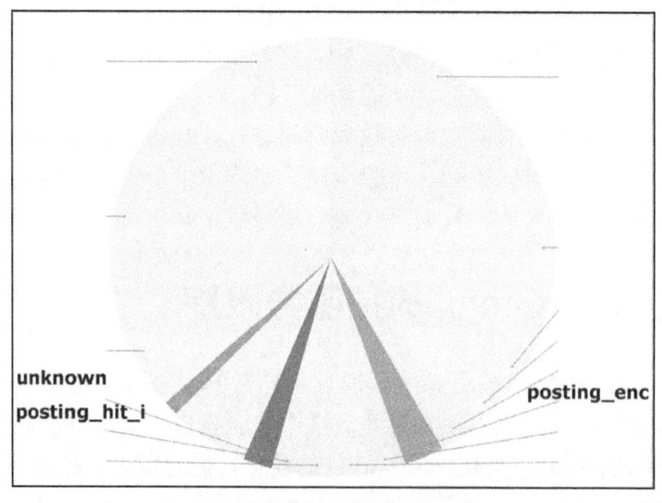

（b）只在慢事务中使用的 3 个函数

图 12-2 函数性能分析结果和函数

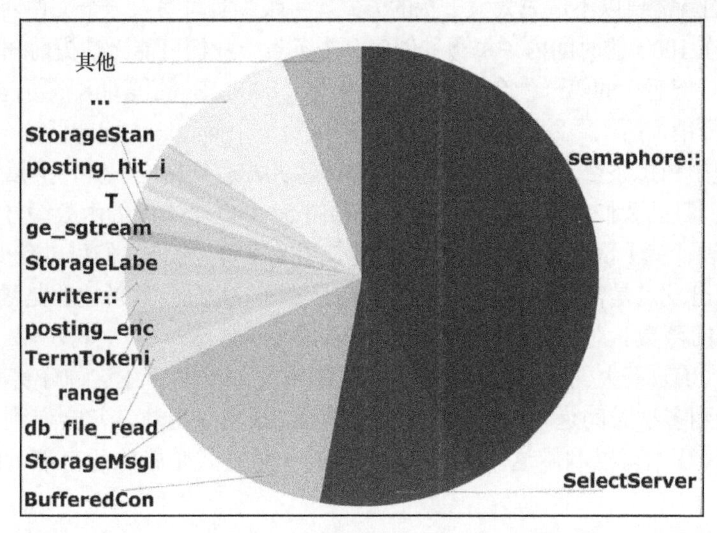

（c）早期 Gmail 离线测试的经过时间的函数性能分析结果，其中包括两个处于等待状态且没有使用 CPU 时间的例程

图 12-2　函数性能分析结果和函数（续）

Google 在内部开发了一个函数跟踪工具，名为 Thoth，它对每个动态函数调用进行了插桩，以记录函数的进入和退出时间，函数在哪个 CPU 上执行，以及线程 ID 为多少。写多个 CPU 上的跟踪条目要比像前面那样进行统计更慢，记录的信息也要更加详细。特别是，最初在捕捉线程 ID 时，在进入每个函数时调用了系统函数 getpid()。即使对于离线测试，这也太慢了。后来发现，将栈指针寄存器的值截取到 4 KB 的倍数，可以作为一个有用的代理，因为每个线程在执行时都有另一个至少包含一个页面的运行时栈。因此，只要创建另一个包含<SP-value, thread-ID>对的表，就几乎可以在所有情况下避免调用缓慢的 getpid()。

在具体介绍跟踪工具揭示了关于 Gmail 的什么特别信息之前，我们先更仔细地了解一些跟踪的实现细节。

12.6.1　控制跟踪的大小/开销

与前面介绍的一样，跟踪结果的大小决定了收集大的跟踪结果是否现实，而我们的目标是收集 5 min 的函数调用，总共会有几百万个条目。为了让条目很小，我们需要记录一个 4～5 字节的时间戳，加上例程编号和进入/退出位，可能还需要再加上 CPU 编号，并把它们保存到一个按 8 字节对齐的跟踪条目中。此外，我们让每个 CPU 或线程把自己的跟踪结果写入一个单独的缓冲区，以避免发生缓存抖动。这种机制相比简单地进行统计要更加复杂一些，但是在实现之后，就可以将其用于许多不同的软件系统。

对于以每秒发生几百万次事件的速率生成的跟踪数据，我们只能在一个大容量的内存跟踪缓冲区中加以记录。如果跟踪条目是 8 字节，跟踪有 1 亿个条目，则需要 800 MB 的内存来记录跟踪。不然，我们就需要以不造成太大干扰的方式，将跟踪实时写入一个文件。要得到 1 亿个条目，一种方式是在 100 s 的时间内，每微秒创建一个条目。我们可能无法提前知道应该期望每秒产生多少个条目，但运行的第一秒会告诉我们此信息。800 MB 的缓冲区很可能已经超过了 1% 的目标内存空间开销，所以跟踪缓冲区的空间可能成为一个问题。如何降低这个开销呢？

对于进入/退出跟踪条目之间可以经过多长时间，并没有严格的上界，所以我们优先考虑一个位数多点的时间戳。我们需要用至少 2 字节来存储 50 000 个不同的函数编号时，因此每个条目使用 4 字节的设计就不现实了。因此，我们只能使用 8 字节。也许我们可以减少记录的条目数。

我们的一个出发点是需要确定时间戳的最低分辨率。我们最感兴趣的是函数调用的顺序，以及耗时特别长的函数。对于这种目的，一个周期的时间分辨率是大材小用。256 个 CPU 周期的递增量在 3 GHz 下大约为 80 ns，这是完全够用的分辨率。在这种分辨率下，所有不太短的函数都会看到多次时间递增。但存在问题的高频 10 指令函数常常会看到零次递增，偶尔会看到一次递增。我们可以利用这一点。缩短跟踪的一种方式是删除所有邻近的进入/退出对，其形式如下。

```
call to function 12345, time T1
return from function 12345, time T2
```

其中，时间戳 *T*1 和 *T*2 是相等的。在删除没有消耗时间的进入/退出对时，我们不会损失总时间，这符合我们在记录耗时采用的“无损耗”设计原则。但是，对于这些快速的函数，我们丢失了一些调用计数。如果这看起来是一个问题（在理解性能之谜的整体方案中，这很可能并不重要），那么在经过一番思考后，你可能会发现，可以用另一个表来保存几对<函数编号, 计数>。每当我们删除一个进入/退出对的时候，就递增计数；并且每当用一个新对替换表中的旧对时，就把旧的计数作为一个跟踪项添加到跟踪中。这样就不会丢失调用计数了，只是把它们的记录稍微延迟了一点，从而完全保留了“无损耗”设计原则。

12.6.2 Gmail 函数跟踪

与图 12-2 中的性能分析结果不同，图 12-3 展示了完整的多页面函数跟踪图的一页。其中显示了精确的时间序列，整个页面占用 500 ms。为每封新的邮件消息都创建一个新行，这使得理解动态行为比理解混在一起的展示图更加容易。红色、黄色、绿色和浅蓝色的分组背景限定了处理代码的 4 个主要部分，其中每个部分包含许多函数调用。在这种分辨率下，大部分函数的执行时间太短，不能清晰地识别出来，但你可以看到用时较长的函数执行，并且可以看出整体模式。原图用一些小数字标记了一些函数时长，对应图例中的数字，但是这里为了清晰起见，去掉了它们。大部分消息用时 50～60 ms，但靠近底部的 4 条消息用时长得多（倒数第 3 条消息用时超过 500 ms，所以占了两行）。

未显示的图例对各个函数按总时间降序排列并进行编号，第一个函数 semaphore::dec 用了全部跟踪时间的 42%，图 12-3 只显示了其中的一部分。图例用两个数字显示了每个函数的总执行时间和总调用次数，并用后缀指出了调用次数很高但累计时间很短的例程，它们正好是适合使用前面讨论的测量捷径的那些例程。

图 12-3 中的红线（见彩插）表示等待新任务的函数 SelectServer::RegularPoll，它在等待下一个事务。它没有在循环中执行 CPU 指令，而是阻塞并让出 CPU 核心供其他程序使用。除非下一个事务已经到达，否则你会在每个事务的末尾看到它。跟踪函数的进入/退出，并记录其时间戳，将使我们能够看到正在等待的函数，而不仅仅是 CPU 正在执行的函数。这是考虑所有经过的挂钟时间，而非只考虑活跃的 CPU 执行时间的工具的优势。我们只有跟踪才能够进行这种观察。

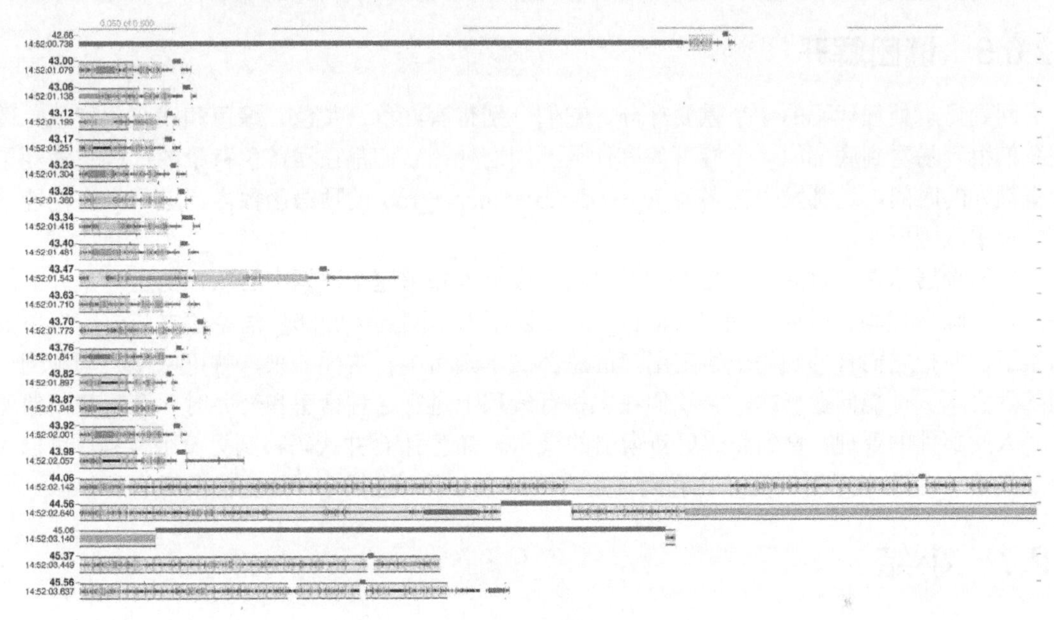

图 12-3　完整的多页面函数跟踪图的一页

12.6.3　显示开销

完整的跟踪显示还提供了倒推出的 31.4%的跟踪开销，这为我们在没有进行跟踪时执行的代码留出了 68.6%的执行时间。由 100/68.6 这个比例可知，跟踪开销导致代码运行速度比正常运行速度几乎慢了 1/2。之所以慢，是因为前面讨论过的跟踪写入、线程 ID、CPU ID 和 rdtsc 开销。找出调用数高但用时较少的前 5 个函数（从 TermTokenizer::get 的 200 万个调用开始），关闭它们的跟踪，就可以显著降低跟踪开销。

从前几个图例条目就可以估测总的跟踪时间。semaphore::用时 15.0 s，大约占总时间的 42%；SelectServer 用时 3.91 s，大约占总时间的 10%。因此，总的跟踪时间为 35.7～39.1 s。把图例中较大的调用次数（包括“其他”）粗略地加起来，可以得到 25 000 000～30 000 000 次调用。因此，这个跟踪每秒进行 30 000 000/40=750 000 次调用，或每 1.3 μs 进行一次调用。在 3 GHz 下，这是大约 4000 个周期，所以 1%的预算是大约 40 个周期，但实际的函数跟踪开销接近 1200 个周期。这不很理想，但是对于离线测试也可以接受，特别是因为它给出了足够的信息，使我们能够确定在实时数据中心环境中运行时不用跟踪哪些短函数。

12.6.4 更多的“无损耗”

最后一个图例条目是重要的“其他”类别，它用时 1.97 s，记录了 10 000 000 次调用。这种“无损耗”的数据展示使我们能够看到，对累计时间短的函数的跟踪占据了总时间的 5%。但更重要的是，它的调用次数很高，因此对跟踪开销有较大贡献。

12.6.5 谜团解开

回到显示处理代码的 4 个重要部分，它们分别带有红色、黄色、绿色和浅蓝色背景，现在我们很容易看到底部的 4 个慢事务有什么不同之处：它们都在浅蓝色背景的代码中消耗了大量额外的时间，这都发生在名为 layered_store::merge_run 的顶级函数内。这是产生性能问题的根本原因所在。

在笔者展示这个页面（见图 12-3）之前，没有人知道这个数据中心软件的这种意外的动态。入站邮件代码有时候会调用 merge_run，以便为刚刚到达的邮件消息建立其中所有单词的索引，并把它们合并到每个给定用户的总体文本索引中。这样一来，就可以搜索刚刚到达的邮件文本。性能问题出在，当我们在主执行线程上进行这种索引和合并时，会阻塞其他所有对入站邮件的处理，直到完成更新索引的操作。将索引/合并代码移到另一个线程，可以大大降低第 99 百分位事务时延。在看到真正的软件动态后，进行这种修复就很简单了。

12.7 小结

相较于更简单的统计和性能分析工具，本章旨在激发你对低开销跟踪工具的兴趣。我们不仅讨论了跟踪的优缺点，特别是“无损耗”设计原则的优点，还讨论了如何让这种工具有足够低的开销，以便能够在实时数据中心环境中使用。

我们介绍了在跟踪的细节级别、跟踪时间长度和可以接受的跟踪开销之间做出的几种折中，还介绍了两个扩展的跟踪示例，一个是在 1964 年跟踪 PC 值的示例，另一个是在大约 40 年之后跟踪函数调用的示例。我们对比了 Gmail 函数调用跟踪结果和对应的函数性能分析结果，并重点阐释了比较简单的性能分析工具无法揭示长时延事务的根本原因，以及跟踪能够如此简单地揭示问题的原因是什么。

要想让跟踪有用，就必须对跟踪工具进行精心的设计和实现，并关注数据结构、CPU 时间和跟踪条目的大小。为此，我们讨论了降低跟踪的空间和时间开销的几种技术。

要通过跟踪数据理解软件的动态，就需要有精心设计的数据展示，让得到的图像能够揭示意外的行为和产生它们的根本原因。对于每个示例中的主图，我们在仔细观察后，探讨了图中可用的各种信息。

第 13 章将探讨优秀观察工具的一些基本设计原则。

CHAPTER 13

第 13 章　优秀观察工具的设计原则

在本书的第一部分，我们学习了如何仔细测量 5 种基本的共享计算机资源中的 4 种——CPU、内存、磁盘/SSD 和网络（第 27 章将讨论临界区锁）的性能。我们学习了如何以有用的方式来显示测量结果。我们在第 7 章观察了事务时延的变化，在第 5 章和第 7 章观察了意外的软件动态。我们简单讨论了多种原因导致的一台机器上的事务延迟：等待发送给其他机器的 RPC，同一台机器上的其他程序和操作系统造成了干扰，抑或存在不合理的输入负载。

本书第二部分讨论了观察软件动态的工具——日志、仪表板、其他现有工具和跟踪工具。本章将讨论优秀观察工具的设计原则。

在尝试理解性能问题时，选择或设计观察工具的起点是回答如下 3 个基本问题。

- 需要观察什么？
- 有多频繁？要多久？
- 开销有多大？

13.1　需要观察什么

“需要观察什么”这个问题与“现有的工具能够观察什么”是不同的。第一个问题表达了愿望，是人们希望或者想要完成的东西，第二个问题则更加保守。知道自己想要去哪里，是讨论如何到达那里的基础。类似地，知道需要观察什么，才能够讨论如何观察那个东西；或者由于某些约束的限制，如果无法直接观察，就讨论如何观察类似的东西。

例如，如果某个事务总是很慢，则我们想观察在该事务执行时，所有时间都去了哪里。“所有”这个词很关键，观察一部分时间而忽略其他时间，并不是一种好的做法，因为可能正是被忽略的时间导致事务很慢。但是，如果只有一些事务很慢，而我们无法提前知道哪些事务会很慢，则需要观察更多的东西。我们需要观察在许多事务执行时，所有时间用在了哪里，还需要观察周围的事务、程序或共享资源（CPU、内存、磁盘/SSD、网络、临界区）的使用者，它们的干扰可能导致事务很慢。这就是为什么我们在前面的章节中要讨论日志和跟踪。

不管是否存在关于输入负载的协议，我们都需要观察输入的负载。如果负载太高，就修复客户端或者提升服务器。如果存在协议或目标最大负载，则在运行时检查负载是否太高，并指出不合理的负载，这是非常重要的。这样一来，如果真正的问题在于客户端提供了太多的负载，就可以节省大量在服务器上寻找根本不存在的问题所浪费的时间。

13.2 有多频繁？要多久

在明确了需要观察什么之后，下一个问题是，要理解性能问题，我们需要多频繁地进行那样的观察，以及需要多久。例如，如果问题看起来与阵发性的大量磁盘活动有关，则使用 5 min 的时间间隔来观察磁盘的总读写无法对约 3s 的阵发性磁盘饱和提供很多信息。在这种情况下，1 s 或更短的时间间隔更加合适。关于如何与无法给出合理解决方案的管理人员打交道，我的朋友迈克尔建议："你面对的是一台自动机，如果自动机无法回答你的问题，你就必须换一台自动机。"如果你唯一的工具只能观察 5 min 的时间间隔，那么你需要换一个工具。

对于理解无法预测的性能问题，你还需要知道，要获得足够的机会来观察到几个性能低的样本，自己需要连续观察多长时间。如果在一天中最繁忙的时段意外慢的事务 1 s 发生好几次并且每个事务（包括慢事务）的用时短于 1 s，则几秒的观察窗口可能就够了。如果意外慢的事务每 10 s 左右发生一次，慢的事务用时 8～12s，而不是 0.5 s，则需要 30～60 s 的观察窗口，才能完整捕捉到几个这样的慢事务。

如果你想要观察所有的内存分配和释放，以找出一些隐藏极深的内存泄漏并且这种泄漏只有在运行几小时后才能注意到，那么你需要观察数小时才行。

> 在不同的上下文中，如果存在极为罕见的硬件故障，导致无法强制执行内存屏障指令，进而导致代码执行违反了软件锁，则可能有必要创建一个小程序，让它只是尽可能频繁地执行相应的锁和内存屏障指令，然后观察这个小程序 24 h 或更长时间，直到出现故障。只有在这种情况下，芯片制造商才可能召回这样特定版本号（CPU stepping ID）的坏芯片，并用修复后的芯片进行替换。与此同时，你可以测试有可能让上述指令变得可靠的软件方案，使用相同的独立程序测试 24 h 或更长时间。这是 2005 年左右发生过一个真实的例子，而现在这个问题又出现了。

13.3　开销有多大

知道了观察什么、多频繁和时长后，我们必须回答另一个问题：我们愿意为观察承担多大的开销？这个开销有两个部分——额外使用的 CPU 时间，以及额外使用的存储空间。

一个极端是，考虑一位 CPU 芯片设计者，他想获得正在运行的复杂代码的一长串（跟踪的）实际内存地址，以便设计出下一代缓存子系统[①]。如果他通过用软件模拟一个复杂的指令集来收集这些地址，则处理速度可能是原来的 1/1000（并且很可能只跟踪了简单 C 基准程序中用户态下的访问）。如果通过代码重写或微代码进行收集，则处理速度可能是原来的 1/20。对于运行任何实时的数据中心负载，这仍然太慢。如果通过一块支持硬件内存地址跟踪的 CPU 芯片进行收集，则处理速度可能是原来的 1/2。这样一来，在数据中心缓慢的时刻，一次性收集几秒的真实跟踪就变得可行了。

这种跟踪结果有多大？如果主存系统的带宽为 20 GB/s，并且有 64 字节的缓存行，则可以每秒处理大约 3 亿次缓存行传输，每次传输记录 40～64 位（5～8 字节）的地址，另外再用几位来记录读还是写、数据还是指令、预测还是架构要求、预取还是按需访问等。对应的跟踪每秒会产生大约 300 MB × 8=2.4 GB 结果。

另一个极端是，考虑一位硬盘设计者。他想获得正在运行的复杂代码的一长串（跟踪的）实际寻道地址，以便设计下一代磁盘驱动器。当寻道时间平均大约为 10 ms 时，每秒只能发生 100 次寻道。他几乎能够以零开销创建这种跟踪，每 10 ms 记录最多 8 字节。对应的跟踪每秒将产生大约 100 B × 8=800 B 结果。

对于观察有时间约束的软件动态，一条好的经验法则是留出不超过 1%的 CPU 和内存开销作为预算。即使在最繁忙的时间观察最复杂的实时软件，这个开销也很少会成为一种负担。有时候，更高的 CPU 开销（2%～10%）可能也是可以接受的，但有 20%的 CPU 开销的观察工具很少可以接受。20%的 CPU 开销的问题是，它很容易导致事务延迟发生指数级增长，从而彻底扭曲被测系统，同时影响用户体验。一定要避免这种高度非线性的减慢。

有些系统很容易处理 20%的内存开销，因为它们运行在具有大量内存的计算机上。但有些系统可能已接近极限，如果占用 20%的内存，就会开始发生内存不足的操作系统错误。如果磁盘空间已经接近 100%的使用率，而你试图使用其中 20%的空间来记录观察结果，就会发生类似的问题。在数据中心，让每个 CPU 每秒产生几乎 1 MB 的跟踪数据，并让它具有 1%的开销，可能是可以接受的；但是在专用的控制器环境中，少得多的跟踪数据才能接受。

总的来说，我们将坚持 1%的开销这一经验法则，下面让我们看看这会产生怎样的设计结果。

---

① 参见 Anita Borg 等的论文“Generation and Analysis of Very Long Address Traces”。

13.4 设计的后果

对之前 3 个问题的回答，决定了观察工具的大部分设计。如果你需要的观察是简单的统计信息、计数器、性能分析结果和其他采样值，那么收集它们的 CPU 和空间开销通常很低，不会造成任何设计上的约束。

与之相对，如果你需要的观察是某种形式的日志或跟踪，那么可以计算出它们需要的 CPU 时间和内存空间/带宽，然后与你的开销时间和空间预算进行对比。如果超过预算，则意味着你必须强制使用一种更简单、更快的观察设计。

不要先构建观察软件，再测量它的开销，这是错误的。你应该先确定预算，再进行测量，并确认你的设计能够满足预算。

13.5 案例分析：直方图桶

有一名程序员想创建和观察几个服务的响应时间的直方图。他预期最快的服务的响应时间是 10 μs，但最慢的服务的响应时间会达到 1 s，后者与前者的比例为 100 000 : 1。在对软件提出了几种建议的修改方式后，他想要测量它们是否能够让平均响应时间缩短 1%。他认为，对于 100 000 : 1 的响应时间范围，对数宽度的桶要比线性宽度的桶好。为了能在几十万个事务上看到（平均）响应时间有 1%的变化，他假定桶的大小在增长时不应该超过 1%。他很快就计算出来，70 个桶，只要每个桶是前一个桶的 1.01 倍，就能够覆盖 2:1 的范围（1.01^{70} ≈2.00676），所以当整体范围是 100 000 或者大约 2^{17} 时，他需要大约 70 × 17 = 1190 个桶，才能覆盖在桶大小上有 1%的几何增长的完整范围。这里假设用了 1200 个桶。

对于每一次的响应时间测量，取对数，除以合适的缩放因子，得到桶的下标 0..1199，然后更新桶。随着设计的成熟，他在每个桶中向计数字段添加了另外几个字段，以记录一些上下文信息，如 CPU 平均负载，读写到磁盘的字节数，在网络上收到和传输的字节数，以及分配的总内存。为了处理每个服务中的多种类型的事务请求，他实现了一个包含多个直方图的数组，其中每个直方图包含 1200 个桶。

为了能够观察直方图，他向当前通过 Web 提供的仪表板添加了一个界面，用于为任意直方图显示 1200 个桶的值（或至少非零值），并且将它们显示为一个值的列表以及一些水平线，这些线的长度与值成比例。为了允许人们实时观察行为上的变化，他添加了一个仪表板函数，以允许每一秒更新并重新显示直方图。最后，为了确保每个直方图是自洽的，他在提取和显示直方图的值时，还锁住了直方图的所有数据，以阻止发生可能改变计数的任何更新。

他的用户高兴了一段时间，但是他也确实注意到，观察的软件服务运行起来比期望的慢。为了找到原因，他设置了连续的直方图，每隔几秒就进行刷新。他为多个用户进行了这种设置，在这些用户各自的桌面计算机上刷新直方图。软件服务看起来运行得更慢了，但直方图解释不了原因。

你看到问题了吗？

- 如果只想知道平均值，只需要统计总时间和事务数，然后做除法，而不需要使用直方图。
- 1%的响应时间变化可能在量级上与分钟到分钟的测量变化中存在的噪声相同，所以很可能无法检测到。测量的前提存在嫌疑。
- 1200 个桶有点大材小用。使用极小的设计，让它只有 20 个 2 的幂大小的桶，即可覆盖 1 000 000 : 1 的响应时间范围。如果我们统计大量事务（100 000 个以上事务）的时延测量值，这意味着一些桶中会有 5000 个以上的计数。如果时延合理地分散开，则在代码变快 1%时，很容易就能将每个桶中的 50 个测量结果移到一个更低的桶中。当使用 20 个桶而不是 1200 个桶时，这种移动足以检测到 1%的变化。
- 通过真正的对数计算来缓慢地计算桶的索引不是一个好主意。更好的方法是使用前导 0 计数（或对掩码进行 6 次检测），获得 64 位时延数字内合适的 2 的幂，从而快速计算出 $floor(log_2(时延))$，然后对值的下几位进行表查找，找出任何需要的以 2 为底数的对数的小数部分。将这个值乘以一个缩放因子，而不是进行除法运算，是得到正确下标的更好、更快的方法。
- 在 HTML 中使用成比例的线显示 1200 个桶的值太臃肿，在展示数据时需要相当长的处理时间。
- 允许设计增长太多，会使它在 CPU 和开销方面超出其最初设计目标。如果发生这种情况，程序员应该重新审视整个设计。但是，这种重新审视很少实际发生。
- 允许使用包含多个直方图的数组，将导致处理时间增加一个乘法因子，这也可能让使用超出原本的设计目标。
- 每过几秒就自动更新仪表板中的数据也会导致处理时间增加另一个乘法因子。
- 多个用户将导致处理时间增加第三个乘法因子。
- 在提取和显示值的时候锁住直方图，这就彻底无法接受了。这种方法的干扰性太强，仅仅为了获得过于臃肿、过于精确的观察结果就阻碍了真实的工作。反过来，可以导出数据，不使用锁，并且允许存在一点不一致。或者（就像第 27 章将要介绍的那样）加锁，快速复制数据，解锁，然后从容地格式化数据，这样在格式化过程中就不阻碍其他处理了。
- 没有记录和显示观察工具自身的开销，这隐藏了前面所有问题的累加效果。

要处理的问题不少。笔者在真实的生产代码中看到过所有这些问题，一个子系统中通常同时存在这些问题。观察工具需要有仔细的、适中的设计。

笔者在 Google 遇到过一个性能之谜，涉及的代码会锁住一个大型统计数据结构，在内存中分配一个文本缓冲区，读取并格式化统计数据，放到缓冲区中，然后释放缓冲区，最后解锁。格式化的缓冲区根本就没有使用！但是，这段代码会将多个线程锁在外面，在有大量负载时大大推迟真正的工作。这是不小心留下来的一些调试代码，但因为它们什么也不显示，所以在我们跟踪动态锁行为之前，没人注意到它们。只需要修改一行代码，首先进行调试测试，我们就破解了这个谜团。

13.6 设计数据显示

只要有可能，就同时以数值形式和图形形式显示测量数据。在精心选择的图形显示中，识别意外的模式要容易得多，但底层的数值更容易与正常值或者以前观察到的值进行对比。对于性能之谜，重要信息在模式里。

仪表板的目标是显示某个服务或服务器的整体健康状况。显示汇总值和一点时间历史就足够了。

对于寻找性能之谜的根本原因，目标就不同了。在这种上下文中，我们希望以简洁的方式显示尽可能多的测量数据，这样异常的模式就会自己显示出来。笔者常常试着将 100 万个数据点输出到一张纸上，或者显示到一个高分辨率的显示器上。

例如，图 9-9 中的热点图用一个单页显示了 1 h 的测量数据，这个单页展示了一个慢服务器的 13 块磁盘在 24 h 内的活动。观察到的数据来自一个 24 h 的日志，该日志提供了许多信息，其中就包括超过 1000 万次磁盘读取事务的事务时延（缓冲的写操作没有造成性能问题）。为了在一行中展示完整 1 h 的磁盘活动，笔者选择了 10 s 的时间间隔，并为每个时间间隔计算出以毫秒表示的第 99 百分位事务时延。然后使用从蓝色到红色的颜色范围来显示这些时延值，并使用白色来明确表示没有磁盘活动。其效果是，用蓝色显示正常的磁盘活动，用红色显示非常慢的磁盘活动，二者之间有一些变化。一行中有 360 个测量结果，13 块磁盘的数据线堆叠起来，各占 0.33 in[①]。24 个这样的组很容易放在一页上，每一组代表 1 h。页面上一共有 360 × 13 × 24 = 112 320 个测量结果，汇总了 10 000 000 次观察结果。

这种展示立即揭示了，在 13 块磁盘上存在长达几分钟的长时延磁盘读取的数据簇，每隔几小时就会出现一次。虽然数据已经存在了几个月的时间，但是还没有人绘制出能够揭示有意义信息的图形。所有磁盘之间存在的关联，说明根本原因不是单独磁盘的行为，于是只剩下公共的 CPU 和网络链路。几分钟而不是几秒的簇宽度，说明根本原因不是简单的阵发性输入负载。从这个图形中，我们很快识别出，问题在于 CPU 限流。在简单地进行修复后，这个长时延就从公司的多个服务中消失了，包括一个广告竞价服务——一旦出现延迟，这个服务就不会为公司产生收入了。这个问题已经存在了 3 年之久。

有几种技术对于构建高密度的数据显示很重要。首先，最重的是，要为数据和坐标轴添加标签，并包含单位——计数、千、百万、微秒、毫秒、秒等。包含原始观察数据的日期和时间，这样一来，不管你是回看 6 个月或 6 年前的数据时，你都知道自己在看什么。颜色对于显示数据的另一个维度很有帮助。线的斜率能够让人们快速看出发生率信息。缺口能够表

① 1 in ≈ 0.0254 m。

示子间隔的时间，同时不怎么占用显示空间。弧线对于表示依赖关系或者等待的原因很有用；在整个方方正正的展示中，曲线十分引人注目。以多种方式对数据排序特别有用，可以揭示某个维度上的关联，而这种关联在其他维度上可能很难注意到。在显示多个事务时，按实际的开始时间对齐，能够揭示出与它们之间的排列相关的行为。当显示事务时，让所有开始时间都与 0 对齐，能够揭示出正常事务和慢事务的区别。

在寻找根本原因时，有一个可以展示大量测量数据的（离线）交互式显示会很有帮助。交互式显示允许在很大的时间间隔上概览数据，并且允许进行平移和缩放，以及详细查看很小时间间隔中的意外数据。将光标放到时间间隔上或者事件之间，即可快速得到一些测量结果，如经过的时间、传输的字节数、带宽或其他有用的数值。要仔细设计和实现显示代码，使其运行得足够快，让它即使在有数百万个测量结果要显示的时候也能做到有用。最后，为了方便把发现的结果展示给其他人，应该设计一些简单的方式，可以对单独的事件或事务进行标注，以便对性能问题的根本原因进行说明。

13.7　小结

本章的要点如下。

- 要么预先测量观察工具的开销，然后在有人修改或“改进”观察工具后重新测量，要么在观察工具正在运行的时候测量其开销。无论是哪种情况，都应该向用户显示任何较大的开销，使他们能够理解观察工具对被测系统造成了多大的扭曲。
- 进行粗略估算：根据带宽，计算你在每次观察中能够承担多少字节的开销；根据一段时间的总大小，计算你在每次观察中能够承担多少字节的开销。
- 认真选择时间分辨率。时间分辨率会影响每个条目的范围和字节数，因而也会影响跟踪的大小。
- 显示输入负载，至少显示每秒的输入事务数。显示阵发性输入负载，至少显示最繁忙的 1 s 或 1 ms 的输入负载。
- 显示错误计数，包括服务由于过载或滥用而拒绝处理的输入事务数。
- 显示正常行为和缓慢行为的样本。
- 寻找对事务进行汇总以及分组、比较和对比的有效方式。
- 采用“无损耗”设计原则，至少显示出“其他”类别。
- 记住，很多时候，重要的信息在模式中，而不是在单独的测量结果或数值中。

本书的介绍性内容到此结束。在本书的第三部分，我们将设计并构建一个复杂的 Linux 内核跟踪系统。

第三部分 内核–用户跟踪

第一部分介绍了如何仔细测量 4 种基本的共享计算机硬件资源——CPU、内存、磁盘/SSD和网络的性能。第二部分介绍了在观察有时间约束的软件的行为时可以使用的现有工具和技术。

第三部分将介绍如何构建低开销的 KUtrace 工具，为任何服务器记录每纳秒在每个 CPU 核心上执行了什么内核代码或用户代码，包括所有程序、所有操作系统代码、所有中断处理、所有空闲循环等。这种跟踪不仅能够捕捉到在处理事务时所有执行时间用在了什么地方，还可以捕捉到事务未能执行的所有原因：没有执行时，事务在等待什么。完整的跟踪则可以捕捉到给定服务器上同时执行的程序之间所有可能的干扰来源。KUtrace 能够显示缺页错误、内核线程、无关的中断、机器健康（监控）程序，以及服务器上发生的其他各种各样的事件，程序员一般不会想到它们，但它们对于长尾时延会产生影响。因此，对于捕捉事务缓慢的原因，KUtrace 的设计是极其强大的。

第三部分还将介绍如何构建一个后处理软件，可将原始跟踪结果转换为对人有意义的动态 HTML 图片，其中包括了所有 CPU 的活动，并支持平移和缩放，这样可以看到从秒级别一直到纳秒级别的活动。这使读者能够看到并理解干扰和其他减慢的动态，就如同它们实际发生的那样。等到第三部分结束时，读者将能够使用内核/用户跟踪工具来检查自己的程序。具有一定程度的操作系统构建技能的读者将能够把这个工具移植到其他环境中。

CHAPTER 14

第 14 章 KUtrace 的目标、设计、实现

KUtrace 是一个基于 Linux 内核的软件工具，用于捕捉用户态执行和内核态执行的每次切换并记录其时间戳，包括每一次的系统调用和返回、中断和返回、陷阱和返回以及上下文切换。当每个 CPU 核心每秒记录 200 000 个事件时，CPU 的开销低于 0.5%，所以 KUtrace 相比 ftrace 这样的工具快 10 倍。KUtrace 会将跟踪信息记录到预留的几兆字节大小的内核跟踪缓冲区中。

14.1 概述

为了提高速度，KUtrace 对每个事件只记录 4 字节，其中 20 位表示时间戳，12 位表示事件编号。在实际操作中，事件是在 8 字节的条目中成对记录的。将跟踪结果转换为有意义的知识的所有其他操作都是通过后处理完成的，后处理会将切换事件（边缘触发）转换为每个 CPU 核心的完整的一组时间段（水平线），并显示该 CPU 核心每纳秒正在做什么，而不会损失任何时间。除了全部的内核-用户切换事件之外，还有记录每个事件编号的名称的事件，以及记录每个新遇到的进程 ID（Process ID，PID）的事件。可向内核态或用户态代码手动添加标记，以进一步标注跟踪结果。

为了控制跟踪，既可以将一个小的用户态下的库直接链接到程序中，也可以通过一个独立的控制程序来使用该库。当停止跟踪时，累积的原始二进制跟踪结果将被写到一个磁盘文件中。对这个磁盘文件进行后处理将把带时间戳的内核/用户切换事件转换为每个 CPU 核心

上的执行时间段。后处理的最终结果是一个 JSON 文件，其中的每一行代表一个时间段。后处理的最后一步是把这个 JSON 文件加载到一个 HTML/SVG 包装器中，该包装器提供了一个用户界面，其中显示了每个 CPU 的时间线，如图 14-1 所示。

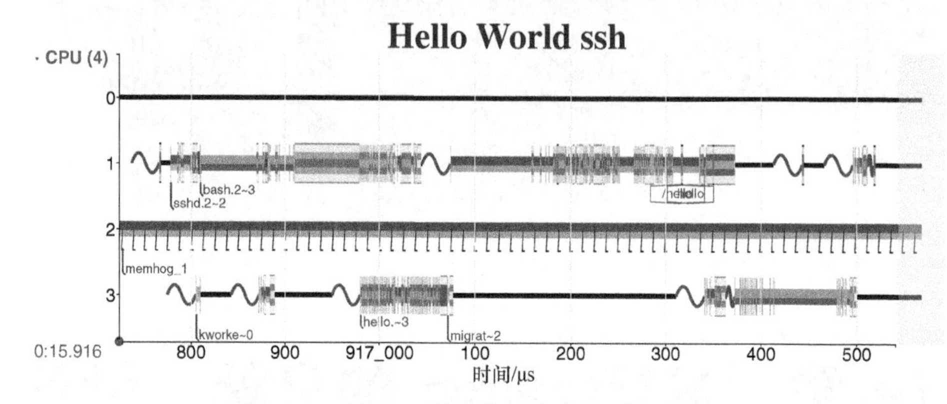

图 14-1　4 个 CPU 核心上经过后处理的跟踪示例

这个用户界面的顶部有几个控制按钮和一个搜索框，下方显示了 CPU 核心的时间线。这张图里有 4 个 CPU 核心，并且跟踪时间段只涵盖了几百微秒。细的黑线代表空闲作业，半高的彩色线（见彩插）代表用户态的执行，全高的彩色线代表内核态的执行。在实时 HTML 中，既可以平移和缩放，以关注感兴趣的任意时间段，也可以单击单独的时间段以显示其名称，还可以拖选多个时间段以查看它们总共的时间。

14.2 目标

KUtrace 的目标非常简单。

- 显示每个 CPU 核心每纳秒正在做什么，不会错过任何事情。
- 在有时间约束的环境中，CPU 和内存开销不超过 1%。
- 一次跟踪 30～120 s。
- 包含对人有意义的名称。

了解下面这几项非常重要。

- KUtrace 不用于调试内核。
- KUtrace 不用于调试用户程序。
- KUtrace 不用于理解简单的、可重现的单程序 CPU 性能。
- KUtrace 不用于直接理解解释型语言。
- KUtrace 不用于直接理解动态内存使用。
- KUtrace 不用于直接理解虚拟机的性能。
- KUtrace 不用于直接理解 GPU 的性能。

跟踪在内核和用户代码之间的转换是刻意的选择，这是一种“恰到好处”的设计。如第 11 章所述，在更细级别（如函数进入/退出、库例程进入/退出或某行源代码）进行跟踪时，将很难不承担大得多的跟踪开销。而在更粗级别进行跟踪时，将很难观察到程序之间进行交互的原因，以及一个程序的不同线程之间进行交互的原因。通过只跟踪切换，我们可以解释 CPU 时间的每纳秒发生了什么，不错过任何事情。

跟踪内核代码中消耗的全部时间，是理解这种时间是否很长的唯一方法；而通过捕捉内核事件的时间序列，可以进一步捕捉到一个进程能够停止或重启另一个进程的所有可能的方式。在传统的计算机系统中，受保护的内核代码会协调所有这些交互。

因此，跟踪内核代码和用户代码之间的切换既要足够快，又要足够有用，才能够给出对计算机及其有时间约束的软件内发生的所有事件的概览。

14.3 设计

你现在已经知道，开销目标驱动着 KUtrace 的设计。在 Google，在一天中最繁忙的一小时，在每个 CPU 核心上，我们每秒观察到了大约 200 000 次内核/用户切换。因此，1%的 CPU 开销相当于每个事件 50 ns，这短于在缓存中未能命中并由此需要访问主存的时间。因此，每个跟踪条目的大小必须小于一个缓存行。我们在第 3 章曾看到，常见的缓存行大小是 64 字节。因为 CPU 在存储到未对齐的地址时，要比存储到对齐的地址时更慢，所以我们希望跟踪条目（如果分开写跟踪条目的字段，则我们至少希望跟踪条目的字段）是自然对齐的。在实践中，这些约束意味着每个跟踪条目应该是 4 字节、8 字节或 16 字节。KUtrace 的底层设计使用 4 字节的条目，但最终设计里用了 8 字节的条目，它们在 90%～95%的时间会包含事件对。

当每秒产生 200 000 个事件且每个事件记录 4 字节时，每个 CPU 核心在每秒需要记录 800 KB 的跟踪条目。当有 24 个 CPU 核心时，这意味着几乎 20 MB/s 的记录带宽。以 20 MB/s 的速率记录 120 s，意味着需要大约 2.4 GB 的跟踪缓冲区。对于有 256 GB 主存的数据中心服务器，跟踪缓冲区可以轻松地满足 1%的内存开销预算。对于在更少核心上进行中等速率的处理且只记录 30 s 的情况，20～40 MB 的缓冲区就足够了；对于有 4 GB 或更多主存的服务器，这仍低于 1%的内存开销。

对于一些罕见的性能问题，可使用飞行记录器模式连续进行记录（参见第 12 章）。当软件检测到可能存在问题的例子时，停止并冻结跟踪缓冲区会有帮助。这种技术能够捕捉到问题发生前 30～120 s 的所有事件。

在所有情况下，一个跟踪控制程序启动并停止跟踪，提取跟踪缓冲区中的内容，并在跟踪停止后把提取的内容写入一个磁盘文件。也可以把底层的控制库链接到任意的 C/C++用户程序中，使它们能够自我跟踪。

为了给每个执行间隔起一个对人有意义的名称，跟踪设计包含了为每个事件提供名称的条目，这些事件包括每个系统调用、中断、缺页错误和用户态的进程 ID。为了在理解内核代码或用户代码中偶尔出现的比较细微的地方时能够进行实验，跟踪设计中包含了标记条目，可以使用名称或编号对某一时刻进行标记。可通过在源代码中手动插入函数调用来创建这种跟踪条目，以精确记录执行在什么时候到达了标记的位置。

长尾事务的产生有两个根本原因。

（1）处理在执行，但执行速度比正常情况下更慢。

（2）处理没有执行，而是在等待其他东西。

为了允许观察节能状态及其相关的时钟减慢和后续的重启时间，跟踪设计中包含了能够标记改变电源状态的 CPU 指令的条目。

为了允许观察 CPU 核心之间的硬件干扰，跟踪设计允许在每次切换内核/用户时，不仅捕捉经过的 CPU 周期数，还捕捉从上一次切换之后完成执行（retired）的指令数。这允许为每个微秒级执行时间段计算每个周期执行的指令数（Instructions executed Per Cycle，IPC）。这么做并不能直接测量访问共享资源（如指令执行单元、缓存或主存）时的硬件干扰，但有助于更加清晰地看到在运行相同的代码时，相比其他时间段运行得特别慢的那些时间段。因此，IPC 值以稍微有点间接的方式，说明了最常见的执行减慢机制：来自其他线程或程序（或操作系统自身）的缓存干扰。Sandhya Dwarkada 最早提出了相关问题，促使我们在 KUtrace 中跟踪 IPC。

对于一个 CPU 核心上的缓慢时间段，硬件干扰只可能来自相同时间段里其他 CPU 核心上执行的进程，或者在当前时间段之前在这个 CPU 核心上执行的进程。因此，每个时间段的 IPC 值揭示了是否存在执行比正常情况更慢的现象，并明确表明可能导致长尾事务的底层干扰源。

为了允许将执行与用户态的 RPC 请求关联起来，跟踪设计中包含了能够标记被处理的 RPC ID 的条目。这些条目是通过一个 RPC 库插入的，这样就可以记录每个请求和响应消息，并为它们添加时间戳。相同的条目可以记录全部出站 RPC，从而允许观察一个 RPC 等待子 RPC 处理结果的情况。还有一些跟踪条目记录了过滤的数据包的哈希，这些数据包在内核中处理的时间非常接近它们到达网络硬件的时间，也就是第 6 章描述的、缺失的 $w1$ 和 $w3$ 时间。这样在很大程度上，就不再难以判断 RPC 消息是在发送机器还是接收机器上被延迟了。这种数据包哈希记录明确揭示了事务长尾时延的一种可能的根本原因。

为了允许观察等待进入代码临界区（第 5 种基本的共享计算机资源）的时间，跟踪设计中包含了与锁相关的条目，能够标记未获得软件锁，后来成功获得软件锁，以及一个线程释放另一个线程等待的软件锁的情况。这些条目是通过用户态下的一个锁库插入的，所以能够记录每次锁延迟以及延迟的原因——之前持有锁的线程。这种锁记录明确展示了事务长尾时延的另一种常见的根本原因。

为了允许观察一个线程运行另一个线程，但第二个线程的调度由于某种原因延迟的情况，跟踪设计中包含了能够标记“使线程可运行”这一变化的条目。从这种变化到实际调度所经历的延迟，就是等待 CPU 核心可用于运行第二个线程的时间，这是导致繁忙的机器上出现事务长尾时延的最后一种常见的根本原因。

前面这些额外的跟踪条目涵盖了导致等待、进而导致出现长尾事务的所有常见原因。事务长尾时延的另一个原因是程序在执行请求，但由于在争用共享的硬件资源时出现了某种硬件干扰，因此程序的执行比正常情况下更慢。

总而言之，KUtrace 是一种低开销的工具，它允许我们细粒度地观察数据中心软件在多个程序、多个线程和多个执行核心上的动态。KUtrace 用于揭示几乎所有长尾事务的根本原因。

14.4　实现

如图 14-2 所示，KUtrace 的实现包含如下部分。

- 多个 Linux 内核补丁和一个用于记录跟踪条目的 Linux 内核可加载模块。
- 一个控制程序或可链接的库，用于打开/关闭跟踪以及将跟踪结果保存到文件中。
- 一组后处理程序，用于生成像图 14-1 那样的 HTML/SVG 结果。

跟踪记录是在一个预先分配的内核缓冲区中完成的，该缓冲区的大小为 20～2000 MB。既可以一直运行跟踪，直到填满缓冲区；也可以连续运行跟踪，并在缓冲区中进行回绕，直到停止跟踪。对于非常繁忙的机器，跟踪可能每秒消耗 2～20 MB，所以缓冲区的大小决定了可以保存多少秒的跟踪结果。

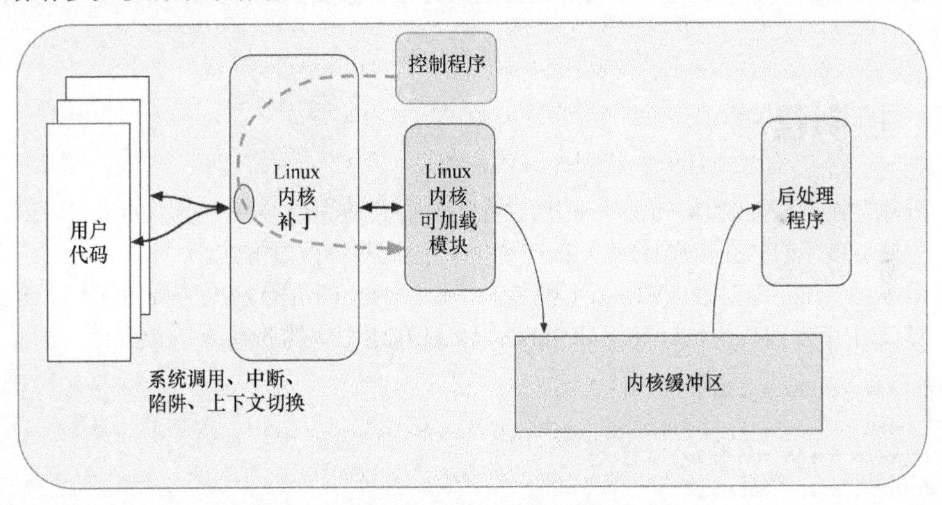

图 14-2　KUtrace 的实现

本章将简单描述 KUtrace 的各个组成部分以及它们如何配合使用，后续章节将详细介绍如何从头构建每个部分。

14.5　内核补丁和 Linux 内核可加载模块

在不同的 CPU 架构中，需要添加补丁的文件也稍微有些区别。对于 ARM 处理器的 64

位架构，需要修改 7 个 Linux 内核文件并添加另外两个文件；对于 x86 处理器的 64 位架构，则需要修改更多的文件。第 15 章将详细介绍这些文件。

Linux 可加载模块是一个单独编译的可执行文件，它可以动态地加载到内核中。这是实现设备驱动程序和其他内核扩展的标准机制。KUtrace 可加载模块实现了读写跟踪条目和控制跟踪的功能。第 16 章将进行相关介绍。

单独的补丁很小。下面显示了 kernel/irq/irq.c 中的中断条目补丁，其中记录了 8 位的中断编号。

```
/* dsites 2019.03.05 */
kutrace1(KUTRACE_IRQ + (vector & 0xFF), 0);
```

宏 kutrace1 会展开为以下形式。

```
if (kutrace_tracing) { \
    (*kutrace_global_ops.kutrace_trace_1)(event, arg); \
}
```

其中，kutrace_tracing 是编译到内核中的一个布尔值，kutrace_global_ops.kutrace_trace_1 的实现代码包含在可加载模块中。将一个带时间戳的跟踪条目添加到缓冲区中大约要用 50 个 CPU 周期。

14.6 控制程序

有两种方式可以控制 KUtrace——通过在用户态代码中链接一个小小的运行时库，或者通过一个封装该库的独立控制程序。第 17 章将介绍这两种控制方式。

该库还允许在跟踪中添加标记。下面显示了添加两个标记的 hello_world 示例。这就是产生图 14-1 之中结果的代码，hello 和/hello 标记出现在图中大约 300 μs 的位置。

```
#include "kutrace_lib.h"
int main (int argc, const char** argv) {
  kutrace_trace::mark_a("hello");
  printf("hello world\n");
  kutrace_trace::mark_a("/hello");
  return 0;
}
```

该库通过一个未使用的系统调用（syscall 编号范围内的最后一个，但远高于最后一个合法的编号）实现了对 KUtrace 的控制。另一种实现方法是使用一个 ioctl 调用，但跟踪 ioctl 调用自身会让问题变得复杂。

14.7　后处理

在创建了一个原始的二进制跟踪文件后，就可以对其进行后处理，生成一个可以显示并动态平移、缩放以及标注的 HTML 文件。这涉及 5 个程序，其中两个是可选的，如图 14-3 所示。

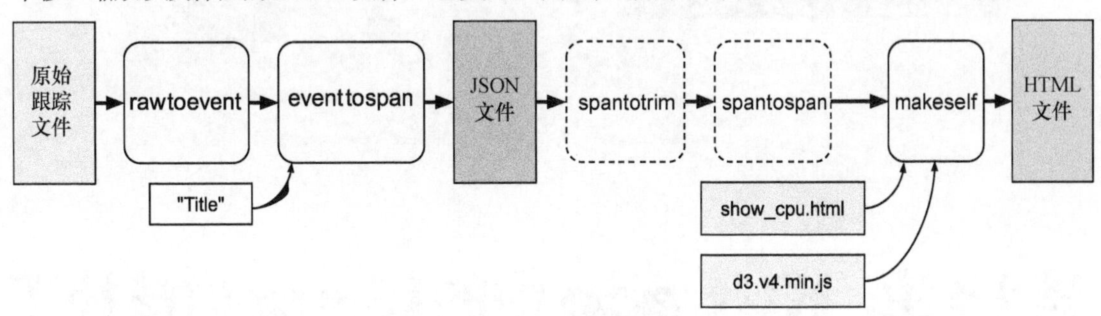

图 14-3　跟踪后处理的概览

第 18 章将进一步讨论这些程序。第 19 章将介绍用于显示的 HTML 文件以及用户界面操作。

14.8　关于安全问题的一点说明

根据设计，KUtrace 记录了服务器上的所有程序的 CPU 活动。KUtrace 的目标用户是此类服务器的所有者，以及运行在专用服务器上的程序的所有者。但是，某个用户可以恶意使用 KUtrace 来观察其他用户的程序的行为。对此，真正有效的控制是要求插入 KUtrace 可加载模块的用户拥有合适的管理权限。在加载了该模块后，由于实现了用于控制的 syscall(···)，因此会出现一种潜在的安全问题。通过使用越界的下标和类似于幽灵的攻击，恶意的用户态程序可以使用转储跟踪缓冲区数据的底层调用，读取内核映射的内存中的全部内容。

14.9　小结

KUtrace 可以捕捉用户态和内核态执行的每次切换，并记录它们的时间戳。对于发生在所有 CPU 核心上的所有事件，KUtrace 给出了分辨率极高的跟踪结果，什么也不会丢失，并且开销极小。除了直接查看输出的 HTML 图形，我们还可以对中间 JSON 文件运行搜索脚本，以了解关于系统异常的信息。

KUtrace 并不用于内核调试或用户代码调试，而是用于观察复杂软件的（可能令人意外的）真正执行动态。

CHAPTER 15

第15章 KUtrace中的Linux内核补丁

Kutrace 可以捕捉用户态和内核态执行之间的每次切换，并记录它们的时间戳。KUtrace 是由一组 Linux 内核补丁、一个运行时可加载内核模块、一个用户态的控制库以及多个后处理程序构成的。本章将介绍整体跟踪设计和内核补丁。第 16 章将介绍补丁调用的一个相关可加载模块。实现机制都包含在这个模块中，打补丁的内核文件只包含钩子。

跟踪代码会填充内存中一个保留的内核缓冲区，该缓冲区分成多个固定大小的块，每个块包含多个跟踪条目。整个缓冲区只在动态内核内存空间中通过 vmalloc 分配一次，该内存空间可以使用页表将连续的虚拟页面映射到不连续的物理页面。KUtrace 不使用 1∶1 的内核内存空间，因为那连续的物理内存（通过 kmalloc）；跟踪缓冲区可能太大，无法在 1∶1 的内核空间中进行合理的分配。

这个缓冲区在内部分成多个 64 KB 的跟踪块，每个 CPU 核心写入自己的当前活跃块，偶尔也会切换到一个新块。多字跟踪条目不会跨越跟踪块的边界。全零的条目则被用作 NOP 补白。让不同的 CPU 核心写入不同的块有两个作用：与让多个 CPU 核心写入相同的缓存行相比，这种方法不会发生缓存行抖动，而且不需要在每个跟踪条目中存储 CPU 编号；每个跟踪块记录一次 CPU 编号就足够了。这两点都有助于保持 KUtrace 的低开销，前者降低了 CPU 开销，后者降低了内存开销。64 KB 的选择有一些随意：它是 2 的整数次幂；它足够小，所以即使跟踪缓冲区大小有限，每个 CPU 核心也有好几个跟踪块可用；它足够大，它使得切换到新块的平均开销很小。

本章的前几节将介绍用到的数据结构，包括各种跟踪条目；后几节将介绍记录各种条目的代码补丁。

15.1　跟踪缓冲区数据结构

图 15-1（a）显示了跟踪缓冲区的布局，其中有些跟踪块已经被填充，有些还是空的，并且有 4 个不同的 CPU 正在写入 4 个块。CPU3 和 CPU1 用跟踪条目填充了活跃块的一部分。CPU2 即将填满其跟踪块，然后切换到 next_free_block 指向的块，并将指针递增 64 KB。当 next_free_block 达到 limit 时，跟踪要么停止，要么（在飞行记录器模式下）回绕到缓冲区的前端并继续跟踪，覆盖掉较早的块。可选的回绕方式会保留跟踪块 0 不动，而直接开始覆写跟踪块 1，从而在跟踪块 0 中保留跟踪的开始时间，以及所有缺页错误、中断和系统调用事件编号的最初名称。

每个 CPU 都有一个很小的数据结构，用于描述 CPU 的活跃块，其中包含两个指针：一个指向该块中下一个要写入的 8 字节跟踪条目，另一个指向该块的末尾，如图 15-1（b）所示。当 CPU 的 next_entry 指针到达活跃块的 limit 时，跟踪代码会切换到一个新块。

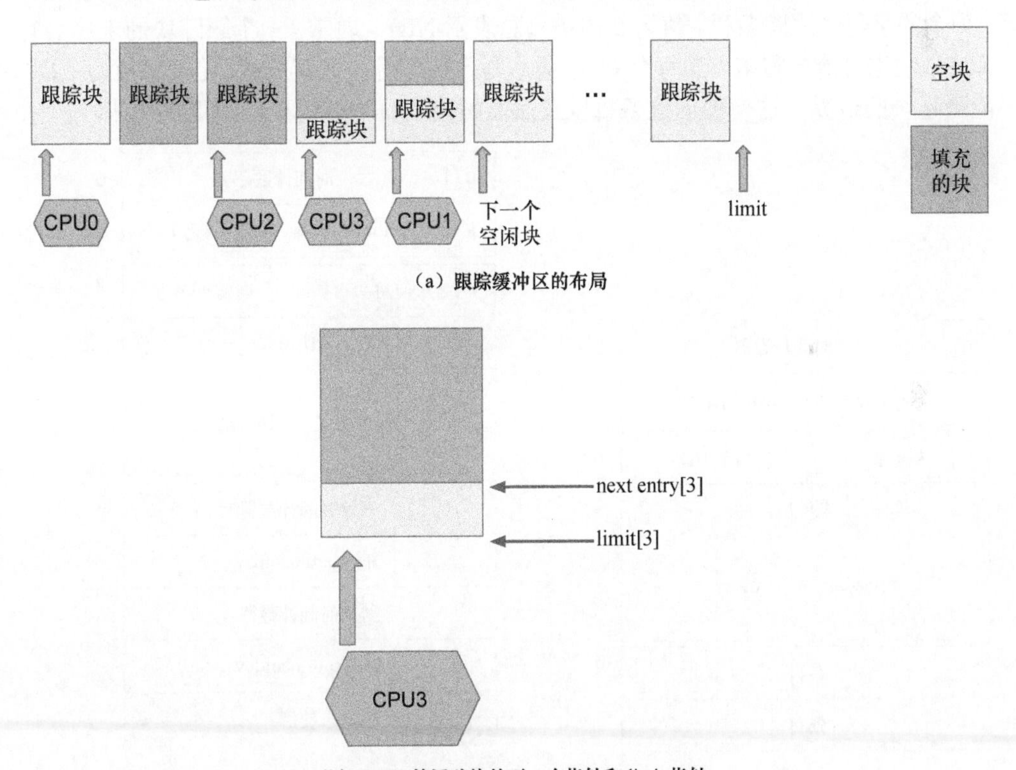

（a）跟踪缓冲区的布局

（b）CPU3 的活动块的下一个指针和 limit 指针

图 15-1　跟踪缓冲区与 CPU 的活动块的指针

当激活可选的每周期指令数记录时，跟踪缓冲区有 7/8 用于跟踪块，如图 15-1 所示，剩余的 1/8 用于记录与每个跟踪事件对应的 4 位 IPC。下面我们将讨论各种跟踪条目。大部分跟踪条目的长度是固定的，但用于记录名称的条目的长度是可变的。

15.2 原始跟踪块的格式

原始跟踪块由 64 KB 的块组成，每块包含 8192 字，每个字包含 8 字节。每块的前几个字包含一些元数据，后面是跟踪条目。每个跟踪块会根据需要，填充全 0 的 NOP 字以进行补白。原始跟踪条目具有基于某个自由运行的硬件时间计数器的时间戳，但我们想把这些时间戳映射到挂钟时间。通过在每个跟踪块中记录<时间计数器, gettimeofday>对，并在第一个跟踪块中记录整体跟踪的开始/结束对，即可启用这种映射。通过在每个跟踪块中记录完整的时间计数器，这种设计还允许利用从每个条目中记录的 20 位截断时间戳值，为每个事件重建出时间戳的高位。

如图 15-2（a）所示，每个跟踪块的开头有 6 个字的元数据，用于记录关于自身的信息；并且第一个块还有额外的 6 个字的元数据，用于记录关于整个跟踪的信息，如图 15-2（b）所示。剩余的字包含跟踪条目，值为 0 的条目总表示 NOP。通常，一个跟踪块的末尾会有 0～8 个 NOP，但也可能多得多，为每个 CPU 最后写入的跟踪块尤其如此。包含多个字的跟踪条目不能跨越块的边界，这使得创建条目以及后面解码条目更加简单，也更快一些。

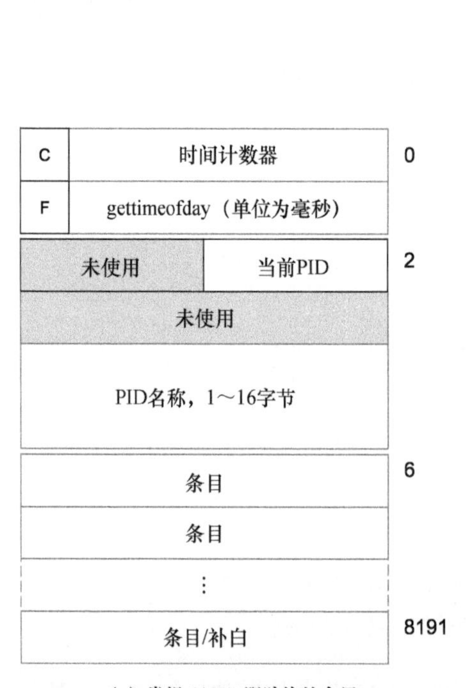

（a）常规 64 KB 跟踪块的布局

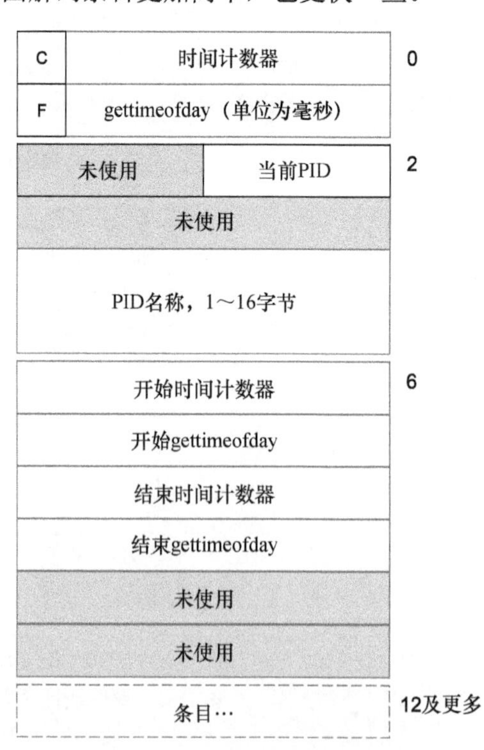

（b）第一个 64 KB 跟踪块的布局

图 15-2 跟踪块的布局

第一个字在它的低 56 位包含一个时间计数器值，用于记录把该跟踪块分配给 CPU 的时间；第二个字包含对应的 gettimeofday，这是一个微秒值。第一个字的高 8 位包含该跟踪块中所有条目的 CPU 编号。第二个字的高 8 位包含一些标志，后面将会详细介绍它们。接下来的 4 个字包含给定 CPU 上的当前进程 ID 和进程名称。这种信息稍微有点冗余，但它们可以让重新构建回绕跟踪的工作更加健壮。未使用的字段允许你将来添加针对每个跟踪块的元数据。

第一个跟踪块还包含另外 6 个字的跟踪元数据，它们提供了整体跟踪的开始时间和结束时间对，并为你将来添加元数据留出了两个未使用的字。对于回绕跟踪，开始时间和结束时间可能相隔数小时。

15.3 跟踪条目

如第 14 章所述，跟踪条目的基本设计是每个条目占用 4 字节，其中包含一个 20 位的时间戳和一个 12 位的事件编号。但是，跟踪条目在大部分情况下是系统调用和返回，Ross Biro 在 2006 年指出，记录关于系统调用的实参和返回值的一些信息可以提供很大的帮助。在一次跟踪的大约 94%的时间里，返回条目会紧跟系统调用、中断或缺页错误条目（见图 15-3（a））。

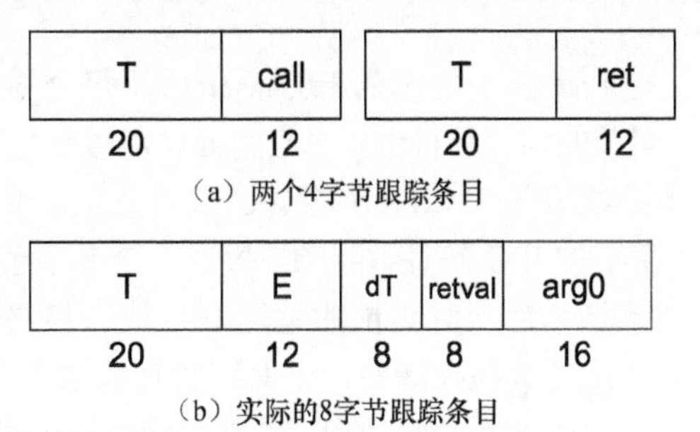

（a）两个4字节跟踪条目

（b）实际的8字节跟踪条目

图 15-3 两个 4 字节跟踪条目以及实际的 8 字节跟踪条目

KUtrace 利用了这一点，将匹配的调用/返回对包装到了一个 8 字节的条目中（见图 15-3（b）），并使用 3 个释放出来的字节来记录第一个系统调用实参的低 16 位，及其返回值的低 8 位。这么做的另一个好处是，创建这个 8 字节的条目要比创建两个 4 字节的条目快一些，因为只需要对 next_entry 指针执行一次原子更新。考虑到简单性、对齐和速度，可以让所有跟踪条目都是 8 字节的，即使它们包含一个未匹配的事件。一些只包含一个事件的条目浪费了 4 字节，而另一些条目使用这些空间来记录一个 32 位的实参。

8 字节系统调用跟踪条目的 5 个字段如下。

- T：20 位的系统调用时间戳，每 10～40 ns 递增一次，每百万个计数进行一次回绕，总共记录 10～40 ms。
- E：12 位的事件编号，如系统调用编号、中断编号、错误编号等。
- dT：优化后的调用/返回对的 8 位的时间差；返回时间为 T+dT；0 意味着非优化的系统调用/中断/错误。
- retval：系统调用返回值的低 8 位，有符号值，取值范围为−128～+127；retval 足够大，可以保存 Linux 系统的标准错误代码（−1～−126）。

- arg0：系统调用的第一个参数的低 16 位，常常包含文件 ID、字节计数或其他有用的数据。

如果 dT 或 retval 无法放到 8 位中，或者其他条目将 syscall 和 sysreturn 分隔开，则使用两个非优化的条目，一个用于 syscall 及其 arg0 字段，另一个用于 sysreturn 及其返回值的低 16 位（保存在 arg0 字段中）。只有在大约 6%的时间会发生这种情况。

匹配的错误/返回对和中断/返回对使用相同的、优化后的模式，可使用非零的 dT 指示优化后的匹配对。错误和中断不使用 ret 与 arg0 字段。剩下的不那么常见的条目的大小也都是 8 字节或 8 字节的倍数，从而让所有跟踪块中的所有条目保持自然对齐，这也使得创建这些条目很快、很简单。

一些跟踪条目包含各种事件的名称。这些条目的大小可变，包含 2～8 个 8 字节的字。第一个字的格式如图 15-3 所示，其余的字包含 1～56 字节的名称（必要时会进行截断），最后一个字会用零填充。对于这些条目，事件编号指定了条目大小和命名的条目的类型，arg0 字段指定了命名的具体系统调用编号等。

附录 B 提供了关于跟踪条目的更多细节。

15.4 IPC 跟踪条目

在激活了可选的 IPC 记录后，每个原始事件将有另外 4 位用于 IPC。一对事件被打包到 8 字节的跟踪条目中，对应的 IPC 对被打包到 1 字节中。跟踪缓冲区被拆分为 $N * 64$ KB 的跟踪条目数组和 $N * 8$ KB 的 IPC 条目数组。用于访问 8 字节跟踪条目数组项的下标也适用于访问 1 字节的 IPC 条目数组项。每当一个 8 字节条目记录了一个优化的进入/退出对时，对应的 IPC 字节将包含一对 4 位的量化 IPC 值。最终效果是，底层的 32 位条目变成 36 位条目，但额外的 4 位是单独存储的，以保持所有数据在合理的内存边界上对齐。

为了计算 IPC，跟踪实现代码在发生每个事件时将记录时间戳 T 以及 CPU 核心中连续提供的指令完成执行计数 R，并在发生下一次事件时，记录时间戳 $T2$ 和指令完成执行计数 $R2$。$IPC = (R2 - R) * C / (T2 - T)$，其中常量 C 会将时间戳映射到 CPU 周期。这个 IPC 值被量化到 4 位中，并存储在与 $T2$ 事件对应的位置。因此，每个事件都有对应的、该事件发生前的时间段的 IPC。对于标记了切换到内核代码的事件的跟踪条目，IPC 描述了之前用户代码的执行情况；对于标记了切换回用户代码的事件的返回条目，IPC 描述了之前执行的系统调用/错误/中断内核态代码的执行情况。

如果不做除法，虽然还可以将原始的 $R2$ 值与 $T2$ 一起记录，但这会让跟踪条目变成原来的两倍大，导致跟踪的长度减少一半或者跟踪缓冲区的大小增加一倍。通过每次做除法并量化到 4 位，我们的设计就用不多的 CPU 时间影响代价换取了大得多的内存空间代价影响。

但是，读取指令完成执行计数器的 CPU 开销仍然很大。在当前的 Intel 芯片上，读取这个计数器特别慢，需要大约 35 个周期；除法也非常慢，需要大约 30 个周期才能计算出商的 4 位。另外，读取指令完成执行计数器需要针对每个 CPU 进行一些元数据设置，比如指定要统计什么；而对于超线程的 x86 处理器，则需要指定是对每个物理核心进行统计（将两个超线程的计数合并到一起），还是对每个线程进行统计。在每次跟踪开始时，执行这种设置的内核代码会在每个 CPU 线程中运行一次，覆写之前的任何设置。这意味着 IPC 跟踪与机器上其他任何试图使用不同计数器设置的任何东西都不兼容。

如果在没有任何全局元数据设置的情况下实现芯片，提供对一个自由运行的、固定速率的时间计数器的单周期访问，以及对一个专用的、每个超线程完成执行指令的计数器的单周期访问，同时提供一个整数除法，使其用时不超过几个启动周期加上商的每位需要的 1 个 CPU 周期（由被除数和除数的前导零/符号位的个数差异决定），那么就会好很多。

15.5　时间戳

20 位的时间戳来自计算机上自由运行的高分辨率时间计数器，它每 10～40 ns 递增一次。这个分辨率与创建跟踪条目所需的 10～20 ns 的 CPU 开销一致。更高的分辨率没有必要，因为短时间内的跟踪开销会让它来不及处理；更低的分辨率则会产生问题，因为这会掩盖真实的时间间隔。在 x86 处理器上，可使用由 rdtsc 指令返回的恒定速率的周期计数器并右移 6 位——对于一个 3.2 GHz 的 CPU 时钟，移位后的值运行在 50 MHz，所以每 20 ns 递增一次。而在 ARM 处理器上，可使用物理计时器计数寄存器 cntpct_el0，它以 CPU 时钟频率的 1/64 运行：对于 2 GHz 的 CPU 时钟，cntpct_el0 运行在 31.25 MHz，每 32 ns 递增一次。

时间计数器的低 20 位会记录到每个跟踪条目中。每完成百万（实际上是 1 048 576）次计数，这个 20 位的字段就会回绕一次，或者对于每 20 ns 递增的计时器，大约每 20 ms 进行一次回绕。更高分辨率的计数器会缩短这个回绕时间，而更低分辨率的计数器会延长这个时间。要在以后重建计时器计数器的高位，只需要每个回绕间隔、每个 CPU 核心有至少一个跟踪事件即可。但是，如果在一个 CPU 核心上在超过 20 ms 的时间内没有发生任何事件，重建操作就会失败。有计时器中断就足以解决这个问题。因此，目前的 KUtrace 实现依赖每个 CPU 核心上至少每 10 ms 发生一次计时器中断。

15.6　事件编号

KUtrace 使用 12 位的事件编号，它的几个高位指示了条目的类型，剩余的低位则给出了该类型的一个特定数字，如附录 B 所示。

15.7　嵌套的跟踪条目

创建跟踪条目有一个复杂的地方：现代 Linux 内核是可中断的，所以处理某个任务的内核代码可能会被抢占，以处理其他更重要的任务。特别是，对系统调用的处理可能被一个I/O中断抢占。当发生这种情况时，KUtrace将把这个序列记录为

```
syscall number 1234
  interrupt number 56
  interrupt_return 56 （有可能通过调度程序和上下文切换退出）
sysreturn 1234
```

一般来说，被跟踪的条目有可能嵌套了好几层。在阻塞的系统调用最终返回时，有可能在一个不同的CPU上，而不是在启动调用的CPU上，继续执行和返回。更遭糕的是，用于创建跟踪条目的代码在执行过程中有可能发生中断，这使得跟踪的实现细节相当难以把握。第16章将继续讨论这个主题。

现在，你只需要记住，系统调用、中断和错误可能嵌套，而且CPU A上启动的系统调用在执行到返回用户代码的sysreturn时，有可能是在CPU B上运行的。

15.8 代码

内核补丁包含少量的数据，并且在几个选定的位置会添加通常只包含一行代码的补丁。内核全局变量kutrace_tracing通常是false，但在启用跟踪时会设置为true。大部分补丁只检查这个布尔值，并用一行代码调用可加载模块中的跟踪实现。对于一个系统调用条目，模式如下。

```
if (kutrace_tracing) {
  (*kutrace_global_ops.trace_1)(KUTRACE_SYSCALL64 + number, arg0);
}
```

其中，kutrace_global_ops是包含4个子程序指针的小数组，每个指针都指向可加载模块中的实现代码。

我们不直接在每个补丁点插入这种代码，而将代码封装到一个内核宏中。如果在编译内核时没有指定CONFIG_KUTRACE，则不会为这个宏展开任何代码；否则，将展开为上面的代码。因此，大部分补丁只包含如下单行代码。

```
KUTRACE1(event_number, argument);
```

例如，下面是arch/x86/kernel/apic/apic.c中用于记录计时器中断和返回的一个补丁的两行完整代码（已加粗显示）。

```
  ...
KUTRACE1(KUTRACE_IRQ + kTimer, 0);
local_apic_timer_interrupt();
KUTRACE1(KUTRACE_IRQRET + kTimer, 0);
exiting_irq();
```

```
set_irq_regs(old_regs);
...
```

其中，IRQ 代表 interrupt request（中断请求）。

大部分跟踪条目是由内核态的补丁创建的，但也有一部分是由用户态代码显式创建的。内核态补丁可以创建系统调用/中断请求/错误/调度程序的进入和退出事件。此外，还有处理器间中断、设置可运行、睡眠状态、数据包哈希、上下文切换和 PID 名称事件等。用户态代码可以创建系统调用/中断请求/错误名称事件、RPC ID 事件、锁事件、排队事件，以及明确的、对人有意义的标记标签和编号。

15.9　数据包跟踪

第 6 章讨论了一个很大的意外延迟的问题，它发生在从客户端机器 A 上的用户代码向服务器机器 B 上的用户代码发送一个 RPC 请求消息时。如果不知道消息什么时候在网络上实际传输，就很难理解延迟是发生在客户端或服务器的内核代码中、网络硬件上，还是发生在未及时检查请求消息的服务器用户代码中。不知道延迟发生在什么地方，就无法知道应该修复客户端代码，还是修复服务器代码或网络硬件。

KUtrace 有一个简单的工具，它可以记录内核 TCP 或 UDP 网络代码在什么时候看到了数据包。通过记录 RPC 请求或响应消息的第一个数据包进入内核时的时间戳，并将这个时间戳与客户端和服务器机器上的用户代码处理此消息的时间戳关联起来，就可以知道大的消息延迟发生在什么地方。

相应的补丁包含在 net/ipv4 上面的 TCP 和 UDP 代码中，可以为 ipv6 添加类似的补丁。在每个收到的入站数据包的 TCP 或 UDP 头被解析后，可以创建一个 KUtrace 条目；在每个发送的出站数据包被排队发送给 NIC 硬件之前，也可以创建一个 KUtrace 条目。这些代码位置在可能的前提下，应尽可能接近 NIC 硬件的接收/传输时刻。它们提供了第 6 章讨论过的、缺失的 *w*1 和 *w*3 时间戳。

让内核补丁直接包含本书使用的特定 RPC 消息格式的详细信息，并不是一个好办法。为 10 GB/s 或更大带宽的网络上的每个数据包创建 KUtrace 条目，也不可取，因为 KUtrace 花的时间可能超过数据包之间的到达时间。因此，我们需要过滤出要跟踪的数据包，并且必须做到很快。KUtrace 实现的简单机制是对每个数据包负载的前 24 字节与掩码的 24 字节执行 AND 运算，然后执行 XOR 运算以将结果减小到 4 字节，并对这 4 字节与任意的 4 字节匹配值进行对比。如果数据包匹配，就会创建 KUtrace 条目。掩码字节和匹配值是加载 KUtrace 模块时提供的参数，它们根本不会编译到内核中。

过滤比较包含 3 次 8 字节的 AND、4 次 XOR 和一次分支跳转，用时不超过 10 ns。选择 24 字节是为了做到快速，同时仍然有足够的字节来进行有用的过滤。一个全零的掩码和零匹配值将跟踪全部数据包，一个全零的掩码和非零匹配值将不跟踪任何数据包。让掩码传递 4 字节 RPC 标记签名字段，并让匹配值等于签名常量，即可过滤出本书中使用的 RPC 消息的开始部分数据包，以及偶尔还有的误匹配。正是为了快速识别消息的开头，我们才包含这个常量签名字段。注意，对于 TCP 连接，一些消息可能在数据包的中间开始，目前这种设计中就会看不到它们（例如，TCP 代码可能会把两个并行的 300 字节的请求消息合并到一个数据包中）。如果想求快，就做不到十全十美。

在选择了要跟踪的数据包后，让内核代码解析数据包以找出 RPC 的 ID 或本书使用的其他高级信息，不是理想的做法。相反，KUtrace 条目记录了数据包负载的前 32 字节（TCP 或 UDP 报头后面的数据）的前 32 字节的数据包哈希。负载小于 32 字节的小数据包则不会跟踪。这个哈希是针对用户态的代码所能够看到的数据计算得到的。

这个数据包跟踪设计的最后一部分是用户态的 RPC 库中的代码，这些代码在传输消息的系统调用前后，会记录发送或收到的每个消息的相同 32 字节的哈希及其时间戳。这样后处理就有了足够的信息，从而能够显示 RPC 消息延迟的正确责任方。在创建图 6-8 时，我们并没有这种数据包跟踪信息，所以无法确定传输延迟发生在什么地方。第 26 章将使用这里描述的数据包跟踪机制。

实现类似结果的另一种方式是使用 tcpdump 或 Wireshark，首先捕捉每个数据包的前 100 多字节，然后识别出 RPC 消息的开头。这种方法虽然能够工作，但是花费的时间是原来的 5～10 倍，并且会遇到时间基准问题。tcpdump 记录的内核态时间值与用户态的 gettimeofday 值不同，两者的差异不是常量，并且不一定很小。笔者曾观察到 200～400 μs 的偏差，并且每秒还有 40 μs 的漂移。此时需要对 tcpdump 时间戳与 KUtrace 时间戳进行时间对齐，以便理解消息延迟。笔者对第 26 章的一些图形进行了时间对齐。在 KUtrace 中直接记录数据包不仅更快，而且能给出一致的时间戳。

15.10 AMD/Intel x86-64 补丁

对于 x86-64 架构和 Linux 内核 4.19，共 16 个内核代码文件有补丁（如果 x86 中断处理和节能处理不这么分散的话，文件也许会少一些）。补丁主要会跟踪系统调用、中断、缺页错误和调度程序。打了补丁的代码同时运行在多个 CPU 核心上，而且在一些打了补丁的路径中，可能发生嵌套的中断/错误。

每当调度程序决定进行上下文切换时，补丁就会创建一个上下文切换条目，其中包含即将运行的新进程的 ID。这一实现也可以为该进程 ID 创建一个名称条目。

当某个阻塞的进程再次被设置为可运行时，调度程序也可能参与进来，因为该进程可能有足够高的优先级，需要立即运行。在 Linux 内核的源代码库中，有几百个位置可以将某个任务设置为可运行，其中大部分位于各个设备驱动程序中，但在调度程序运行前，这些设置都没有任何作用。我们可以在调度程序自身的唤醒代码中捕捉最常见的 set_current_state(TASK_RUNNING)切换。

KUtrace 真正的实现机制包含在可加载模块中，位于补丁接口的另一端。我们对可加载模块可进行修改和重新构建，而这不会修改或重新编译打了补丁的内核。

构建时（build-time）内核文件.config 的末尾需要添加额外的 CONFIG_KUTRACE=y 行，以创建包含 KUtrace 的内核；否则，构建过程根本不会生成 KUtrace 代码。

代码片段 15-1 列出的打了补丁的源代码文件包含在 linux-4.19.19/目录中。

代码片段 15-1　KUtrace x86 内核补丁

```
Syscall kernel/user transitions:
    arch/x86/entry/common.c.patched Also the trace_control hook

Interrupt kernel/user transitions:
    arch/x86/kernel/irq.c.patched    Most hard interrupts/top half
    kernel/softirq.c.patched         Most soft interrupts/bottom half
    arch/x86/kernel/apic/apic.c.patched    Timer interrupt
                                           also PC samples, CPU
                                           frequency samples
    arch/x86/kernel/smp.c.patched    Interprocessor interrupt
                                     send/receive
    arch/x86/kernel/irq_work.c.patched     Interprocessor interrupts
                                           more work

Fault kernel/user transitions:
    arch/x86/mm/fault.c.patched            Page faults

Scheduler:
    kernel/sched/core.c.patched      Scheduler itself, context switches
                                     also make-runnable, PID names
Idle loop:
    drivers/idle/intel_idle.c.patched      Intel-specific idle loop,
                                           power saving
    drivers/acpi/processor_idle.c.patched  Generic idle loop, power saving
    drivers/acpi/acpi_pad.c.patched        power saving
    arch/x86/kernel/acpi/cstate.c.patched  power saving
Other:
    fs/exec.c                              New-process PID names
    net/ipv4/tcp_input.c                   RX filtered packet hash
    net/ipv4/tcp_output.c                  TX filtered packet hash
    net/ipv4/udp.c                         RX/TX filtered packet hash
Build files:
    .config                                Adds CONFIG_KUTRACE=y
    kernel/Makefile
    arch/x86/Kconfig
Added files:
```

```
include/linux/kutrace.h              kutrace definitions
kernel/kutrace/kutrace.c             kutrace variables
kernel/kutrace/Makefile
```

针对 ARM64 的一组类似的补丁在一块 Raspberry Pi-4B 开发板上实现了 KUtrace。特定于机器的补丁包含在 arch/arm64 而不是 arch/x86 目录中。其余补丁是 x86 和 ARM 架构共享的。可加载模块包含对机器特定的寄存器（Machine Specific Register，MSR）的全部 KUtrace 访问，它们可根据条件进行编译，以匹配相应的架构。

15.11 小结

KUtrace 可以捕捉用户态和内核态执行的每次切换，它是通过一组 Linux 内核补丁、一个运行时可加载内核模块、一个用户态的控制库以及多个后处理程序构建起来的。这些补丁只是小钩子，它们影响的内核源文件数不超过 20。真正的实现机制被隔离到了一个可加载的 Linux 模块中，第 16 章将介绍这个模块。

跟踪代码会填充内存中的一个保留的内核缓冲区，该缓冲区包含多个固定大小的块，每个块包含多个跟踪条目。每个 CPU 核心将写入一个不同的块，从而最小化缓存行共享。

将一个带时间戳的内存条目写入缓冲区，需要大约 50 个或更少的 CPU 周期，所以对于每个 CPU 核心每秒发生 200 000 个事件的情况，CPU 开销远远小于 1%。第 16 章将讨论可加载模块如何实现这种令人惊讶的低开销。

习题

给定一个元素为 20 位时间戳的数组，以及一个起始的、完整的 64 位时间戳，构建一个小例程，将 20 位的时间戳扩展为 64 位。

CHAPTER 16

第 16 章 KUtrace 的 Linux 内核可加载模块

Linux 可加载模块是一个单独编译的可执行文件，可动态加载，以链接到内核以及添加新的内核代码。这是实现设备驱动程序和其他内核扩展的标准机制。可加载模块的一个优点是，在对它们进行修改和重新构建时，不需要重新编译内核，也不需要重启。KUtrace 的可加载模块实现了对跟踪条目的读写以及对跟踪机制的控制。

16.1 内核接口数据结构

内核补丁和可加载模块之间只有一个小接口，它由内核导出的两个全局变量组成，如图 16-1 所示。

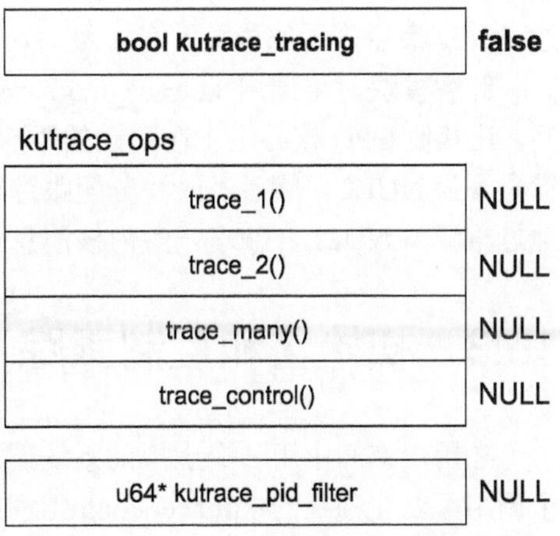

bool kutrace_tracing	false
kutrace_ops	
trace_1()	NULL
trace_2()	NULL
trace_many()	NULL
trace_control()	NULL
u64* kutrace_pid_filter	NULL

图 16-1 从内核向可加载模块导出的接口

在启动时，至关重要的布尔量 kutrace_tracing 设置为 false，而其他字段都设置为 NULL。当加载并初始化 KUtrace 可加载模块后，就会分配跟踪缓冲区，并设置 4 个 kutrace_global_ops 指针，使它们指向模块内对应的代码例程的地址，如图 16-2 所示。当卸载可加载模块时，再次设置 kutrace_tracing = false，并将其他字段设置为 NULL。

当关闭跟踪时，内核补丁将以极快的速度只做很少的工作：执行一个简单的测试以及预测良好的分支。关闭跟踪时的补丁开销小到难以测量。当打开跟踪时，内核补丁只是调用 4 个子程序中的一个。跟踪实现的其他部分是在可加载模块中完成的，这正是本章将要讨论的主题。

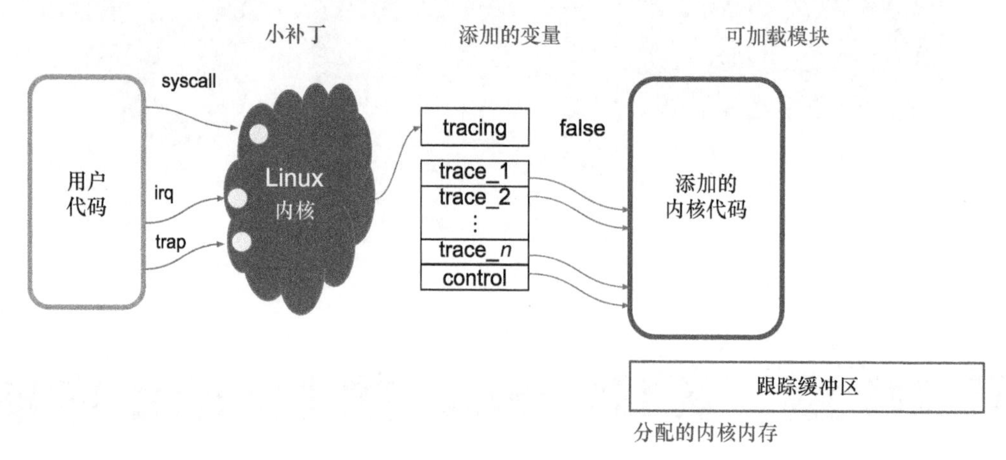

图 16-2 加载和初始化模块后的代码和接口

可加载模块有 3 组例程，一组用于模块加载/卸载，另一组用于初始化和控制跟踪，还有一组用于实现内核补丁中的跟踪调用。

16.2 模块加载/卸载

当加载模块时，将调用 kutrace_mod_init 例程。它首先分配跟踪缓冲区（大小由加载模块的 insmod 命令的参数指定），并分配 8 KB 的 PID 过滤器数组。然后，使用一个空的跟踪缓冲区来设置初始状态为关闭的跟踪。接下来，才设置 4 个子程序的地址，输出一条可以通过 dmesg 命令查看的内核消息。最后，结束。

卸载模块时将调用 kutrace_mod_exit 例程。它首先确保关闭了跟踪，并等待几毫秒的时间，让其他 CPU 核心上正在记录的跟踪条目能够完成。此外，它还会将所有的跟踪缓冲区指针设置为 NULL。然后，取消分配跟踪缓冲区和 PID 过滤器数组。接下来，将 4 个子程序的地址重置为 NULL，输出一条内核消息。最后，结束。

16.3 初始化和控制跟踪

在用户空间中用一个虚拟的系统调用编号执行系统调用，就会到达主跟踪控制例程。这个调用可以在独立的 kutrace_control 程序中，也可以编译到任何用于自我跟踪的程序中。这个调用会进入 entry/common.c 或 entry.S 的标准内核系统调用处理程序中，但由于不是有效的系统调用编号（有效的系统调用编号必须小于 syscall_max），因此无法通过检查。接下来，在很少使用的错误路径上，针对我们的虚拟值的显式检查将使其转入可加载模块中的 trace_control 入口点。如果没有加载模块，这个检查将返回标准的 ENOSYS 错误代码来表示非法的系统调用。

控制系统调用有两个 uint64 参数——command 和 arg。command 是一个小整数，用于指定大约 10 个不同控制动作中的一个，包括 KUTRACE_ON 和 KUTRACE_OFF。arg 要么是一个整数，要么是一个指向更大数据的指针。第 17 章将详细介绍控制命令。

16.4　实现跟踪调用

跟踪实现例程主要有两个：Insert1，用于普通的、一个字的跟踪条目；InsertN，用于变长的名称条目。它们都有两个接口：一个接口可在内核代码中直接调用；另一个接口则稍有不同，需要通过用户代码中的控制系统调用来进行调用。我们将首先介绍内核态 Insert1 的工作机制，然后介绍 InsertN 和用户态调用的差异。

16.5　Insert1

Insert1 有一个参数——一个填充的 uint64 跟踪条目，其中 *T*=0。在最常用的路径上，它通过 get_claim(1)为一个 8 字节的跟踪条目分配空间，读取时间计数器，将低 20 位插入 T 字段，存储该字，然后返回使用的跟踪字的个数（此处为 1）。get_claim 例程检查发现请求的长度是合理的，于是选择当前 CPU 的跟踪块指针的地址，以原子方式递增 next 指针，然后与 limit 指针进行比较。如果新条目能够放在当前块中，就返回。代码结构已经过精心设计，以允许嵌套的中断在当前跟踪块中添加条目，溢出当前块并分配一个新的跟踪块。常用路径是没有锁的，并且会阻止内核抢占，以避免运行中的代码被移到一个不同的 CPU 核心上，进而避免出现一个不同的跟踪块和<next, limit>对。在我们的示例服务器上，这个过程用时不超过 50 个 CPU 周期（大约 15 ns）。

有几个因素可能导致代码离开正常的快速路径。假设为跟踪条目分配空间依赖 next 指针的原子递增。如果递增停留在当前跟踪块内，则一切顺利，并且没有其他跟踪条目会使用相同的空间。即使 Insert1 代码中断，并且中断处理在返回前创建另外的跟踪条目，也是如此（参见代码片段 16-1）。

代码片段 16-1　get_claim 例程中断，但中断发生在读取 limit2 之后

```
Insert1(syscall 123):
  T1 = time_counter
  get_claim(1)
  Get limit1 = limit[cpu]
  Atomic increment next[cpu], reserving address A
```

```
Get limit2 = limit[cpu] again
  ---> interrupt occurs
  Insert1(interrupt 45), at A+1 with T2 = time_counter
  Insert1(interrupt_return 45), A+2 with T3 = time_counter
    BUT A+2 doesn't fit in current traceblock, so switch to a
    new one and change next[cpu] and limit[cpu] to match
  <--- interrupt returns
Compare limit1 to limit2. If equal, all is good
Compare A to limit2[cpu], the old one. All is good; return A
Finish Insert1(syscall 123), with T1
```

在这种场景中，可能出现如下情况：嵌套中断的某个 Insert1 调用在与 limit[cpu]进行对比之前，切换到了一个新的跟踪块。为了处理这种情况，代码在执行完预留地址 *A* 的递增操作之后，将再次读取 limit[cpu]。这种两次读取的方法采用了文献[Lamport 1977]中的思想。在代码片段 16-1 中，中断发生在第二次读取之后，所以 limit1 == limit2，比较 next 和 limit 能够有效地告诉我们——地址 *A* 是否能够放在原始的跟踪块中。通常情况下地址 *A* 能够放在原始的跟踪块中，此时 get_claim 例程将返回地址 *A*，参见代码片段 16-2。

代码片段 16-2　get_claim 例程中断，但中断发生在读取 limit2 之前

```
Insert1(syscall 123):
  T1 = time_counter
  get_claim (1)
  Get limit1 = limit[cpu]
  Atomic increment next[cpu], reserving address A
    ---> interrupt occurs
    Insert1(interrupt 45), at A+1 with T2 = time_counter
    Insert1(interrupt_return 45), A+2 with T3 = time_counter
      BUT A+2 doesn't fit in current traceblock, so switch to a
      new one and change next[cpu] and limit[cpu] to match
    <--- interrupt returns
  Get limit2 = limit[cpu] again
  Compare limit1 to limit2. NOT equal, go back to the top of
    get_claim to allocate a new A
```

但是，如果嵌套的中断发生在读取 limit2 之前，则 limit1 != limit2，这说明跟踪块发生了变化，如代码片段 16-2 所示。当发生这种情况时，想要确定 *A* 是否在原来的跟踪块中并不容易。因此，我们的选择很简单：抛弃 *A*，为 syscall 123 重新调用 get_claim 例程。新的分配将位于新跟踪块的开头，所以总能够放进去（除非大约 4100 个连续中断填满了新的跟踪块，导致发生“饥饿”，但如果真的发生这种情况，那么将会有比跟踪进度更严重的问题需要关心）。

被抛弃的原始跟踪条目槽位 *A* 怎么办？如果我们永远不写 *A*，不就会有一些旧的假数据显示出来吗？这种情况只可能发生在一个跟踪块的最后 8 个字的一个字中，因为 get_claim 例程最大为 8 个字。为了避免旧数据显示出来，我们在每分配一个跟踪块时，就将这个跟踪块的最后 8 个字初始化为 NOP。这也会覆盖多字分配不能完全放在一个跟踪块中的情况——最后几个字被抛弃，多字项将被分配到一个新的跟踪块的开头位置。

代码片段 16-2 只将 *A* 的内容保持为 NOP，后跟原跟踪块末尾的 Insert1(interrupt 45)，然后是 Insert1(interrupt_return 45)，最后是在新跟踪块开头位置重试的 Insert1(syscall 123)。在这种很少见到的事件序列执行后，新跟踪块的前两个条目的时间戳（先是 ts3，后是 ts1）可能是乱序的，因为先捕捉到 ts1。重建程序通过允许时间戳稍微乱序来进行补偿。后处理将把它们放回正确的位置。

Insert1 还有 3 个复杂的地方——进程名称、IPC 和优化的返回处理。如果插入的项是切换到进程 P 的上下文切换，并且进程 P 没有在跟踪中出现过，则在跟踪中首先插入与进程 P 关联的名称。在每次进行上下文切换时都插入进程 P 的名称是可以实现的，但非常浪费；作为替代，跟踪代码将维护一个 64 Kbit（8 KB）的 pid_filter 数组，它使用进程 P 的低 16 位作为下标。这些数组位的初始值是 0。每当发生到进程 P 的上下文切换并且对应的数组位是 0 时，就把进程 P 的名称添加到跟踪中，并将对应的数组位设置为 1，从而只将进程 P 的名称添加到跟踪中一次。或者说几乎只添加一次，因为在飞行记录器模式下回绕代码也会清空 pid_filter 数组，所以在回绕后就会再次把上下文切换的名称插入跟踪中。这补偿了在回绕后旧名称最终会被覆写的问题。

如果激活了 IPC 记录，则使用 get_claim 例程的返回值来定位和更新 IPC 数组中的对应字节。我们只会为单字跟踪条目记录 IPC；对于多字跟踪条目，则整个跳过 IPC 记录。为了减少开销，我们不会将每个跟踪块的 IPC 数组预先置零。相反，我们的设计使用后处理代码来忽略任何未写入的字节。

假设插入的项是从事件 E 返回的，如果前一个条目刚好是对应的对事件 E 的调用，并且能够容纳ΔT 与返回值，就应该把这两个条目合并起来。为了提高速度，可以分两个步骤来进行这种检查：首先检查该项是不是一次返回的，返回值是否能够放在 1 字节中；然后检查前一项是不是对事件 E 的调用，ΔT 是否也能够放在 1 字节中。如果所有检查都通过，则把返回值和ΔT插入前一个条目中，并把从调用到返回的 IPC 值赋给前一 IPC 字节中未使用的高 4 位。Insert1 会退出，并不会调用 get_claim 例程。但只要有任何检查失败，就使用普通的、未优化的 Insert1。

最后，如果 get_claim 例程超出跟踪缓冲区的末尾，并且没有激活飞行记录器回绕，则 get_claim 例程会关闭跟踪并返回 NULL，以指示没有更多空间可用。

16.6 Insert*N*

Insert*N* 的代码相比 Insert1 的代码更简单。在检查了 $N \leqslant 8$ 次之后，Insert*N* 将通过调用 get_claim(*N*)，为一个 *N* 字跟踪条目分配空间，然后读取时间计数器，将其低 20 位插入 T 字段，存储该字，然后返回使用的跟踪字的个数（此处为 *N*）。Insert*N* 既没有进程名称、IPC，也没有优化的返回处理。如前所述，get_claim 例程处理了当前跟踪块中剩余的空间低于 *N* 个字的情况，让前一个块的末尾留下最多（*N*−1）个 NOP，并切换到一个新的块。

对于 Insert*N*，唯一复杂的地方是，跟踪条目数据来自主存，而不是在一个寄存器中传递数据。当在内核代码中直接调用 Insert*N* 时，可使用内核的 memcpy 例程来复制这些字节；但是，当在用户代码中调用 Insert*N* 时，需要使用内核的 copy_from_user 例程，首先将数据从用户地址空间移到内核地址空间中的一个临时位置，并处理任何可能发生的用户空间缺页错误、非法访问或等待磁盘页面读入导致的阻塞。如果复制失败，则用零预先填充的临时位置的第一个字将保持为零。因为指定了一个非法长度 *N*，所以不会创建任何条目，跟踪会停止。

16.7 切换到一个新的跟踪块

每当 get_claim 例程发现请求的字数无法放在当前跟踪块中的时候，就会切换到一个新的跟踪块。多个 CPU 核心可能会同时切换，但是当使用 64 KB 的跟踪块时，每个块有 8192 个 8 字节的条目，所以相对来说发生切换的频率不高。如果某个 CPU 以每秒 20 万个的速度创建新的跟踪条目，则每秒会发生大约 25 次切换，或者每 40 ms 切换一次。由于块的切换时间短于 1 μs，因此我们预期 CPU 核心之间不会发生太大的干扰。

切换跟踪块需要递增全局的 next_traceblock 指针，并与全局的 limit_traceblock 指针进行比较。我们不希望另一个 CPU 干扰这个序列，也不希望在此期间发生并记录任何中断，更不希望更新代码被抢占并移到另一个 CPU 上。为简单起见，get_slow_claim 例程将在一个受内核自旋锁保护的临界区进行更新。

一旦获取新的跟踪块，really_get_slow_claim 例程就会初始化该跟踪块，包括开头的元数据和结尾的 8 个字的 NOP，之后才会设置该跟踪块在给定 CPU 上的 next 和 limit 指针。

16.8 小结

KUtrace 可加载模块实现了全部的跟踪机制，成功地将实际的内核补丁缩小为在少量地方添加一两行代码，来处理内核代码与用户代码之间的切换。这些内核补丁和实现模块之间的接口只是一个布尔变量再加上一个数组，这个数组由补丁可以调用的 4 个子程序指针组成。

跟踪事件记录在每个 CPU 的跟踪块中，随着各个 CPU 核心以不同的速率填充这些跟踪块，它们会动态分配。基本事件记录通过原子加操作为事件保留空间，存储跟踪条目，然后返回。填满的跟踪块会触发切换到一个新块的操作，在此过程中，新块会受到一个全局跟踪缓冲区自旋锁的保护。代码已经过精心设计，即使在有多个 CPU 核心、嵌套事件、内核抢占、进程迁移的时候也十分健壮。

为提高速度，本设计避免在常用路径上使用锁。为了避免不必要的延迟中断与级联等待，对于不常用的跟踪块切换路径，我们也进行了精心的设计，以确保这些路径上在持有自旋锁的时候只做最少量的工作。

CHAPTER 17

第17章 KUtrace的用户态的运行时控制

独立的 kutrace_control 程序提供了用户态下对跟踪的控制。它使用很小的 kutrace_lib.cc 运行时库，后者又使用一个系统调用来到达可加载模块中的 kutrace_control 入口点，如图 17-1 所示。因此，所有控制功能的底层实现都包含在可加载模块中。

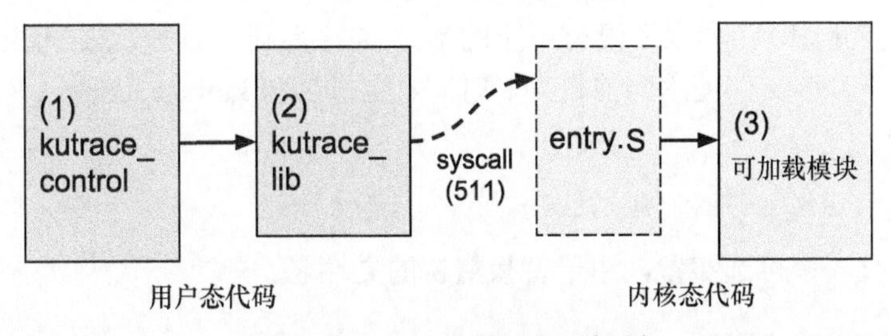

图 17-1 KUtrace 的运行时控制

自我跟踪的程序可以直接调用库代码，以实现更细粒度的或特殊的跟踪控制。用户态库还允许在跟踪中添加对人有意义的标记，正如你在第 14 章中看到的那样。附录 B 也会对此进行详细介绍。

17.1 控制跟踪

库通过使用有效系统调用编号范围之外的一个系统调用，调用可加载模块的实现。（另一种实现方式是使用 ioctl 系统调用，但由于要跟踪 ioctl 系统调用自身，因此问题会变得更加复杂。）如果运行中的内核代码没有实现 KUtrace，或者没有加载可加载模块，则控制系统调用会返回常见的 ENOSYS 错误代码，指出“功能未实现”。为了避免任何二义性，成功的控制调用从来不会返回这个错误代码。

接下来，我们将介绍 kutrace_control 程序的命令行选项、kutrace_lib 库，以及可加载模块的控制系统调用命令。

17.2 独立的 kutrace_control 程序

用户态的 kutrace_control 程序有一个简单的终端接口，它输出一个提示符，并读取单行命令，直到用户输入 quit 命令。它还实现了几条命令，但其中较简单的是 go 命令和 stop 命令。

go 命令会将跟踪缓冲区重置为空缓冲区并开始启动。go 命令有如下 3 个变体：

- goipc；
- gowrap；
- goipcwrap。

它们的作用是设置几个标志位，以启用在每个跟踪的间隔跟踪每周期指令数（Instructions Per Cycle，IPC）的功能，并启用飞行记录器回绕跟踪。

stop 命令会停止跟踪（如果还没有停止的话），并将得到的原始二进制跟踪数据写入一个文件。默认情况下，该文件使用当前日期、时间、主机名和 kutrace_control 程序的进程 ID 来命名，例如：

```
ku_20180606_121314_dclab-2_3456.trace
```

stop 命令接收一个可选实参，用于替换默认的文件名。

```
> stop my_filename.trace
```

wait 命令也很简单。

```
> wait n
```

程序将等待 *n* 秒，然后执行下一条命令。当使用包含 go/wait/stop 的文件提供命令输入时，这种方法可以运行 kutrace_control 来捕捉 *n* 秒的跟踪结果。

原始跟踪文件是自包含的，它们将人们可以理解的名称嵌入跟踪条目中。第 18 章将介绍如何把原始跟踪文件后处理为 JSON 文件，第 19 章将介绍用来显示 JSON 文件的 HTML/SVG 封装器。通过使用 kutrace_control_names.h 头文件，我们可以将所有系统调用、中断和错误的名称编译到 kutrace_control 程序中。这个文件可以定制，特别是可以针对特定计算机上使用的中断的名称。

17.3　底层的 kutrace_lib 库

我们可以把用户态的 kutrace_lib 库链接到任何 C 程序中，以包含对人有意义的标记，或者构建程序的自我跟踪版本。kutrace_lib 库不仅包含直接实现了控制命令的 go、goipc、stop 等例程，还包含几个低级例程。

kutrace_lib 库有几个例程对于用户态的代码特别有用，可在激活跟踪的时候插入 KUtrace 条目。其中，有 4 个例程支持将用户选择的标记插入跟踪中，如第 14 章的 hello_world 示例所示；还有一个通用的例程支持任意插入一个跟踪条目，这有助于 RPC 和锁库记录服务的是哪个 RPC ID 或者持有的是什么锁。

kutrace::mark_a(const char* label)会在跟踪中插入一个包含 1～6 个字符的标签。该标签使用 base40 编码存储在 32 位中，base40 编码允许使用 26 个字母、10 个数字以及句点、斜杠和连字符。如图 14-1 所示，此类标签的颜色是红色，显示在 CPU 时间线的下方。按照约定，以斜杠开头的名称绘制到左侧，其他名称绘制到右侧，以便“foo”和“/foo”能够在视觉上包括一段代码。虽然 mark_b 例程也能做相同的工作，但是它使用蓝色在更低的位置进行绘制。mark_c 例程使用绿色将标签居中。mark_d 例程以一个数字作为实参，并将其显示在 CPU 时间线的下方。

因为任何用户代码都可以链接到 kutrace_lib 库，直接调用这些例程，所以我们很容易构建其他控制程序或自我跟踪的程序。

17.4　可加载模块的控制接口

通过以下调用，可到达内核态的可加载库例程的 kutrace_control 入口点。

```
u64 syscall(__NR_kutrace_control, u64 command, u64 argument)
```

其中，__NR_kutrace_control 是我们的虚拟系统调用编号，command 是一个小的整数，argument 是用于命令的一个 64 位参数。每次调用都将产生一个 64 位的结果。kutrace_lib.h 中定义了 12 条控制命令。如果在构建内核时没有包含 KUtrace 代码，或者没有加载可加载模块，那么这个调用将为所有命令返回 ENOSYS。对于超出范围的 command 编号，这个调用什么也不做并返回～0L，即全一。

17.5 小结

跟踪的运行时控制包含 3 层不同的接口。

- kutrace_control.cc：一个独立的程序，它可以接收简单的文本命令。
- kutrace_lib.cc：一个小库，任何用户态程序都可以使用它来提供跟踪控制，或者插入额外的跟踪条目，如标记、RPC ID 或锁的获得/释放事件。
- syscall(__NR_kutrace_control, …)：能够访问内核态的可加载模块的 kutrace_control 入口点，以实现另外两种接口。

第 18 章将介绍后处理程序，它可以把原始的二进制跟踪结果转换为 JSON 文件和动态 HTML 文件。

CHAPTER 18

第 18 章 KUtrace 的后处理

在创建了一个原始的跟踪文件后，我们可以把它后处理为一个 HTML 文件，这样就可以显示以及动态平移、缩放和标注。这涉及 5 个程序，其中两个是可选的，如图 18-1 所示，这张图取自图 14-3。

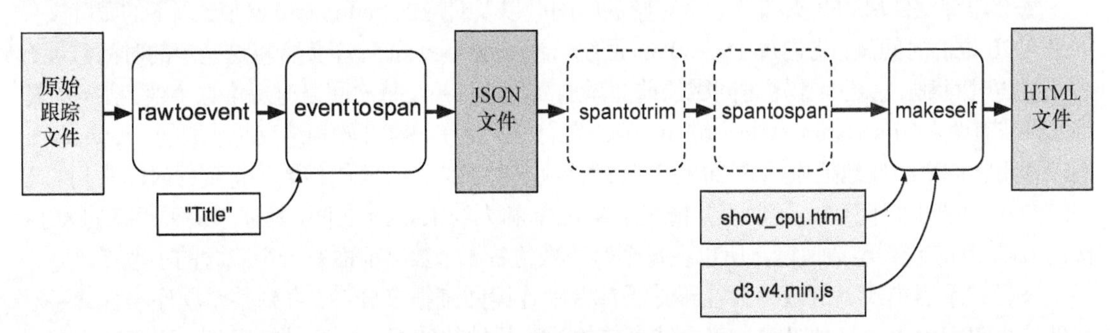

图 18-1 跟踪后处理的概览

18.1 后处理的细节

原始的跟踪文件包含紧密排布的二进制 8 字节跟踪条目。这些条目大部分用来记录系统调用、中断和错误的调用-返回对，但也包括上下文切换、例程名称和标记。rawtoevent 程序读取跟踪文件，生成事件的一个文本列表。eventtospan 程序读取这个列表，把其中的文本转换为时间段，生成一个 JSON 文件。可选的 spantotrim 程序读取一个 JSON 文件，生成一个更小的 JSON 文件，其中只包含指定的开始到结束时间范围内的时间段。可选的 spantospan 程序也读取一个

JSON 文件，并生成一个更小的 JSON 文件，其中只包含不短于指定微秒数的、粒度更细的时间段。makeself 程序读取一个 HTML 模板、一个名为 d3（即 data-driven documents）的数据驱动文档 JavaScript 库[①]和 JSON 输入文件，即可生成一个自包含的 HTML 文件，其中带有所有的跟踪数据和动态用户界面（User Interface，UI）。输出的 HTML 文件可以有效支持 100 000～1 000 000 个时间段，但是在达到大约 2 000 000 个时间段的时候，就会让浏览器内存不足了。

18.2 rawtoevent 程序

rawtoevent 是一个标准的 UNIX 过滤程序，它从 stdin 读取一个原始的跟踪文件，然后把每个事件的文本形式写出到 stdout 中。它还会读取跟踪文件中每个 64 KB 的块，并在文件中包含可选的 IPC（每周期指令数）信息时读取每个跟踪块额外的 8 KB 的 IPC。

```
Usage: rawtoevent [filename] [-v]
```

通常情况下，rawtoevent 程序从 stdin 读取，写入 stdout 中，但它也接收一个可选的文件名作为参数，用于指定从哪个文件读取数据。-v 参数用于生成详细的输出，会使用十六进制显示每个 8 字节的跟踪条目。此外，它还会显示时间戳、事件编号、调用实参、调用和返回的时间差以及返回值。-v 参数是调试时的一个得力助手。当使用-v 参数时，JSON 输出不适合由 eventtospan 程序读取。

每个跟踪文件块的开头都有一个完整的时间戳以及对应的 gettimeofday 值。剩下的跟踪文件条目有 20 位的时间戳，它们每 15～30 ms 回绕一次。rawtoevent 程序负责将这些短的时间戳展开为完整的时间戳，它还会在短时间戳的前面添加高阶位，并在每次回绕时递增这个值。第一个跟踪文件块有两对<timestamp, gettimeofday>值，它们分别是在跟踪开始和结束时获取的。rawtoevent 程序使用它们来线性地把原始的 20 位时间戳计数映射到挂钟时间的秒数。得到的时间是相对于跟踪的开始时间来计算的，所以正常情况下在 0.0 s 和大约 150.0 s 之间，具体取决于跟踪的大小。输出值以 10 ns 进行整数递增，所以在每个时间戳的后 8 个数字前面有一个隐含的小数点。

飞行记录器模式下的跟踪会在跟踪缓冲区中连续回绕很多分钟，直到某个程序事件或手动事件停止跟踪为止，此时跟踪会包含结束前的最后几秒的数据。在这种情况下，跟踪的开始时间可能早于保留下来的最早跟踪条目许多分钟。因为有可能直到读取原始跟踪文件的最后一个块的时候，才知道保留下来的最早的跟踪条目，所以 rawtoevent 程序得到的挂钟时间秒数有可能很大。下一个程序 eventtospan 会调整开始时间，使最早的挂钟时间秒数在 0 和 59 之间。

当跟踪回绕时，第一个跟踪块不会被覆写，而是从第二个跟踪块开始覆写。这允许保留第一个跟踪块中记录的系统调用/中断/错误的名称，以及开始和结束时的<timestamp, gettimeofday>值对。第一个跟踪块中的剩余条目可能描述了比跟踪的其余条目早许多分钟的事件。为了避免最终的时间段中存在很大的间隙，rawtoevent 程序为回绕跟踪丢弃了第一个

① 参见 Mike Bostock 的文章“Data-Driven Documents”。

跟踪块中孤立的那些非名称条目。

rawtoevent 程序还负责提取每个事件和用户态程序的名称，从每个跟踪块的前面提取 CPU 编号，提取每个时刻的当前进程 ID，以及提取每个用户态程序在每个时刻处理的事务的标识符（RPC ID 或其他）。rawtoevent 程序会在每个输出事件中记录这些信息。

要让所有信息恢复以时间顺序排列，必须对 rawtoevent 程序的输出进行排序。这通常是通过对输出使用系统的 sort 程序来完成的，并需要指定以数字方式排序。

```
cat foo.trace |./rawtoevent |sort -n |...
```

排序后的输出将被管道传递给下一个程序 eventtospan。

有些名称在原始的跟踪文件中物理出现的位置会在该事件第一次出现之后。可能发生的情况是，第一次使用（因而会记录名称）发生在 CPU A 上，后续使用发生在 CPU B 上，但 CPU B 的跟踪块在跟踪缓冲区的分配时间早于 CPU A 的跟踪块，因而先写入跟踪文件，此时就可能发生这种情况。当发生这种情况时，rawtoevent 程序的一些事件输出会缺失名称。为了进行补偿，所有名称在事件输出中出现两次，一次在原始时间位置，另一次在-1 时间位置。这将允许把它们排序到前面，使 eventtospan 程序能够在所有条目中添加缺失的名称。

rawtoevent 程序的主要输出是一个文本文件，其中的每一行对应一个事件。每一行包含重新构建后的完整时间戳、持续时长、事件，以及传递过来的 CPU 编号、PID 编号、RPC 编号等。名称定义具有与切换事件相同的时间戳、持续时长和事件字段，但它们只有一个实参数字和一个名称。除了在输入文件中确定位置之外，名称的时间戳没有其他用途。名称的持续时长完全没有使用。事件编号指定要命名的项的类型——PID、RPC 方法、陷阱、中断、锁、系统调用、源文件等。实参数字则指定要命名的特定 PID、RPC 等。

rawtoevent 程序在结束时向 stderr 写了几个汇总行。它们给出了从基准时间开始涵盖的事件数和时间段。最后这些信息对于指导 spantotrim 程序很有用，详见 18.4 节。

18.3 eventtospan 程序

eventtospan 也是一个标准的 UNIX 过滤程序，它从 stdin 读取文本事件，并向 stdout 写出 JSON 时间段。它支持从 rawtoevent 程序读取排序后的事件，并将这些内核-用户切换映射到时间段。它还负责生成最终的开始时间和匹配的秒数（如前所述）。

```
Usage: eventtospan ["Title"] [-v]
```

第一个参数是一个字符串，可用作生成的 HTML 显示的标题。-v 参数用于生成详细的输出，会显示事件输出的每一行。这只能用于辅助调试，当使用-v 参数时，JSON 输出不适合被后面的程序读取。

rawtoevent 程序在事件文件的注释（以#开头）中以相当临时的方式传递一些跟踪参数。这些跟踪参数包括原始的跟踪开始日期和时间、跟踪版本号和标志，以及回绕跟踪的实际的最短/最长时间。除此之外，输入中还包括名称定义和切换事件。

rawtoevent 程序已经填充了除一些缺失的 PID、RPC 和锁名称之外的所有名称，所以 eventtospan 程序只需要记住名称并填充进去即可。

在较长的跟踪结果中，PID 编号可能由于 execv()或类似的原因被重用或重新定义。在这种情况下，根据排序后的时间更新名称，就会起到追踪这些变化的效果。

在 eventtospan 程序中，将内核-用户切换转换为时间段的工作主要是由 ProcessEvent 例程完成的。对于每个 CPU，都有一个正在构建的现有时间段，初始化时被随意设为跟踪开始前的空闲进程。切换事件将停止现有时间段，并开始一个新的时间段。调用事件则停止现有时间段，为调用目标开始一个新的时间段，这个调用可以是特定的系统调用、中断或错误。返回事件需要停止现有的被调用时间段，但是返回什么位置呢？为了重建要返回的位置，ProcessEvent 例程将为每个 CPU 维护未完成时间段的一个小栈。每次调用时压入这个栈，每次返回时则弹出这个栈。因此，假设用户态进程 1234 正在运行，如果调用 syswrite()，那么在从 syswrite()返回时将为进程 1234 开始一个新的时间段。系统调用、错误和中断可以嵌套。特别是，在系统调用或错误处理程序中，也可以发生中断。包括用户态的程序和操作系统调度程序在内，栈的最大深度是 5。

每个 CPU 都有自己的重建栈。另外，进程可能从一个 CPU 迁移到另一个 CPU。因此，在每次发生上下文切换事件时，旧 PID 的栈将保存在旧 PID 编号的下方，并恢复新 PID 的栈。如果一个 PID 没有保存的栈，就动态创建一个新栈。

事件可能因为多种原因无法匹配。在跟踪开始时，可能存在没有对应调用的返回事件。在其他时候，系统调用可能通过调度程序以非标准的方式退出（这被视为模拟系统调用例程），这导致没有匹配的返回事件。导致上下文切换的中断例程可以直接退出到新的用户态进程，而不是返回到正在执行的系统调用或错误处理程序，它们的恢复还会更晚。因此，在每次压入或弹出重建栈的时候，就会调用一些小例程，它们根据需要创建模拟压入和弹出，保持事件的匹配。PreProcessEvent 例程即会处理这些小的修正，以及其他的一些预处理。

eventtospan 程序的最终输出是一个 JSON 文件，其中包含一些头行、一些尾行和大量时间段行。因为在遇到结束切换的时候才会创建每个时间段，而最终的显示取决于将这些时间段按开始时间排序，所以 eventtospan 程序的输出也会发送给系统的排序例程，但这一次是逐字节排序，而不是按数字排序。为了确保在排序后 JSON 的头行和尾行位于合适的位置，这些行需要仔细地插入初始的空格和标点，这使得在按字节值排序的时候，它们能够分别排到前面和后面。

但是，默认的 Linux 排序是按字母顺序进行的，并且会忽略空格和标点。在这种情况下，排序后的 JSON 格式将不正确，这导致无法正确地显示结果。因此，在执行 eventtospan 程序后的排序之前，应当进行以下设置，使排序例程使用基本字节值进行排序是非常重要的。

```
export LC_ALL=C
```

也可以使用 LC_COLLATE=C，但如果同时 LC_ALL 被设置为其他值，那就会不起作用了。

eventtospan 程序在结束时会向 stderr 写入一些汇总行。它们给出了跟踪日期和时间、时间段的计数以及按时间段类型进行的简单分析。eventtospan 程序的排序后的输出是一个 JSON

文件，可以直接把这个 JSON 文件提供给 makeself 程序，但对于大的跟踪结果，使用可选的 spanto*过滤程序会有帮助，稍后将介绍相关内容。

JSON 文件的内容全部是文本，我们可以使用 grep 或其他工具对其进行搜索，以找出执行模式。我们还可以把其他性能工具（如 tcpdump）产生的信息添加到 JSON 文件中，以创建额外的相关事件或时间段。

18.4 spantotrim 程序

spantotrim 是一个标准的 UNIX 过滤程序，它从 stdin 读，向 stdout 写。它读取一个 JSON 文件，并写出一个更小的 JSON 文件，后者只包含传入跟踪的完整时间段的一个子集。

```
Usage: spantotrim start_sec [stop_sec]
Usage: spantotrim "string"
```

start_sec 参数指定了开始时间，也就是跟踪开始后经过的秒数（可以带小数）。如果还提供了 stop_sec 参数，则 spantotrim 程序只包含开始或结束于[start..stop]区间的时间段。

如果只给定了 start_sec 参数且值为 0，则 spantotrim 程序是空操作，所有内容保持不变。如果 start_sec 参数是一个正的秒数，则 spantotrim 程序从跟踪的开头开始，保留指定秒数的内容。这很方便，因为不需要从 rawtoevent 程序中把开始时间复制过来。如果 start_sec 参数是负数，则从跟踪的末尾开始保留指定秒数的内容。

spantotrim 程序的另一种形式接收一个非数值字符串作为唯一参数。在这种情况下，将仅保留包含该字符串的时间段，这个字符串可能是一个逗号空格 PID 编号，也可能是其他名称。这种形式的用途有限，此时 spantotrim 程序与 grep 工具的区别仅在于保留了 JSON 文件中的头行和尾行。

18.5 spantospan 程序

spantospan 是另一个标准的 UNIX 过滤程序，它从 stdin 读，向 stdout 写。它读取一个 JSON 文件，并写出一个更小的 JSON 文件，后者包含与传入跟踪相比粒度更粗的时间分辨率。

```
Usage: spantospan resolution_usec
```

resolution_usec 参数指定了最短的时间段是多少，单位为微秒。如果这个参数的值是 0，则 spantospan 程序是空操作，所有内容保持不变；否则，对于每个 CPU，spantospan 程序会累加较小的时间段，但推迟的总时间短于 resolution_usec。当达到或超过这个时间值时，就把累加的时间赋值给最近的事件，放到输出文件中。这使跟踪在细粒度计时上失真，但为结果输出文件中每秒有多少个时间段进行了严格控制。这种文件对快速浏览大型跟踪中的活动很有用，之后我们可以有选择地使用 spantotrim 程序来查看更值得注意的部分。

因为 spantospan 程序在每个时间段的结尾而不是开头生成输出，所以必须对得到的 JSON 结果再次按字节排序。

18.6 samptoname_k 和 samptoname_u 程序

KUtrace 从每个计时器中断获取的 PC 样本只是二进制地址，在 JSON 名称字段中显示为 PC= 十六进制数。要把它们转换为有意义的名称，涉及的细节虽多，但可以实现。可选的 samptoname_k 程序会读取 eventtospan 程序的 JSON 输出，然后基于如下命令提供的 /proc/kallsyms 中的例程-名称映射，重写内核态的 PC 地址。

```
$ sudo cat /proc/kallsyms |sort >somefile.txt
```

可选的 samptoname_u 程序为用户态的 PC 地址执行相同的处理，需要用到如下命令提供的/proc/*/maps 中的镜像-名称映射。

```
$ sudo ls /proc/*/maps |xargs -I % sh -c 'echo "\n====" %; \
  sudo cat %' >someotherfile.txt
```

最终效果是将每个 PC 样本转换为对应的可执行映像中的子例程名称。第 19 章将更详细地介绍如何使用这两个程序。

18.7 makeself 程序

makeself 在一定程度上也算一个 UNIX 过滤程序，从 stdin 读，向 stdout 写。它读取一个 JSON 文件，并写出一个自包含的 HTML 文件，用于显示 JSON 文件中的内容以及用户界面控件，以便能够动态地平移、缩放和标注时间段。为此，makeself 程序不仅会读取指定的 HTML 模板文件，还会读取 JavaScript 库 d3，该库必须在当前目录中。

```
Usage: makeself template_filename
```

template_filename 参数用于指定一个 HTML 文件，其中包含用户界面 HTML 和 JavaScript。这个 HTML 文件必须有几个特定格式的 selfcontained*注释，以限制在什么地方添加 d3 库，以及在什么地方添加 stdin 输入的 JSON 文件（当使用不同的模板时，makeself 程序可以用于创建其他类型的自包含跟踪）。这里没有什么特别的地方，所有内容都会读取到大缓冲区中，因此极大的 JSON 文件会失败。当发生这种情况时，可以使用 spantotrim 或 spantospan 程序。

18.8 KUtrace 的 JSON 格式

JSON 文件的开头有一些元数据，后跟很长的一系列事件/时间段，它们按开始时间排序，并在时间 999 的位置以一个结束标记事件结束——为了生成合法的 JSON 语法，这是唯一没有尾随逗号的事件。我们的设计预期跟踪的长度不会超过 1000 s（大约 16 min）。这个文件已经精心使用前导空格、引号和方括号来格式化，以便在按字节排序时能够保持仍然是合法的 JSON 语法。一开始的 JSON 左大括号有两个前导空格，以便在排序后能够放在最前面。

18.8.1 JSON 元数据

元数据字段会成为图形的标签。它们各有一个前导空格，以便能够放在开括号的后面、事件的前面。然后对它们按字母顺序排序。

元数据字段如下。

- Comment：不显示。可能对跟踪版本有用。大写 C 会把这些注释放到元数据的前面。
- axisLabelX：*x* 轴标签；因为在 JavaScript 中可以动态修改 *x* 轴的单位，所以不再使用。
- axisLabelY：*y* 轴标签；因为 *y* 轴现在也包含 PID 和 RPC 组，所以不再使用。
- cpuModelName：被跟踪处理器的型号名称，由 kutrace_control 从/proc/cpuinfo 中获取。
- flags：原始跟踪中的值，不显示。具体的位参见 kutrace.h。当缺少 IPC 位时，IPC UI 按钮会显示为灰色。其他值则被忽略。
- kernelVersion：被跟踪处理器的内核版本，由 kutrace_control 从$ uname -a 中获取。
- mbit_sec：被跟踪处理器的网络连接速度，由 kutrace_control 从$ cat /sys/class/net/*/speed 的最大值获取。
- randomid：eventtospan 程序插入的一个随机的 32 位整数，用于允许在浏览器重新加载时保存/恢复显示状态。
- shortMulX：用于缩放 X 值的乘数，通常是 1。
- shortUnitsX：代表短单位标签的后缀，如“s”代表秒。
- thousandsX：短单位的乘数，可能是 1000 或 1024，用于在显示短值时添加“ns”等前缀（对于 Y 值，存在类似的乘数。举个例子，这种乘数可以把 4 KB 的磁盘块计数转换为字节。不适用于 CPU 编号）。
- title：需要放在图形的前面。
- tracebase：跟踪的最初创建时间，用于在几个月后识别跟踪，显示在 HTML 输出的右下角。
- 版本：目前是版本 3，其中包含一个 IPC 字段；不显示。

18.8.2 JSON 事件

元数据后跟很长的一系列时间段。这是一个很大的数组，在这个数组中，前导引号会排在所有的实际事件之前，而每个实际事件以前导“[”开头。每个事件行有以下 10 个字段。

- ts：以带小数的秒的形式记录的时间段的开始时间。为了便于与日志和其他文件进行关联，我们需要让秒部分是 gettimeofday 时域中一分钟的精确倍数的偏移值，而不是让跟踪随意地从 0 开始。
- dur：以带小数的秒的形式记录的时间段的持续时长。
- cpu：用一个小整数记录的 CPU 编号。UI 显示会在 y 轴上将所有 CPU 分组到一起。
- pid：进程 ID（实际上是线程 ID，内核里把这个值叫作“pid”），低 16 位。UI 显示会在 y 轴上把所有 PID 组合到一起。
- rpcid：大部分工作的 RPC ID，但在其他工作中也可用于任何额外的值。UI 显示会在 y 轴上把所有 RPC 组合到一起。
- event：启动时间段的事件编号。小于 512 的值是事件名称、标记和其他特殊值。512～4096 的值是内核事件，如系统调用、中断和错误。事件编号的完整列表包含在 kutrace_lib.h 中。
- arg0：一个系统调用的第一个实参的低 16 位，或者是 0。
- ret：对于调用/返回时间段，表示返回值的低 16 位，或者是 0。你可以认为字节计数等是无符号数，而认为返回代码是有符号数。如果由于嵌套的中断或错误，一个系统调用被拆分为多个时间段，那么第一个时间段将包含实际的 arg0，最后一个时间段将包含实际的 ret。
- ipc：每个周期的指令数，通过截断可量化为 4 位。整数 0～7 是 1/8 IPC 的倍数，即每个周期少于 1 条指令。整数 8～11 分别表示 1.0、1.25、1.5 和 1.75 个 IPC。整数 12～15 分别表示 2.0、2.5、3.0 和 3.5 以上个 IPC。
- name：此时间段的内核例程或用户 PID 等的名称（最初来自内核中每个 PID 的 16 字节的 command 字段）。这些名称来自原始跟踪中的名称条目。

18.9 小结

后处理程序可以将原始跟踪结果转换为一个 HTML 文件，其中嵌入了用户界面，用于平移和缩放时间线。这个 HTML 文件中还包含一些控件，用于选择显示哪些元素。第 19 章将介绍用户界面。

CHAPTER 19

第 19 章 KUtrace 中软件动态的显示

除非能够把收集到的跟踪信息以易于理解的方式进行展示，否则收集跟踪结果没有什么意义。易于理解的展示方式允许性能工程师快速理解为什么一组软件会时快时慢。第三部分的前几章介绍了如何收集内核-用户执行切换的跟踪结果，以及如何把这些跟踪结果后处理为时间段，使它们涵盖被跟踪机器上的每个 CPU 核心经过的每一纳秒。本章将介绍如何把这些时间段转换为有意义的显示结果。

19.1 概述

第 18 章介绍了 makeself 程序，它创建的自包含 HTML 文件最初显示了整个跟踪范围内各个 CPU 的时间线。这些时间线显示了跟踪过程中发生的事件，不同软件线程之间的动态交互，与操作系统的交互和操作系统造成的干扰，以及还没有发生什么。因为 KUtrace 没有丢掉任何纳秒，所以如果有一段时间内显示没有磁盘中断，则意味着没有发生拖慢软件的磁盘活动。KUtrace 是一个强大的工具，它使你能够将注意力放到实际发生了什么，而不是可能发生但实际上并没有发生的动作。

makeself 程序使用的 show_cpu.html 文件是一个模板，其中包含一个 HTML/SVG 动态浏览器用户界面，用于显示 KUtrace 的经过后处理之后的跟踪结果。show_cpu.html 的浏览器布局包含 6 个区域，如图 19-1 所示（见彩插）。

顶部的区域①包含一些 HTML 控制按钮和文本框，稍后将解释它们。

区域②是 y 轴，其中不仅显示了各个 CPU，还可以选择显示展开后的 PID 和 RPC。图 19-1 中的示例显示了 4 个 CPU 时间线，以及可展开的一组 PID（一共有 5 个）。

区域③是主时间线，上面显示了每个 CPU 每纳秒正在运行什么。你可以平移和缩放主时间线，还可以在按下 Shift 键的同时单击其中的内容来查看其名称。你在这里可以看到一个完整的、正在运行的活动系统的实际软件动态。

区域④是可选的 IPC 图例，只有当激活了区域①中的 IPC 按钮时才会显示。区域④允许时间线和标签溢出一点。

区域⑤是显示时间的 x 轴。在缩放时，时间尺度会发生变化。

底部的区域⑥包含保存/恢复控件，以及对 UI 控件操作的简单文本描述。

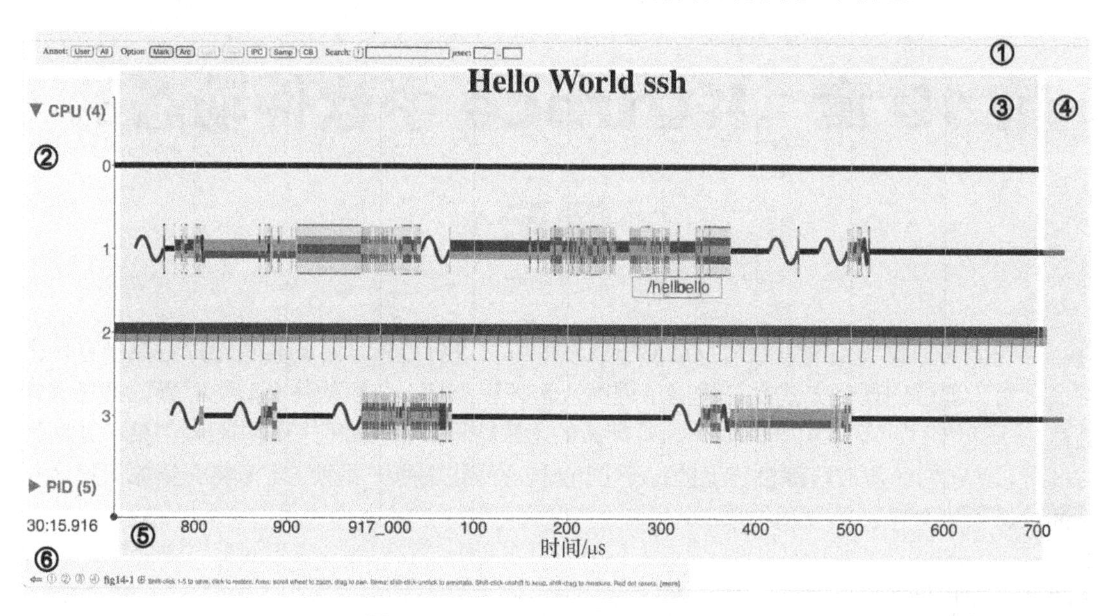

图 19-1 show_cpu.html 的浏览器布局

19.2 区域①——控件

区域①包含 3 组按钮和文本字段，用于选择在主时间线上显示什么数据。最右侧的文本区域通常是空的，但是在进行搜索时会显示搜索结果。在打开或重置 HTML 文件后，这里将显示用来创建跟踪的计算机的内核版本和 CPU 型号的名称。

Annot 组包含 3 个按钮。User 按钮标注每个 PID 第一次出现的时间段。通过 User 按钮，你能够快速知道跟踪中显示到屏幕上的部分都包含哪些程序。标注是时间段下方显示的进程名称的短版本，它有一条垂直线向下连接到 x 轴，还有一条虚线向上连接到区域③的顶部。

这些线允许你以可视的方式看出多个 CPU 上的事件在时间上如何对齐。All 按钮标注区域③的所有内容，包括时间段和点事件。在放大到屏幕上只有少量时间段的时候，All 按钮最有用。Annot 标签自身也是一个按钮，尽管其没有显示为按钮样式：它会切换 Shift 键单击的效果，把标注（稍后介绍）显示为一种简化的形式，这一功能用小写的 annot 表示。

Option 组包含 7 个按钮，当跟踪中不包含对应的数据时，其中的一些按钮会变成灰色。Mark 按钮控制是否显示用户插入的标记，比如图 19-1 中的 hello。至于显示的方式，将在 4 个状态——全部标记、仅字母标记（mark_a、mark_b、mark_c）、仅数字标记（mark_d）和不显示标记之间循环。Arc 按钮在 3 个状态——显示跨进程唤醒弧线、把它们加粗显示（主要用于展示）和不显示它们之间循环。类似地，Lock 按钮在显示争用锁的等待/持有线的不同状态之间循环。因为锁的持有与进程而不是 CPU 相关，所以在 PID 和 RPC 时间线的上方显示这些线，而不是在 CPU 时间线的上方显示。Freq 按钮用于切换是否为每个 CPU 显示慢时钟频率的覆盖层。全速的 CPU 时钟有浅绿色覆盖层，中速的 CPU 时钟有 3 个不同黄色密度的覆盖层，慢速的 CPU 时钟有红色的覆盖层。IPC 按钮在 4 种状态（全部 IPC 三角形、仅内核、仅用户和不显示）之间循环。三角形是很小的速度指示器，从指向左侧（表示每个周期 0 条指令）到几乎指向右侧（表示每个周期 3.5 条以上指令），区域④的图例对比进行了详细说明。Samp 按钮切换是否显示在每个计时器中断时获取的 PC 样本。非空闲样本显示为每个 CPU 时间线上方稍微倾斜的虚线，较粗的虚线表示内核态的 PC 样本。为了避免拥挤，可以不显示空闲样本。线在计时器中断之前延伸，每个样本时刻位于（右）上方。在按住 Shift 键的同时单击任何样本线，或者使用“PC=”进行搜索，即可查看实际的样本值。CB 按钮为色盲用户切换另一套区域③使用的颜色。如果跟踪中没有特定按钮的底层信息，相应的按钮就会变灰。

Search 组包含一个按钮、一个文本框和一个数值范围。你在这个文本框中输入的文本会与区域③中显示的所有事件的名称字段进行匹配，每个匹配的项将被标注一个短名称和一条垂直线。匹配区分大小写。这是通用的 JavaScript 匹配，所以字符串 rx|tx 将匹配事件名称中任何位置的“rx”或“tx”。特殊标点（如句点或圆括号）的前面需要使用反斜杠转义字符。为了避免拥挤，一些名称（如–idle–）会以负号开头，它们的匹配结果通常不显示。要看到它们，你可以显式地键入前导的负号。文本框前面的感叹号按钮用于翻转匹配，就像 grep 工具的-v 标志那样。数值范围用于将所有匹配限制到持续时长在此范围内的时间段。第一个框指定整数下界，第二个框指定整数上界。第一个框前面的时间单位是一个激活的按钮，尽管它没有显示为按钮样式。这个时间单位将在 ns、μs 和 ms 这 3 个状态之间循环。每次搜索都会在最右侧显示匹配项的个数、这些项持续时间的和，以及匹配项的最短和最长持续时间。最后这两个值有助于我们判断为边界框使用什么值，从而选出特别感兴趣的持续时间。

如果 Mark、Arc 和 Freq 按钮一开始可用，则它们会处于打开状态，其他按钮处于关闭状态。一般来说，界面不显示小到难以看到的项（横向或纵向小于几像素），所以除非横向放大 x 轴——对于 Freq 按钮来说，是 1 s 满刻度，对于 Arc 按钮来说，是 5 ms 满刻度，否则可能看不到唤醒弧线或频率覆盖层。

19.3 区域②——y 轴

在区域②中，最多有 3 组时间线标签。默认展开 CPU 组，折叠 PID 组和 RPC 组。每组有一个展开/折叠三角形、组名以及放在圆括号内的一个时间线计数。如果这个时间线计数为 0，该组就不会显示。如果可读取标签的个数小于要显示的项数，则只显示部分标签。但是在那种情况下，每项在 *y* 轴上会有一个小的打钩标记，以使你能够看到是否存在没有标签的项。为每组显示的时间段是相同的，只不过会分别根据 CPU 编号、PID 编号或 RPC 编号把它们划分到不同的时间线。

CPU 组为跟踪中的每个 CPU 显示一个时间线，从 0 开始计数，并在垂直方向上按升序排列。

PID 组为跟踪中的每个进程显示一个时间线，前提是该进程在屏幕上要有事件。每个标签是进程名后跟 PID 编号。它们按照 PID 编号，在垂直方向上按升序排列。PID 组中不显示空闲进程（PID 0）。

只要有任何远程过程调用，RPC 组就会为每个远程过程调用显示一个时间线。每个标签是 RPC 方法名，后跟截断到 16 位的 RPC ID。它们按照开始时间在垂直方向上排序。一般来说，多个不相关的 RPC 可以在时间上重叠，这种重叠可能是 RPC 需要很长时间才能完成的根本原因之一。RPC 0 被视为没有 RPC 正在执行，所以不会在 RPC 组中显示。

在将光标放到区域②的右侧 3/4 位置时，单击拖动便可垂直滚动，滚动鼠标滚轮则可在垂直方向上缩放。在按住 Shift 键的同时单击一个标签可切换该标签的高亮状态，在按住 Shift 键的同时右击一个标签可切换具有相同起始字符串（a-z0-9_-）的所有标签的突出显示状态。只要一组中的任何标签突出显示，该组的展开/折叠三角形就会改为在 3 个状态——显示全部标签、仅显示高亮的标签、不显示任何标签之间循环。这将使你能够只关注时间线的一个子集。当任何组中的任何标签突出显示时，只有突出显示的时间线的时间段会用彩色显示，其他所有时间段用灰色显示。举个例子，这可以让你只关注 CPU 时间线上两个特定的 PID 和一个特定的 RPC 的执行时间段。时间线上的调度程序时间段属于在进入调度程序时正在执行的 PID。因此，在进程 A 先执行、进程 B 随后执行的一个序列中，执行 A→B 上下文切换的调度程序时间段属于进程 A，从进程 B 切换到其他进程的调度程序时间段则属于进程 B。

19.4 区域③——主时间线

区域③是主时间线。最初的视图会在 *x* 轴上显示整个 KUtrace 时间，并在 *y* 轴上显示所有 CPU。进程和 RPC 组折叠起来。Mark、Arc 和 Freq 按钮是启用的。单击坐标轴交叉位置的红点即可还原这个初始视图。

对于较长的跟踪，这个初始视图可能除空闲时间线以外在大部分地方是空荡荡的，也可能是几乎连续的计时器中断。放大一点，其中就会填充更加有意义的细节。也可以单击区域①中的 User 按钮，查看正在运行的所有程序的名称，然后通过平移和缩放来找到自己关心的那些程序。

对于每个 CPU 时间线，细的黑线显示了空闲进程的时间段，半高的彩色线显示了用户态的执行，全高的彩色线显示了内核态的执行。每个时间段有 255 个不同的颜色对，它们会根据 PID 或系统调用/中断/错误编号发生变化。

标记在默认情况下是启用的，因为它们是用户在某个软件中感兴趣的不同地方插入的标签或数字。启用 Arc 按钮是因为一个进程唤醒另一个进程通常是复杂软件的动态行为的重要组成部分。启用频率覆盖层是因为这可以节省用户大量的时间，例如，用户可能花费大量的时间，也不能找出一个明显执行缓慢的问题，因为真正的问题是一个在大部分时间空闲的 CPU 正在以正常情况下 1/5 的时钟频率运行以节约能耗。如果不需要显示这些元素，则可以关闭它们，让显示不那么拥挤。

这个 UI 的设计目标是显示超过 100 万个时间段，同时快速响应任何鼠标输入。当我们在屏幕上显示超过 15 000 个时间段的时候，以朴素的方式使用目前的浏览器无法满足这个目标，所以负责显示的 JavaScript 代码实现了一个重要的优化。它根据当前 x 轴的缩放程度，计算出一个屏幕像素所代表的时间段 Tpix。不显示比 Tpix 更短的跟踪时间段，而在一个辅助表中为每个 CPU 时间线把它们的时间动态累加起来。当累加的时间超过 Tpix 时，就以缩减的形式进行显示。如果屏幕在横向上有 2000 像素，并且有 4 个 CPU，则这种方法会将显示的时间段的边界数量限制为 8000。只显示这些时间段的时间是显示 100 万个时间段快的时间的 1/100。当用户放大跟踪的某个部分时，Tpix 会收缩，相应地，需要在辅助表中计算的时间段会缩短，同时有更多的时间段会完全移出屏幕。显示的时间段的最大边界保持不变，但显示在屏幕上的跟踪部分揭示出了越来越多的细节。当放大 y 轴时，可在垂直方向上采用类似的机制。

这种方案存在一个设计问题：对于代表一些极小时间段的缩写，显示什么占位符呢？选择什么也不显示对用户将是一场灾难——界面上会有大量没有指导意义的空白。另一种简单的选择是显示一条灰线，使其长度对应累加的时间，但这种选择也没有指导意义。KUtrace UI 选择在每个 CPU 端的列表中不仅会保留 3 个汇总值——累加的空闲时间、累加的用户态时间和累加的内核态时间，还会保留最后两项——PID 编号或系统调用/中断/错误编号的最近事件。缩减的显示会选择这 3 个时间中最长的那个，使用一种基于数字的颜色，以匹配的高度显示一行。其效果是，如果大部分时间是空闲的，就将缩减结果显示为一条空闲线；如果用户态消耗了最多的时间，就绘制单色的用户态线；如果内核态消耗了最多的时间，就绘制单色的内核态线。通过区分这 3 个类别，显示结果将更具指导性；而通过将缩减结果限制为单色，绘制它们相比绘制完全未缩减的时间段（需要使用多色方案）更快。放大后可以显示更多的细节。绘制的任何线如果堆叠了多种颜色，就说明是完整形式而不是缩减形式，这有助于区分占位符和精确的时间段。

19.4.1 标注

通过使用长标注或短标注，我们可以为单独的时间段标注名称。短标注会将名称缩减为不超过 8 个字符——名称的前 6 个字符、波浪符和名称的最后一个字符。长名称包含开始时间、完整名称、持续时长（经过的时间）以及 IPC（如果可用的话）。对于用户态的时间段，完整名称是命令的名称加 PID，对于系统调用则是 name(arg0)=retval。对于中断和错误，完整名称只包含它们的名称。每个标注都有一条垂直的实线，从显示的底部连接到对应时间段的开始点。此外，还有一条垂直的虚线，从这个开始点连接到显示的顶部。实线便于查看不同 CPU 上的事件如何在时间上对齐。虚线便于查看哪条线属于哪个时间段。对于每个 CPU 时间线，名称会在几个垂直位置之间轮换，以降低空间接近的名称彼此覆盖的概率。

按住 Shift 键单击任何时间段可显示该时间段的长名称。按住 Shift 键单击，然后松开 Shift 键，执行这样的操作多次，可在屏幕上添加多个标签。按住 Shift 键单击，然后松开鼠标按键，则可以把这些标签全部删除。按住 Shift 键单击并拖选多个时间段，可获取端点的名称以及两个端点之间经过的时间。按住 Shift 键右击，可用彩色显示所有相同项的时间段（如所有的 page_fault），并将其他内容显示为灰色。

只要显示了任何标注，平移或缩放操作就会保留最接近光标的那个标注的垂直细线和长名称。这有助于在改变显示的时候知道自己之前在什么位置。

单点事件（RPC 开始/结束、锁的获取/释放、数据包、mwait 等）有一个人为给定的 10 ns 的持续时长，这使得很难单击它们，除非放大到屏幕上只显示了几微秒，此时它们将显示为时间线上突出一点的垂直细线。最好通过搜索框去找到它们。

在内部，负责绘制的 JavaScript 代码从输入 JSON 获取了一个很大的时间段数组。任何平移、缩放或重置操作都会触发重新绘制，这会清除区域②、③和⑤，然后基于新的 *x* 轴和 *y* 轴坐标重新填充它们，从数组中快速丢弃任何不在屏幕上的时间段，缩减多个短的时间段，并完整地重绘其余时间段。绘制操作会将单独的时间段转换为 SVG 线条或曲线。按照前面的描述，使用洋红色线条和黑色文本绘制或删除标注。

19.4.2 空闲显示

一些处理器有两种形式的空闲——普通空闲和低功耗空闲。在 x86 系列处理器上，空闲循环使用 CPU 指令 mwait，告诉硬件可以进入节能状态，即所谓的 C1、C2、…、C6 以及其他更高的节能状态。节能状态会临时降低 CPU 时钟，甚至可能关闭一个 CPU 核心的时钟，从而降低这个 CPU 核心的功耗。从低功耗状态退出，返回正常的执行状态，可能需要相当长的时间。为了捕捉这种动态行为，KUtrace 会记录进入和退出空闲状态的上下文切换，以及在空闲循环中执行的任何 mwait 指令。HTML 显示结果将普通空闲显示为黑色实线，将低功耗空闲显示为更细的黑色虚线，将退出低功耗状态的大致时间显示为红色的正弦曲线。同样，如果这些细节的宽度小于 1 像素，那么它们也不会显示。但是，如果放大到进入空闲循环的几微秒，则可以看到从正常空闲到低功耗空闲的切换；而如果放大到离开空闲循环后的几微秒，则可以看到退出低功耗状态的对应正弦曲线。

19.4.3 进程唤醒

唤醒弧线将从某个线程或中断处理程序使一个被阻塞的进程可运行的时刻，一直延续到这个进程开始执行的时刻。如果进程 A 被阻塞，则唤醒进程 A 的事件或线程会告诉你进程 A 在等待什么。因为完全不执行可能是导致无法解释的软件延迟的重要原因，所以唤醒弧线的起点是十分重要的信息。另外，因为唤醒一个进程与这个进程在某个 CPU 上实际执行之间可能存在很大的延迟，所以唤醒弧线的长度也是十分重要的信息。

eventtospan 程序使用唤醒事件来分配进程没有执行的原因，依据是哪个例程执行了唤醒动作。它将给定进程或 RPC 的阻塞延迟转换为非执行时间段，显示在 PID 或 RPC 时间线上。这些延迟覆盖了 5 种基本资源——CPU、内存、磁盘/SSD、网络和软件锁。此外，还包括等待软件管道和等待计时器。例如，如果磁盘软中断处理程序 BH:block 唤醒了进程 A，则认为进程 A 在等待磁盘。在这次唤醒和进程 A 再次实际执行之间，需要等待分配 CPU 以及调度程序完成到进程 A 的上下文切换。除颜色差异之外，显示的非执行细线以莫尔斯电码字符结束：C 代表 CPU 等待，D 代表磁盘等待，等等。

19.4.4 网络数据包

KUtrace 会在默认情况下记录内核网络代码看到 RPC 消息头数据包的事件，而第 6 章介绍的 RPC 库会记录用户代码看到 RPC 消息头数据包的事件。根据这些事件的时间戳，一台机器发送 RPC 与另一台机器收到 RPC 之间的大延迟可划分为每台机器上的内核时间和用户时间，从而帮助识别延迟的根本原因。为了给用户提供帮助，eventtospan 程序使用 RPC ID、内核和用户数据包的时间戳，RPC 请求/响应消息的长度以及网络链路的速度，完成简单的近似计算，以估测每个 RPC 的数据包什么时候在网络硬件上传输。第 15 章介绍的 32 字节的数据包哈希用来将内核数据包时间与用户 RPC ID 和消息长度关联起来。eventtospan 程序会将消息长度加上链路速度转换为持续时长，并将长度转换为数据包计数，然后为每个消息创建 JSON 条目。入站请求/响应消息显示在 TCP/UDP 内核代码记录它们之前，而出站请求/响应消息显示在内核记录它们之后。这很简单，因为没有考虑明显重叠的消息，这些消息的数据包实际上有一定的顺序，并且可能在网络链路上混杂在一起；这里也没有精确跟踪消息头之后的入站数据包，以及网络接口硬件上延迟的出站数据包。但尽管如此，你仍然能够看到正在调查的延迟附近 RPC 网络活动的有用的近似结果。第 26 章将给出使用这种信息的一个例子。

因为网络流量是针对整个处理器的，所以合成的 RPC 消息信息绘制在区域③中 CPU 0 的上方。入站消息显示为向下倾斜的线，在近似的数据包边界位置存在间隙，并且在下方显示了 RPC 编号；出站消息显示为向上倾斜的线，并且在上方显示了 RPC 编号。这种倾斜不仅标识了传输方向，还允许查看多条明显重叠的消息。

19.4.5 软件锁

第 27 章将要介绍的锁库记录了每次未能获得争用的软件锁、每次成功获得争用的软件锁，以及每次释放争用锁的 KUtrace 事件。eventtospan 程序将使用这些事件，为锁等待和锁持有创建 JSON 条目。锁的信息显示为对应 PID 时间线上方的虚线/实线。锁等待可能涉及短暂的、CPU 密集的自旋循环，也可能涉及切换到其他进程的上下文切换。当一个锁存在多个争用者的时候，一个进程中的等待可能会有多次失败的获取锁的尝试。将 KUtrace、锁库和 HTML 显示组合起来，便能够揭示所有这些动态。

6. PC 样本

在每次计时器中断时，KUtrace 就会记录即将执行的指令的程序计数器（Program Counter，PC）地址。这类似于从每个计时器中断收集 PC 样本的性能分析器，但相比性能分析器要强大得多，因为还显示了上下文中的每个样本，而不仅仅是总样本计数。PC 地址有助于我们理解在长时间、CPU 密集的执行中，时间是如何细分的。

原始的十六进制 PC 值没什么用，我们可以使用两个后处理程序（samptoname_k 和 samptoname_u），分别将内核和用户 PC 地址转换为有意义的子例程名称。

捕捉名称需要仔细对待。地址到例程名称的内核映射包含在/proc/kallsyms 中，但只能通过特权来访问。

```
$ sudo cat /proc/kallsyms |sort >somefile.txt
```

注意，只有在把任何可加载模块（包括 kutrace_mod 模块）插入内核中之后，你才可以执行上述命令。让问题变得更复杂的是，有一种常用的恶意软件防御方式是在每次重启时，随机地在一个不同的内存地址启动内核映像，这称为地址空间布局随机化（Address Space Layout Randomization，ASLR）。这意味着你在每次启动后都需要捕捉 kallsyms 映射。

用户地址的映射更难获得，在跟踪运行期间启动的进程更是如此。基本的信息从你为进程 1234（举个例子）使用/proc/1234/maps 中的地址-映像名称映射开始。映射包含动态加载的共享库等。如果有 30 个不同的程序正在运行，就需要捕捉 30 个不同的映射。如果 PID 1234 产生了多个线程，它们的 PID 可能是连续的 1235、1236 等，但也可能是不连续的（如果有不相关的进程在相同的时间启动的话）。但无论是哪种情况，只有基础进程有一个映射文件，新产生出来的线程则没有。当然，如果你想了解在跟踪期间运行的所有程序，那么你必然需要所有这些程序的映射，包括其他人的程序。这只能通过特权来访问。

```
$ sudo ls /proc/*/maps |xargs -I % sh -c 'echo "\n====" %; \
  sudo cat %' >someotherfile.txt
```

每当程序启动时，或者每当动态地加载一个共享库时，ASLR 就会移动这些地址。这意味着你可能捕捉/proc/*/maps 的时机要刚好在跟踪运行之前，刚好在跟踪运行之后，或就在跟踪运行的时候。

但无论如何，映像映射只是第一步。对于每个进程，虽然能够说明哪个映像加载到什么地方，但是几乎不能说明这些映像内部有什么。第二步是调用 Linux 内核的 addr2line 程序来查看用户态的地址，以获取每个映像内的例程名称和行号。当然，addr2line 程序需要的地址是映像内的偏移量，而不是 KUtrace 捕捉到的原始地址。samptoname_u 程序能够处理所有这些细节。

在了解了这些信息后，你还应该知道，samptoname_k 和 samptoname_u 是过滤程序，它们接收一个 JSON 输入文件，并重写它们所能够重写的任何 PC 样本的十六进制地址。通过将 eventtospan 程序的输出传递给这两个过滤程序，你将能够为大部分 PC 样本得到有意义的子例程名称。通过在 HTML 显示内容中用“PC=”进行搜索，或者按住 Shift 键单击 PC 样本的虚线（不在主时间线上，而在主时间线的上方），你可以看到这些名称。虚线的颜色会根据例程名称的哈希（或者低 8 位被忽略的十六进制地址的哈希）发生变化。

19.4.7　非执行态

如果 CPU 是空闲的，CPU 时间线将显示为一条细黑线。如果进程在等待 CPU 或磁盘等，PID 时间线将在等待期间显示为一条彩色的细线，并在右侧使用最多 3 个莫尔斯电码字符来标识正在等待什么。按住 Shift 键单击，将显示等待的原因。如果一个 RPC 的工作完成了一部分，然后被添加到队列中，等待另一个进程执行额外的工作：那么在排队等待期间，这个 RPC 的时间线将显示为一条虚线。按住 Shift 键单击，将显示队列的名称。

19.4.8　KUtrace 开销

理解观察工具的开销，并确定这个开销什么时候高到影响被测对象，是非常重要的。为了帮助你理解，这里使用了一种简单的策略：对 100 000 个最短的系统调用 getpid 进行计时，并且在计时的时候，分别不进行跟踪、使用 KUtrace go 命令以及使用 KUtrace goipc 命令。按正常的方式做减法和除法，能够给出每个跟踪条目和每个 IPC 跟踪条目的近似平均开销，单位为纳秒。当你放大 HTML 显示内容，能够看到 10～50 ns 的开销时，HTML 显示内容就会在时间段的开头覆盖一条白色的对角线，以这种方式传递这些信息。对于 50 ns 范围的时间段，开销会很大。对于 5 μs 范围的时间段，开销小于 1%。观察 KUtrace 自身开销的另一种方式是使用 PC 采样。有时候，在 KUtrace 补丁记录事件的过程中会发生计时器中断。当发生这种情况时，采样的 PC 地址包含在 KUtrace 自身中，通常是名为 trace_1 的例程。这种情况的发生频率能够说明一定的 KUtrace 开销。

19.5　区域④——IPC 图例

当显示 IPC 时，区域④会显示它们的图例。为了便于在视觉上区分值，较低的 4 个值显示为黑色三角形，中间的 8 个值显示为蓝色三角形，较高的 4 个值显示为红色三角形。为了进一步区分邻近的值，交替的三角形在短边上会有一个小的缺口。

19.6 区域⑤——x 轴

区域⑤是 x 轴，上面从左到右显示了挂钟时间。大约有 10 个标签（通常范围是 8～15 个标签），每个标签有一条浅灰色的垂直网格线。为了避免拥挤，每个标签仅显示时间的几个数位，它们是相对于区域⑤左侧的基准时间而言的。在区域③和⑤中，单击并拖动可在水平方向上平移，滚动鼠标滚轮则可以缩放。在缩放时，基准时间和坐标轴单位会发生变化。可以放大到纳秒间隔，也可以缩小到小时和分钟间隔，实用的间隔在 100 ns 到 2 min 之间，有 9 个数量级。

19.7 区域⑥——保存/还原

区域⑥不仅有几个控件，还有一些关于鼠标操作的有些晦涩的描述。带圈的数字可用来保存和还原区域③数据的特定视图。按住 Shift 键单击带圈的数字会保存当前视图，使显示的图形闪烁，然后突出显示圈中的数字，以表示它是激活的。单击一个激活的数字即可还原相应的视图（单击没有激活的数字则什么也不做）。每次改变视图时，就保存之前的视图。在图 19-1 的区域⑥中，①左侧的后退箭头用于后退一个视图，当准备进行现场展示时，这个工具特别方便。

19.8 辅助控件

按住 Shift 键单击图 19-1 中左下角的红点，即可切换显示一组实验性的辅助控件。这些辅助控件的主要目的是更好地控制展示的格式，其中包括 5 个文本框、两个按钮，以及最右侧的一个文本区域，它用来显示 x 轴和 y 轴的范围。

5 个文本框用于控制整体显示的宽高比、标签宽度和字体大小，以及用于设置时间段和文本的时间线比例。

Aspect 文本框指定了区域②、③、④、⑤的宽高比。例如，3:1 指定显示区域的宽度是高度的 3 倍，4:3 对应较旧电视机的显示比例，9:5 对应较新电视机的显示比例。当指定了宽高比时，HTML 代码会通过强制使高度是 100 像素的倍数，将浏览器窗口中区域②、③、④、⑤的显示部分离散化。当调整浏览器窗口的大小时，区域①的文本区域部分会短暂地显示像素形式的宽度×高度，以创建大小一致的图片或屏幕截图。

Ychars 文本框指定 y 轴标签的字符个数，Ypx 文本框则指定以像素为单位的字体大小。它们可用于调整区域②的空白和可读性。

txt 和 spn 文本框指定区域③中有多少垂直空间可用于绘制标注文本，以及有多少垂直空间可用于绘制时间段，单位是文本行数。例如，“txt=5 spn=2”指定 5 行用于绘制标注文本，两行用于绘制时间段，即每行有 5/7 的垂直空间用于文本，剩下 2/7 的垂直空间则用于时间段。

两个按钮用于为显示效果提供额外的控制。Legend 按钮用于控制图例页面的显示，它在 3 个状态——正常时间线显示、水平布局图例和垂直布局图例之间循环。Fade 按钮旨在将所有时间段变为浅灰色，从而使用户只关注标注和时间对齐的数据，但同时仍然有底层时间段的一点上下文。

文本区域采用了 start+width 的形式，用来显示 x 轴和 y 轴的范围。其中，start 是最左侧的 x 轴时间（单位为秒）或顶端的 y 轴轨道编号，width 是 x 轴的满刻度时间（单位为微秒）或 y 轴的满刻度高度（单位为轨道数）。每个时间线行有 20 条轨道。这些值使得我们能够为图片或屏幕截图创建一致的匹配对齐。

19.9　小结

KUtrace 数据的 HTML 显示方式是在视觉上理解经过的时间都消耗在什么地方的关键，比如每个进程在什么时候执行，为什么阻塞，为什么重启等。如果没有能够平移和缩放任何跟踪部分的动态显示，就很难解读在几百万个时间段中捕捉到的数据。

第三部分的内容到此结束。第四部分将给出几个案例分析，说明如何使用 KUtrace 的观察结果来判断某个软件为什么有时候很慢。请享受这个探索的过程！

PART IV

第四部分 推理

不要一味地阅读，看看你的周围，思考你看到的东西。

——Richard P. Feynman

本书第一部分介绍了如何仔细测量4种基本的共享计算机资源——CPU、内存、磁盘/SSD和网络的性能。第二部分介绍了可用来观察计算机软件行为的现有工具和技术——日志、计数器、性能分析文件和跟踪工具。第三部分介绍了如何构建和使用 KUtrace 工具。通过简单地记录内核态的执行和用户态的执行的每次切换，KUtrace 用户可以观察所有 CPU 核心上正在运行的所有程序和所有事务，查看所有的执行和未执行情况。

第四部分将介绍如何对得到的观察结果进行推理。其中，第 20 章将讨论应该关注什么，第 21～29 章将分别对慢性能的各种原因进行案例分析，第 30 章将推荐一些可以继续学习的主题。

第四部分旨在将前面的所有内容融会贯通，使读者能够练习找出并理解事务的长尾时延的各种常见来源——共享的 CPU、内存、磁盘、网络、软件锁、计时器和队列。等到第四部分结束时，读者将能够找到、理解和修复复杂代码中意外出现的不良软件动态。

第20章　寻找什么

当给定一个或一组程序出现性能问题时，我们该如何理解程序的动态，进而理解为什么某些操作很慢？知道了原因，我们就能够通过修改程序提高速度。

20.1　概述

解决性能问题的困难之处在于观察程序实际在做什么，而不是依赖用户（或程序的最初设计者）对程序的期望行为的简单想象。等到第四部分结束时，读者将能够找出、理解和修复复杂代码中意外的不良软件动态。

图 20-1 展示了思考慢事务的框架。在从事务开始到事务结束的过程中，执行工作的计算机服务器可能正在运行，以正常速度处理事务；可能由于某种状况而运行缓慢；可能根本没有运行，而正在等待。情况只有这 3 种。

用时较长的、CPU 密集的执行可能还需要一些有帮助的细节，这样我们才能知道代码在什么地方消耗了时间。图 20-1 底部的方块强调了这一点。

事务
运行缓慢
正在运行
没有运行
细节

图 20-1　事务执行的思维框架

图 20-2 显示了一条简单的事务执行时间线，这里只有一个单线程程序，它完全在 CPU 上执行事务。这条时间线还显示了 3 种形式的缓慢执行：执行的代码比正常情况下的代码更多（参见第 21 章）；执行相同的代码，但是执行速度比正常情况下更慢，每周期指令数（IPC）的速度计三角形指示了这一点（参见第 22

章）；有时候则完全没有执行（参见第 23～29 章）。

图 20-2 对比一个事务的正常执行与缓慢执行

图 20-3（a）显示了一个复杂一些的事务，正常情况下，这个事务是在两个并行的、CPU 密集的线程上执行的。图 20-3（b）显示了一个缓慢的版本——两个线程顺序运行，这既不符合设计，也不符合设计者的想象。

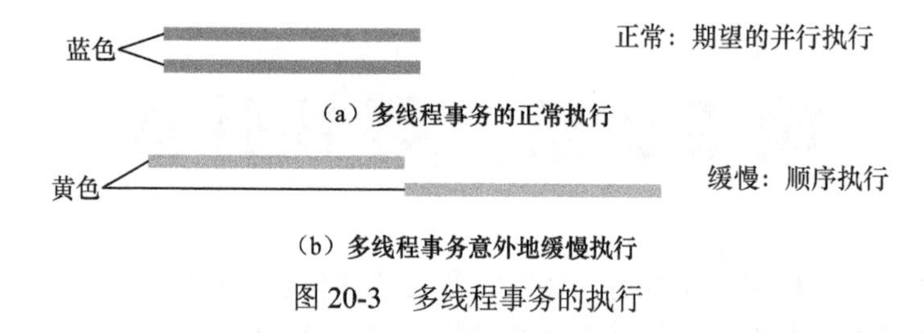

图 20-3 多线程事务的执行

你应该这样思考上述缓慢的版本：两个线程确实在并行执行，但是在第一个线程执行期间，第二个线程在等待某个东西。第 23～29 章将探讨导致第二个线程等待的各种可能的原因。

20.2 寻找原因

我们希望观察时间都消耗在什么地方，以及正常事务和缓慢事务之间的差异。我们将对 CPU 执行速度的变化、程序干扰和各种导致等待的原因进行查找与推理。

KUtrace 具有涵盖下列场景的工具。

- 事务的开始/结束事件（由一个软件 RPC 库插入）。
- 正常运行：显示所有 CPU 上的所有用户进程和所有系统调用、中断、错误和空闲循环。
- 缓慢运行：跟踪 CPU 时钟频率、每周期指令数和缓慢退出空闲循环的情况。
- 没有运行：每个进程启动或停止时的上下文切换，使进程可再次运行的唤醒事件；锁 ID（由软件锁库插入）；排队的 RPC 工作（由软件队列库插入）。
- 细节：计时器中断时的 PC 样本，软件标签/标记（手动插入用户态的源代码中）等。

在后面的章节中，我们将使用相关的工具，找出导致示例事务延迟的根本原因。很多时候，传统的观察工具无法识别这些根本原因，或者至少在它们发生在实时的生产环境中时无法将其识别出来。

CHAPTER 21

第 21 章　执行太多

本章将对一个事务服务器程序进行简短的案例分析，该程序存在间歇性性能问题的原因是存在太多 CPU 密集的用户态的执行。

21.1　概述

我们发现，缓慢事务执行了太多的代码。换言之，缓慢实例涉及与快速实例不同的、更长或更慢的代码路径。在所有这些案例分析中，我们所“知道”的程序行为是我们脑海中的一幅图像。这幅图像与现实情况是有区别的，有时候区别甚至很大。“知道”这个词所带来的只是没有事实支持的假定。与之相对，“测量”这个词指的是低失真工具观察到的真实行为。这些测量结果比我们脑海中的图像更加可靠。

根据第 20 章给出的思维框架（见图 20-1），本章将讨论正在运行但执行代码太多的情况。我们将使用 IPC 来区分这种情况与正在运行但执行太慢的情况，后者是第 22 章将要讨论的主题。我们将使用 PC 样本和手动添加的标签所提供的细节来识别其他的代码路径。

21.2　程序

程序 mystery21 是一个事务服务器。在源代码中可以看到，对于每个 RPC 请求，都将进行如下处理。

```
if (SomeComplexBusinessLogic()) {
    // The case we are testing
    if (OtherBusinessLogic()) {
        DoProcessRpc(data);
    } else {
        DecryptingRpc(data);
    }
} else {
 ...
}
```

21.3 谜团

近来，在几次软件更新后，这段服务器代码的性能出现了很大的变化，有时候会超出原来的时间约束目标。下面我们通过一个发送 200 个相同 RPC 的客户端来检查这段服务器代码的性能。我们期望第一个 RPC 与其他 RPC 不同，因为这个 RPC 需要访问磁盘上的数据，但我们期望其他 199 个 RPC 使用主存中缓存的相同数据。我们在事务时延中观察到 30 倍的差异，这是为什么呢？

在使用这些相同的事务运行时，RPC 日志（参见第 8 章）神秘地显示，服务器消耗的总时间发生了很大的变化，如图 21-1 所示。200 个 RPC 按消耗的时间垂直排序，类似于图 9-4，但是旋转了 90°。之前也存在一些变化，但是变化程度只有大约两倍。简单的计数器（如 top 命令）显示，程序消耗的时间几乎等于用户态的 CPU 时间。这说明没有磁盘或网络延迟。程序的用户态代码几乎是 100% CPU 密集的。

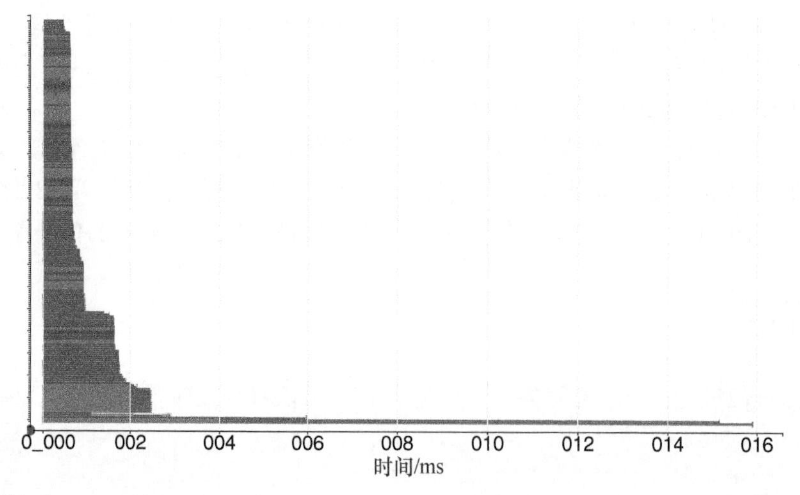

图 21-1 使用程序 mystery21 处理 200 个 RPC 时的服务器日志时间图，这 200 个 RPC 按消耗的时间垂直排序

在这 200 个 RPC 中，大部分用时 0.5 ms，一些用时 1.5～2.5 ms，还有一些用时超过 15 ms。根据以前的行为以及对执行时间一开始所做的估测，我们期望事务用时大约 1 ms。我们“知道”例程 DoProcessRpc 和 DecryptingRpc 对于每个请求都需要相似的处理时间。因此，我们很难解释响应时间上存在的巨大变化。我们不再猜测，而寻找工具来观察程序在处理 200 个事务时的行为。本章将关注图 21-1 中的 3 组 RPC——大约 145 个用时 0.5 ms 的短 RPC，大约 50 个用时 1.5 ms 的较长 RPC，以及 4 个非常慢的 RPC。

21.4 探索和分析

程序 mystery21 的一个简单的、非空闲的 PC 采样性能分析结果（参见表 21-1）显示，DoProcessRpc 例程的用时是例程 DecryptingRpc 的 4 倍多，而且 memcpy 消耗了大量时间。这不符合我们的预期。特别是，性能分析结果不能解释服务器日志中的测量结果。

表 21-1 程序 mystery21 的一个简单的、非空闲的 PC 采样性能分析结果（加粗的例程是内核代码）

例 程	百 分 比
PC=DoProcessRpc	50.8
PC=memcpy	33.3
PC=DecryptingChecksum	12.2
PC=FreeRPC	1.7
PC=__tls_get_addr	1.7
PC=finish_task_switch	1.7
PC=get_page_from_freelist	1.7

性能分析存在的问题是，它将快速事务和慢速事务混合在一起，所以我们看到的只是平均行为，无法判断快速事务和慢速事务在行为上有什么区别。这在任何时候都不够好。我们想要区分快速事务和慢速事务的行为，以便能够明确看到它们在什么地方存在差异。

在对程序 mystery21 运行 KUtrace 后，我们发现用户态执行消耗了大量时间，只有很少的内核-用户切换。这与计数器测量结果显示几乎 100%的用户态 CPU 时间是一致的。在按 CPU 编号排序时，跟踪数据并没有告诉我们很多关于快速事务和慢速事务之间有何差异的信息。但是，RPC 的开始-结束标记使得我们能够按 RPC ID 对跟踪数据进行排序，如图 21-2 所示。

这与 RPC 的日志数据一致。现在我们可以看到，大部分事务很快，一些比较慢，200 ms 和 340 ms 处的两个事务非常慢。完整的跟踪显示：除在单个 CPU 核心上发生的用户态的、CPU 密集的执行之外（有一些小的间隙在等待客户端发送下一个请求），几乎没有发生其他事件，因而我们可以肯定地排除等待 CPU、磁盘、系统调用等情况。但是，我们还不知道为什么有些事务比其他事务更慢。

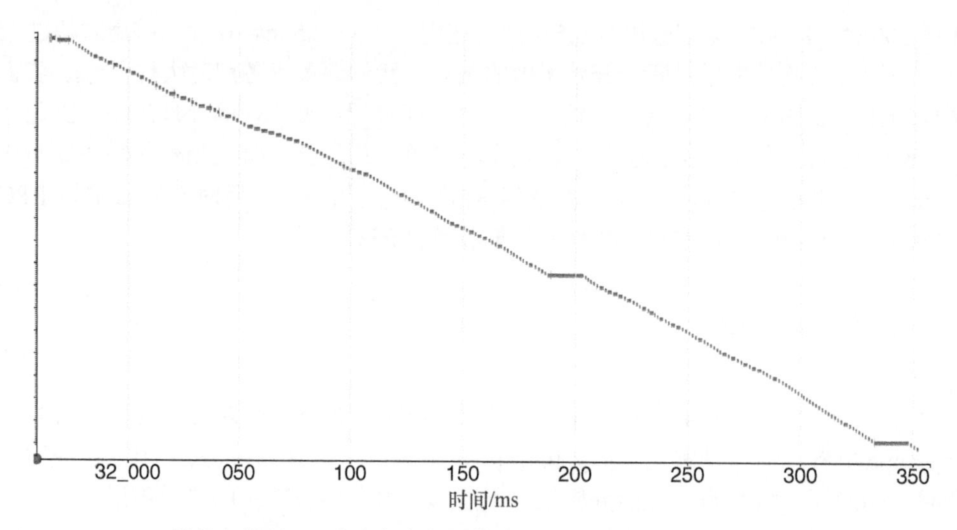

图 21-2　mystery21 程序在处理 200 个名义上相同的 RPC 时的 KUtrace，按 RPC 的开始时间垂直排序

我们首先查看一些早期的 RPC，如图 21-3 所示。可以看到，它们在顶部的 CPU 0 上执行，在底部则可以看到按 RPC ID 排序的相同时间段。这里有 4 个快速 RPC 和两个慢速 RPC。在每个 RPC 中，时间完全消耗在 CPU 上，因而我们可以排除用时较长的 RPC 等待其他东西的可能性。除了 CPU 3 上简短的计时器中断和某些网络中断之外，其他 3 个 CPU 什么也没有执行，所以也不存在明显的执行干扰。在 985 ms（箭头）处获取的非空闲 PC 样本发生在 memcpy 中，这与图 21-3 中的 CPU 性能分析结果一致。

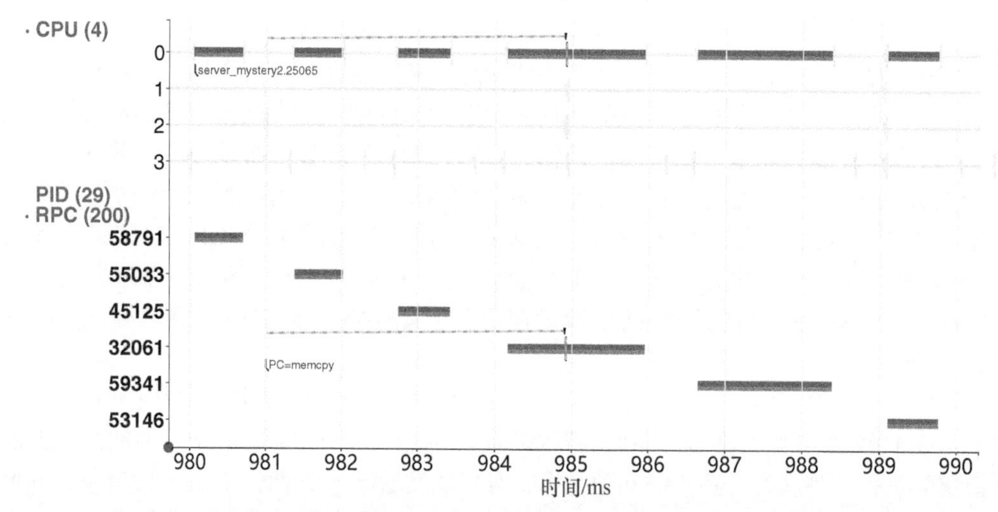

图 21-3　展开 6 个名义上相同的 RPC——4 个快速 RPC，两个慢速 RPC；虚线右侧的箭头标记了 memcpy 中的 PC 样本点

对于类似的或相同的可执行代码，要么缓慢事务在执行更多的代码，要么它们在执行相同的指令，但执行得更慢。只有这两种可能。

当不存在明显的干扰源的时候，我们期望所有事务以大约相同的速度执行指令。打开每周期指令数（IPC）显示功能，如图 21-4 所示，确实可以看到 6 条指令的执行速度几乎相同，因而我们现在可以可靠地得出结论：慢事务执行了更多的指令，大约是快事务的 2.5 倍或 3 倍。现在，我们只需要知道额外的指令来自哪里。

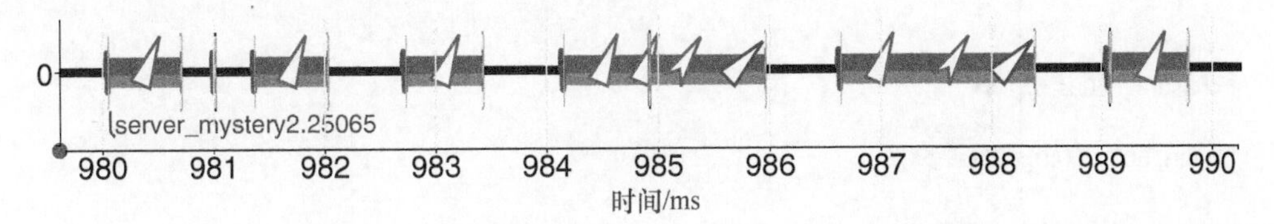

图 21-4　图 21-3 中的 6 个 RPC，显示了 IPC 三角形

和 RPC ID 的开始-结束标记一样，KUtrace 生成的 PC 样本性能分析结果也被嵌入内核-用户切换的完整跟踪中。打开 PC 样本显示功能，你将看到许多但并非全部事务中分散的非空闲样本。图 21-5 覆盖了几十个早期事务。这里的 PC 样本已映射回函数名称（参见第 19 章），只显示了其中几个。

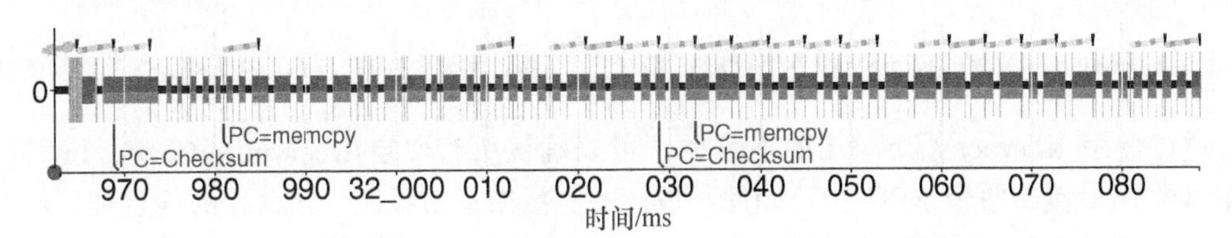

图 21-5　mystery21 程序的 KUtrace 显示了大约 50 个 RPC，每 4 ms 就会有非空闲的 PC 样本

这些事务中的样本是稀疏的，所以没有足够的信息来形成对单个事务的可靠结论，至少对于短事务如此。但是，如果把正常事务中的样本聚合起来，同样把较慢事务中的样本也聚合起来，就能够看到准确的差异。米黄色（见彩插）的样本取自 Checksum，蓝色的样本取自 memcpy。

要进行这种分组，一种自动的方式是按照总共消耗的服务器时间（即响应时间），将 RPC 放到大小为 2 的幂的桶中，并显示每个桶中所有 RPC 的平均行为。对于任何特定的程序，当无法提前知道快速事务和慢速事务可能需要多长时间的时候，这种简单的划分能够以有用的方式把它们分散开。也可以使用其他桶大小，但是我们一般不太关心性能变化小于 1/2 的事务，而更关心响应时间是原来的 5 倍或 100 倍的那些非常慢的事务。非常慢的事务会可靠地落入与正常事务不同的大小为 2 的幂的桶中。非常慢的事务很有可能揭示出关于稍微慢的事务的一些信息。

图 21-6 显示了 200 个 RPC 的 6 个桶。5 个 RPC 在第一个[250..500) μs 的桶中，140 个 RPC 在第二个[500..1000) μs 的桶中。所有桶的 200 个 RPC 的平均行为在下一个桶中，之后是[1..2) μs 的桶，以此类推。我们积累了每个桶中所有事务的 PC 样本，在每一行中按照从最

频繁到最不频繁的顺序进行排列。因为 PC 样本的持续时长都是 4 ms 计时器中断间隔的倍数，所以它们的总和可能比细粒度执行持续时长的和更大或更小。较快的事务落在 250 μs 和 500 μs 的桶中，响应时间是较快的事务的响应时间的 3 倍的事务落在 1 ms 和 2 ms 的桶中，两个极慢的 RPC 落在[8..16] ms 的桶中。在大部分桶中，PC 样本几乎都取自 Checksum 和 memcpy；但在最后一个桶中，大部分 PC 样本取自 DecryptingChecksum。

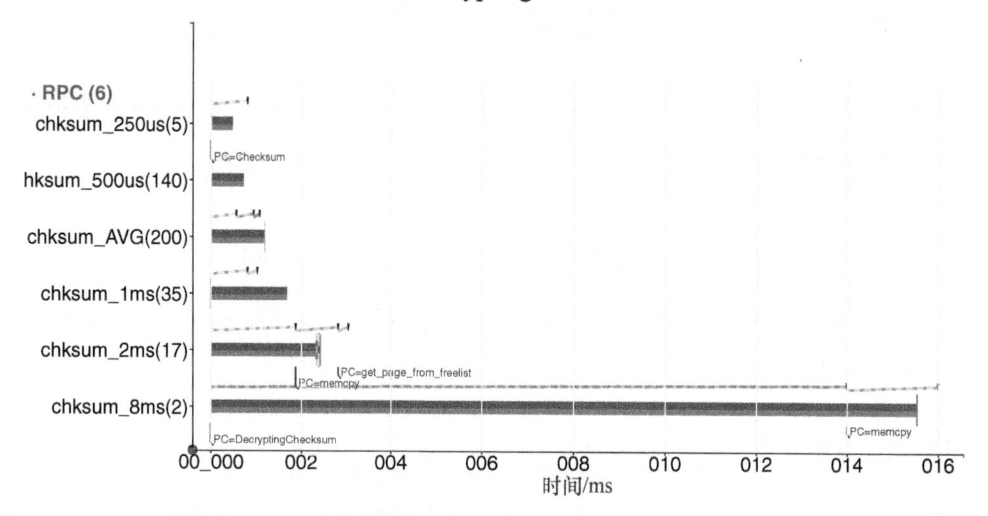

图 21-6 mystery21 程序的 KUtrace 按单独的 RPC 耗时进行分桶，将聚合的 PC 样本放在大小为 2 的幂的桶中

通过使用 KUtrace 显示 UI 的搜索框，可以确认所有取自 DecryptingChecksum 的 PC 样本都落在最慢的两个 RPC 中。因此，现在的测量结果与我们“知道”的信息是相反的，DecryptingChecksum 例程的执行速度与 Checksum 例程的并不相同，而只有后者的 1/30。这解释了两个极慢的 RPC，要修复它们，就需要重写 DecryptingChecksum 例程。

其他桶呢？PC 样本是相似的，大约 3/5 的时间消耗在 Checksum 例程中，剩下大约 2/5 的时间消耗在 memcpy 中。现在还不能清楚地知道较慢的组中执行了什么额外的代码，好在我们手动对 mystery21 程序进行了一点儿插桩，在每个事务的开头包含了一个 mark_a 标签来给出 RPC 方法的名称，在这里是“chksum”。此外，还在每次调用 Checksum 例程时包含了一个 mark_b 标签“chk”。图 21-7 显示了这些标签，可以明显地看到，在用时较长的事务中，错误地调用了 Checksum 例程三次（“chk”）而不是一次。

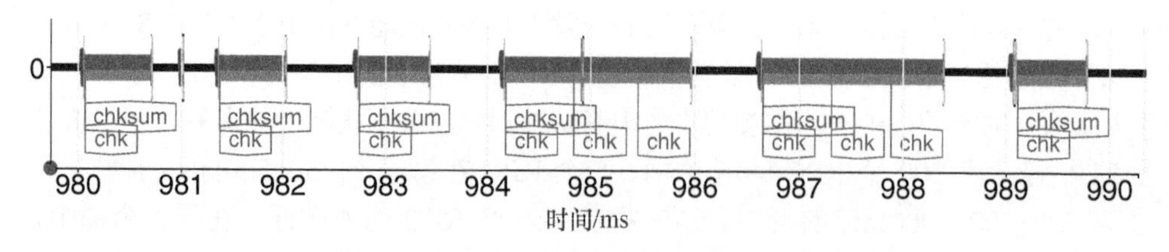

图 21-7 图 21-3 中的 6 个 RPC，显示了标签

21.5　理解谜团

现在我们已经知道发生了什么。短的耗时桶中包含所有正常事务。它们在 DoProcessRpc 例程中执行了大约 0.5 ms，但不在 DecryptingRpc 例程中执行。1.5 ms 的中等大小的桶是错误调用三次 Checksum 例程的 RPC。最后一个桶包含两个 DecryptingChecksum RPC。总的来看，真实代码如下。

```
if (OtherBusinessLogic(x)) {
    // 1 of N, slower processing
    retval = DecryptingChecksum(s, chksumbuf);
} else {
    // Normal processing
    retval = DoProcessRpc (s, chksumbuf);
    if (WrongBusinessLogic(x)) {
        // about 1 of 5, extraneous processing BUG
        retval = DoProcessRpc (s, chksumbuf);
        retval = DoProcessRpc (s, chksumbuf);
    }
}
```

查看现在的代码及其修改历史，我们很快发现，WrongBusinessLogic()是两年前引入的一个隐藏的 bug，之所以没有人注意到它，是因为额外工作的结果丢弃了（而不是产生一个整体错误的结果），并且额外的时间也没有单独显示在性能分析结果中——只将 DoProcessRpc 处理许多事务的平均时间增加了大约 40%。DecryptingRpc 的修改历史显示两周前修改了算法；在修改前，DecryptingRpc 和 DoProcessRpc 事实上需要大约相同的时间，但当时 DecryptingRpc 没有做它应该做的计算。

在识别出 bug 后，删除 WrongBusinessLogic()只需要大约 10 min。改进 DecryptingRpc 看起来很困难，所以在经过讨论后，我们决定先维持不变，直到可以构建一种合适的、更快的实现方式，且能够对其进行性能测试为止。

接下来，我们需要返回来测量新的版本，运行 top 命令，查看服务器 RPC 日志和 KUtrace。你需要确认修改后能够得到期望的性能提升，没有其他仍然隐藏的旧问题，并且所做的修复没有引入新的问题。

21.6　小结

下面是我们采取的步骤和使用的工具。

- 拒绝猜测。

- 查看 top 的结果。
- 查看服务器日志，将它们按经过的时间排序。
- 查看一个简单的 PC 采样性能分析结果。
- 运行 KUtrace，按 RPC ID 而不是 CPU 编号排序。
- 查看 KUtrace 的输出并显示 IPC。
- 查看 KUtrace 的输出并显示各个 PC 样本。
- 按经过的时间将 RPC 分桶。
- 分析快速、中速和慢速请求的区别。
- 查看 KUtrace 的输出并显示手动插入的标签。
- 查看代码，进行一些简单的修改。
- 在进行修改后测量新代码。

CHAPTER 22

第 22 章 执行缓慢

本章将对一个程序进行简短的案例分析，该程序存在间歇性性能问题。它会多次执行相同的代码，但在有其他程序的情况下，它有时候执行得比正常情况下更慢。本章只关心 CPU 和内存干扰，而不关心磁盘、网络或锁延迟。

根据第 20 章给出的思维框架（见图 20-1），本章将讨论运行太慢的情况。我们将使用 IPC 来区分这种情况与执行太多代码的情况。本章只讨论导致运行缓慢的 3 个原因中的一个——其他程序的干扰。后面几章将讨论缓慢退出空闲状态和缓慢的 CPU 时钟。

22.1 概述

拖慢 CPU 密集型程序的干扰源于滥用一些硬件资源。对于多核芯片中的超线程 CPU 来说，主要资源包括取指令和指令解码单元、指令执行单元（功能单元）、共享缓存和共享主存。对于多核心芯片上的单线程 CPU 来说，只有跨核心的共享缓存和内存有可能造成性能瓶颈。为了探索干扰问题，我们可以将一个程序与其他多个程序一起运行并看看会发生什么。

记住，我们所"知道"的关于程序行为的信息是我们脑海中的一幅图像。这幅图像与现实情况有差异，有时候相差很大。与之相对，"测量"这个词指的是低失真工具观察到的真实行为。这些测量结果比我们脑海中的图像更加可靠。

22.2 程序

我们将要讨论的程序并不处理事务，而是一个人为设计的浮点基准程序。Whetstone 基准程序创建于 20 世纪 70 年代早期，用于在一台 English Electric KDF9 计算机上模拟英国国家物理实验室的一些代码的操作分布（“混合物”）。它最初是用 ALGOL 60 编写的，后来被移植到 FORTRAN 中，过了很久又被移植到 C 语言中。我们“知道”它可以测量 CPU 的浮点运算的性能。它启发了后来的一个只测量整数的基准程序——Dhrystone。这两个基准程序都已经过时。

基准测试很难完成。很容易发生这样的情况：构建的程序声称能够测量某个东西，但实际上并不能测量。第 4 章介绍的 SPEC89 套件中的 030.matrix300 基准程序是一个明显的例子。它是一个简单的矩阵乘法程序，在名义上能够测量浮点运算的性能。在通过调整循环重新调整缓存访问后，030.matrix300 基准程序的运行速度快了 10 倍，这说明这个程序实际上在测量内存访问时间，而不是浮点运算的性能。

22.3 谜团

Whetstone 基准程序测量的是浮点运算性能、内存性能还是其他什么东西？我们很快就会知道答案。假定 Whetstone 基准程序大量执行浮点运算，所以它对于其他大量执行浮点运算的程序造成的干扰会很敏感。我们进一步假定 Whetstone 基准程序不会大量使用内存操作，所以它对于其他大量使用内存的程序造成的干扰会不那么敏感。我们在第 11 章中曾看到 Whetstone 基准程序的基本信息。

这个基准程序包含 8 个循环，下面使用原始的名称和编号列出了它们，另有 3 个循环（模块 1、5 和 10）随着时间的流逝已经丢弃了。

- 模块 2：数组元素。
- 模块 3：以数组作为参数。
- 模块 4：条件跳转。
- 模块 6：整数算术。
- 模块 7：三角函数。
- 模块 8：过程调用。
- 模块 9：数组引用。
- 模块 11：标准函数。

为了查看 Whetstone 基准程序对什么干扰敏感，我们将把它和两个“对手”程序一起运行，这两个“对手”程序中的一个频繁执行浮点运算，另一个频繁使用内存。但是，我们一开始先运行两份 Whetstone 基准程序。

一方面，如果一个程序完全占用某个硬件资源，则运行两份会导致每份的每个事务或其他工作单元需要两倍的耗时，单位时间内完成的总工作量并没有增加。另一方面，如果一个程序对每个可用硬件资源的使用量从不会超过 50%，则运行两份就能够让每份在执行每个工作单元时仍然需要原来的耗时，所以在单位时间内运行两份能够完成两倍的总工作量。大部分程序的性能在这两个极端之间。这些中等性能的程序可能在 100%的时间内使用共享资源的 2/3，也可能在 2/3 的时间内使用 100%的共享资源。在后面这种情况下，两份程序的净减慢程度取决于 100%使用量的重叠时间——在重叠最少时慢 25%，在完全重叠时慢 40%。

为了检查 Whetstone 基准程序，我们首先在一个超线程的 Intel i3-7100 核心上运行一份，然后运行两份。最后，我们将在一个超线程核心上将它与每个大量占用资源的程序一起运行。在所有情况下，我们将使用 KUtrace 和 IPC 来观察发生了什么。

图 22-1 显示了 Whetstone 基准程序的一次独立运行。笔者不仅为每个模块添加了标记，而且添加了代码，以使所有变量在循环退出时仍然存活，这样循环就不会像第 2 章中那样完全被优化掉了。不同的循环/模块有不同的 IPC，从模块 2 和 3 中的 3/8（每 8 个 CPU 周期 3 条指令，由指向左侧的黑色三角形表示，见彩插）到模块 7、8 和 9 中的 3.0、2.5 和 3.5（由指向右侧的红色三角形表示）。

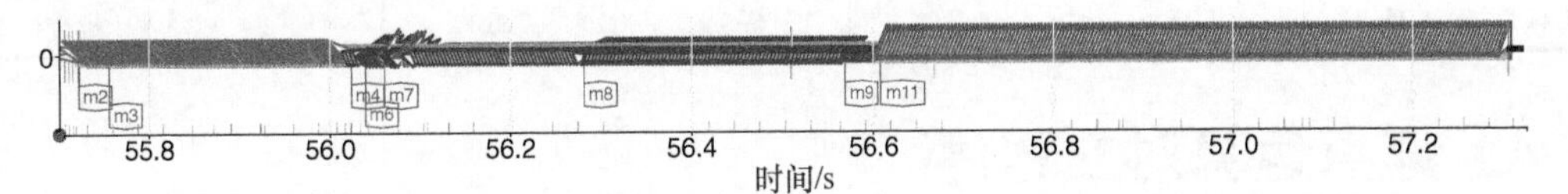

图 22-1 Whetstone 基准程序独自执行了 1.6 s，为每个循环（模块）显示了 IPC

图 22-2 显示了在一对超线程（CPU 0 和 CPU 2）上执行相同的二进制文件两次的结果。一方面，模块 2、3 和 11 的 IPC 基本上没有改变，所以这些循环没有对任何共享资源造成压力。另一方面，模块 6、7 和 9 慢了大约 1/2，模块 8 慢了大约 1/3，这 4 个循环频繁使用了某个共享资源。

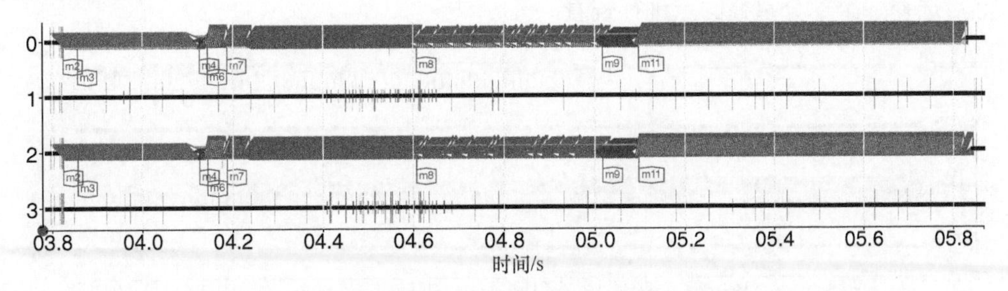

图 22-2 两份 Whetstone 基准程序在一个物理核心的两个超线程上执行了 2.0 s，为每个循环（模块）显示了 IPC

表 22-1 汇总了我们到目前为止得到的数据。根据经过的时间，Whetstone 基准程序中大约 2/3 的模块没有对 CPU 造成压力，大约 1/3 的模块（用粗体显示）对 CPU 造成了压力。但

是，我们还不知道，对于模块 6～9，哪些共享的 CPU 资源是干扰的来源。

注意，由于 2/3 的原始时间消耗在没有减慢的循环中，因此在整个基准程序的执行时间变成原来的 1.27 倍，执行时间加倍的部分基本上被淡化了。在基准测试中，我们有时候会忽视这种淡化。

表 22-1 当运行一份（1x）和两份（2x）时，Whetstone 基准程序的 IPC 和执行时间

模块	1x 时的 IPC	2x 时的 IPC	1x 时的时间百分比	1x 时的执行时间/ms	2x 时的执行时间/ms	执行时间的比值	备注
模块 2	0.375	0.375	2.1%	33.5	32.0	0.96	数组元素
模块 3	0.375	0.375	16.9%	268.0	269.6	1.01	数组作为参数
模块 4	3.0	2.5	1.0%	15.4	17.7	1.15	条件跳转
模块 6	**2.0**	**1.0**	**1.4%**	**21.7**	**42.5**	**1.96**	**整数运算**
模块 7	**3.0**	**1.5**	**14.0%**	**221.5**	**419.7**	**1.89**	**三角函数**
模块 8	**2.5**	**1.5**	**18.1%**	**286.7**	**420.9**	**1.47**	**过程调用**
模块 9	**3.5**	**2.0**	**2.5%**	**39.6**	**78.8**	**1.99**	**数组引用**
模块 11	1.25	1.25	44.1%	698.9	726.1	1.04	标准函数

22.4 浮点运算对立程序

我们的第一个对立程序是 flt_hog，它将交替地进入两个状态——执行一个 CPU 密集型循环，然后睡眠，什么都不做。在运行时，它会定时在跟踪中插入一个循环迭代计数（为清晰起见，只显示一些数值）。它声称自己频繁使用了浮点执行硬件。为了确认这一点，我们在一个超线程核心上运行它的两份程序，并查看 KUtrace 的 IPC 结果，如图 22-3 所示。这里故意将两份程序的等待时间分别设置为 20 ms 和 21 ms，以便两次阵发性执行有不同的重叠时间，然后选择一个部分重叠的点进行查看。

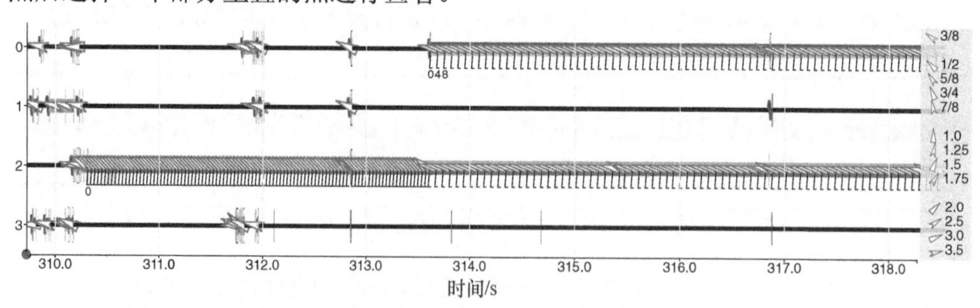

图 22-3 两份 flt_hog 程序在一个超线程核心上以部分重叠的方式运行，独立运行时 IPC=3/8，重叠运行时 IPC=1/8。注意，IPC 的分辨率相当低，是 1/8 的倍数

在图 22-3 的左侧，只有一份程序在运行，IPC 大约为 3/8。在图 22-3 的右侧，两份程序

都在运行，IPC 大约为 1/8。图 22-3 中的 IPC 值会迫使分辨率相当低的 KUtrace 将它们用每个时间段使用的 4 位二进制数来表达。通过查看迭代计数标记之间经过的时间，我们可以得到更高的分辨率：33.8 μs 的独立运行相比 67.4 μs 的重叠运行，减慢因子是 1.99。因此，我们可以安全地得出结论：flt_hog 程序无论在做什么，它都将使用某个 CPU 全部的资源。

下面显示了内层循环，使用的变量都是双精度浮点数。当全速运行时，每次迭代需要大约 33 个 CPU 周期，这符合每次发出 4 条加法/减法指令、两条乘法指令和两条除法指令，再加上循环的开销。优化后的 GCC 代码中没有内存引用。我们的结论是，这个程序确实频繁使用了浮点单元。

```
for (int i = 0; i < n; ++i) {
  // Mark every 4096 iterations, so we can see how time changes
  if ((i & 0x0fff) == 0) {
    kutrace::mark_d(i >> 10);
  }
  sum1 += prod1;
  sum2 += divd1;
  prod1 *= 1.000000001;
  divd1 /= 1.000000001;
  sum1 -= prod2;
  sum2 -= divd2;
  prod2 *= 0.999999999;
  divd2 /= 0.999999999;
}
```

当我们将基准程序 Whetstone 与程序 flt_hog 一起运行时，将得到图 22-4。可以看到，每当在 CPU 2 上运行 flt_hog 程序时，在 CPU 0 上运行的 Whetstone 基准程序的模块 7～11 都将显著减慢。模块 6（没有显示）的 IPC 从 2.0 稍微下降到 1.75。左侧的模块 7 的 IPC 从 3.0 下降到 5/8，模块 8 的 IPC 从 2.5 下降到 3/8，模块 9 的 IPC 从 3.5 下降到 2.5，模块 11 的 IPC 从 1.25 下降到 3/8。来自程序 flt_hog 的干扰严重影响了模块 7、8 和 11，而模块 6（整数运算）和 9（数组引用）只受到了中等程度的影响。因此，我们可以得出如下结论：模块 7、8 和 11 实际上测量了浮点运算的性能。

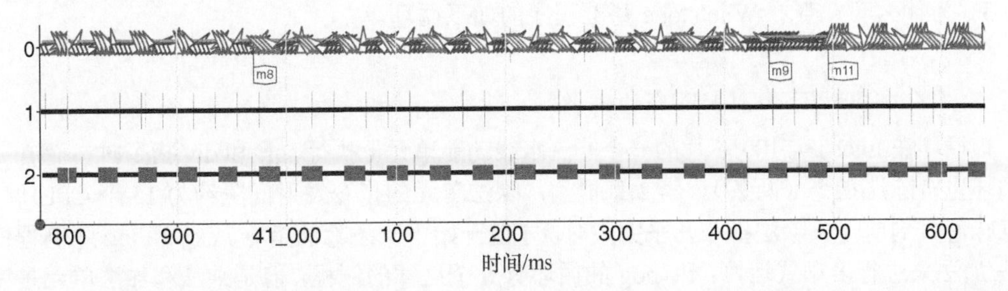

图 22-4 在 CPU 0 上运行基准程序 Whetstone，在 CPU 2 上运行程序 flt_hog，这里只显示了较值得关注的模块——模块 7（部分）、8、9 和 11（部分）

另外，我们再仔细看看模块 6 和 11 中的干扰。模块 6 没有执行浮点运算，程序 flt_hog 在内层循环中没有访问内存。事实上，除循环计数器之外，为模块 6 生成的代码完全没有执行整数运算。对于模块 6，唯一剩下的是当模块 6 和程序 flt_hog 同时运行时，取指令/解码指令造成的干扰。在一个超线程核心上混合两个程序的指令的效果是，当模块 6 独立运行时，能使其运行很快的循环优化硬件，在这种场景中失去了作用。

GCC 做了一些相当复杂的优化，它删除了模块 6 的内层循环中的几乎所有代码，这是人们最初创建基准程序时没有想到的一种优化。这种优化让这个模块变得没有意义。

下面显示了模块 6 的源代码。

```
J = 1;
K = 2;
L = 3;
for (I = 1; I <= N6; I++) {
     J = J * (K-J) * (L-K);
     K = L * K - (L-J) * K;
     L = (L-K) * (K+J);
     E1[L-1] = J + K + L;
     E1[K-1] = J * K * L;
}
```

下面显示了 GCC 生成的完整循环（包含笔者添加的注释）。

```
.L30:
     addq   $1, %rax            // I++
     movsd  %xmm0, 16+E1(%rip)  // E1[L-1] = 6
     cmpq   %rax, %rdx          // I ? N6
     movsd  %xmm0, 8+E1(%rip)   // E1[K-1] = 6
     jge    .L30                // I <= N6
```

GCC 会进行常量折叠：它发现在每次循环时，因为用于 J、K 和 L 的运算将保持它们的值分别为 1、2 和 3 不变，所以就把这些计算完全消除了！

当运行两份程序时，模块 11 没有减慢；但是当与程序 flt_hog 同时运行时，模块 11 减慢了 2/3。为什么呢？查看 Whetstone 基准程序的如下循环。

```
for (I = 1; I <= N11; I++)
      X = DSQRT(DEXP(DLOG(X)/T1));
```

该循环在 Intel i3-7100 芯片的一个非流水线功能单元上执行 sqrt 和 div 指令时，而 flt_hog 的循环也有除法指令（两条）。第 2 章提到，除法单元的指令发射间隔约为 15 个 CPU 周期，这意味着直到前一条除法指令几乎完成时，才能开始下一条除法指令。exp 和 log 库例程使用乘法/加法来进行多项式运算，flt_hog 的循环有 6 个这样的例程，但是乘法和加法单元是完全流水线式的，所以在每个周期中可以开始几条新的指令。因此，当 flt_hog 程序造成干扰时，除法单元是唯一可能导致模块 11 减慢一半以上的共享功能单元资源。因此，我们的结论是，这就是造成模块11减慢2/3的原因。

到现在为止，我们已经确认，模块7、8和11确实测量了浮点运算的性能，模块6根本没有测量整数运算的性能。内存是什么情况呢？

22.5 内存对立程序

第二个对立程序是memhog_ram，它将交替地进入两个状态：执行内存密集型循环，扫描一个20 MB的数组（比Intel i3-7100的L3缓存大得多，所以每个缓存行都无法命中，需要访问主存）；然后进行等待，什么都不做。为了确认这一点，我们在一个超线程核心上运行两份程序，还使用20 ms和21 ms的延迟时间，然后查看KUtrace的IPC结果，如图22-5所示。全速IPC是2.0，重叠的IPC是1.25。因为2.0/1.25不是2，所以我们知道memhog_ram程序没有完全占满内存系统，但它确实占用了可用带宽的80%。

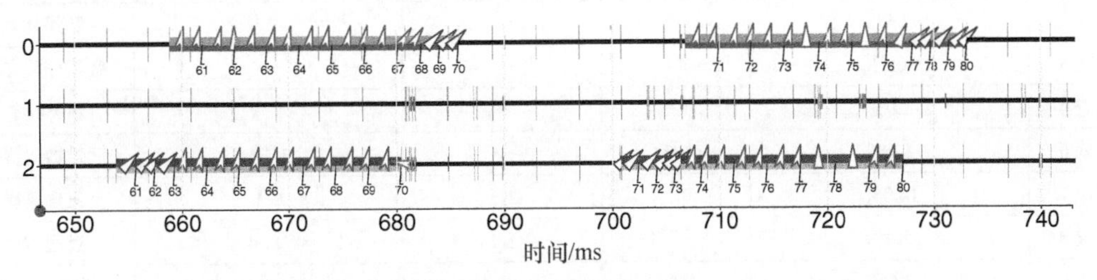

图22-5 两份memhog_ram程序在一个超线程核心上以部分重叠的方式运行，独立运行时IPC=2.0，重叠运行时IPC=1.25

当我们将Whetstone基准程序与memhog_ram程序一起运行时，将得到图22-6。可以看到，每当memhog_ram程序运行时，Whetstone基准程序的模块6～9都减慢了，但模块11没有受到影响。模块6（没有显示）的IPC从2.0下降到1.25。模块7的IPC从3.0下降到1.5，模块8的IPC从2.5下降到1.75，模块9的IPC从3.5下降到2.0。减慢程度没有程序flt_hog导致的减慢程度那么大，并且对各个模块的影响程度有所不同。

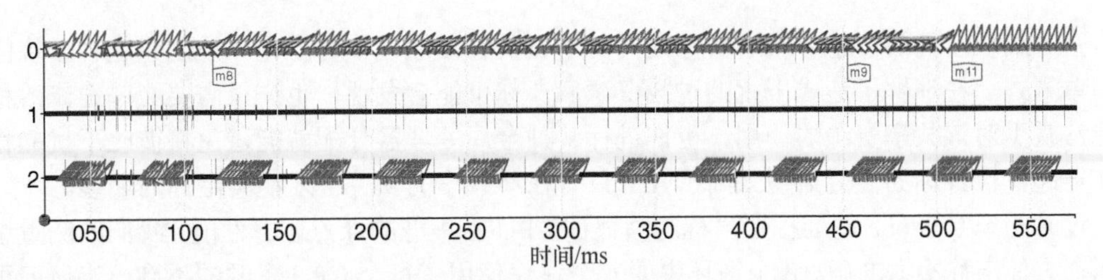

图22-6 在CPU 0上运行Whetstone基准程序，在CPU 2上运行memhog_ram程序，这里只显示了较值得注意的模块——模块7（部分）、8、9和11（部分）

我们已经确认，模块 6～9 也对内存干扰敏感，但是不如之前显示的浮点干扰那么大。因此，基准程序并不严格地测量内存性能。尤其在使用现代编译器和现代硬件的时候，我们很难构建出只测量一个方面的基准程序。

22.6 理解谜团

通过将基准程序与对立程序一起运行，我们找出了被分析程序的每个部分使用了哪些 CPU 资源，也就识别了可能拖慢执行的每种干扰机制。表 22-2 汇总了测量的结果。加粗的模块实际上会对 CPU 造成压力。减慢 1/2 及以下的情况也用粗体进行了突出显示。

表 22-2 Whetstone 基准程序的每个模块在与不同的对立程序一起运行时执行时间的减慢情况

	不减慢时总时间的百分比	自我减慢情况	flt_hot 程序的减慢情况	memhog_ram 程序的减慢情况	备注
模块 2	2.1%	—	—	—	数组元素
模块 3	16.9%	—	—	—	数组作为参数
模块 4	1.0%	—	—	—	条件跳转
模块 6	**1.4%**	**1/2**	—	**1/1.6**	**整数运算**
模块 7	**14.0%**	**1/2**	**1/5**	**1/2**	**三角函数**
模块 8	**18.1%**	1/1.5	**1/7**	1/1.4	**过程调用**
模块 9	**2.5%**	**1/2**	1/1.4	1/1.7	**数组引用**
模块 11	44.1%	—	**1/3**	—	标准函数

我们曾假定 Whetstone 基准程序频繁使用了浮点运算，所以它对于其他也频繁执行浮点运算的程序造成的干扰很敏感。我们还曾假定 Whetstone 基准程序不会频繁执行内存操作，所以它对于其他频繁使用内存的程序造成的干扰不敏感。结果表明，这两个假定都只部分正确。

22.7 小结

查看细粒度的 IPC 能够揭示程序之间的干扰的详细原因，对立程序是创建这种干扰的一种简单方式。在理解了造成干扰的过载资源后，你可能会发现，也许只需要简单地修改程序就能够减少对该共享资源的使用，也许进行某种全局处理器分配就能避免将彼此干扰的程序放在一起，也许你的性能期望太高了——只有在不共享的软件上才能满足你的期望。

过时的 Whetstone 基准程序声称能够评估 CPU 密集型的浮点运算性能。我们的测量结果显示，这种声称不太准确。8 个循环中的 4 个仅仅使用了每个 CPU 资源的不到一半，但贡献了 2/3 的总基准程序运行时间，从而淡化了观察到的任何整体性能差异。剩下 1/3 的运行时间消耗在几乎完全占用某个 CPU 资源的 4 个循环中，在一个共享的物理核心上运行两份程序可以说明这一点。饱和的资源包括浮点硬件、内存硬件和取指令/解码指令硬件等。编译器完全优化掉了一个循环。综合考虑后，我们不应该使用这个基准程序来评估浮点运算的性能。

在生产环境中，可能有 30 个程序，其中一些程序在一个 CPU 上运行时看起来会彼此干扰。为了确定哪些程序不应该一起运行，我们可以测试全部的 30×30=900 种组合。但是，还有一种更简单、更快的方法可以尝试，就是将 30 个程序分别各自运行两份。如果程序大大减慢，那么它使用了某个共享资源的一半以上。如果将在同一个共享资源上遇到瓶颈的这样两个程序混合起来，很可能就会遇到干扰。如果同时运行两份程序的效果很好，那么将这样的程序混合起来，很可能不会遇到干扰。

- 细粒度的 IPC 揭示了程序之间以及程序与操作系统之间的干扰的详细原因。它特别显示了争用的硬件资源。
- 间歇性的低 IPC 与其他 CPU 上正在运行的干扰源有关。
- 对比运行一份程序和同时运行两份程序的 IPC，可以揭示使用任何硬件资源超过一半的部分。这有助于我们思考哪些程序组合在一台服务器上可以同时运行得很好或很不好。
- 不应该使用 Whetstone 基准程序来评估浮点运算的性能。

CHAPTER 23

第 23 章　等待 CPU

本章将对一个多线程程序进行简短的案例分析，该程序存在间歇性性能问题的原因在于等待向某些线程分配 CPU。我们将查看一个父线程，它会启动 5 个子线程并等待它们完成。我们遇到了两个问题：(1)在使用默认的 Linux 完全公平调度程序（Completely Fair Scheduler，CFS）时，我们发现子线程并没有公平地得到 CPU 时间；(2) 在启动时存在空闲延迟，可执行的线程事实上并没有执行。

根据第 20 章给出的思维框架（见图 20-1），本章将讨论由于等待 CPU 而没有运行的情况。可运行进程可能由于 3 种原因而等待 CPU：所有核心都正忙；分配的核心是从空闲状态唤醒的，造成延迟；OS（Operating System）调度程序决定不在一个可用的空闲核心上运行该进程。本章将讨论以上 3 种情况。

23.1　程序

程序 mystery23 是基于 Lars Nyland 的想法设计的一个调度测试程序。它有一个主程序，该主程序启动一组子线程，其中的每个子线程重复地对能够存放在 L2 缓存中的一个 240 KB 的数组求校验和。每个子线程运行大约 1.5 s。我们将详细查看在有 4 个 CPU 的处理器上运行 5 个子线程的情况——抢椅子游戏。

23.2　谜团 1

当我们在一块 Intel i3-7100 芯片（有两个超线程物理核心）的 4 个逻辑 CPU 核心上运行

5 个线程时，默认的 CFS 调度程序理应“以相同的速度运行每个任务”，这意味着每个线程应该获得 4 个核心上的总可用 CPU 时间的 4/5。我们期望调度程序为 5 个线程分配的时间片能够让 5 个线程在几乎相同的时间内完成，但事实并非完全如此。

另外，我们期望 5 个线程在大约相同的时间启动，并且一旦前 4 个线程启动，所有 CPU 就开始工作。不应该发生线程已经准备好运行，也有 CPU 核心是空闲的，但调度程序不运行这个已经准备好的线程的情况。这一属性有时候称为“工作保持”（work conserving）。事实证明，这也不完全成立。

23.3　探索和分析

与前面一样，我们将使用 KUtrace 来检查程序 mystery23 运行时线程之间的动态交互。完整的程序会分别启动包含 1～12 个线程的线程组，但在有 4 个 CPU 核心时，除非有至少 5 个线程，否则调度程序没有什么值得关注的事情要做。这里只查看 5 个线程运行的情况，我们期望这些线程能够以接近轮循的方式获得相等的时间片。

图 23-1 显示了当父线程 3562 启动子线程 3573、3574、3575、3576 和 3577，然后等待它们全部完成，最后在图形的最右侧启动下一组的 6 个线程时，会发生什么。CFS 调度程序基于活动线程的数量和 CPU 核心的数量，选择了 12 ms 的时间片，在图 23-1 中显示为类似于方形的点。但是，CFS 调度程序没有以轮循的方式分配时间片。一些线程交替地先获得一个时间片，之后等待一个时间片；其他线程则先连续获得超过 12 个时间片，之后进入等待状态。执行模式不存在明显对称的地方，并且在这个程序每次运行时都不同。

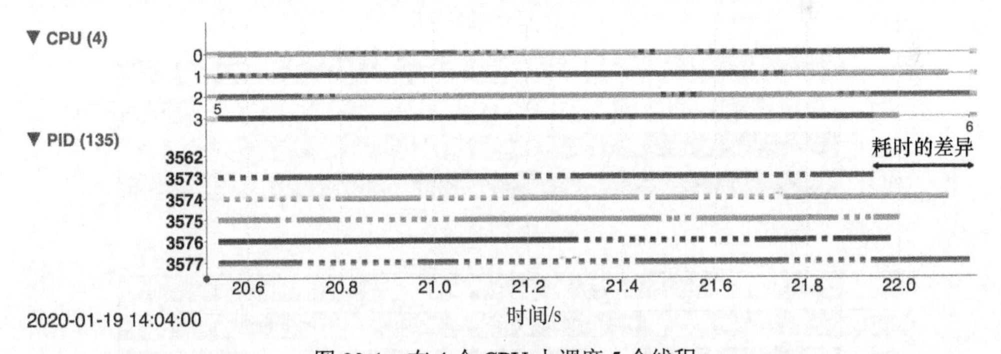

图 23-1　在 4 个 CPU 上调度 5 个线程

我们期望 5 个线程都在几乎相同的时间完成（对于选择的时间片，完成的时间彼此相差不超过 12 ms）。但我们看到的是，最早完成的线程比最晚完成的线程早了大约 200 ms，而不是 12 ms。

这不是我们在第 22 章中看到的 IPC 问题；5 个线程的执行速度都是 1.75 IPC（没有显示），只不过在最后，当只剩下两个线程等待完成的时候存在例外：这两个线程从大约 22.0 s 开始，以 2.0 IPC 的速度运行（它们最终能够独享访问 L2 缓存，而在其他时间，L2 缓存是在超线程之间共享的）。

CFS 调度程序并没有为不同的线程使用不相等的空闲时间。观察图 23-2，展开的视图显示，初始的 wait_cpu 是 12.0 ms，这在整个跟踪中是一致的。CFS 调度程序只为子线程 3573、3575 和 3576 分配了较少的活跃时间片，这造成了耗时上大约 13%的差异，即 1617 ms 中的 207 ms。

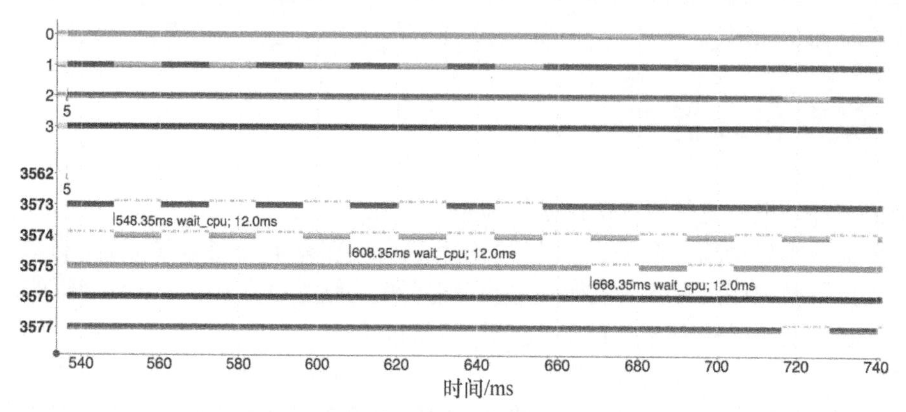

图 23-2 在 4 个 CPU 上调度 5 个线程。任务为获得 CPU 等待了 12 ms，横向为 200 ms

图 23-3 展示了对于这个特定的调度问题，存在完美的时间片分配，可以让所有任务的完成时间彼此相差不到一个时间片，让所有 CPU 百分之百繁忙，并最小化每个 CPU 的任务切换数量。但是，要实现这种时间片分配，你需要对每个线程上即将到来的计算需求有清晰的认识。

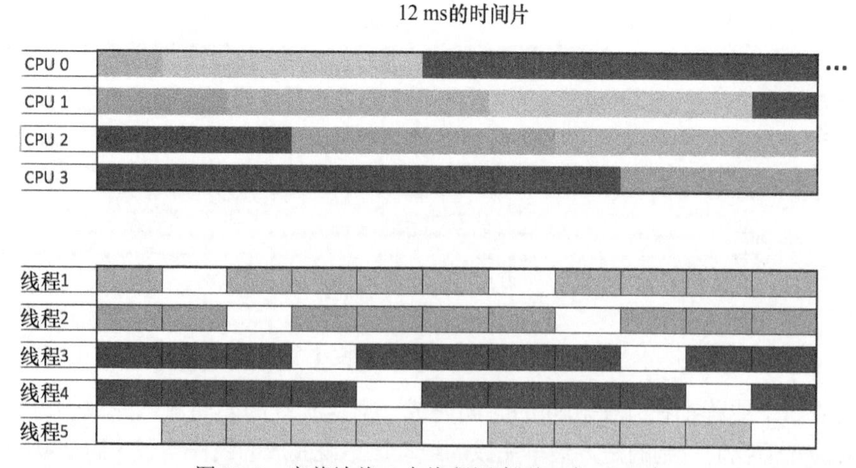

图 23-3 完美地将 5 个线程调度到 4 个 CPU 上

我们很难让构建出的 CFS 调度程序在多种多样的场景中都有很好的表现，但名称中的“完全公平”有一些误导。对于这个用户程序，没有明显的修复方案，但 OS 调度程序可以提供改进。这里的要点是，调度选择可能没有那么完美。

23.4　谜团 2

这个跟踪结果中的第二个问题出现在启动的时候。5 个子线程并不是同时启动的，而且在启动阶段存在大量的空闲 CPU 时间，如图 23-4 所示（见彩插）。多出的 CPU 时间是因为 CPU 核心需要很长的时间来退出空闲状态，这可以被视为没有运行的问题或者执行太慢的问题。但无论怎么看，结果都是程序变慢了。图 23-4 突出显示了启动第一个子线程 3573 的步骤。

线程 3562 执行了 5 个 clone 调用来启动 5 个子进程[①]，但这 5 个在时间上是分隔开的。在步骤①中，前 4 个 clone 调用在 CPU 2 上顺序执行，然后父进程被第 4 个启动的子进程抢占。到了大约 465 μs 的位置，父进程才在 CPU 2 上执行第 5 个 clone 调用。

在看到这种现象后，我们可以调整脑海中的图像，期望这 5 个线程以及所有后续线程组的 clone 调用也会发生延迟。如果我们想让 20 个 CPU 上的 100 个线程获得几乎相同的启动时间，则可能需要对父线程进行结构调整，使其先启动前 10 个线程，然后让这 10 个线程里的每一个再启动 9 个子线程。这有可能实现我们的期望，但线程之间也可能存在其他让人意想不到的动态交互。这需要学到的是，要观察实际发生了什么，而不是假定一幅简单的图像。

回到图 23-4。从步骤①中的 clone 调用，到子进程在步骤④中完全运行，用时 120 μs。在这段时间，4 个 CPU 有大量的空闲时间。这里发生了什么？

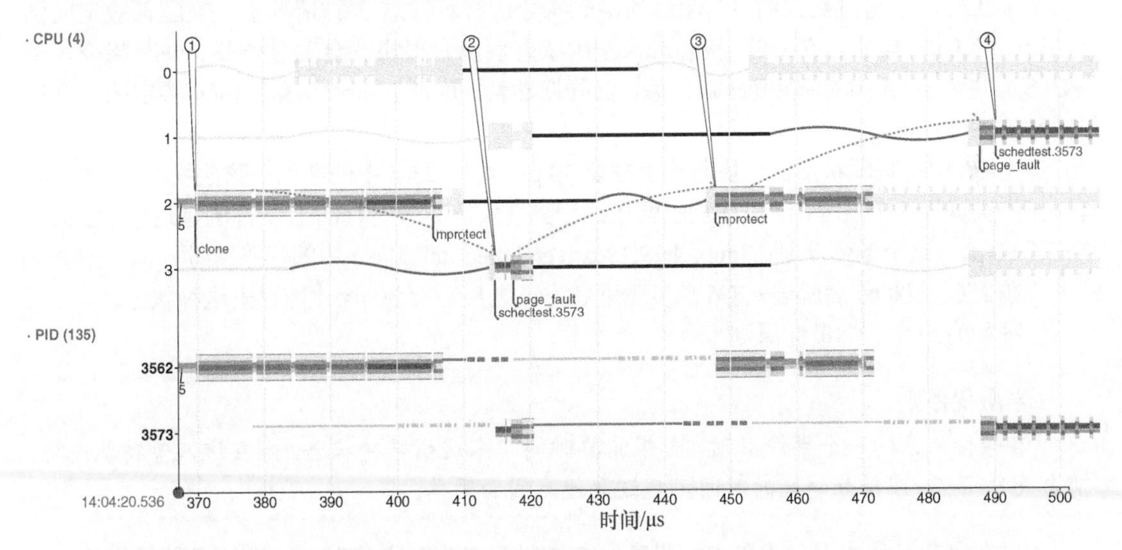

图 23-4　在 4 个 CPU 上调度 5 个进程时的启动阶段，显示了在子进程 3573 完全运行前存在 3 个连续的 30 μs 延迟，横向有 130 μs

① 原文如此。注意，Linux 系统中的线程被当作进程对待，只是使用特殊的属性标识它和父进程共享资源。

23.5 理解谜团 2

具体来讲，启动第一个子线程经历了 4 个步骤。在步骤①中，父线程通过在 pthread_create 中复制自身来创建一个子线程。子线程一开始与父线程共享地址空间。利用写时复制（Copy-on-Write，CoW）技术，每当任何一个线程执行写入时，该线程将获得这个地址空间中被修改页面的一个单独的副本。但是，要实现这种效果，就必须首先把所有共享的页面标记为只读的。

当子线程执行时，首先在栈上分配一个 240 KB 的数组并初始化该数组，然后进入一个大约 1.5 s 的循环，重复地对这个数组求校验和。在步骤②中，子线程 3573 上的数组初始化的第一次写入在 CPU 3 上发生了缺页错误，并由此触发了写时复制。但是，该缺页错误会被阻塞，因为父线程还没有完成对共享地址空间页表的设置。相反，之前被抢占的父线程会被唤醒。直到父线程在步骤③中完成 mprotect 调用后，子线程才能继续执行。我们的第一个子线程 3573 在步骤④中终于恢复执行，开始产生另外 60 个 CoW 缺页错误。其他子线程也会经历这个过程。严格来讲，在步骤②和③之间，线程 3573 也在等待内存，但延迟之所以很长，是因为 CPU 2 用了较长的时间才给出响应。

现在，我们看看各个线程等待 CPU 造成的延迟，由图 23-4 底部的橙色细线表示（第 24 章将讨论它们）。步骤①唤醒了 clone 新产生的一个线程，但它直到大约 36 μs 后的步骤②才实际运行。步骤②唤醒了父线程，但它直到大约 30 μs 后的步骤③才运行。步骤③再次唤醒了这个子线程，但它直到大约 35 μs 后的步骤④才运行。在这 3 种情况下，唤醒都被定向到一个空闲的 CPU 核心。在 CPU 核心进入空闲状态后，它很快就会发射一条 mwait 指令，使 CPU 核心进入 Intel 的 C6 深度睡眠状态，以降低功耗。这是 Linux 内核上 Intel 特定的一个空闲循环软件性能 bug。

退出 C6 深度睡眠状态在这块芯片上需要 30 μs，如图 23-4 中的红色正弦曲线所示，3 个唤醒操作依次执行这个过程，所以在从唤醒子线程到它实际有效运行的 108 μs 的延迟中，它们一共占了 90 μs。这个 bug 就是，linux-4.19.19/drivers/idle/intel_idle.c 中的代码发射 mwait 指令太快了，在 250～500 ns 后就进入 C6 深度睡眠状态，之后需要 30 μs 才能退出这种状态。

这种行为违反了半最优原则[①]。

> **半最优原则**
>
> 在等待未来的一个事件 E 时，如果需要时间 T 来退出等待状态，则在进入等待状态之前自旋时间 T，以便让消耗的时间不超过最优时间的两倍。

如果在自旋过程中发生事件 E，即事件 E 在时间 T 到达之前发生，则结果是最优的：一直自旋，直到发生事件 E，不需要进入或退出等待状态。如果在自旋时间 T 之后的 epsilon 时

① 参见 Richard Sites 的文章“Anomalies in Linux Processor Use”。

间发生了事件 E，则结果是半优的，因为我们自旋了时间 *T*，等待，然后立即又用了时间 *T* 来退出等待状态，所以占用了 2*T* 的 CPU 时间；而如果自旋的时间稍微长了一点，则可以只占用 *T* 加上 epsilon 时间。如果发生事件 E 的时间更晚一点，则即使事件 E 长了 100 倍，我们占用 CPU（及其电力）的时间也永远不会超过 2*T*。

如果到 C6 深度睡眠的 mwait 切换被 *T*=30 μs 的自旋推迟，那么唤醒将先发生，这样就不会发生到空闲状态的上下文切换，mwait 指令也不会导致进入深度睡眠。图 23-4 中的所有空闲时间将消失，第一个子线程开始有效运行的时间大约将早 80 μs。

在图 23-4 中，还有另一个隐藏更深的调度程序问题。在步骤③中，当在 454.35 μs 被唤醒时，线程 3574 必须等待 11.9 ms（这个时间太长了）才能运行（超出了图 23-4，在右侧很远的位置），这是因为 bash 在步骤③刚刚过后，用 clone 产生了线程 3577，它在剩下可用的 CPU 3 上在 470 ms 开始运行，之后线程 3574 才有机会恢复。

以这种方式推迟线程 3574 反映了 Linux 调度程序的 CPU 亲和性行为的细微之处。它试图在原来运行线程 A 的 CPU 核心上恢复线程 A，并一直等待，直到该 CPU 核心可用。在简单的情况下，这会导致线程 A 在短暂阻塞之后重新运行，并具有温缓存。但是，如果在线程 A 被阻塞期间目标 CPU 核心上运行着线程 B，那么在线程 A 时重新运行时缓存有可能就是“冷”的了。如果在线程 A 等待期间，另一个 CPU 核心是空闲的，则更激进的工作节约调度程序会把线程 A 移到空闲核心上运行。

线程 3574 与 CPU 0 具有亲和性，在图 23-4 的左上角，它在 CPU 0 上运行。在 460 μs clone 产生了线程 3577，它与 CPU 3 具有亲和性，因为该 clone 调用是在 CPU 3 上运行的。因此，当 bash 唤醒线程 3574 的时候，调度程序会使它等待，直到 CPU 0 可用。当 bash 之后在 470 μs 被阻塞时，线程 3577 将立即在 CPU 3 上启动并连续运行，直到大约 11 ms 过后，它的时间片用完为止。对于让线程 3574 等待 CPU 核心可用而言，这个等待时间太长了。

计算过程是这样的：将线程 A 从它之前运行的 CPU 核心 X 移到空闲的 CPU 核心 Y，一般会导致线程 A 发生额外的缓存未命中。这需要多少额外的时间呢？如果 CPU 核心 X 和 Y 共享一个 L1 缓存（如超线程），那么将线程 A 移到 CPU 核心 Y 上运行是没有成本的，应该可以立即完成，参见表 23-1。

假定 CPU 核心 X 和 Y 没有共享 L1 缓存，但是共享了 L2 缓存。为线程 A 的 L1 工作组大小假定一个合理的数字，比如 L1 缓存大小的一半；或者在 Intel i3 示例服务器上，假定存在 256 个缓存行。此时，将线程 A 移到 CPU 核心 Y 将发生 256 次额外的 L1 缓存未命中，它们能够在共享的 L2 缓存中命中，但代价是每次需要大约 10 个周期（参见第 3 章）；或者对于 L1_d，总共需要大约 2560 个周期，对于 L1_i 亦如此。根据半最优原则，在把线程 A 移到 CPU 核心 Y 之前，调度程序让线程 A 等待的时间不应该超过 2 μs。因为 2 μs 很可能短于启动线程 A 需要的上下文切换时间，所以移动应该总能够立即完成。

如果 CPU 核心 X 和 Y 没有共享 L2 缓存，而共享 L3 缓存，则调度程序应该等待大约 50 μs，然后将线程 A 移到 CPU 核心 Y 上。如果 CPU 核心 Y 在另一块完全不同的芯片上，并且不与 CPU 核心 X 共享 L3 缓存，则平衡点更可能是 2～3 ms。但即使是那种情况，11 ms 的等待也是不合理的。

表 23-1 对于典型的超线程芯片迁移线程的近似开销[①]

将线程移到另一个不同的 CPU 核心	算术	重新填充冷缓存的近似时间/μs
共享 L1 缓存（超线程）	0	0
共享 L2 缓存	256 行 ×10 个周期 L1_d 256 行 ×10 个周期 L1_i	1.7
共享 L3 缓存	4096 行 ×40 个周期 L2	55
共享 DRAM	40 960 行 ×200 个周期 L3	2700

① 前提如下。

L1_d 和 L1_i 的大小都是 32 KB，L2 的大小是 512 KB，L3 的大小是 2.5 MB/核，行大小都是 64 字节。

每个线程占用的空间为 L1 和 L2 的一半，对于 L3 是 2.5 MB。

从 L2 填充 L1 需要 10 个周期，从 L3 填充 L2 需要 40 个周期/行，从 DRAM 填充 L3 需要 200 个周期，每纳秒大约 3 个周期。

填充请求没有重叠，其他线程会立即开始填充对它们来说是冷缓存的那些缓存。

记住，之前使用的 CPU 核心的亲和性所带来的性能节约会随着其他（非空闲）线程使用该 CPU 核心而逐渐降低。在同一块芯片上大约经过 50 μs，在跨芯片的场景下经过 2～3 ms，这种性能节约就会完全消失。

23.6 附加谜团

附加谜题来自第 27 章对软件锁的一个跟踪，但问题属于本章，因为涉及的等待是在等待 CPU 而不是锁。图 23-5 显示左侧运行了 3 个工作线程，另外还有一个仪表板线程运行在 CPU 3 上，且该仪表板线程持有锁，这导致其他 3 个线程阻塞了 600 μs。当第 4 个线程执行完成时，在 3 个正在等待的线程中，只有两个再次启动；剩下的那个线程延迟了超过 1.7 ms。但是，这个线程不是在等待锁，而是在等待被调度到一个 CPU 上，尽管在这 1.7 ms 中有两个 CPU 几乎是 100%空闲的。这是调度程序的失败，而不是锁的问题。

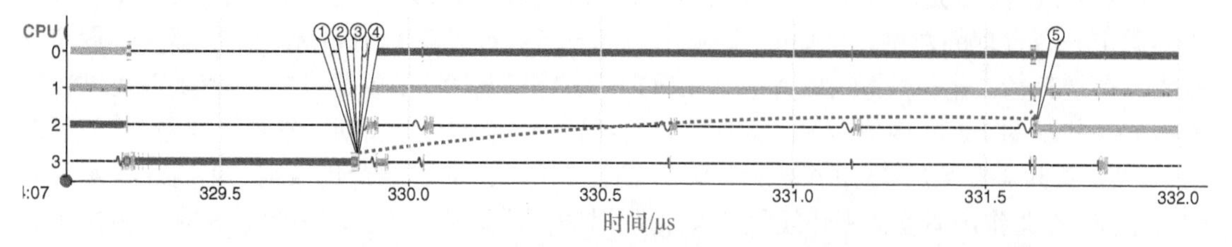

图 23-5 3 个线程等待第 4 个线程持有的锁，但其中只有两个线程及时重新启动

注意，在图 23-5 中，左侧的线程运行在 CPU 0、CPU 1 和 CPU 2 上；而在右侧，有两个

线程已经迁移，它们分别运行在CPU 2、CPU 1和CPU 0上。图23-6（a）显示了长唤醒延迟开始部分的细节，共有4次唤醒，而不是3次。

仪表板线程是通过执行一次write系统调用完成的，结果如下。

- 唤醒（①）运行在CPU 2上的一个I/O线程。只有在这个时候，它才会执行futex系统调用以唤醒3个工作线程。
- 唤醒（②）恢复原本运行在CPU 1上的那个工作线程，调度程序将把它重新移到CPU 1上。
- 唤醒（③）恢复原本运行在CPU 2上的那个工作线程，但CPU 2正在启动I/O线程，所以调度程序改为把这个工作线程移到CPU 0上。
- 唤醒（④）使原本运行在CPU 0上的一个工作线程可运行，但CPU 0正在启动另一个工作线程。

在这个时候，4个CPU都是繁忙的（其中两个正在退出过早的深度睡眠状态），包括CPU 3，它正在执行futex唤醒代码。因此，调度程序放弃了，它没有为第三个工作线程分配CPU。

3.5 μs过后，仪表板线程完成，CPU 3进入空闲状态。剩下的那个工作线程本可以在这里启动。但是，调度程序已经将其排队，等待一次计时器中断，之后再尝试为它分配一个CPU。

图23-6（b）显示了1.7 ms后的计时器中断。CPU 2上的timer硬中断处理程序运行BH:sched软中断代码，最终在空闲的CPU 2上恢复剩下的那个工作线程（⑤）。注意，该线程既没有在等待软件锁，也没有在（直接）等待计时器中断，而在等待调度程序为它分配一个CPU。

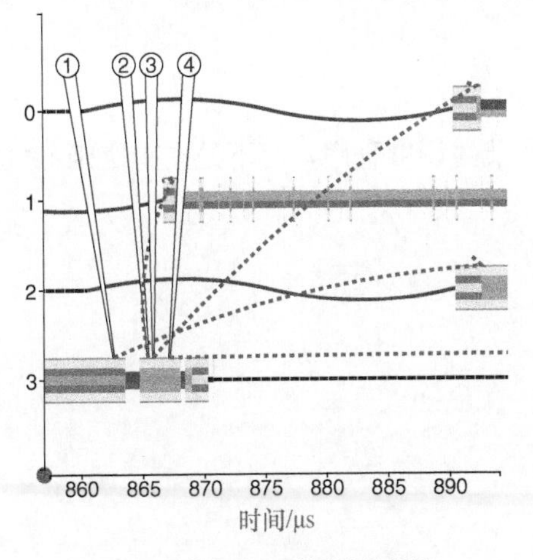

（a）长唤醒延迟开始部分的细节

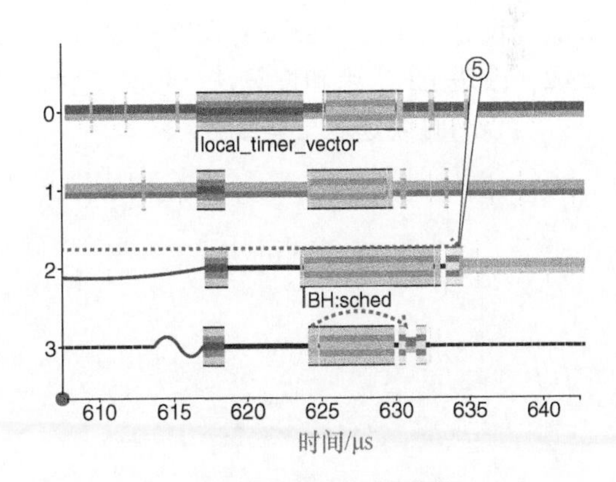

（b）1.7 ms后的计时器中断

图23-6 长唤醒延迟开始的细节和计时器中断

这种长延迟可能是调度程序亲和性机制的应用结果，这种亲和性机制会优先选择在上一次运行同一个线程的CPU核心上恢复该线程。但是，注意很快从CPU 2移到CPU 0的那个工作线程（3）。这两次唤醒的一个区别是，CPU 0 和 CPU 2 是同一个物理核心的超线程（CPU 1 和 CPU 3 是另一个物理核心的超线程），所以在它们之间移动线程时不存在冷缓存开销。当 CPU 3 进入空闲状态时，将剩下的工作线程从 CPU 0 移到 CPU 3 会遇到一些冷缓存开销。但是，在有时间约束的环境中，为了节省从共享的 L3 重新填充缓存所需的大约 50 μs 而等待 1700 μs 是糟糕的选择。

23.7 小结

本章的要点如下。

- 观察实际的调度程序行为可以揭示我们脑海中的图像有多么大的错误。
- Linux 4.19 中的 CFS 调度程序并不完全公平。
- 如果在线程之间来回切换，当处理器不忙的时候可能遇到不必要的空闲循环延迟，当处理器繁忙的时候可能遇到不够优化的调度延迟。
- 要进行修复，很可能需要调整代码的结构，甚至调整复杂软件的线程设计结构。
- 过快地让 CPU 进入深度睡眠状态，可能会造成不必要的线程延迟。
- 为了实现处理器亲和性而等待太久，也可能造成不必要的线程延迟。
- 半优化原则为自旋或等待多久设定了边界。

在后面的章节中，等到讨论锁和队列的时候，我们将回顾这个 CPU 等待的主题。

习题

23.1 设计一个完全公平的调度程序。

23.2 改进 CPU 亲和性算法，使其更接近工作节约调度程序，而不是在有空闲 CPU 核心的时候延迟一些线程。

CHAPTER 24

第24章 等待内存

本章将对一个程序进行简短的案例分析，该程序使用了大量内存，并且会触发往磁盘的换页，这会导致程序有时候被阻塞，等待内存可用。换页动态稍微有些令人惊奇。等待缺页错误导致的磁盘传输可以视为等待内存或等待磁盘；我们选择将其视为等待内存，而将用户文件I/O视为等待磁盘（详见第25章）。作为另一个例子，我们将简单地回顾第23章中关于进程启动的第二个谜团。

根据第20章给出的思维框架（见图20-1），本章将讨论由于等待内存而没有运行的情况。可运行进程可能由于以下原因而等待内存：

- 需要的数据已换页出去；
- 需要访问其他进程正在操纵的页表；
- 等待内存不足（Out of Memory，OOM）管理器终止某些进程以释放内存（这种情况不常见）。

24.1 程序

程序 paging_hog 有两个阶段。在第一个阶段，连续分配40 MB的内存块，直到分配失败；然后释放最后40 MB，以便给操作系统留出一点空间。在第二个阶段，扫描剩下的所有已分配内存，再次访问每个页面。在分配失败前，操作系统将开始把程序 paging_hog 中的脏页换出去，这会导致操作系统运行速度大幅度减慢和大量内存等待。之后，在扫描阶段把这些页重新换页到内存中。

回忆一下，当程序执行堆的malloc调用时，操作系统只构建指向内核中全部为0的页的页表，且一开始并不分配任何新的内存。为了挫败这种行为，在成功分配每个40 MB的块之后，程序

paging_hog 将立即向每个页中写入 1 字节。这会发生 10 240 次缺页错误，且每次都会分配主存，并执行写时复制（CoW）将页清零，然后返回用户态的字节写入。最终结果是使每个页变脏。

为了帮助跟踪执行动态，程序 paging_hog 会在每次整个分配 40 MB 的块时插入一个 KUtrace 标记。

24.2 谜团 1

你期望 paging_hog 程序和操作系统的内存管理例程之间的动态交互是什么样子？paging_hog 程序会在主存耗尽前就开始等待页被换出吗？还是继续运行，不进行等待，直到分配失败？但是到了那个时候，可能就需要等待很长的时间。当内存空间变得紧张时，操作系统如何管理和调度页的换出与换入？哪些进程必须等待内存访问？有其他只有当内存紧张时才发生的 CPU 开销吗？如果有，它们会造成进一步的减慢吗？有意料之外的问题吗？

24.3 探索和分析

在包含 8 GB 内存的系统上运行时，如果每次分配 40 MB，我们期望在 8000/40 = 200 次成功的分配之前就开始换页。在图 24-1 所示的跟踪中，才刚刚分配 177 个块（7.08 GB）就开始换页。在左侧，paging_hog 程序运行在 CPU 2 上，用了 10 240 个缺页错误来将页清零。之后，在中间位置，交换守护进程 kswapd0 在 CPU 0 上启动，它以 CPU 密集的方式在图形的剩余部分运行。在 44.6 ms，辅助线程 kworker0/0 可运行，但直到 55 ms，内核工作线程才运行。

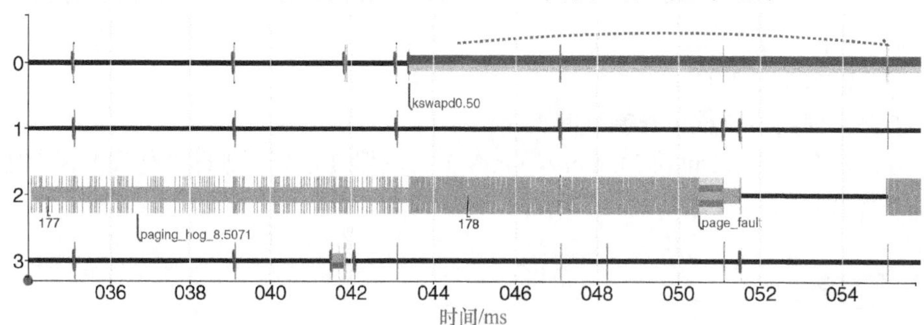

图 24-1 paging_hog 程序的 20 ms 的运行概览，从完全在内存中运行（刚过块 177）到开始换页到磁盘（块 178 之前）

当 kswapd0 启动时，主存还没有完全耗尽，但空闲空间已经低到让交换程序启动，试图赶在处理仍在进行的内存消耗之前。随后很快，块 178 分配成功，开始发生 10 240 次缺页错误。之后，在 51 ms，一次缺页错误用了几乎 1 ms，之后 paging_hog 程序在 3.5 ms 的时间里没有运行，一直到 55 ms 才恢复。在这次长缺页错误之前，没有等待内存过。

在两个不同行为的边界处，几乎总有值得注意的信息。图 24-2（a）和（b）显示了 3.5 ms 执行间隙的两端。图 24-2（a）显示了 CPU 2 上从 51 ms 开始的长缺页错误的一端和长执行间隙的开始。缺页错误在 51.085 ms 的计时器中断（没有显示）之前用了 573 μs，之后又用了 403 μs。最后使另外 3 个进程——CPU 1 上的 kworker/1:2、CPU 2 上的 kworker/2:2 和 CPU 3 上的 kworker/3:0 可运行。paging_hog 程序被挂起，直到 3.5 ms 后才恢复，如图 24-2（b）所示。与此同时，kswapd0 几乎完全占满 CPU 0，而 kworker0/0 仍然在等待唤醒。当非常长的缺页错误出现阻塞等待时，这样的情况就会出现。

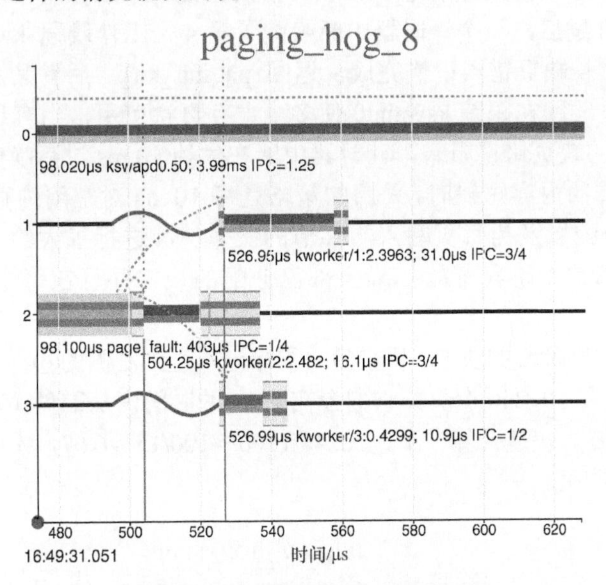

（a）CPU 2 上阻塞的缺页错误的开始部分

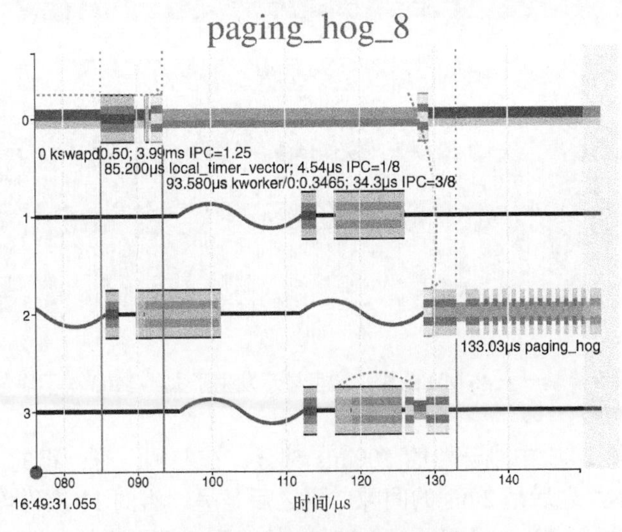

（b）CPU 2 上阻塞的缺页错误的结束部分

图 24-2　3.5 ms 执行间隙的两端

图 24-2（b）显示了长执行间隙的另一端。在 CPU 0 上，kswapd0 仍然在左上方运行，但之后，计时器中断上下文切换将 CPU 0 切换到了等待运行的 kworker0/0 进程，在 35 μs 过后又切换回去。kworker0/0 再次唤醒程序 paging_hog 以完成非常长的缺页错误，然后再次发生了短缺页错误。

我们总结一下，CPU 密集型的毫秒级缺页错误在使 3 个工作线程可运行后阻塞，并保持阻塞，直到 3.5 ms 过后，一个计时器中断唤醒了第 4 个工作线程 kworker0:0，它又重新启动了长缺页错误。长缺页错误很快完成，返回 paging_hog，后者又发生了许多短缺页错误。看起来这个工作线程在跟踪 kswapd0 使多少主存再次可用，当有足够的主存可用后，就会解除 CPU 2 上的缺页错误阻塞。计时器中断在大约 10 ms 过后唤醒 kworker0:0，说明当操作系统存在严重的内存短缺时，采用的策略是每 10 ms 对空闲内存的状态进行一次采样。第一个阶段的分配以及为每页写入 1 字节的操作持续进行了大约 185 块，然后 malloc 终于失败。此时，第二个阶段开始扫描全部已分配的块，并且在每个块的开头添加一个标记。

图 24-3 显示了扫描阶段的块 5，从左侧的⑤标记一直到右侧的⑥标记。垂线显示了所有的磁盘中断。这个块有 10 240 个页，它们会在 4.5 s 的时间内从磁盘换入。在这段时间，有大约 1500 次磁盘中断。快速计算一下，10240/1500≈100/15≈6.67，由此可知，每次以大约 7 页为一组来读取这些页。

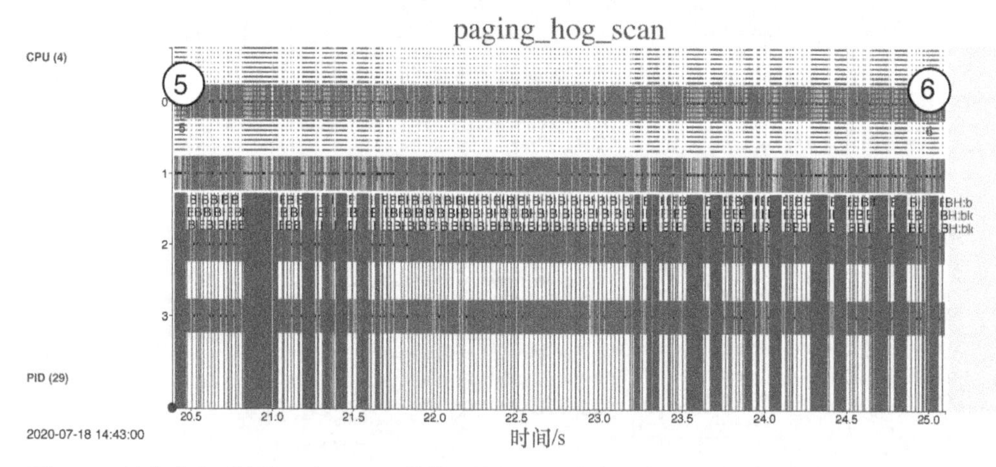

图 24-3 填充内存后读取一个 40 MB 的块，这里显示发生了大约 1500 次不均匀分布的磁盘中断

图 24-4 显示了图 24-3 中刚开始的 100 ms 部分。在左侧，有一组的 13 次磁盘中断，每次磁盘中断相隔 1 ms，之后是 2 ms 的间隙，再之后是另一组的 11 次磁盘中断，之后在单次磁盘中断的前面有 7 ms、31 ms、29 ms 和 15 ms 的间隙。间隙小的中断反映了在磁盘上彼此靠近所以需要的寻道时间很短的页；而较大的间隙反映了较长的寻道时间。

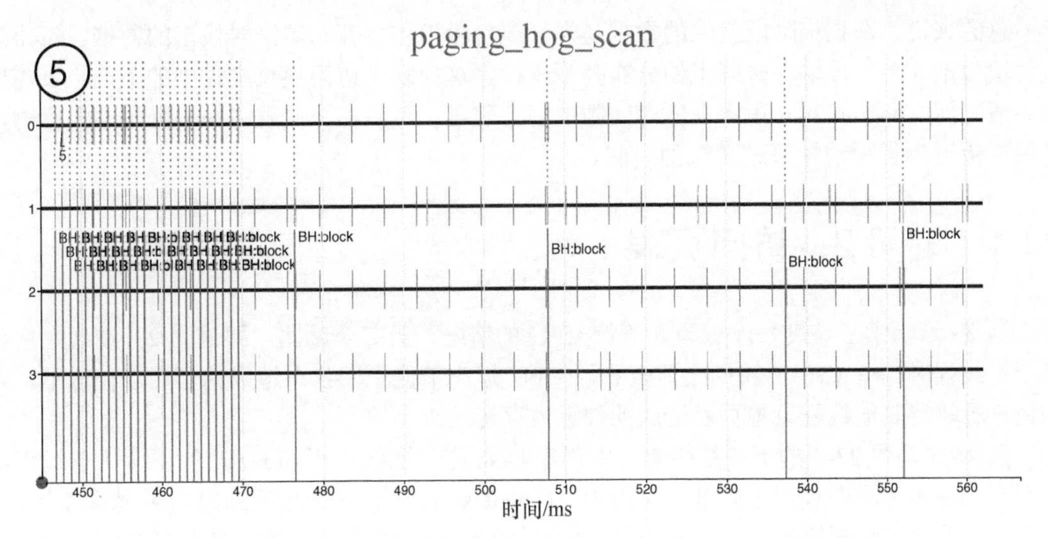

图 24-4　图 24-3 中刚开始的 100 ms 部分，一共显示了 28 次磁盘中断

回忆一下，第 5 章曾提到，示例服务器上装有较慢的 RPM 磁盘。每次旋转用时 11.1 ms，这与图 24-4 左侧的两组中断分别经过的时间几乎完全相同。这说明最左侧要换入的两组页位于邻近的两条完整的磁盘磁道上。之后，其他页分散得比较开。

图 24-5 进一步展开了第一组的磁盘中断中的两次中断，它们相隔 0.92 ms。每次中断都发生在 CPU 1 上，之后立即在 CPU 1 上执行下半部分的中断处理程序 BH:block。这个处理程序唤醒了在发生缺页错误时 CPU 0 上挂起的 paging_hog 程序。这个缺页错误完成，后面是 7 次快速的缺页错误，之后发生第 8 次错误，等待磁盘。因此，我们可以直接看到，每次访问磁盘换入了 8 页，这与我们前面粗略猜测的 7 页一致。进行估测是有帮助的，正确的估测可以确认自己理解了动态交互，错误的估测则说明你的推理在某个地方出了问题，可能在估测上，也可能在理解观察到的数据上（或者观察了错误的东西）。

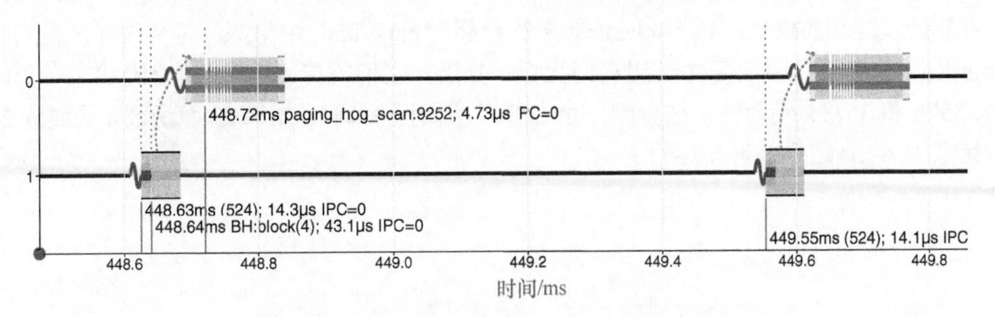

图 24-5　两次磁盘中断和它们解决的缺页错误

总的来说，在扫描阶段换入的数据是在分配阶段当主存开始填满时换出的数据。每次磁盘传输包括 8 页。传输在时间上的分布并不规律，这反映了访问换页文件中的下一组页需要的寻道时间。paging_hog 程序在所有间隙中等待磁盘，然后在每次发生小的阵发性执行时，在缺页错误例程中消耗超过 80%的时间。

24.4 谜团 2：访问页表

第 23 章探索了调度程序行为和等待 CPU 的情况。第二个谜团（即谜团 2）涉及在启动多个子线程时等待 CPU。我们之前查看了 CPU 退出节能空闲状态造成的延迟。在这里，我们将查看等待其他线程设置页表造成的邻近内存延迟。

图 24-6 是图 23-4 的更详细版本。主程序 bash 在步骤①中用 clone 产生了 4 个子线程，然后在 mprotect 系统调用中阻塞，被抢占。schedtest 的第一个子线程 3573 在步骤②中运行，但是立即发生了缺页错误。page_fault 例程再次唤醒 bash 并发生阻塞，等待后者完成对共享页表的设置。bash 中的 mprotect 系统调用在步骤③中恢复，然后依次唤醒子线程 3575、3576、3573 和 3574。子线程 3573 在步骤④中恢复。

24.5 理解谜团 2

查看图 24-6 的下半部分，其中显示了这些子线程在什么地方等待内存。以“-- -- --”（MMM 的莫尔斯电码）结束的细线表示在等待内存，而以“-·-·-·-·-·-·”（CCC 的莫尔斯电码）结束的细线表示在等待 CPU。当 bash 在 406.97 μs 时于 mprotect 中阻塞时，我们还不清楚它为什么阻塞。但是，当子进程 3573 中的缺页错误在步骤②中使它再次可以运行时，我们知道它在等待内存。因此，从 406.97 μs 到 417.53 μs 的 bash 执行时间被标记为 M，而从这里到 447.86 μs 再次实际运行经过的时间被标记为 C：等待 CPU 2 从步骤③中的空闲状态退出并执行第一条指令用时 30.3 μs。

在靠近步骤②的位置，4 个 schedtest 子线程都在 page-fault 中阻塞，等待内存，直到 bash 的 mprotect 在步骤③中恢复并唤醒它们为止。然后，它们等待 CPU 退出空闲状态（子线程 3575、3576 和 3573）或者等待被分配一个 CPU（子线程 3574）。如第 23 章所述，子线程 3574 在等待了 11.9 ms 之后才开始运行。

图 24-6　展开的子线程启动过程，这里显示了每个线程在没有执行时的等待原因

24.6 小结

因为换页可能导致磁盘访问速度变慢为原来的 1/100，所以在设计生产系统时，常常需要完全避免换页，这在一定程度上是通过强制每个进程具有内存分配限制来实现的，从而使得一个进程不会严重影响不相关的进程。

本章的要点如下。

- 内存延迟——线程阻塞，等待虚拟内存换页活动——可能产生很大的影响。
- 即使缺页错误完全可以在主存中解决，并且没有发生页文件活动，也可能消耗大量 CPU 时间。这是一种隐藏的延迟。
- 操作系统换页软件的算法很难设计，因为它们需要预见未知程序未来的内存行为。
- 页文件的布局和管理也很难，并且常常隐藏不了漫长的寻道时间。
- 向/从磁盘传输由多页构成的组会有帮助，但找到组大小的合适平衡点很困难。
- 对共享页表的管理可能造成延迟，但它们比磁盘换页延迟小得多。

习题

24.1 如果操作系统传输包含 16 页（64 KB）的组，而不是传输包含 8 页的组，可以提高像 paging_hog 这样的程序的性能吗？

24.2 传输包含 128 页（512 KB）的组会是什么情况？

24.3 在选择组的大小时，有哪些设计上的考虑？

CHAPTER 25

第 25 章 等待磁盘

本章将对一个程序进行案例分析，该程序首先在磁盘和 SSD 上写入，然后读取 40 MB，类似于第 5 章中的那个程序。等待磁盘造成的延迟有些令人惊讶。

根据第 20 章给出的思维框架（见图 20-1），本章讨论的是由于等待磁盘而没有运行的情况。一个可运行的进程可能由于以下原因而等待磁盘：它在读取还没有到达的数据；或者它在写入数据，但是文件系统已经无法在内存中缓冲这些数据。我们将强制创造这两种场景。

25.1 程序

程序 mystery25 首先使用随机字节初始化一个 40 MB 的数组，将该数组写入磁盘，同步文件系统，然后以 3 种不同的方式读取文件。第一种方式是一次性读取 40 MB；第二种方式是从文件的开头到结尾，顺序进行 10 240 次 4 KB 读取；第三种方式是进行 10 240 次随机 4 KB 读取。这提供了多种需要理解的访问模式。该程序使用了 O_DIRECT 文件，以便能够观察每个步骤的磁盘活动，而非仅仅观察文件系统内存中的缓冲活动。

查看程序 mystery25 的 4 次不同的运行情况：

- 为文件存储使用磁盘驱动器；
- 为文件存储使用 SSD；
- 同时运行两份程序，让磁盘上有两个不同的文件；
- 同时运行两份程序，让 SSD 上有两个不同的文件。

25.2 谜团

根据第 5 章中的介绍，你期望 40 MB 的磁盘写入需要多长时间才能把数据传输到磁盘？你期望40 MB的磁盘读取需要大概相同的时间吗？你期望顺序的4 KB读取需要的时间比40 MB读取更短、大致相同还是更长？4 KB 的随机读取应该需要多长时间？使用毫秒或秒作为单位，写下你的估测结果。然后对 SSD 进行类似的估测，把估测结果也写下来。

当同时运行两份程序时，你期望有什么不同？你期望在磁盘上运行两份程序需要大致相同的时间、两倍的时间还是两者之间的时间？在 SSD 上的呢？在继续阅读之前，写下你的想法。

25.3 探索和分析

程序 mystery25 会首先分配并初始化一个 40 MB 的数组。这用了大约 21 ms，其中 15.1 ms 用在程序 mystery25 自身上，5.8 ms 用在缺页错误处理中。程序 mystery25 的其他部分没有缺页错误（可参见第 24 章以了解初始内存管理问题的详细信息）。然后，程序会执行读写。下面是对程序 mystery25 在示例服务器的慢磁盘上测量得到的数据。

```
$ ./mystery25 /tmp/myst25.bin
opening /tmp/myst25.bin for write
  write:      40.00MB  0.008sec 4741.02Mbit/sec
  sync:       40.00MB  0.836sec 47.84Mbit/sec
  read:       40.00MB  0.673sec 59.47Mbit/sec
  seq read:   40.00MB  1.470sec 27.20Mbit/sec
  rand read:  40.00MB 68.849sec  0.58Mbit/sec
```

第 5 章给出的测量结果是，因为以大约 60 MB/s 的速度传输数据，所以写或读 40 MB 大约需要 0.67 s；在磁头位置，传输一个 4 KB 的块需要大约 67 μs。另外，我们在第 2 章测量出，每条磁道大约有 173 个 4 KB 的块，或者每磁道大约有 692 KB。在磁盘的一个连续区间上分配 40 MB 会覆盖大约 60 条磁道，因此需要大约 60 次旋转，每次旋转用 11.1 ms，总共需要 666 ms。我们预期不按顺序的磁盘寻道大约需要 10～15 ms。当我们查看读写的跟踪并且需要进行多方查证的时候，会用到相关数据。

尽管指定了 O_DIRECT，但最初写入 40 MB 时不会接触磁盘，而将所有数据缓冲在内核文件系统的主存中，以便 write 系统调用在大约 8.5 ms 后返回时，用户的 40 MB 缓冲区可自由修改。之后的 sync 操作才实际把数据传输到磁盘，并且传输速度比磁盘速度慢 25%，这并不是因为磁盘在写入时旋转得更慢（磁盘旋转速度不会发生变化），而是因为 sync 内的写入操作的效率更低一些，并且有时候会错过一次磁盘旋转，总共错过大约 15 次。

可以看到，一次读取 40 MB 确实是以 60 MB/s 的速度传输的，但其他磁盘操作比较慢。

10 240 次顺序 4 KB 读取的效率更低，需要的时间大约是一次读取的两倍。随机读取则需要大约 50 倍的时间；它们是寻道密集型的，因为每次读取都需要寻道到磁盘上一个不同的块。另外 3 次运行有类似的测量结果，模式基本上相同。我们稍后将讨论它们。

接下来，写入和同步 40 MB。

与前面一样，我们使用 KUtrace 来检查这些代码的动态行为，这一次查看用户代码、操作系统和磁盘自身之间的交互。图 25-1 显示了整体的 sync 系统调用。mystery25 程序调用了 sync，它很快阻塞，直到 0.93 s 后才返回。在这个延迟中，有 60 次磁盘中断，或者更具体地说，有 60 次 BH:block 调用（用于块设备的中断处理程序），它们分布得相当均匀。这看起来是每旋转一次就中断一次，所以也就是每次完整地写一条磁道后，就中断一次。

奇怪的是，只有 12 次磁盘中断使 mystery25 程序的 sync 代码可运行，它们分布得很不均匀，由图 25-1 中的 12 条垂线表示。第一次中断在启动 sync 系统调用时，最后一次中断在完成 sync 系统调用时。其他 10 次中断继续执行 sync 系统调用，但具有相当令人意外的动态交互——每次中断以阵发性方式唤醒 mystery25 程序 70 多次。

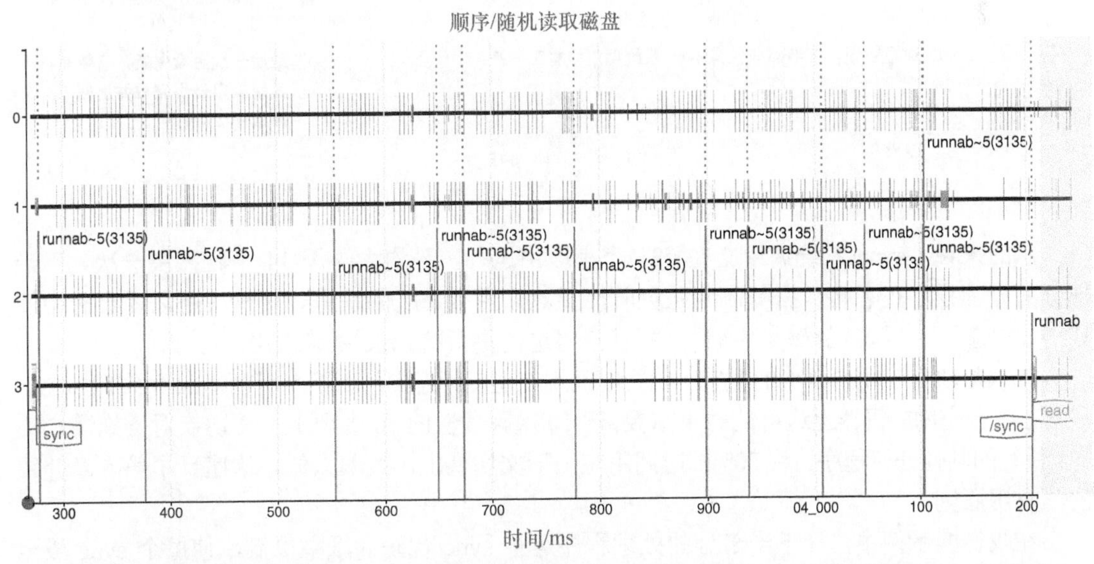

图 25-1 通过 sync 系统调用将 40 MB 写入磁盘。有 12 次磁盘中断使得 mystery25 程序变为可运行的

图 25-2（a）显示了 376 μs 处的磁盘中断。这次中断发生在 CPU 1 上，后跟下半部分的处理程序，这里只显示了其中的一部分。这里总共运行了 845 μs，程序 mystery25 却有 74 次变为可运行的。

可以看到，在 CPU 3 上，程序 mystery25 每次只运行了一小段，包括：

- 调度程序退出空闲状态；
- 内核态的 sync 系统调用继续执行，但没有完成；
- 调度程序切换回到空闲状态。

从图 25-1 中靠近左侧的 376 ms，到靠近右侧的 103 ms，这种模式重复了 10 次。图 25-2（b）

显示了最后一次磁盘中断，图 25-1 中靠近 206 ms 的磁盘中断导致 sync 系统调用最终完成，并返回到用户态的 mystery25 程序。

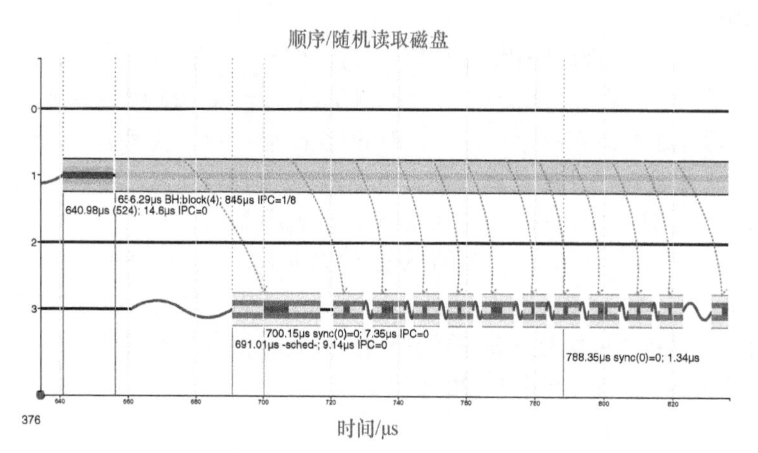

（a）磁盘中断，下半部分使得 sync 系统调用恢复了多次

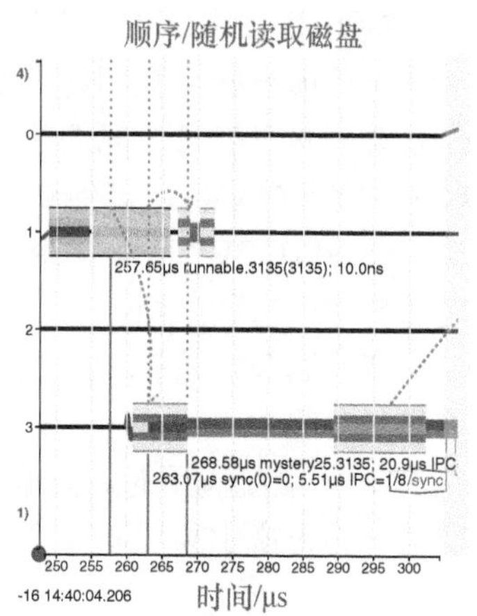

（b）最后一次磁盘中断，它使 sync 系统调用最终完成并返回 mystery25 程序

图 25-2 磁盘中断

总的来说，sync 系统调用会在 726 个小段中运行，平均大约每 14 个磁盘块一次。下半部分的处理程序正在将数据复制到磁盘时，显然，用 4 MB 的块进行传输（所以才会有中间 10 次总共写了 40 MB 的磁盘中断），并且会将进度更新给 sync 系统调用。

注意，CPU 3 几乎 80%的非空闲执行时间用在调度程序中，而不是用在 sync 系统调用中。尽管在一台空闲的机器上这可能并不重要，但 10 次阵发性的 70 多个上下文切换对会拖慢 CPU 3 上执行的其他任何程序。将 80%的时间用在上下文切换上，效率太低，这违反了第 5 章介绍的半有用原则。

在我们的示例中，让下半部分的处理程序运行 sync 代码的频率更低，使每个 sync 段至少与两次上下文切换一样长，或者让它在每次磁盘中断只运行一次，效率将会更高。

25.4 读取 40 MB

3 种磁盘读取模式的第一种是一次性读取完整的 40 MB。由于使用了 O_DIRECT，因此这次读取会访问磁盘，而不会从文件系统缓存中进行复制。图 25-3 显示了这种行为。mystery25 程序对 read 进行系统调用，后者运行 3.4 ms，然后阻塞，直到超过 680 ms 之后才返回，此时执行 1.6 ms 的结束处理部分，然后在 890 ms 最终返回程序 mystery25。在这段延迟期间，有 59 次磁盘中断和 59 个 BH:block 软中断，基本上在每条磁道中有一次中断。它们在时间上的分布有一点不规律，但平均下来大约相隔 11 ms。换句话说，对于每次磁盘旋转，有一次中断。read 系统调用的开始部分会把 40 MB 的用户缓冲区锁定到主存中，然后下半部分的处理程序将数据从磁盘直接传输到锁定的用户缓冲区中，read 系统调用的结束处理部分会解锁这个 40 MB 的用户缓冲区。

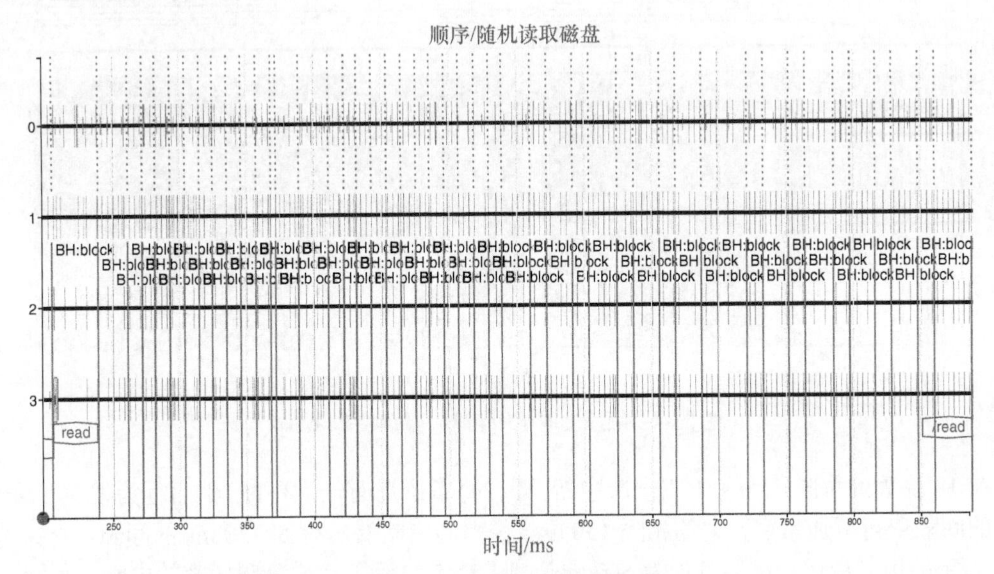

图 25-3　一次性读取完整的 40 MB

我们如何知道 BH:block 处理程序不会把数据传输到内核文件系统缓冲区中，就像进行写入的时候 write 系统调用所做的那样，而直到 read 系统调用的尾端都在用户缓冲区中保留传输的数据呢？这有两个原因。首先，在最后一次磁盘中断后，read 系统调用的尾端只有 1.6 ms，对于在内存中传输 40 MB 的数据来说，时间太短了——在 write 系统调用中，这种传输用时 8 ms。其次，我们可以确定来自磁盘的块会在读取过程中逐一出现在用户的缓冲区中（见第 5 章），而不是到了最后一下子全部出现。

总的来说，一次性读取 40 MB 的行为符合我们在第 5 章中的预期——以最大磁盘表面传输速度 60 MB/s 读取整个文件。

查看这次传输的 CPU 时间可知，它大约占用一个核心上的总 CPU 时间的 1%（680 μs/6300 μs）。因此，对于大的单次读取，我们预期 CPU 时间不会成为瓶颈。

25.5　顺序读取 4 KB 的块

第二种磁盘读取模式是以循环方式顺序读取 40 MB 文件的所有块——10 240 个块，块大小为 4 KB。图 25-4 显示了这种行为。

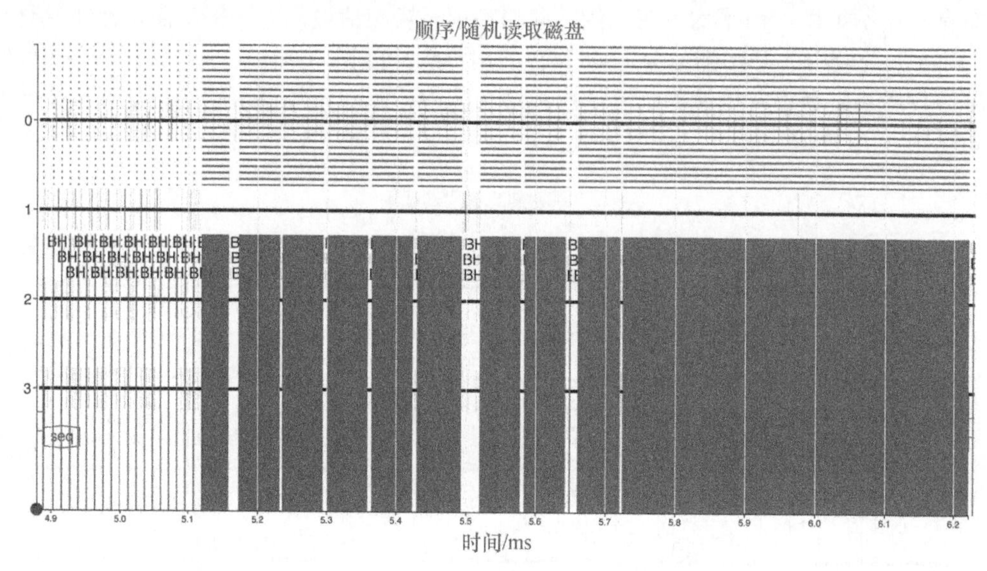

图 25-4 顺序读取 10 240 块，每块有 4 KB

前 18 块大约每隔 11 ms 生成一次中断，即在每条磁道有一次中断，然后行为发生了变化，中断的间隔变得更加紧密，大约相隔 150 μs。稠密的中断偶尔有 5～30 ms 的间隙，总共得到 10 个稠密的组（最后一组的时长为 500 ms）。图 25-5 显示了 3 个间隔紧密的中断，从图 25-4 中的 5.127 μs 开始。

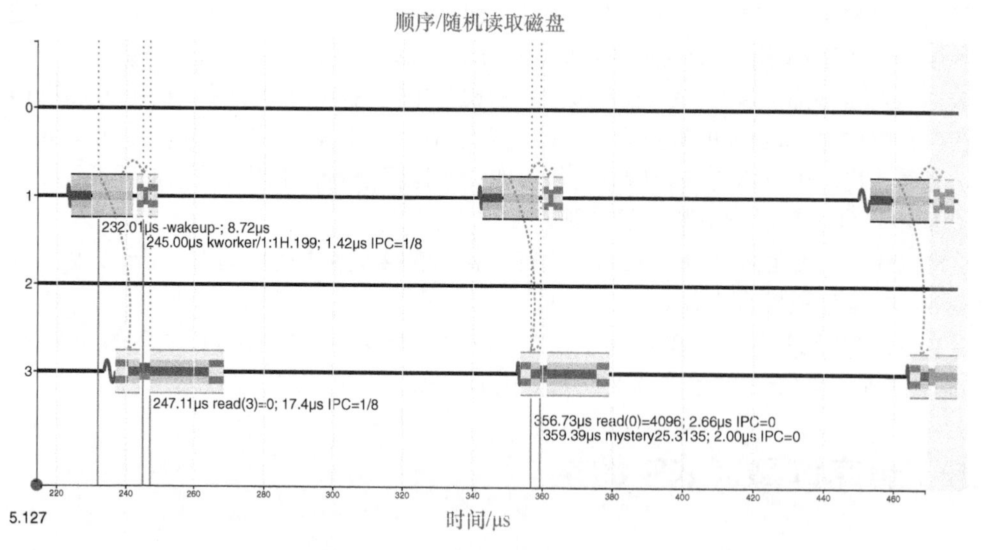

图 25-5 3 次顺序读取的磁盘中断

每次磁盘中断都会运行下半部分的处理程序，这一次不仅唤醒 mystery25 程序，还会唤醒内核工作线程 kworker/1:1H。工作线程运行的时间很短，然后再次阻塞。mystery25 程序完成一次读取，3 μs 过后，开始下一次读取。从开始每次读取到完成读取，用时大约 110 μs。数据传输是从磁盘驱动器内的磁道缓冲区进行的，当 SATA 速度为 300 MB/s 时（记住，这是一块很旧的磁盘），传输用时大约 13.7 μs。剩余的时间都用在将 I/O 请求发送到磁盘硬件，等待其微代码在磁道缓冲区中找到正确的位置，进行传输，然后提交中断。

我们如何知道传输不是直接从磁盘表面进行的呢？因为如果直接从磁盘表面进行传输的话，到开始下一次读取时，要读取的块就已经经过磁盘的读写磁头，所以只能每次磁盘旋转读一块，而不是每次旋转平均读取大约 80 块。我们如何知道块不在磁盘上简单地双路交错，以便第二次读取时有足够的时间在下一个块到达前开始呢？因为如果是那样的话，每次全磁道传输将需要两次磁盘旋转，而不是一次，所以速度将是 30 MB/s，而不是我们观察到的 60 MB/s 的最大传输速度。

总的来说，顺序读取 4 KB 的块的行为与我们期望的大致相同——虽然可以读取整个文件，但是速度只有最大速度的大约一半。在磁头位置，传输一个 4 KB 的块大约需要 67 μs，但是在这里，在包括所有延迟后，平均需要 143 μs。至少这个降低后的速度仍然能够算作（几乎是）半有用的。

查看非空闲 CPU 时间而不是消耗的时间，可以看到顺序读取 4 KB 的块占用了一个 CPU 核心大约 24%的时间（323 ms/1332 ms）。比例相当大，所以我们需要关注 CPU 时间，因为它可能造成瓶颈。顺序的 4 KB 读取本身可能干扰其他程序，即使其他程序没有访问磁盘也如此。

25.6 随机读取 4 KB 的块

第三种磁盘读取模式是以循环方式在 40 MB 文件的 10 240 个块中读取随机位置的 4 KB 的块。图 25-6 显示了这种行为，但只针对前 7.5 s 和 1148 次读取；对这一部分的完整跟踪超过 1 min，但在过了前几秒后，我们就学不到什么新东西了。

随机的 4 KB 读取需要在每次读取前进行磁盘寻道，这需要消耗寻道时间，并使得抑制磁道缓冲区的预读行为没有用处。随机读取的间隔不规律，变化范围是从 0.114 ms 到 67.3 ms，有一半的间隔在 2.9 ms 和 9.9 ms 之间。这些间隔只反映出存在一些短寻道和一些很长的寻道，但全部在我们这个 40 MB 的文件内。分散在整个磁盘上而不只是一个小文件中的寻道将有更长的平均寻道时间（在 10～15 ms 的范围内）。

图 25-7 给出了一次磁盘中断的详细信息。它与顺序 4 KB 读取的区别仅在于显式的 lseek 系统调用，以及下一次中断前更长的、毫秒级的延迟。实际上，它们还有另一个区别：退出深度睡眠的时间和单次执行的时间长了大约 4 倍。这几乎确定地反映了在执行随机读取时，CPU 时钟运行在 800 MHz，而不是执行顺序读取时的 3900 MHz，后者的中断足够靠近，可

以避免低功耗模式。之所以说“几乎确定”，是因为在这两种情况下，CPU 自身报告的运行频率是 800 MHz。

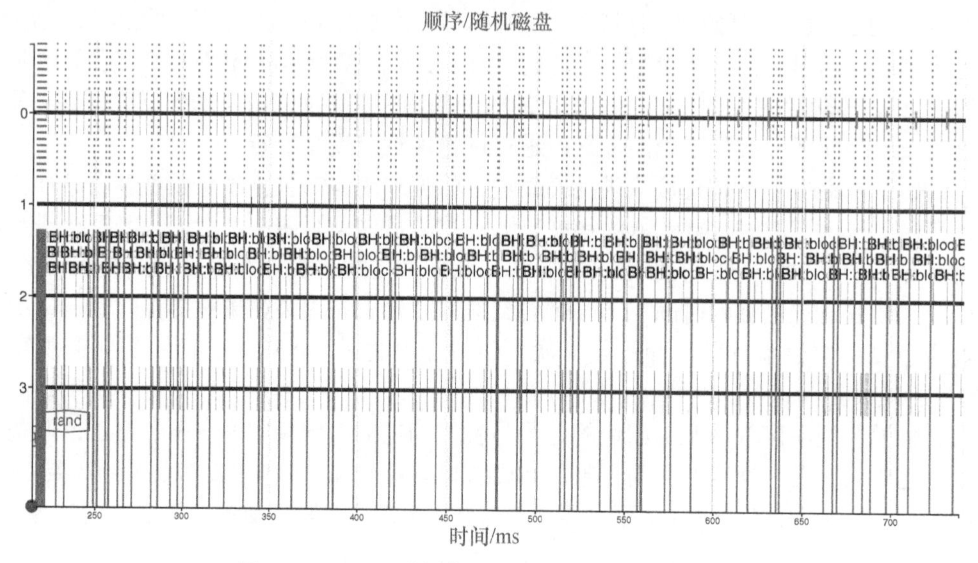

图 25-6 10 240 次随机 4 KB 磁盘读取的开始部分

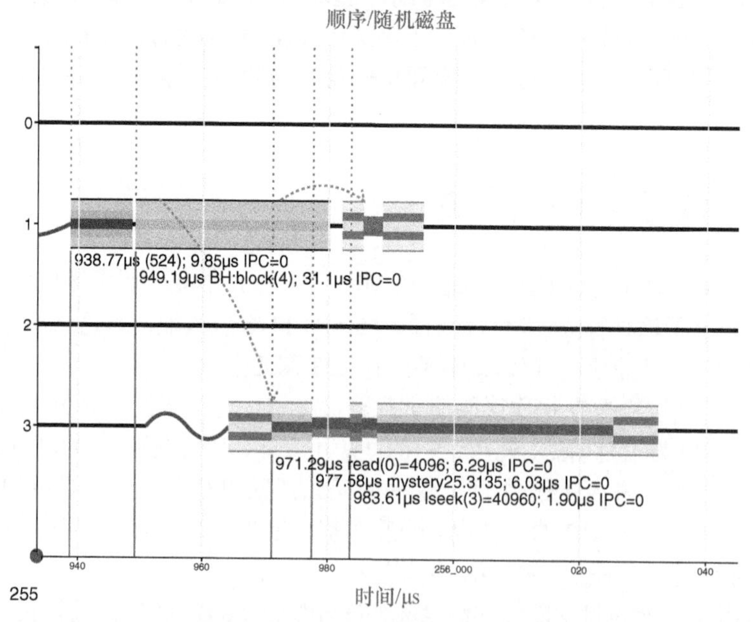

图 25-7 在磁盘上进行一次随机 4 KB 读取的详细信息

总的来说，随机读取 4 KB 的块的行为与我们期望的大致相同——用了超过 1 min 的时间来寻道。在磁头位置，传输一个 4 KB 的块用时大约 67 µs，但是在这里，在包括读取时间后，用时约 6300 μs。在消耗的时间中，只有大约 1%是有效的数据传输时间。为了在整块磁盘上寻道时间为大约 13 ms 的情况下满足半有用原则，我们必须以 60 MB/s 的速度读取大约 13 ms 的数据，或者每次读取大约 780 KB 而不是 4 KB 的数据。

对于 10 240 块，总的 CPU 时间是大约 1420 ms（1.42 s），是顺序读取情况下的 CPU 时间的大约 4.4 倍。这本来可能成为 CPU 瓶颈，但由于寻道造成的延迟，它们分散到了消耗的超过 1 min 的时间内。

我们对磁盘流量做了详细的分析。接下来，我们简要介绍 SSD 以及同时访问两个文件的区别。

25.7　在 SSD 上写入和同步 40 MB

正如你期望的那样，SSD 的数据传输速度大约是磁盘的 12 倍（它们的数据传输速度分别是大约 700 MB/s 和 60 MB/s），SSD 的随机“寻道”时间是旋转磁盘驱动器的大约 1/146（89 μs 与 13 000 μs）。下面是在我们的示例服务器的廉价 SSD 上测量得到的数据。

```
$ ./mystery25 /datassd/dserve/myst25.bin
opening /datassd/dserve/myst25.bin for write
  write:    40.00 MB 0.009sec 4623.53 Mbit/sec
  sync:     40.00 MB 0.068sec 587.07 Mbit/sec  1.42x slower than read 40MB
  read:     40.00 MB 0.057sec 706.00 Mbit/sec  base (5.5us per 4KB block)
  seq read:40.00 MB 0.548sec 72.95 Mbit/sec    9.68x slower than read 40MB
  rand read:40.00 MB 0.909sec 43.98 Mbit/sec   1.66x slower than seq.
                                               4KB reads (89us each)
```

在生成中断并将它们发送给多个 CPU 核心的时候，这个 SSD 使用了多个中断编号，有时候看起来是一块磁盘，有时候看起来是一张以太网卡。这块 SSD 是通过 PCIe 总线而不是 SATA 电缆连接的，这两种方式有着不同的中断结构。相对于用一个可能产生瓶颈的 CPU 来处理所有中断，这种将中断分散到多个 CPU 的设计能够实现更高的传输率。

25.8　在 SSD 上读取 40 MB

一次性读取 40 MB 能够以 706 MB/s 的 SSD 传输率全速运行，或者说，读取每个 4 KB 的块用时 5.5 μs。但是，顺序读取 4 KB 的块的时间几乎是 5.5 μs 的 10 倍，为什么呢？

图 25-8 显示了两次 4 KB 顺序传输之间的间隔。每组首先以一次中断开始（由于网络和 SSD PCIe 中断组合在一起，KUtrace 会将其误标记成了 eth0），然后是调度程序，一次读取结束，mystery25 程序的用户代码，下一次读取开始，然后又是调度程序。最后，mystery25 程序发生阻塞，等待传输末尾的一次中断。上述整个序列每 54.27 μs 就重复一次。

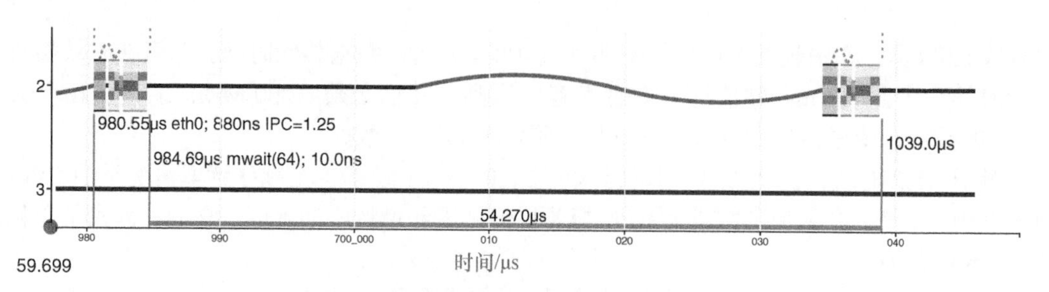

图 25-8 两次 4 KB 顺序传输之间的间隔

注意，在 mystery25 程序发生阻塞的情况下，当进入空闲循环 200 ns 时，有一个 mwait 使 CPU 睡眠。这导致额外 30 μs（30 000 ns）的正弦曲线，代表退出睡眠的延迟时间，这使得传输率降低了一半还多。这是违反第 23 章讨论的半最优原则的真正开销。如果没有过于积极的 mwait，顺序读取的速度大约应该是 150 MB/s。注意，在有其他许多进程的繁忙机器上，可能不会发生这种很长的睡眠延迟。如果是这种情况，程序 mystery25 运行在繁忙的机器上会比运行在空闲的机器上更快，这有点违反直觉。

每个 4 KB 的块占用的 CPU 时间是 4 μs，所以 10 240 个这样的块占用的 CPU 时间大约就是 41 ms，它们分散在一个 CPU 核心上消耗的 548 ms 内，大约占 7.5%。这是合理的，但说明我们应该留意在更新、更快的 SSD 上进行传输时占用的 CPU 时间。

在这块 SSD 上，随机读取 4 KB 的块每次用时 89 μs，其中有 5.5 μs 用于传输数据（从前面一次读取 40 MB 的用时中可以看到）。当"寻道"时间为 89 μs – 5.5 μs = 83.5 μs 时，要满足半有用原则，我们每次必须读取 15～26 块（或者说 64 KB 而不是 4 KB）。

25.9 两个程序同时访问两个文件

按照第 22 章的介绍，同时运行两份 mystery25 程序能够揭示任何饱和的硬件。对于磁盘，写入（内存而非磁盘）得到的总速度是 6.4 GB/s，而单次复制的速度是 4.7 GB/s，这意味着同时执行两次 40 MB 的写入会得到比单次写入多 36%的总内存带宽，这只会产生一点瓶颈。

相比一次复制，sync 和 read 磁盘传输需要两倍长的总时间，这意味着单个磁盘读写磁头是饱和的——一次只能服务一个程序的块，这正符合我们的期望。读取时长实际上增加了 2.2 倍，多减慢了 10%（2.2 倍而不是 2.0 倍），因为涉及的两个不同的文件之间需要额外的寻道。这是超线性减慢的一个例子——并行地运行两份程序，消耗的时间比顺序运行它们时还多，因为并行地运行两份程序不仅会将某个饱和的资源拆成一半，而且会导致彼此做更多的工作（在这里进行更多的寻道，在其他情况下可能进行更多的缓存行或 TLB 重新填充）。

对于 SSD，同时运行两份 mystery25 程序可以揭示更多的一些问题。写、同步、读取全部和顺序读取 4 KB 的块的行为都与磁盘的相似。但是，随机读取 4 KB 的块的速度基本上没有减慢，所以两个程序合起来以 82.36 MB/s 的速度传输，而不使用一个时的 43.98 MB/s。为什么随机读取这么快，顺序读取却没这么快呢？

```
One copy on SSD (from above):
  seq read:  40.000MB 0.548sec 72.95 MB/sec
  rand read: 40.000MB 0.909sec 43.98 MB/sec

$ ./mystery25 /datassd/dserve/myst25.bin & ./mystery25 /datassd/dserve/myst25a.bin
[2] 3479
opening /datassd/dserve/myst25.bin for write
opening /datassd/dserve/myst25a.bin for write
  write:      40.00 MB 0.010sec 4126.69 MB/sec
  write:      40.00 MB 0.016sec 2449.33 MB/sec
  sync:       40.00 MB 0.161sec 247.68 MB/sec    2.32x slower than single run
  sync:       40.00 MB 0.155sec 258.78 MB/sec
  read:       40.00 MB 0.109sec 368.64 MB/sec    1.94x slower "
  read:       40.00 MB 0.112sec 356.62 MB/sec
  seq read:   40.00 MB 0.944sec 42.36 MB/sec     1.72x slower "
  seq read:   40.00 MB 0.942sec 42.48 MB/sec
  rand read:  40.00 MB 0.971sec 41.18 MB/sec     1.07x slower "
  rand read:  40.00 MB 0.971sec 41.18 MB/sec
```

注意，当只运行一份 mystery25 程序时，顺序读取 SSD 的传输速度是 72.95 MB/s，而并行地运行两份程序的传输速度是 42.36 MB/s + 42.48 MB/s = 84.84 MB/s。当只运行一份程序时，随机读取 SSD 的传输速度是 43.98 MB/s，而并行地运行两份程序的总传输速度是 41.18 MB/s + 41.18 MB/s = 83.36 MB/s。这些数字说明，当每个块的处理需要经过完整的操作系统和磁盘中断路径（见图 25-8）时，这里的单个 SSD 所能够实现的最大传输速度大约是 84 MB/s，也就是组合的硬件-软件路径的带宽限值。因此，一份程序的顺序 4 KB 读取会使资源饱和，这意味着运行两份程序几乎看不到速度上的净提升。

虽然一份程序的随机读取 4 KB 使得对随机块的访问时间（“寻道”时间）饱和了，但它们只使用了大约一半的组合硬件-软件路径的带宽。当运行两份程序时，两份程序都有足够的带宽可用。

访问时间是什么情况呢？我们在图 5-18 中曾看到，SSD 通常有多个独立的闪存行。每个闪存行都有访问延迟（在这里是 83.5 μs），但多个闪存行可以同时访问。当我们同时运行两份程序时，几乎能让两个闪存行一直繁忙，所以没有看到明显的减慢，并且能够在与一次运行相同的时间里，传输两倍的数据。

25.10 理解谜团

在仔细观察测量得到的数字并探索 KUtrace 捕捉到的动态行为之后，我们便能够解释观察到的大部分计时结果。在这个过程中，我们发现了几个违反数据传输的半有用原则的例子，以及由于违反第 23 章的半最优原则而导致减慢一半的一个例子。

25.11 小结

本章的要点如下。

- 与大部分操作系统一样，当我们在内存和存储设备（如磁盘或 SSD）之间传输大块数据时，Linux 系统的性能很高。与之相对，当一次传输一个小的 4 KB 块的时候，Linux 系统的性能会降低为原来的 1/100 到 1/2。
- SSD 的数据传输速度大约是磁盘的 12 倍，访问或寻道时间大约是磁盘的 1/146。
- 为了让任何有启动时间的操作实现半有用性能，执行有用工作的时间必须至少与启动时间相同。
    - 对于磁盘，这意味着每次寻道时读或写大约 1 MB。
    - 对于 SSD，这意味着每次寻道时读或写大约 64 KB。
- 当设计访问外部存储的软件时，要牢记：极小的传输是性能的大忌。
- 把一份程序同时运行两份实际上能够揭示饱和的硬件资源——内存带宽、磁盘/SSD 带宽和寻道。
- 有时候，共享资源会导致超线性减慢。
- 对于我们的示例服务器，通过修复第 23 章讨论的空闲循环 mwait 问题，能够让顺序读取 SSD 上 4 KB 的块的带宽加倍。
- 由于避免了深度睡眠，因此一个程序在繁忙机器上可以比在空闲机器上运行得更快。

习题

在本章的 4 个跟踪的 HTML 文件中，找出另一个异常的地方，说明时间范围，看起来奇怪的地方，以及你对于很可能发生了什么事情所做的思考和分析。你会如何提高性能？

第 26 章 等待网络

本章是对网络远程过程调用（Remote Procedure Call，RPC）的一次案例分析。我们将使用前面章节中的 RPC 客户端和服务器程序，研究意外的往返延迟。

根据第 20 章给出的思维框架（见图 20-1），本章讨论的是由于等待网络而没有运行的情况。一个进程可能由于等待输入工作，等待另一台机器的响应，或者等待拥堵的网络硬件等原因而等待网络。

本章将用到第 6 章介绍的 RPC 框架。我们假定通过一个公共库来进行 RPC，该公共库能为每条请求和响应消息创建带时间戳的日志。它还提供了一个消息头，为每个 RPC 包含一个伪随机的 RPC ID，以及为嵌套 RPC 包含父 RPC 的 ID。包含 RPC ID 的独特消息头允许数据包捕捉软件工具（如 tcpdump 或 Wireshark）识别多数据包请求和响应消息的开头部分。对于任何生产级 RPC 环境，这应该是最小程度的插桩了。

26.1 概述

我们将再次使用图 6-6 中的 4 个时间戳。如图 26-1 所示，在 *T*1，客户端发送请求；在 *T*2，服务器接收请求；在 *T*3，服务器发送响应；在 *T*4，客户端接收响应。*w*1 表示请求到达网络的时间，*w*3 表示响应到达网络的时间。

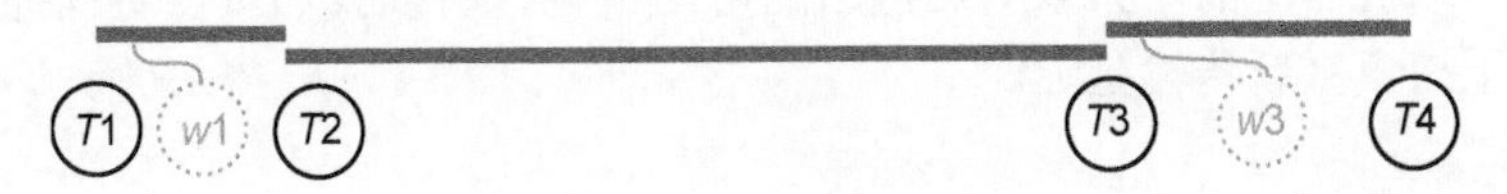

图 26-1 4 个时间戳 *T*1～*T*4

RPC 库还会创建 KUtrace 条目，从而把每个 RPC 请求和每个 RPC 响应的用户态 CPU 工作分组，这使得我们能够把 RPC 日志与对应的 CPU 执行关联起来。

在这种环境中，如果一个进程由于等待 RPC 请求传来工作而没有执行，则通过日志很容易识别这种情况——在这个进程被唤醒后，就会记录入站 RPC 及其时间戳。

如果进程由于等待另一台机器的 RPC 响应而没有执行，这种情况也很容易识别，但延迟既可能来自远程服务器的执行延迟，也可能来自请求或响应的通信延迟，包括网络拥堵。通过服务器端日志很容易识别执行延迟。这就剩下了通信延迟。本章将详细探讨这个主题。

RPC 消息在用户态代码中产生，通过内核态的代码和网络硬件发送，由内核态代码接收，最终交付给用户态代码。时间戳都是由用户态代码创建的，但是一些延迟发生在客户端内核代码或服务器内核代码中，或者发生在用户代码、内核代码和网络硬件的接口中。为了理解后面这些延迟，就必须有更加深入的观察工具，而不是仅仅观察用户态行为。

本章使用的术语“线上”指的是 RPC 消息比特在底层网络硬件链路上实际传输的那段时间。这些链路可以是以太网线缆、以太网光纤或无线传输，如 Wi-Fi 或蓝牙。两台计算机之间的路径有可能使用好几层网络交换和路由。在一所数据中心房间中，我们期望硬件上只有很小的传输延迟（单位是微秒），但是长距离传输可能会有几十或几百毫秒的延迟。我们使用“线上”来表示移动比特时涉及的所有物理网络硬件。你将看到，值得关注的延迟通常发生在用户态调用内核代码与将比特放到线上之间，或者发生在比特到达线上与把它们传输给用户态代码之间。

遗憾的是，如果（或靠近）线上没有跟踪硬件数据包来给出时间 *w*1 和 *w*3，那么用户态发送方软件时间戳之后或者用户态接收方软件时间戳之前的传输延迟是发生在发送机器或接收机器上，还是（在极少情况下）发生在网络硬件自身上，将总是不明确的。

接下来通过 4 个实验揭示等待网络数据时涉及的一些动态。我们将使用 tcpdump 和 KUtrace 来观察网络流量。

26.2 程序

程序 client4 以多种模式发送 RPC，而程序 server4 接收和处理这些 RPC。我们首先查看在两台机器之间发送 20 000 个 4 KB 的请求；然后查看在两台机器之间发送 200 个 1 MB 的请求；最后查看在一台机器上并行地运行 3 个客户端，并使它们发送 4 KB 的请求、1 MB 的请求，以及向 3 台不同机器上的服务器发送 1 MB 的请求。在最后这种情况下，总的输入请求流量超过了客户端机器上的单条以太网链路的可用带宽，所以我们可以研究拥堵时的动态。第 4 个实验用于探索重新传输延迟。

26.3　实验 1

一台机器上的 client4 程序向另一台机器上的 server4 程序发送了 20 000 个 4 KB 的请求。这两台机器都有 1 Gbit/s 的以太网链路，并且通过一个多端口的 1 Gbit/s 以太网交换机连接起来。每条链路在理想情况下每秒可以传输 1 000 000 000 MB / 8 = 125 MB 的数据，但这个计算忽略了 90 字节的额外开销，包括 TCP/IP 数据包头、硬件数据包校验，以及数据包之间必须有的间隔。可以实现的链路速度是 110～120 MB/s。

图 26-2 显示了标准以太网数据包的布局。其中，间隙表示数据包之间必须有的 96 位的时间；Pre 表示前导码位模式，用于同步接收方时钟；链路 hdr 表示目标 MAC 地址、源 MAC 地址、以太网类型；CRC 表示循环冗余校验码；IP hdr 表示 IPv4 的源地址和目标地址，下一个头的协议类型（IPv6 的头更长）；TCP hdr 表示 TCP 端口号和序列号。在线上发送的 1538 字节中，1448 字节（约 94%）包含用户数据。因此，用户代码能够看到的最大数据传输速率是 125 MB/s 的 94%，大约为 117 MB/s[①]。更短的 TCP/IP 数据包在线上具有相同的 90 字节的开销，所以能够实现的带宽更低。关于 TCP 的内部机制和复杂动态的详细信息，可参考 Fall 和 Stevens 合著的一本十分优秀的图书[Fall 2012]。

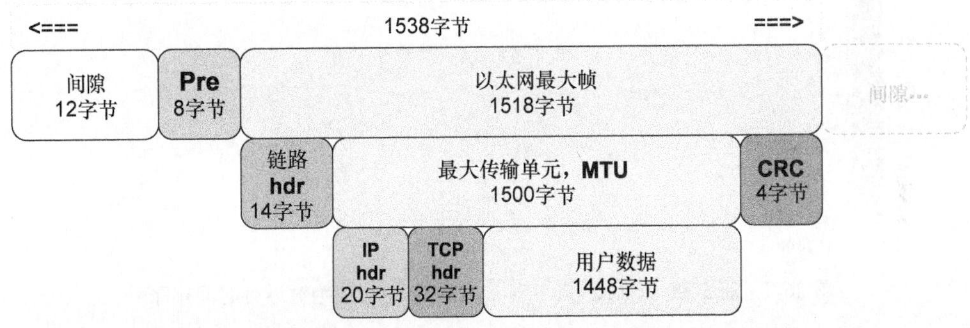

图 26-2　标准以太网数据包的布局（针对 Linux 系统下包含 12 字节选项的默认 TCP 头）

一条 4100 字节的 RPC 消息需要 3 个分别包含 1448 字节、1448 字节和 1204 字节的用户数据的数据包，在线上共占用 1538 字节+1538 字节+1294 字节，也就是 34 960 位或者几乎用 35 μs。每个最大的数据包在线上传输大约需要 12.3 μs。

我们在本章的实验中使用的 RPC 的方法类型为“sink”，这可以告诉服务器，只需要丢弃入站请求的数据，发回最简单的成功响应即可。这么做的目的是最小化服务器端或响应消息的延迟，使我们能够将实验重点放在客户端上。

① 原书如此，应该大约为 118MB/s。

26.4 实验 1 中的谜团

对于一个发送 4100 字节的 RPC 的程序，你可能认为每 35 μs 就会发出一个新的 RPC，所以 20 000 个 RPC 需要 35×20 000 μs = 700 ms。事实上，这个程序的运行时间要比这个时间长十几倍，总共用时 8094 ms 才完成，在线上实现了大约 10.1 MB/s 的速度，而不是 117 MB/s。与前面一样，这里的谜团是“时间都去哪儿了？”

对于这个实验，我们需要收集 3 类数据。

（1）RPC 日志，就像你在第 6 章看到的那样。

（2）tcpdump 为两台机器收集的数据包跟踪。

（3）KUtrace 为两台机器收集的执行跟踪。

RPC 日志为我们提供了一个起点。图 26-3 使用它们显示了前 5000 个 4 KB 的 RPC 的运行时间，x 轴显示了时间，y 轴显示了 RPC 编号 1～5000。它们比较稳定，没有意外的地方。图 26-4 按照每个 RPC 内的耗时显示了相同的数据。

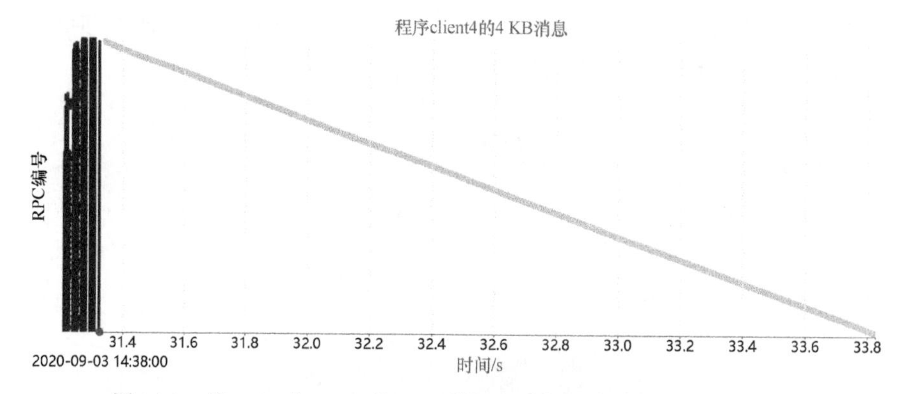

图 26-3 前 5000 个 4 KB 的 RPC 的运行时间，按绝对运行时间排序

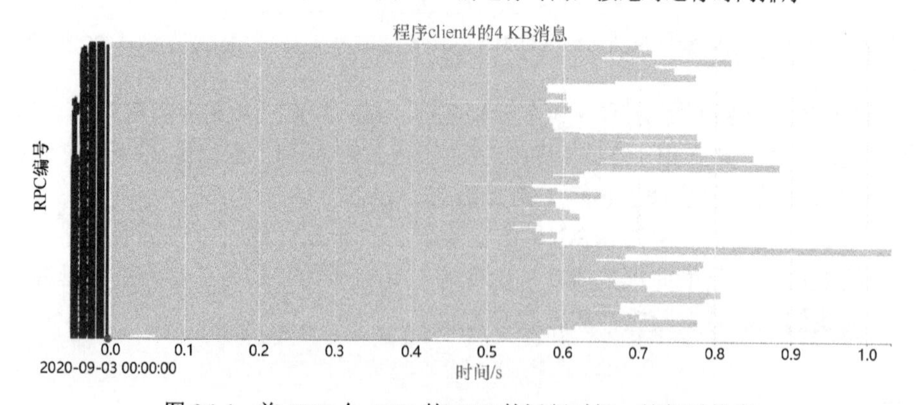

图 26-4 前 5000 个 4 KB 的 RPC 的运行时间，按耗时排序

大部分 RPC 的运行时间为 400～600 μs，少部分能够达到 800 μs 或更长，并且慢 RPC 什么时候出现并没有明显的模式，不过慢的往返时间能够分为 3 大组。我们首先关注为什么平均时间这么长，在后面的实验中我们将探讨变化幅度问题。

图 26-5 显示了几个靠近跟踪前面部分的 RPC 的运行时间。可通过使用第 7 章开发的对齐程序，对服务器时钟和客户端时钟进行对齐。显示的 RPC 从 *T*1（客户端发送请求）一直持续到 *T*4（客户端收到响应）。每个 RPC 用时大约 400 μs。我们期望非常短的服务器时间［从 *T*2（服务器收到请求）到 *T*3（服务器发送响应）］显示为 3/5 位置向下的缺口，而数据在线上的近似时间显示为白色（88 字节的响应光点几乎不可见）。

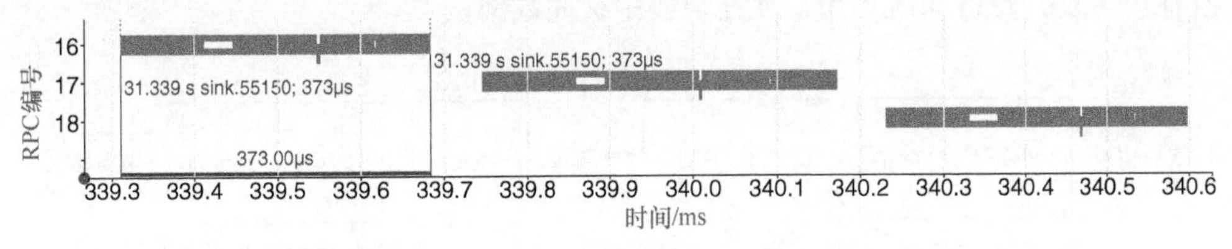

图 26-5　3 个发送 4 KB 消息的 RPC 的运行时间，时间已对齐到客户端时间

从这个简单的图形中，我们可以观察到计时的几个重要方面。

（1）对于请求和响应，400 μs 的总时间大约是线上时间的 10 倍。

（2）服务器上的时间（*T*3 – *T*2）很短。

（3）请求用时 240～260 μs（*T*2 – *T*1）才到达服务器，响应用时 130～160 μs（*T*4 – *T*3）才回到客户端。

（4）从接收一个响应到发送下一个请求的时间是大约 60 μs。

在用户代码出站时间戳到对应的用户代码入站时间戳之间存在额外的 100～200 μs 的延迟，但原因未知。这个延迟可能发生在内核软件或网络硬件中。客户端代码的请求之间也有一些延迟。这些延迟为什么会存在？

26.5　实验 1 的探索与分析

我们首先查看传输延迟，然后查看 RPC 之间的延迟。

TCP/IP 网络代码相当复杂，它们会处理同时在多个 CPU 核心上产生并且在另一端会递送给多台机器上的软件的流，管理每个 TCP 窗口（已发送但尚未确认的数据包数据的量），并根据需要重新传输丢失或损坏的数据包。网络硬件和软件都有可能进行数据包的分割或合并。优化过程可能会将中断发送给不同的 CPU 核心，以及将数据包发送给关联到不同 CPU 缓存的多个环形缓冲区。为了处理大量流，可以把数据包到达中断合并起来，使发送频率不那么高。

请求 RPC 会经过包含许多软件和硬件层的路径，从客户端到达服务器，如图 26-6 所示。请求消息从左边的用户代码开始，到达 write（或 sendmsg、sendto 等）系统调用，后者将运行内核 TCP/IP 传输代码，构建一个数据包列表，然后把这些数据包插入传输队列中，传输队列中可能还包含来自其他程序的数据包。一方面，把排队的数据包存放到主存的一个环形缓冲区中，发送方的网络接口卡（Network Interface Card，NIC）将从这个环形缓冲区中获取它们，然后通过物理链路把它们发送出去。

另一方面，接收方的 NIC 也会将传入的数据包放到主存的一个环形缓冲区中，并向 CPU 提交一个中断。当硬中断例程运行时，立即调度软中断例程 BH:rx 并退出。软中断例程运行 TCP/IP 接收代码，将数据转发给之前已经阻塞，并且正在等待数据的一个未完成的 read（或 recvmsg、recvfrom、poll 等）系统调用。read 系统调用会将数据传输给正在等待的用户代码。如果没有未完成的 read 系统调用，就在内核中缓冲数据包。

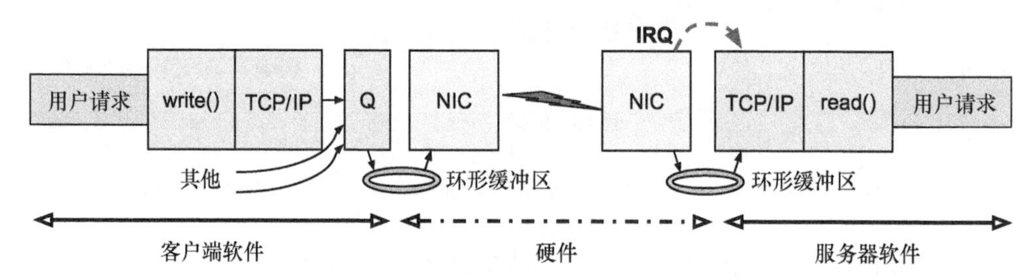

图 26-6　从客户端用户态软件到服务器用户态软件的 RPC 请求

在这条路径上，使用以下 4 个不同的时钟。

- 客户端机器用户态的 gettimeofday。
- 客户端机器内核态的 ktime_get_real。
- 服务器机器用户态的 gettimeofday。
- 服务器机器内核态的 ktime_get_real。

在这条路径上，应用 4 个时间戳，如图 26-7 所示。

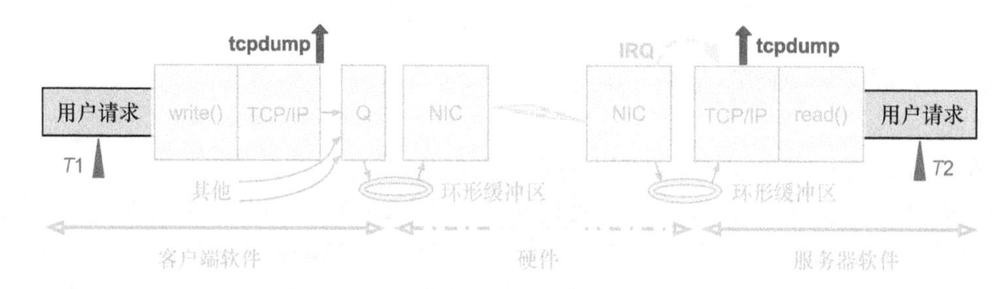

图 26-7　在 RPC 请求路径上应用的时间戳

在左侧，客户端用户态的 RPC 库添加了一个 KUtrace 条目，记录了 RPC ID 和方法名，时间戳为 *T*1。稍后，内核中的 tcpdump 代码捕捉到每个出站数据包的一部分，并在传输数据包之前添加一个时间戳 *w*1。这个出站的 tcpdump 时间戳是在一个数据包进入传输队列或环形缓冲区时记录的。具体什么时候 NIC 硬件取出数据包并将其放到线上，软件并看不到。

在服务器端，tcpdump 捕捉每个入站数据包的一部分，并在收到数据包后不久添加时间戳。入站 tcpdump 添加时间戳是在 TCP/IP 代码处理该数据包的时候。最后，服务器的用户态 RPC 库也会添加一个 KUtrace 条目，记录 RPC ID 和方法名，时间戳为 *T*2。响应消息与此类似。

客户端机器有两个时间的概念。KUtrace 的后处理会将客户端机器的 *T*1 时间戳映射到客户端机器用户态的 gettimeofday 时间基准。客户端的 tcpdump 使用了内核态的 ktime_get_real，这个时间是从很短的计时器中断时间、周期计数器以及一个斜率和偏移计算出的，它与用户态的版本可能相差几百微秒。服务器机器也有两个时间的概念——内核时间和用户态时间，它们与客户端机器的时间可能相差几十毫秒。

在完整的 RPC 请求路径上，在两个常见的地方可能会发生明显的延迟，如图 26-8 所示。在客户端机器上，如果 NIC 缓冲区满了，则出站数据包可能在软件传输队列中等待一段时间，或者可能在 NIC 硬件的环形缓冲区中等待。在服务器机器上，在向 CPU 发出数据包已到达的信号之前，中断合并可能会延迟几十到几百微秒。在注意到数据包之后，可能为了进行数据合并、避免乱序交付或由于其他因素，我们需要在内核软件队列中保存数据包一段时间。软件或硬件流程控制也可能进行干扰，导致数据包排队。

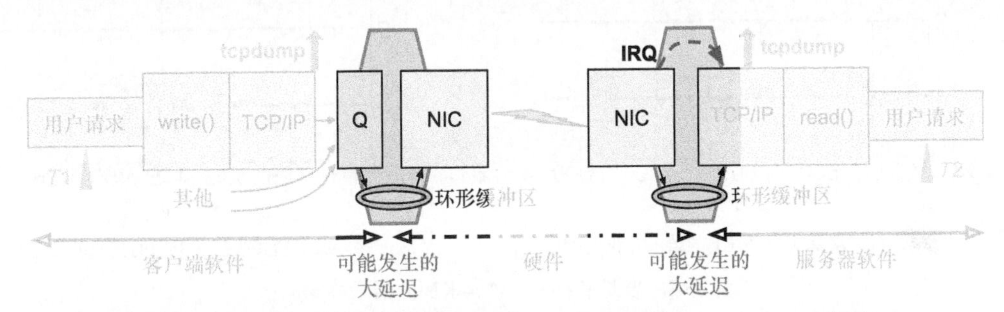

图 26-8　发生传输延迟的两个常见地方，一个在发送方，另一个在接收方

要使用 tcpdump 跟踪和 KUtrace 数据，就需要进行更多的时间对齐。

如前所述，我们使用第 6 章的 timealign 程序重写了客户端 RPC 日志，从而将服务器的 *T*2 和 *T*3 时间移至客户端为 *T*1 和 *T*4 使用的时间基准。服务器机器实际的 gettimeofday 大约比客户端机器的早 7.176 ms。

但是，因为 tcpdump 在每台机器上使用了内核时间，所以我们也需要对齐这个时间。使用 tcpalign 程序将 tcpdump 时间重新映射到每台机器上的 KUtrace 时间，并在 KUtrace 输出中为每条消息的开始数据包添加 JSON 行，但忽略其他数据包。完成这些工作后，得到的图 26-9 显示了一个典型的 4 KB sink RPC 的处理——图 26-9（a）显示了客户端机器的处理，图 29-9（b）显示了服务器机器的处理，后者的时间线移动了 7.176 ms，以便与客户端时间进行相当靠近的对齐。网络流量显示在 CPU 0 的上方。出站消息（tx）以离开 CPU 0 的方式稍微向上倾斜，虚线指出了合适的数据包间隔。入站消息（rx）以朝向 CPU 0 的方式稍微向下倾斜。消息可能由多个数据包组成（这里的 4 KB 请求需要 3 个数据包，在 1 MB 的请求中则有大概 690 个数据包），但是我们只保留第一个数据包的时间戳，因为其中包含消息头。

在图 26-9（a）的左侧，客户端在第一条 sink.2~1 垂线为 RPC 20591 记录了一个 KUtrace 请求条目，tcpdump 在第一条 rpc.20~1 垂线记录了第一个出站请求数据包的时间戳。在右侧，tcpdump 在第二条 rpc.20~1 垂线记录了入站响应消息的时间戳（符号 20~1 是缩减的 RPC 20591），KUtrace 在第二条 sink.2~1 垂线记录了响应的时间戳。在中间部分，CPU 3 上有一次以太网中断，用于处理在收到了 3 个请求数据包后，客户端已发送但是图 26-9（a）中没有显示的 TCP ACK 数据包［图 26-9（a）中的时间尺度使得我们很难看到 3 个客户端数据包的间隙］。

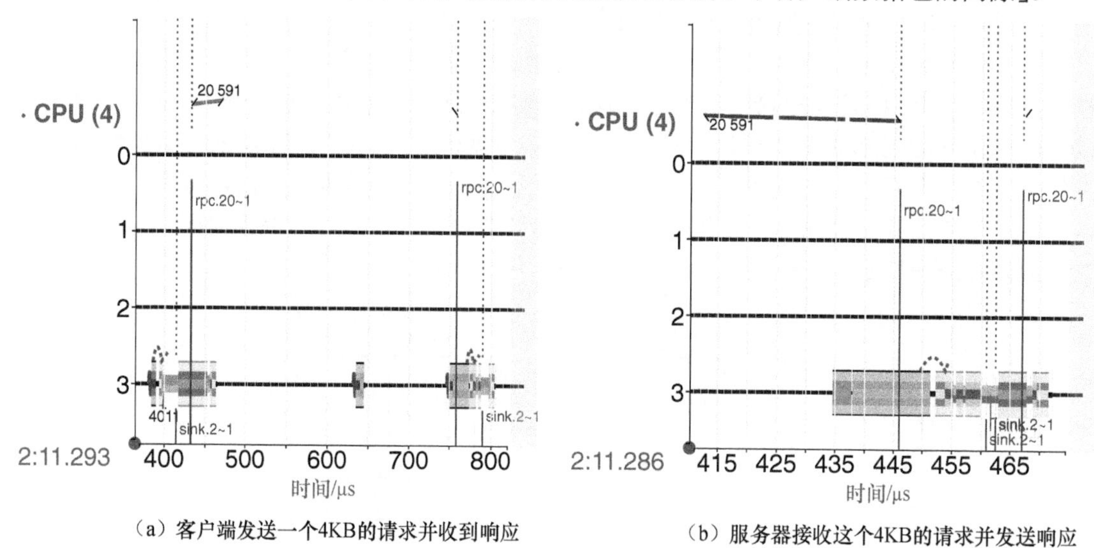

（a）客户端发送一个4KB的请求并收到响应　　（b）服务器接收这个4KB的请求并发送响应

图 26-9　发送和接收一个 4 KB 的请求并响应

在图 26-9（b）中，我们不仅看到 3 个请求数据包到达服务器，而且看到中断处理程序唤醒了服务器程序。这里也有 4 条垂线，它们分别表示 tcpdump 入站时间戳，KUtrace 请求和响应时间戳，以及 tcpdump 响应时间戳。在图 26-9（b）的最右侧，响应的 TCP ACK 数据包（未显示）到达，触发 CPU 3 上 600 μs 处的中断处理。

> 认真的读者会发现，图 26-9（b）中没有退出空闲状态的正弦曲线。服务器使用的是 AMD Ryzen，其空闲循环不像 Intel 客户端机器那样积极地进入睡眠状态。读者可能还会注意到，服务器端的执行间隔看起来相比客户端机器的更短。因为客户端机器十分空闲，所以它运行在 800 MHz，频率大约是原来的 1/5，而服务器机器则全速运行在 3.5 GHz。

为什么会发生传输延迟？客户端不存在竞争的网络流量，所以在发送请求数据包之前，没有东西会触发大延迟。但是，当数据包到达服务器后，就可能发生延迟，NIC 向 CPU 提交一次中断，之后 tcpdump 才会看到它们。多大的延迟呢？之所以延迟提交中断，就是为了避免背靠背中断的发生速度太快，来不及处理，导致 CPU 过载。中断合并会累积一批数据包，允许 CPU 高效地处理每个数据包。

Joe Damato 的文章“Monitoring and Tuning the Linux Networking Stack: Receiving Data”清晰地解释了涉及的调优参数，通过使用其中提到的 ethtool①命令行，我们发现机器的默认接收中断（rx）延迟可以达到 200 μs 或 4 个数据包（取决于哪个先到达）。笔者偶然选择的一条 sink RPC 消息能够放到 3 个数据包中，所以起作用的是 200 μs 的参数。

```
$ sudo ethtool -c enp4s0
Coalesce parameters for enp4s0:
  ...
rx-usecs: 200  <============
rx-frames: 4  <============
rx-usecs-irq: 0
rx-frames-irq: 0
```

看起来请求数据包事实上在服务器上的大约 250 μs 处在线上传输过去了，而不是 450 μs 处，但服务器端中断大约发生在 450 μs 处。客户端的响应延迟没这么长，这可能与 200 μs 之前到达的 ACK 数据包有关。

无论如何，在传递网络中断时有 200 μs 的延迟可能是合理的桌面默认值，但对于有时间约束且有快速处理器的环境中的网络流量，这个值大了 10 倍。缩短这个延迟，便能够显著提高实验 1 中的吞吐量。

26.6 实验 1 中 RPC 之间的时间

回忆一下，在 RPC 日志中，从一个 RPC 结束到下一个 RPC 开始的时间大约是 60 μs。根本原因在于不需要的 nanosleep 调用。client4 程序的源代码如下所示。

```
// The double-nested command loop
for (int i = 0; i < outer_repeats; ++i) {
  if (sink_command) {kutrace::mark_d(value_padlen + i);}
  for (int j = 0; j < inner_repeats; ++j) {
    SendCommand(sockfd, &randseed, command, ... value_padlen);
    if (key_incr) {IncrString(&key_base_str);}
    if (value_incr) {IncrString(&value_base_str);}
  }
  WaitMsec(wait_msec);
}
```

① 参见 Jayson Broughton 的文章“Fun with ethtool”。

命令行如下所示。

```
./client4 dclab-1 12345 -rep 20000 sink -key "abcd" -value "vvvv" 4000
```

上述命令会将外层重复次数设置为 20 000，将内层重复次数设置为 1，两个递增的检查结果是 false，wait_msec 的默认值是 0。你看到问题了吗？

回过头看，如果想更加高效，我们可以将外层重复次数设置为 1，将内层重复次数设置为 20 000，而不是反过来。但是，我们希望在跟踪中包含 mark_d 数字。对于调用 WaitMsec，笔者并没有想太多。KUtrace 记录的两个 RPC 之间的间隙如图 26-10 所示。

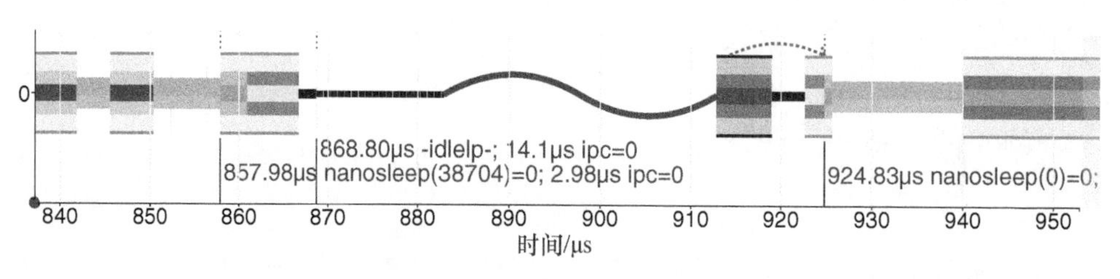

图 26-10 两个 RPC 之间的间隙

在 852 μs 处记录了前一个响应之后，客户端调用了 WaitMsec，WaitMsec 只是 857.98 μs 处的 nanosleep 系统调用的一个包装器。尽管请求的 delta 为 0，但这个系统调用仍会设置一个硬件计时器，然后阻塞，将上下文切换到空闲进程，并在 869 μs 处进入深度睡眠（空闲线的虚线的开始部分）。大约 12 μs 后，收到计时器中断，退出深度睡眠以进行处理，然后将上下文切换回去，完成一个 nanosleep 调用。整个 nanosleep 调用用时大约 60 μs，导致 RPC 之间出现这种不必要的时间消耗。像这样的简单的性能 bug 很常见。在代码评审中很难看出它们，但它们在实际软件动态的跟踪中很容易看出。

在找到根本原因后，为了加快速度，要么让 WaitMsec 在实参为零时不要调用 nanosleep，要么可以修改 nanosleep 调用，当其参数为 0 的时候，就立即返回，而非进行两次上下文切换。

总的来说，我们识别了这个简单 RPC 发生延迟的 3 种原因，如图 26-11 所示。整个 RPC 用时 400 μs，延迟总共占用了大约 350 μs，所以它们解释了每个 RPC 的用时是线上时间十几倍的根本原因。通过修改 ethtool 的 rx-usecs 参数，我们可以缩短中断延迟；通过避免使用 nanosleep，我们可以缩短 RPC 之间的间隙。

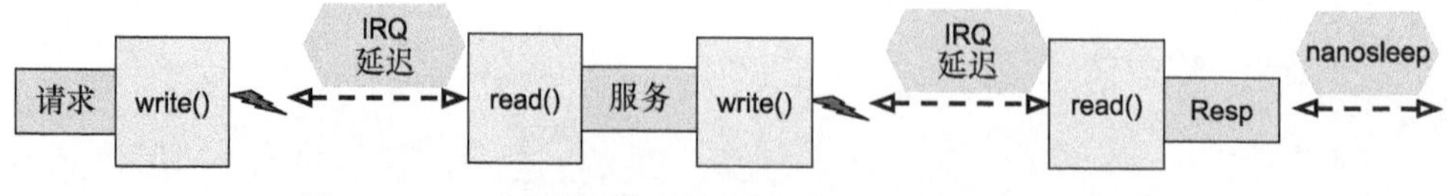

图 26-11 一个完整的 RPC，这里标出了延迟的 3 种原因

26.7　实验 2

这一次，client4 程序向另一台机器上的 server4 程序发送了 200 个 1 MB 的请求。当线上的最大传输速度为 117 MB/s 时，RPC 请求应该需要大约 8.5 ms 的传输时间。图 26-12 显示了两个这样的 RPC。每个服务器时间的小缺口几乎难以看到。每个 RPC 的总时间大约是 9.1 ms，RPC 之间的时间大约是 500 μs，其中大部分时间用于在发送消息之前，在内存中两次复制 1 MB 的消息。如第 6 章所述，减少用户态的消息复制可以改进这种情况。

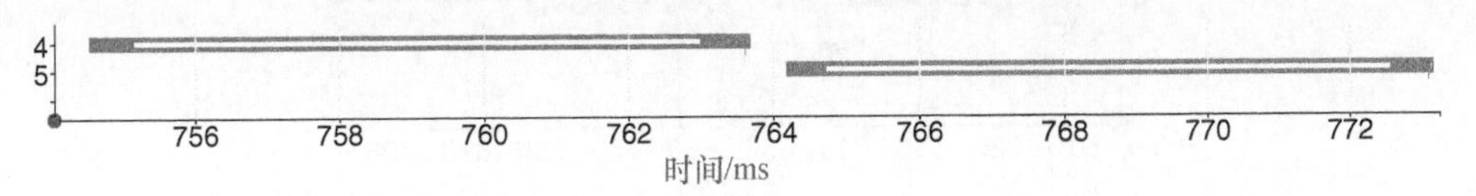

图 26-12　两个 RPC 发送 1 MB 的消息，这里与客户端时间进行了对齐

client4 程序报告的总体传输速度为 110.4 MB/s，接近可以实现的最大传输速度 117 MB/s。这很好。

事实上，尽管没有发现什么新东西，但这个结果给了我们 1 MB 的基准行为，并且确认了较长的消息能够实现接近线上速度的网络带宽。

26.8　实验 3

在一台机器上运行 3 份 client4 程序，向 3 个不同的服务器发送 RPC。其中一个发送 20 000 个 4 KB 的 RPC，就像实验 1 中那样；另外两个发送 1 MB 的 RPC，就像实验 2 中那样，它们阵发性地发送 4 个 RPC，然后各自延迟 550 ms 和 600 ms（以便它们有时候重叠，有时候不重叠），之后再重复这个过程。

图 26-13（a）显示了一个正常的 4 KB 请求；图 26-13（b）显示了一段时间过后，与一个 1 MB 请求重叠的一个 4 KB 请求。在第一种情况下，请求数据包几乎立即进入线上（更准确地说，是被内核中的 tcpdump 代码记录时间戳）；但在第二种情况下，它们延迟了大约 200 μs，直到后面 CPU 3 上的一个以太网中断导致 BH:tx 软中断处理程序将更多的数据包放到环形缓冲区中为止。

通过将 KUtrace 和 tcpdump 结合起来，我们便能够观察用户软件和以太网硬件之间的动态交互，并准确找出网络拥堵导致延迟的情况。

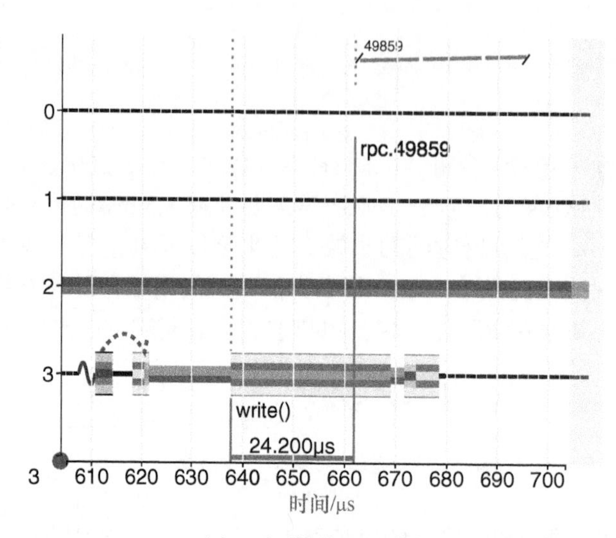

（a）一个正常的 4 KB 请求

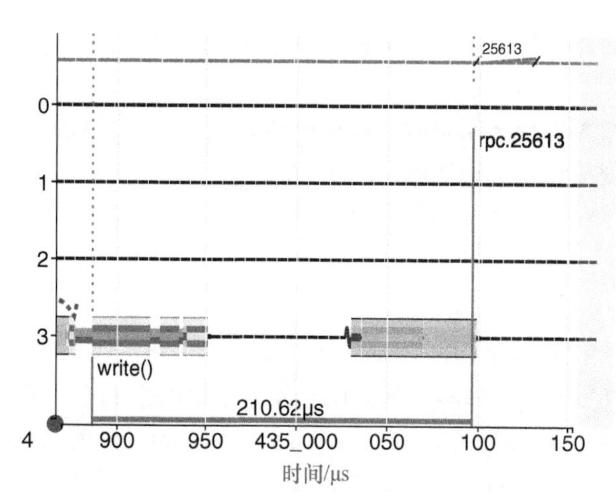

（b）与一个 1 MB 请求重叠的一个 4 KB 请求

图 26-13　请求

26.9　实验 4

在实验 4 中，我们在实验 3 的一个不同的跟踪结果中，发现在完成两个分散的 RPC 时存在异常的延迟。图 26-14 显示了其中的一个 RPC——在顶端有许多短的 RPC，然后是 208 ms 的间隙，最后继续执行或短或长的 RPC。是什么导致这么巨大的间隙？

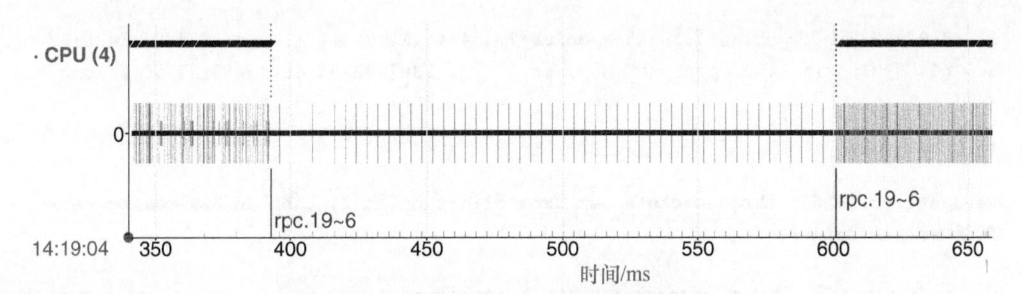

图 26-14 其中一个存在异常延迟的 RPC

仔细查看客户端 tcpdump 逐个数据包记录的跟踪，可以看到一个重新传输延迟，这在 KUtrace 中是无法直接观察到的。下面的代码首先显示了 RPC 22169 正常的、逐个数据包的行为。3 个分别包含 1448 字节、1448 字节和 1204 字节的出站数据包将请求传输给了服务器。服务器发回包含 0 字节数据的一个 ACK 数据包，然后立即发回一个包含 88 字节数据的响应数据包。除其他时间戳之外，默认的 Linux TCP 配置还包含一个 TCP 选项字段，该字段有一个被用作时间戳的毫秒计时器。例如，它就是 RPC 22169 的响应数据包中的“TS val **1367909791**”部分。

异常行为发生在之后的 RPC 19166 中。它的 3 个请求数据包从时间 14:19:04.392731 开始，服务器对它们的确认发生在时间 14:19:04.393019，这都是正常的，但服务器的响应存在问题。

正常行为如下。

```
Request rpc.22169; three packets out from client dclab-2, then an ACK coming back
from the server declab-1

14:19:04.392731 IP dclab-2.48484 > dclab-1.12345: Flags [.], seq 66452801:66454249,
ack 1426305, win 229, options [nop,nop,TS val 4263427150 ecr 1367909791], length
1448

14:19:04.392732 IP dclab-2.48484 > dclab-1.12345: Flags [.], seq 66454249:66455697,
ack 1426305, win 229, options [nop,nop,TS val 4263427150 ecr 1367909791], length
1448

14:19:04.392732 IP dclab-2.48484 > dclab-1.12345: Flags [P.], seq
66455697:66456901, ack 1426305, win 229, options [nop,nop,TS val 4263427150 ecr
1367909791], length 1204

Response: ACK all three above
14:19:04.393018 IP dclab-1.12345 > dclab-2.48484: Flags [.], ack 66456901, win
1390, options [nop,nop,TS val 1367909791 ecr 4263427150], length 0

Response rpc.22169
```

```
14:19:04.393019 IP dclab-1.12345 > dclab-2.48484: Flags [P.], seq 1426305:1426393,
ack 66456901, win 1402, options [nop,nop,TS val 1367909791 ecr 4263427150], length
88
```

异常行为如下。

```
Request rpc.19166; three packets out from client dclab-2, then an ACK coming back
from server dclab-1

14:19:04.393125 IP dclab-2.48484 > dclab-1.12345: Flags [.], seq 66456901:66458349,
ack 1426393, win 229, options [nop,nop,TS val 4263427150 ecr 1367909791], length
1448

14:19:04.393125 IP dclab-2.48484 > dclab-1.12345: Flags [.], seq 66458349:66459797,
ack 1426393, win 229, options [nop,nop,TS val 4263427150 ecr 1367909791], length
1448

14:19:04.393125 IP dclab-2.48484 > dclab-1.12345: Flags [P.], seq
66459797:66461001, ack 1426393, win 229, options [nop,nop,TS val 4263427150 ecr
1367909791], length 1204

Response: ACK all three above
14:19:04.393514 IP dclab-1.12345 > dclab-2.48484: Flags [.], ack 66461001, win
1390, options [nop,nop,TS val 1367909792 ecr 4263427150], length 0

  ... GAP of 207.5 milliseconds ...

Response rpc.22169 from server dclab-1, and its DUPLICATE, then the selective ACK
(sack) from the client to tell the server what happened

14:19:04.601061 IP dclab-1.12345 > dclab-2.48484: Flags [P.], seq 1426393:1426481,
ack 66461001, win 1402, options [nop,nop,TS val 1367909792 ecr 4263427150], length
88
              (copy ① sent at millisecond ...9792)

14:19:04.601088 IP dclab-1.12345 > dclab-2.48484: Flags [P.], seq 1426393:1426481,
ack 66461001, win 1402, options [nop,nop,TS val 1367909999 ecr 4263427150], length
88
              (copy ② sent at millisecond ...9999, 207 msec later)

14:19:04.601104 IP dclab-2.48484 > dclab-1.12345: Flags [.], ack 1426481,
win 229, options [nop,nop,TS val 4263427358 ecr 1367909999,nop,nop, sack 1
{1426393:1426481}], length 0
              (selective ACK ③ specifying both copies received)
```

服务器在“TS val **1367909792**”ms 处发送了一个响应数据包（①），但客户端要么没有看到，要么没有处理这个响应，所以没有进行确认。在网络传输中，这种小问题每天都会发生。这个响应什么时候在线上传输过去仍然不清晰，但它确实传输了过去。

在 200 ms 的重新传输超时过后，服务器又发送了一遍（②），它在 207 ms 后有一个新的“TS val **1367909999**”服务器端时间戳。

为什么是 200 ms 呢？在 Linux 内核的源码池中进行一些搜寻后发现，这是 tcp.h 中设置的最短重新传输超时时间——#define TCP_RTO_MIN((unsigned)(HZ/5))。

这一次，客户端连续收到并处理了两个响应数据包，之后将一个选择性 ACK（③）发回服务器，并报告发生了重复。这个选择性 ACK 可能导致连接的服务器端进入 TCP 慢启动状态，并有可能使接下来的一两个响应发生延迟。在我们这个例子中，没有发生额外的延迟，但这种动态意味着一个 RPC 发生的传输问题可能拖慢接下来的一两个 RPC。

笔者有一次在 Google 追查到一个反复发生的 TCP 延迟问题。内核配置不当导致在发送 ACK 时最多延迟 30 ms，但另一端在 25 ms 后就超时。每当出现这种情况时，就会再次发送，导致发生慢启动行为。在观察到这种动态交互后，修复问题只用了 20 min，但还需要一些时间来将新的内核应用到分布在世界各地的服务器上。在笔者的职业生涯中，这是唯一发现动作 *N* 的问题没有让动作 *N*+1 减慢，而让动作 *N*+2 减慢了。

通过将 KUtrace 和 tcpdump 结合起来，我们便能够观察用户软件和 TCP 软件栈之间的动态交互，并准确找出重新传输导致延迟的情况。

26.10 理解谜团

通过使用日志、数据包跟踪和 CPU 跟踪，我们发现在实验 1 中中断传递时延是导致减慢的主要原因。另外，错误地使用 nanosleep 也会增加连续 RPC 之间的延迟。我们在实验 2 中简单介绍了用户态中的消息复制。在实验 3 中，我们发现网络拥堵（出站流量比链路能够以不延迟的方式处理的流量更多）是导致减慢的主要原因。在实验 4 中，我们发现重新传输数据包是导致减慢的主要原因。

降低默认的中断传递大延迟和删除 nanosleep(0)调用对实验 1 有帮助。减少用户态的消息复制对实验 2 有帮助。

没有简单的方法能够直接缓解实验 3 中的网络拥堵，拥堵可能发生在多个独立的程序以网络链路无法承担的速度提供输入消息，或者多个入站消息以网络链路无法承担的速度进行汇集时。在实践中，可通过对每个程序设置带宽限额和传输优先级来减少生产环境中的拥堵延迟。

降低默认的重新传输超时值以及延迟的 ACK 值，对实验 4 有帮助。许多默认值是在 20 世纪 80 年代确定的，从那之后就没有发生太大变化。例如，1981 年的 RFC 793 提到的重新传输超时值的下界为 1 s，这个值并没有发生太大变化。对于如今的有时间约束的环境，默认值可能大到并不合适了。

26.11 附加异常

笔者的朋友 Hal Murray 试着在 1 Gbit/s 的网络链路上输出接近 100 万个 80 字节的 UDP 数据包，他使用多台发送机器向一台有 12 个 CPU 的接收机器发送这些数据包。接收机器的 CPU 9 处理所有中断流量，其超线程对（hyperthread pair）CPU 3 被迫达到完全空闲，其他 10 个 CPU 运行相同的 echo 服务器线程。

```
while (true) {
  recvfrom()
  process_message()
  sendto()
}
```

最初运行时，process_message 不包含代码，结果每秒输出了大约 850 000 个数据包，并且有一些空闲的 CPU 时间。在后面的一次运行中，人为地在 process_message 中多消耗了 5 μs 的时间，结果每秒输出了大约 1 020 000 个数据包。更慢的处理反而增加了 20%左右的吞吐量，这违反直觉。为什么会这样？

图 26-15（a）和（b）显示了两个不同的 echo 服务器循环的 9 μs，第二个 echo 服务器上多出了 5 μs 的执行时间。

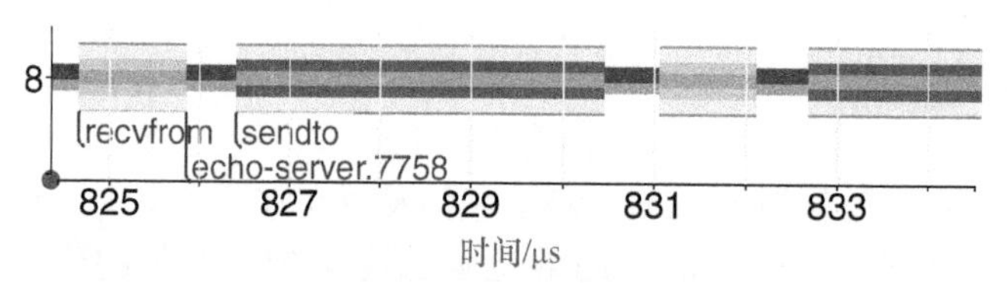

（a）echo 服务器没有进行处理时的 UDP 数据包循环

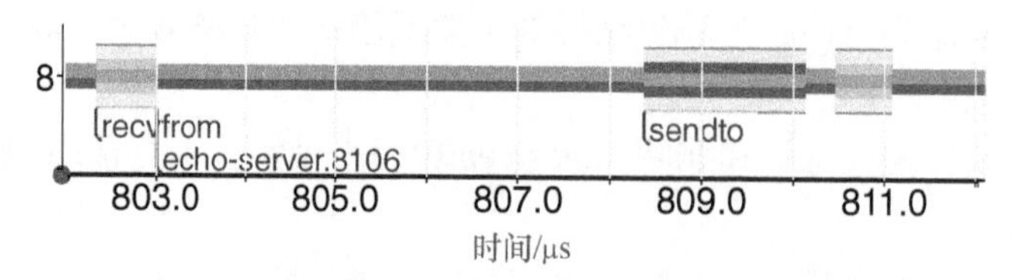

（b）echo 服务器上有 5 μs 用于处理时的 UDP 数据包循环

图 26-15 UDP 数据包循环

在最初运行时，整体模式用大约 100 μs 来处理数据包组，然后出现大约 50 μs 的间隙，10 个 echo 服务器线程在此期间都是空闲的。大部分 sendto 系统调用用时 4～5 μs，但是在每个空闲间隙后，前几个 sendto 调用中有一个用了 20～50 μs，多出的时间发生在 UDP 代码把出站数据包添加到传输队列中之后。参见图 26-16，其中有 3 个这样的组，它们的时间都超过了 450 μs。在图 26-16 中，顶部的反斜杠显示了每个入站数据包，斜杠显示了每个出站数据包。这是一个完整的数据包跟踪，而非仅仅跟踪 RPC 消息开始部分的数据包。数据包常常以 8 个一组的方式到达，这与每 3～4 μs 发生一次网络中断一致。

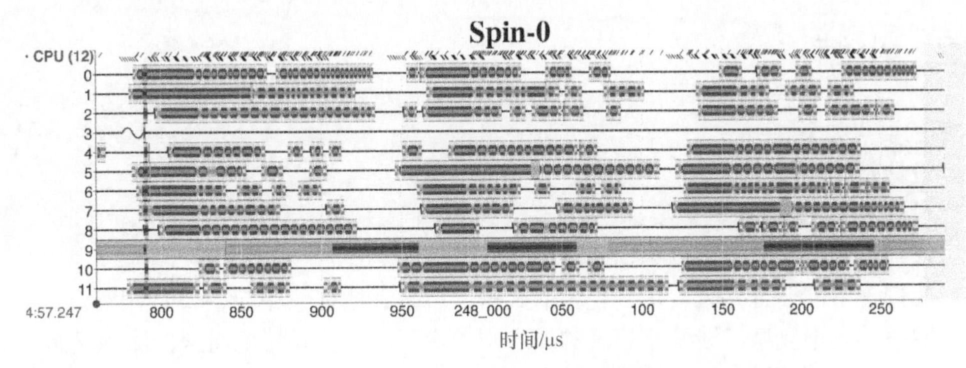

图 26-16　10 个 UDP 数据包循环线程，数据包与空闲间隙已聚集起来

10 个线程在大致相同的时间进入空闲状态，这说明存在一个公共的瓶颈，可能是饱和的网络传输队列，也可能是饱和的 CPU 9 正在处理中断。

在 10 个 echo 服务器线程中添加额外的 5 μs 处理时间后，模式发生了彻底改变，不再存在空闲间隙。参见图 26-17，其中也覆盖了 450 μs。

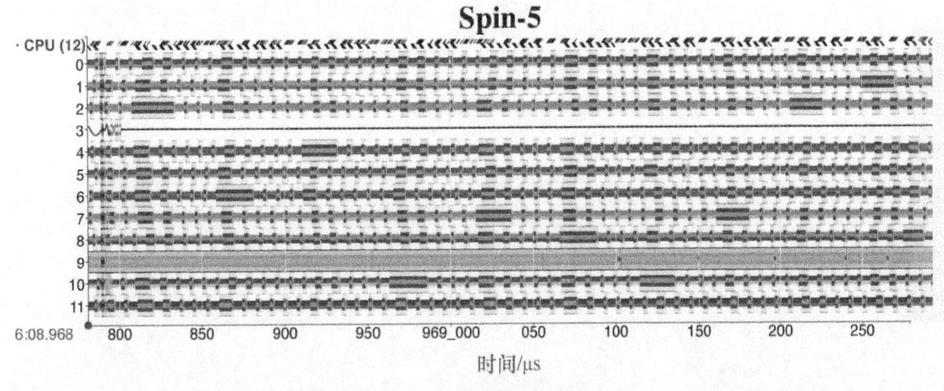

图 26-17　10 个较慢的 UDP 数据包循环线程，不包含空闲间隙

数据包仍然以 8 个一组的方式到达，但现在，CPU 模式变得相当规律。处理过程中发生了两个相关的改变：首先，额外的 5 μs 处理时间意味着 echo 服务器线程很少进入空闲状态；其次，CPU 9 上的中断处理代码很少需要唤醒线程。在图 26-16 中，450 μs 的时间里有大约 85 次跨处理器唤醒，而在图 27-17 中一次都没有。在 CPU 9 的中断处理中，如果每次唤醒占用大约 2 μs 的 CPU 时间，则通过去除这些唤醒，就可以去除一个中断处理瓶颈，这也解释

了吞吐量为什么能够增加。

在观察图 26-16 中的原始的成组模式之前，我们无法理解数据包处理的动态。感兴趣的读者可以探索接收方伸缩（Receive-Side Scaling，RSS）[①]，RSS 能够在多个 CPU 之间分散网络中断。

26.12 小结

本章的要点如下。

- 设计带时间戳的日志十分重要。
- 设计 RPC ID 也十分重要。
- 仔细地测量和分析可以识别延迟的主要原因。
- 我们常常需要合并来自多个视角的数据：日志、数据包跟踪、CPU 跟踪。
- 网络动态很复杂，涉及不相关的流之间的交互，还涉及影响将来的流的状态。
- 有多种机制可用于控制拥堵，其中的一些默认值有时候不适合特定的环境。
- 在 TCP 栈中，推迟中断、推迟发送 ACK、推迟重新传输和推迟传输数据包都会增加时延。
- 解决方法：修改延迟参数，控制拥堵，控制中断传递，减少复制，消除简单的性能错误。
- 观察所有这些交互的实际动态是理解延迟的关键。

① 参见 Tom Hibert 等的文章“Scaling in the Linux Networking Stack”。

CHAPTER 27

第 27 章 等待锁

本章对软件锁延迟进行案例分析。为了探索异常的执行动态，我们将使用一个多线程的小程序，在一个共享内存数据库中进行模拟的银行交易，并在执行更新期间锁住该数据库。

根据第 20 章给出的思维框架（见图 20-1），本章将讨论由于等待软件锁而没有运行的情况。当有一个或多个进程时，由于发生锁饱和或者潜藏的捕捉锁，执行动态可能存在大量延迟。在探索完延迟后，我们将介绍如何解决问题。

27.1 概述

我们在前面的章节中曾看到，软件锁保护着临界区。临界区是指为了保证正确，在任何时候只能被一个线程执行的代码段，即使在能够真正并行执行不同线程的多核计算机上也是如此。如图 27-1 所示，每个进入临界区的线程必须首先获得锁，如果另一个线程已经持有该锁，就进行等待，并且当它退出临界区的时候需要释放该锁。如果其他线程正在等待锁被释放，则释放锁的线程必须唤醒至少一个等待线程，使它们能够尝试获得锁。

我们关注的是锁争用而不是锁持有。一个锁可能已被持有，但没有其他线程试图使用这个锁，这是正常情况。只有当存在对锁的争用时，锁什么时候被持有以及持有多长时间才重要。因此，我们并不直接关心一个锁被持有多长时间，而关心没有持有锁的线程需要多长时间才能获得该锁。你将看到，在设计中，尽管没有哪个线程会持有一个锁很长时间，但线程仍然需要非常长的时间才能获得该锁，这是一个很容易就会发生的问题。从事务时延的角度来看，获得锁的时间很重要，这就是我们下面研究的主题。

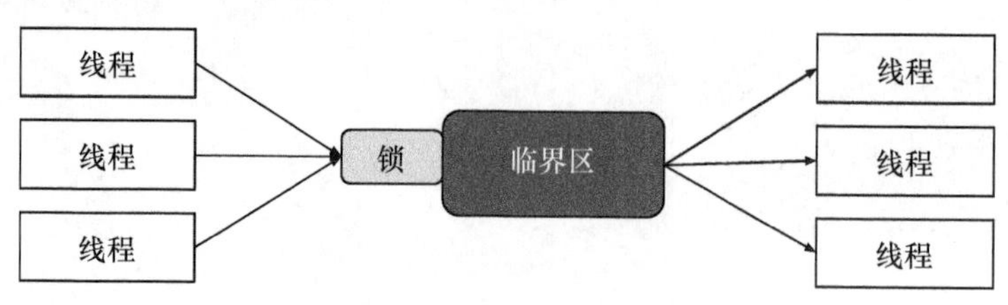

图 27-1　3 个线程竞争同一个临界区

使用一个或多个锁的线程之间的执行和等待动态可能很复杂，而且并不总非常清晰。锁设计可能导致正确性错误、死锁错误、对临界区的不公平访问，以及获得锁时的意外长延迟，等等。在大型、复杂的软件中，可能有成百上千个锁在保护各种数据结构。

在 2016 年左右，笔者通过在 Google 的源码池中搜索锁的声明，找到了超过 100 000 个锁，它们分散在几千万行的代码中。在这种环境中，当一个程序由于锁而运行缓慢时，我们很难找出到底是哪个锁。

本章首先以一个简单的双线程锁为例，介绍锁的执行动态；然后简单介绍锁饱和；接下来探讨多个线程的锁捕获和饥饿；最后探讨可以降低锁延迟的技术。

术语“锁饱和”（lock saturation）指的是锁几乎在所有时间都会被争用，这使得使用多个线程带来的性能提升化为乌有。术语“锁捕捉”（lock capture）指的是一个线程重复地获得并释放某个锁，然后立即重新获得该锁，而其他线程一直没有机会获得锁。术语“饥饿”（starvation）指的是一个线程在很长时间内无法获得一个锁，而在这个过程中，其他线程能够获得并释放该锁。

锁就是一个以原子方式控制的共享变量。一个极简的锁有两种状态，分别是 0（未锁定）和 1（锁定），锁的状态可通过一个原子的“检查并设置”（test-and-set）指令或等效的其他指令来访问。在这个上下文中，“原子”的意思是，底层硬件保证一个 CPU 核心执行的多步骤修改能够全部完成，而不会受到另一个 CPU 核心的干扰。IBM System/360 的检查并设置指令[Gifford 1987]是计算机行业的第一个原子操作。Gerrit Blaauw 可能在 IBM 制造出多处理器的 System/360 计算机之前，就已经创造了该指令。

检查并设置指令读取并保留锁变量的旧值，然后将锁变量设置为 1。如果两个 CPU 核心同时对一个值为 0 的锁变量执行该指令，那么只有一个 CPU 核心能够看到旧值 0，另一个看到的旧值是 1。哪个 CPU 核心先执行并获得锁是不确定的。如果这种情况多次重复，则不能保证不会发生一个 CPU 核心始终获得锁，另一个 CPU 核心始终无法获得锁的情况。

没有获得锁的 CPU 核心不执行临界区的代码，而必须在重试过程中做其他工作。在前面的章节中，我们只使用了一个简单的自旋锁。本章将采用一种更加复杂一些的方法，这会引入进一步的动态交互。

这里将使用一个稍微复杂一些的软件锁库。其中的每个锁都有一个 0/1 锁变量、一个记录多少线程在等待持有锁的计数以及一个小（16 字节）直方图，该直方图记录了每个线程在获得争用锁之前等待了多少微秒。我们不测量获得未争用的锁的情况，因为这是期望的正常情况，我们更不想让测量导致它们变慢。从争用等待时间直方图中，该软件锁库可以计算出近似的第 90 百分位获得时间，这个时间可以拿来与程序员提供的期望获得时间进行对比。

实际的直方图只有 8 个桶，每个桶覆盖一个 10 的幂次微秒的获得时间——[10..10 μs)、[10..100 μs)、[100..1000 μs)等。相比让直方图使用大量的桶，如相隔 1.02 倍的 800 个桶，这里的 8 个桶很大，但它们足以记录意外的缓慢锁行为的模式。它们允许我们计算近似的第 90 百分位获得时间，并与程序员期望的获得时间进行对比，该近似第 90 百分位获得时间通常在臃肿的直方图计算出的时间的二三倍以内。

FancyLock 类的构造函数会将源文件的名称和锁声明的行号保存到锁结构中，如此一来，当发生过度的锁延迟时，我们就知道涉及的是哪个锁了。FancyLock 类的析构函数会输出等待时间直方图和第 90 百分位等待时间。这使程序员能够将实际的锁获得延迟与他们期望的锁获得延迟进行对比，在发生软件修改和输入负载变化的几周或几个月的时间里跟踪锁获得延迟增加的情况，以及调查意外的长延迟的根本原因。

获得和释放 FancyLock 的机制是由 C++类 Mutex 实现的，它的构造函数获得指定的锁，它的析构函数则释放该锁。在一个代码块中添加该类的一个变量后，在运行该代码块时将持有这个锁。这在语法上很方便，并且保证了不会发生未能释放锁的 bug。

C++标准库 Mutex 将为每次未能成功获得争用锁与后面成功获得争用锁的事件生成 KUtrace 条目，跟踪获得时间并更新直方图。当存在等待线程时，该库还会为每次获得锁和释放锁生成 KUtrace 条目。在为争用锁记录第一个 KUtrace 条目时，代码还在跟踪结果中记录了锁的源文件名称和行号。这为我们提供了足够的信息，可通过后处理得到每个线程由于等待锁而没有执行的精确的时间记录，以及声明该锁的源代码。

图 27-2 显示了一次争用锁交互的一个例子，表 27-1 显示了各个步骤。在图 27-2 的左上方，线程 6736 持有某些共享数据上的一个锁，显示为带箭头的红色实线（见彩插）。这个线程一直持有该锁，直到在 525.15 μs 处释放锁并唤醒等待的线程。图 27-2 中的弧形虚线显示了这次唤醒。在 528.65 μs 处，靠近底部的标签说明这个锁是在源代码行 mystery27.cc:111 中声明的。

在图 27-2 的左下方，线程 6737 启动了一个 Balance 事务（“bal” 标签）并试图获得锁，但失败了（因为线程 6736 持有该锁）。线程 6737 自旋了大约 5 μs 以试图获得锁，然后通过 futex(wait)进入阻塞等待。高出来的红线表示线程 6737 在等待获得锁，高出来的黄线表示在重新等待被分配 CPU。

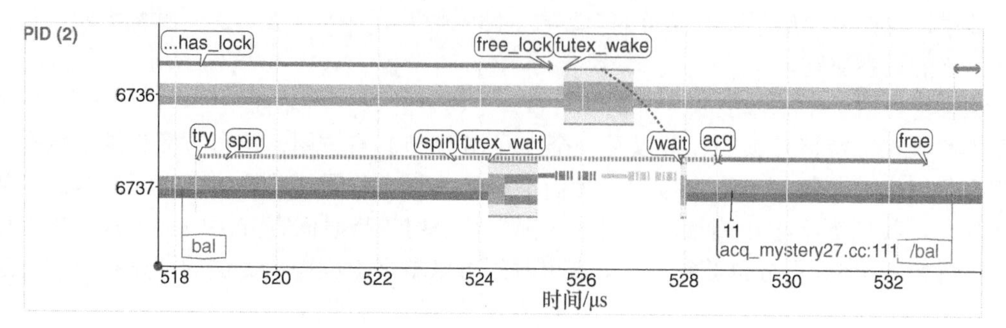

图 27-2 一次争用锁交互的例子

表 27-1 两个线程之间的锁交互的各个步骤

时间/μs	线程 6736	线程 6737	持有锁的线程	尝试获得锁
515.00	启动	—	6736	—
518.15	—	开始 bal 操作	6736	—
518.42	—	试图获得锁；失败	6736	6737
519.00	—	自旋并等待空闲锁	6736	6737
523.50	—	停止自旋	6736	6737
524.17	—	调用 futex(wait)	6736	6737
525.15	释放锁	—	—	6737
526.36	通过 futex(wake)唤醒等待线程	—	—	6737
527.64	结束操作	—	—	6737
527.93	—	结束 futex(wait)调用	—	6737
528.65	—	试图获得锁；成功	6737	—
532.75	—	释放锁	—	—
533.75	—	结束 bal 操作	—	—

在 526.26 μs 处，线程 6736 通过 futex(wake)唤醒线程 6737，线程 6737 再次尝试获得锁，这一次成功了（528.62 μs 处的紫色线），并持有该锁 4.10 μs 以完成事务。在图 27-2 的右上方，线程 6736 在执行后续的一个事务时，将再次短暂地持有争用锁（533.28 μs 处的紫色线）。

观察图 27-2，从 try 到 acq，线程 6737 获得锁的总时间大约是 11 μs，即“acq”下方通过 kutrace::mark_d 显示的数字。在这样的大量涉及 3 个竞争线程的交互中，使用 8 个桶获得的时间直方图如代码片段 27-1 所示。

代码片段 27-1[1] 锁获取的直方图

```
1us    10   100  1ms 10      100 1s 10
[7689 1178 1023  23  0  0    0  0 ] = 9913 total
 Minimum          1 us
 Maximum       3375 us
 90th %ile      106 us
 Expected        50 us
```

在图 27-2 中，11 μs 的示例为 10 μs 的桶的 1178 个计数贡献了其中一个计数。注意，1 ms 的桶中有 23 个计数，该桶覆盖了[1..10) ms 区间中的长延迟。程序员期望的第 90 百分位获得时间大约是 50 μs，但实际上是大约两倍长的 106 μs，观察到的最长时间是 3375 μs。在本章剩余部分，我们将探讨锁的动态以及如何减少锁的争用，这可以降低等待时间，提高 CPU 使用率并提高性能。

27.2 程序

mystery27 程序会针对一个包含 100 个账户的小内存数据库，进行模拟的银行交易。该程序包含几个不好的锁设计。有 3 个 worker_thread 进程在同时运行，它们在访问数据库的时候可以获得一两个锁；还有一个 dashboard_thread 进程每 20 ms 运行一次，生成数据库状态的 HTML 调试字符串，并在此过程中同时持有两个锁（这是我们将要处理的一个设计错误）。

两个全局锁分别被命名为 readerlock 和 writerlock，它们的声明如下所示。

```
// Readers here are mutually exclusive but quick
// We expect the reader lock to take no more than 50 usec to acquire,
// 90% of the time (the other 10% might take longer)
DEFINE_FANCYLOCK2(global_readerlock, 50);

// Writers are mutually exclusive and may take a while
// We expect the writer lock to take no more than 100 usec to acquire,
// 90% of the time time (the other 10% might take longer)
DEFINE_FANCYLOCK2(global_writerlock, 100);
```

你很快就会看到，它们没有合理使用，并且在行为上也名不符实。注意，每个声明的注释说明了程序员对锁的第 90 百分位获得时间做出的最新预测。在我们的一些实验中，这些估测值并不准确。在后面的讨论中，我们将拓展为使用多个锁，以便不同的工作线程可以处理

① 代码中的微秒用“us”表示。

不同的账户，并且不会产生冲突。现在，这两个锁各自会锁住整个数据库。

MakeAction 例程生成针对数据库的伪随机事务，DoAction 例程执行这些事务。这些动作被命名为 Deposit、Getcash、Debitcard 和 Balance。前 3 个动作按顺序获得读锁和写锁，而 Balance 动作只获得读锁（以确保它看到的账户的变量是一致的）。为了给锁系统造成压力，每个动作会在持有锁的时候执行包含随机数量的假工作。DoFakeWork 例程只循环指定微秒数的大概时间。命令行参数可以调整假工作的量、Balance 动作是否使用锁，以及仪表板线程的锁风格。

在任何等待锁的代码中都有大量细微之处。这里的 mutex 代码不为未争用的锁生成跟踪事件，而在发现另一个线程持有争用锁的时候，使用一个外层循环来尝试获得该锁。

```
kutrace::addevent(KUTRACE_LOCKNOACQUIRE, fstruct->lnamehash);
do {                    // Outermost_do
  old_locked = AcquireSpin(whoami, start_acquire, fstruct);
  if (!old_locked) {
    break;
  }
  old_locked = AcquireWait(whoami, start_acquire, fstruct);
  if (!old_locked) {
    break;
  }
} while (true);         // Outermost_do
kutrace::addevent(KUTRACE_LOCKACQUIRE, fstruct->lnamehash);
```

上面的两个 kutrace::addevent 调用包围了争用锁的获得时间。do 循环会重复执行，直到一个被调用的例程成功获得锁。AcquireSpin 例程短暂循环，等待锁可用；AcquireWait 例程会阻塞，并将上下文切换到其他地方，直到锁可用。然后，它们都尝试获得可用的锁，但如果另一个线程更快地获得锁，赢得这场比赛，它们就无法获得锁。当发生这种情况时，do 循环会再次进行尝试。先自旋、再阻塞的目的是让等待时间不超过 CPU 时间的半优化量。

在这里，如果先阻塞、再恢复线程所涉及的两次上下文切换需要大约 5 μs，则首先自旋大约 5 μs，我们希望不用阻塞就能够获得锁。这保证了等待锁可用需要的 CPU 时间不会超过最优算法用时的两倍（如果我们能预知将来的等待需要多长时间的话）。如果锁在前 5 μs 内变得可用，则立即停止自旋，使用最优的 CPU 时间；否则在 5 μs 后阻塞，自旋加两次上下文切换总共用时 10 μs，这是最优的 CPU 时间的两倍（如果我们知道一开始就阻塞且不进行自旋的话）。在这两种情况下，性能都不会比无法实现的最优性能的一半更差。

下面显示了 AcquireSpin 循环，注意，它没有生成任何额外的 KUtrace 事件。

```
do {
  for (int i = 0; i < SPIN_ITER; ++i) {
    if (fstruct->lock == 0) {
      break;
    }
    __pause();         // Let any hyperthread in, allow reduced
                       // power, slow down speculation
  }
  // Lock might be available (0)
  // Try again to get the lock
  old_locked = __atomic_test_and_set(&fstruct->lock, __ATOMIC_ACQUIRE);
  if (!old_locked) {
    break;
  }
} while ((GetUsec() - start_acquire) <= SPIN_USEC);
```

选择的 SPIN_ITER 值使完成 for 循环需要大约 1 μs。在大部分 x86 实现中，pause 指令至关重要，其他架构中也存在类似的指令。pause 指令使得 CPU 核心能够将指令的发射推迟多个周期，架构中并没有指定“多个”是多少，但我们期望的范围是 10～100 个周期。pause 指令实现了如下 3 个目的。

- 对于一个超线程核心，它允许其他超线程使用更多的指令发射周期，以及更多的 L1 数据和指令缓存访问周期。
- 它可能允许一个 CPU 核心以更慢的速度自旋，以降低功耗。
- 它减慢了发射预测指令的速度。在一些实现中，可能在到达预测分支之前，就已经发射了 100 条或更多的指令，但是当锁的值从 1 变成 0 时，预测分支最终会失败。过多的预测指令可能需要几十个周期才能从执行单元中刷新出去，这会减慢退出循环的过程。

GetUsec 例程会调用 gettimeofday，后者可能执行一个系统调用。但这在每微秒中可能只占用 60 ns，因而对于整体的循环结构来说并不是严重的延迟。

AcquireWait 循环如下所示，它也不生成额外的 KUtrace 事件。

```
// Add us to the number of waiters (not spinners)
__atomic_add_fetch(&fstruct->waiters, 1, __ATOMIC_RELAXED);
do {
  // Do futex wait until lock is no longer held (1)
  syscall(SYS_futex, &fstruct->lock, FUTEX_WAIT, 1, NULL, NULL, 0);
  // Done futex waiting -- lock is at least temporarily available (0)
  // Try again to get the lock
  old_locked = __atomic_test_and_set(&fstruct->lock, __ATOMIC_ACQUIRE);
```

```
} while (old_locked);
// Remove us from the number of waiters
atomic_sub_fetch(&fstruct->waiters, 1, __ATOMIC_RELAXED);
```

即使在多个 CPU 核心上同时发生变化，原子的加法和减法操作也能够维护等待线程的准确数量。FUTEX_WAIT 调用再次检查锁是否为 1，如果是 1，就进行阻塞，直到锁的状态发生改变。如果在调用 AcquireWait 之后但在调用 FUTEX_WAIT 之前释放了锁（竞争条件），futex 将立即返回。

与 AcquireSpin 不同，AcquireWait 只有在成功获得锁时才会返回。在另一个线程抢先获得释放的锁时，虽然可以选择回到自旋，但是一旦锁等待时间超过自旋时间，继续阻塞就是合理的做法。

下面显示了 Releaselock 的代码；只有当存在需要唤醒的等待线程时，才会生成一个 KUtrace 事件。

```
__atomic_clear(&fstruct->lock, __ATOMIC_RELEASE);
if (0 < fstruct->waiters) {
  // Trace contended-lock free event
  kutrace::addevent(KUTRACE_LOCKWAKEUP, fstruct->lnamehash);
  // Wake up possible other futex waiters
  syscall(SYS_futex, &fstruct->lock, FUTEX_WAKE, INT_MAX, NULL, NULL,0);
}
```

在释放锁之后，如果存在任何等待线程，FUTEX_WAKE 调用将全部唤醒它们。对于唤醒多少个等待线程，通常的选择是 1 和 INT_MAX。只唤醒一个等待线程，虽然避免了缓存行的多个竞争者都包含一个锁（这会导致冲突），但也意味着一些等待线程甚至没有机会尝试获得锁，只有当被唤醒的线程结束后，它们才能获得另一个机会。如果存在多个等待线程，这种设计恢复起来可能很慢，并且可能导致一些等待线程饥饿。

27.3 实验 1：长时间持有锁

对比数据库程序在短暂（0～15 μs）执行工作和长时间（0～128 μs）执行工作时的区别，长时间执行工作可能导致很高的锁争用。

27.3.1 简单的锁

前面的图 27-2 显示了一对简单线程争用一个锁时的执行动态，它们执行的假工作的用时为 0～15 μs，平均用时 8 μs。那里并没有太多锁争用发生。接下来，我们使用两个以上的线程和更长的假工作执行时间，直接实验一种极端的锁争用情况。

27.3.2　锁饱和

在这个实验中，3 个工作线程执行的假工作的用时为 0～255 μs，平均用时 128 μs。结合用时只有几微秒的非临界区代码，这意味着临界区的锁几乎一直被持有，这给锁设计造成了压力，并且事实上挫败了使用多个工作线程的目的。这代表了 Amdahl 定律和 Gustafson 定律中 100%顺序执行的极端情况。

我们首先估测程序的行为。在一台包含 4 个 CPU 的机器上，当经过 3 s 的挂钟时间时，总共有 12 s 的 CPU 时间。我们估测，应该有大约 3 s 的非重叠 worker_thread 时间，以及大约 9 s 的空闲时间。锁应该是饱和的，在 3 s 的耗时中，大部分时间持有锁。

图 27-3 显示了在这种设置下 mystery27 程序在处理事务时的 1 s 执行时间。它在 2.7 s 的时间里一共执行了 30 000 个事务，每个事务平均用时 128 μs。完整的 2.7 s 跟踪在 4 个 CPU 上有 7.937 s 的空闲时间，所以在 3 个不同的工作线程上，有(2.7 s × 4) – 7.937 s = 2.863 s 的非空闲执行时间，大致符合预期。读锁被争用了 2.42 s，几乎是饱和的，这也符合预期。但是，写锁从未被争用。

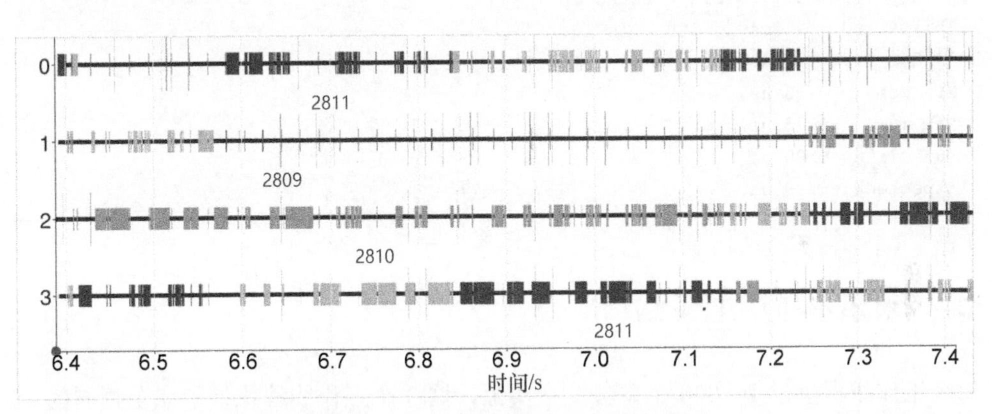

图 27-3　mystery27 程序的 1 s 执行时间

27.4　实验 1 中的谜团

大体上看，mystery27 程序在每个事务中执行平均用时 128 μs 的假工作，它有一个大量争用的锁，并且在 3 个工作线程中，一次只有一个在执行，这正符合我们的预期。但是，有几个地方看起来很奇怪。

首先，注意，在图 27-4 中（这里显示的是图 27-3 中的数据，但按进程 ID 排序），线程 2810 在线程 2811 之前 0.355 s 就结束了，这存在 13%左右的结束时间差异。这与我们在第 23 章看到的结束时间偏离相似，但稍后你就会看到，这个差异不是调度程序造成的。

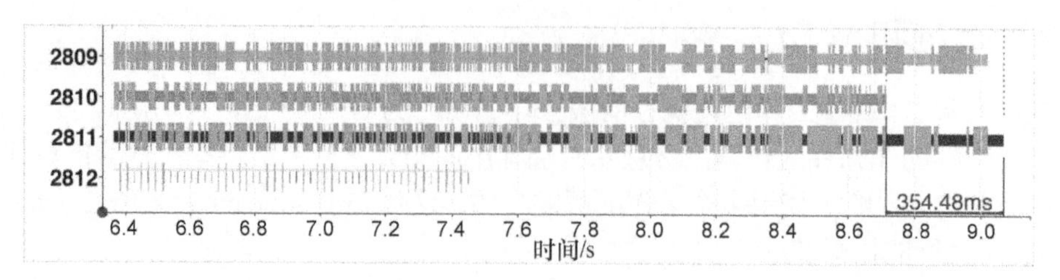

图 27-4 mystery27 程序在 2.7 s 的时间里一共执行了 30 000 个事务，每个事务平均用时 128 μs

其次，在代码片段 27-2 中，争用锁获得时间的直方图令人意外：写锁完全没有被争用；而对于读锁，在 30 000 次争用锁获得中，它只获得了 2180 次。

代码片段 27-2 mystery27 程序的锁获得延迟，所有事务都会被锁住，平均持有时间为 128 μs

```
[mystery27.cc:115] wait zero entries

[mystery27.cc:111] 90%ile > EXPECTED
  1us 10 100     1ms 10 100   1s 10
[219 261 1197    340 163 0    0 0 ] = 2180 total
  Minimum       0 us
  Maximum   86875 us
  90th %ile  6500 us
  Expected     49 us
```

27.5 探索和分析实验 1

每个工作线程执行 10 000 个事务；事实上，这 3 个工作线程执行了完全相同的 10 000 个事务，因为 MakeAction 为每个工作线程使用相同的伪随机数生成器。对于有 3 个工作线程，有一个读锁，并且每个事务必须持有该读锁的情况，你期望工作如何在时间上划分开呢？一种极端的可能性是线程 A 持有锁，然后线程 B 持有锁，接下来线程 C 持有锁，就这样循环下去，每个线程以轮循的方式持有锁。另一种极端的可能性是，线程 A 持有锁 10 000 次，然后线程 B 持有锁 10 000 次，最后线程 C 持有锁 10 000 次。作为软件设计人员，你可能期望看到接近轮循方式但穿插着一些变化的行为。实际的执行动态可能让你感到惊讶。

当平均事务时间为 128 μs 并且锁的获得方式接近轮循时，我们可以估测，几乎每个事务会等待另外两个工作线程上先前的两个事务结束，在大部分时间里，获得争用读锁的时间大约为 256 μs。直方图会显示几乎 30 000 的锁争用获得总次数，它在[100..1000) μs 的直方图桶中会有一个大的尖峰，它的第 90 百分位获得时间可能是 500 μs。对代码片段 27-2 中的争用锁获得时间测量的 FancyLock 直方图与这里的直方图完全不同。

mystery27 程序的第 111 行声明了读锁，第 115 行声明了写锁，它们的构造函数将按这个顺序运行。当程序结束时，它们的析构函数则以相反的顺序运行，并输出获得争用锁的延迟时间的直方图。

写直方图是空的，因为写锁没有被争用。当在读锁的临界区内请求写锁时，写锁总是可用的。因为这里的读锁和写锁是独立的、完全互斥的锁，所以一旦一个线程获得读锁，其他线程就无法争用写锁。假定在读锁内需要一个写锁是设计上的错误，但我们在代码中并不能特别清楚地看出这个错误。

> 与之相对，传统的、组合的读—写锁允许有多个读取方，但只允许有一个写入方，并且允许读争用和写争用。请你不要被变量的名称误导。

读锁的直方图只有 2180 个计数，而不是 30 000 个计数。因此，93%的锁获得是没有争用的。为什么会发生这种情况？图 27-5 放大了图 27-4 的一部分，从而揭示了真实的动态。

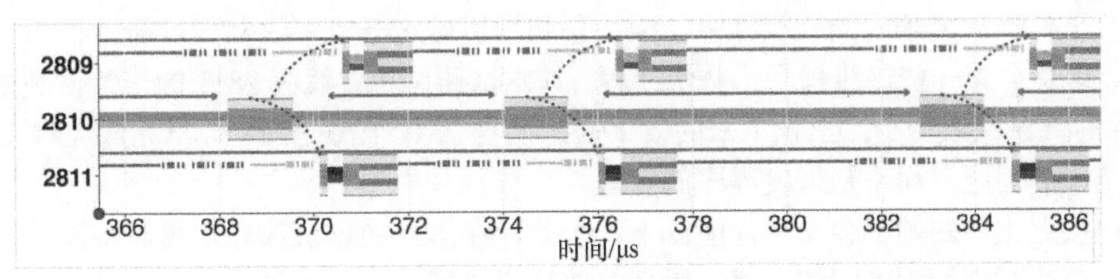

图 27-5　mystery27 程序执行了 3 个事务，线程 2810 发生了锁捕捉

27.5.1　锁捕获

线程 2810 捕获了锁。每次释放锁时，它都忠实地唤醒了另外两个等待线程，但是当这两个等待线程被调度到 CPU 上、从 futex 中退出并回到用户代码时，线程 2810 已经重新获得了锁。这种模式重复发生，有时候持续几毫秒。每次重新获得都是没有争用的，因为在线程 2810 获得锁的时候，没有其他线程持有该锁。失败的线程正处在一次获得锁的外层循环（outermost_do）中，在成功获得锁的时候只会统计一次。在这次跟踪过程中，这种模式发生了近 28 000 次。在剩下的 2180 次中，它在[100..1000) μs 的直方图桶中会有一个尖峰。但是，在 163 个实例中，等待线程用了[10..100) ms 才最终获得锁，这至少是 80 个连续的 128 μs 的延迟。

在这次跟踪过程中，最坏情况下的延迟大约为 84 ms，显示在图 27-6 的底部，这也是锁饥饿的一个例子。数字标记显示了获得争用锁需要的微秒数。为清晰起见，这里没有显示全部的值。

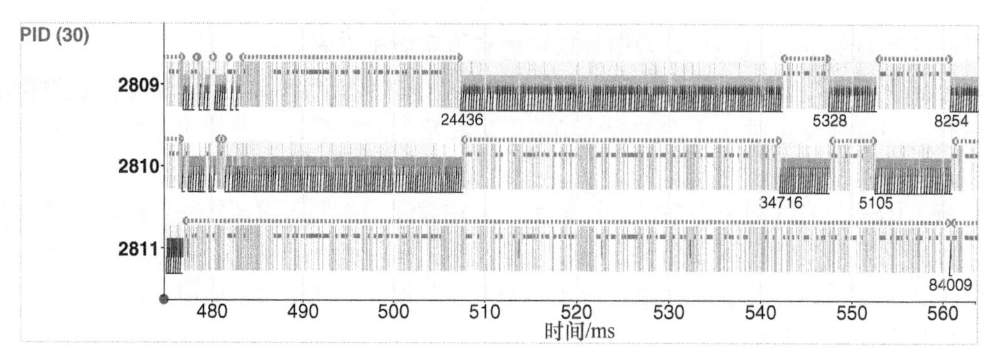

图 27-6 最坏情况下的争用锁获得延迟（84 009 μs）线程 2811，从最左侧一直等待到最右侧

27.5.2 锁饥饿

2809 和 2810 这两个线程重复地获得锁，并不时交替谁来捕获锁。这两个线程会导致线程 2811 饥饿，尽管它们在每次获得锁时都没有持有锁太长时间。

在几乎任何高度争用的锁执行中，锁捕获和锁饥饿对于每个线程很可能以稍稍不同的方式出现，但总会有一些慢线程和一些快线程。在这次跟踪中，线程 2811 的饥饿次数更多，线程 2810 的饥饿次数更少。累积下来的效果是，线程 2810 比线程 2811 早完成大约 13%的时间。这是锁的问题，而不是调度程序的问题。

任何接近饱和的锁都会导致性能低下。因此，在本章的剩余部分，我们将探讨如何缩短锁延迟，进而减少线程之间的干扰，提高整体响应速度。

27.6 实验 2：修复锁捕获

锁捕获之所以发生，是因为释放锁的线程在其他线程有机会获得锁之前，就已经系统地重新获得了该锁。这常常是（不好的）锁设计的问题，这种设计在重复的临界区之间只有很少的非临界区时间。我们的暴力修复方法是为释放锁的任何线程添加一个延迟，使它们在经过这个延迟后才能再次获得该锁。另一种修复方法是创建锁的等待线程队列，将新的等待线程放到队列的末尾，而将释放的锁传递给队列开头的线程。这种方法比较复杂，因为以线程安全的方式操作队列需要加锁或者以其他原子方式更新队列指针自身。此外，还有另一种方法（你在一些硬件环境中有可能见到）：使用两组等待服务位（中断响应或其他东西），组 A 由某个硬件以任意顺序积极服务，组 B 则累积新请求；当被积极服务的组变空时，角色互换，使组 B 被服务，组 A 则累积新的请求。

在实验 2 中，我们将查看暴力修复方法的动态：在释放锁后，循环或以其他方式运行非临界区代码 10 μs。为了模拟这种行为，我们在运行 mystery27 程序时可使用命令行选项 -nocapture。

图 27-7 和图 27-8 显示了 3 个工作线程争用一个锁的 10 ms 时间段。在图 27-7 中，锁可以立即重新获得；而在图 27-8 中，首先有一个 10 μs 的延迟。在图 27-8 中，锁仍然被高度争用，但动态完全发生了改变，几乎没有发生锁捕获。

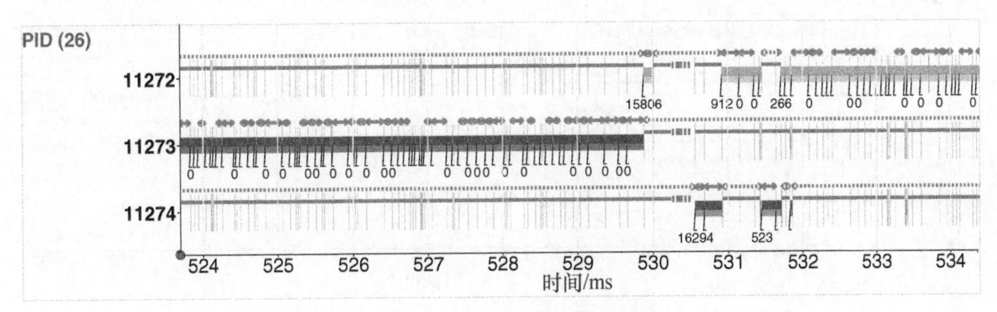

图 27-7 与图 27-6 相同的锁捕获

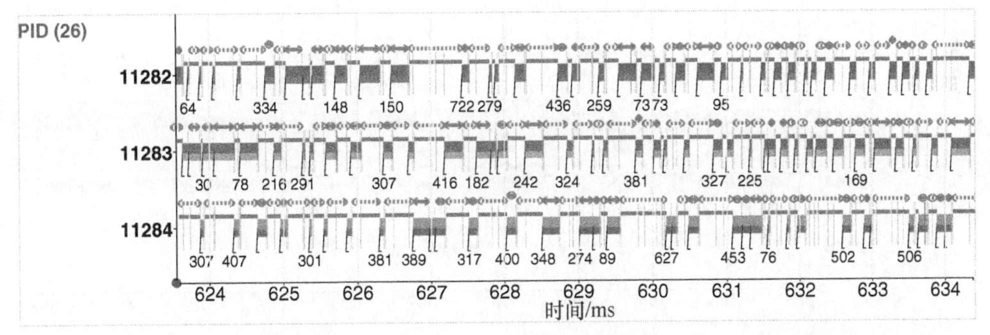

图 27-8 当每个线程首先延迟 10 μs，然后尝试重新获得锁时，没有发生锁捕获

作为软件设计人员，你一开始的期望可能与图 27-8 相同——接近轮循，中间穿插了一点变化。

27.7 实验 3：通过多个锁修复锁争用

在实验 3 中，我们将使用一种常用的技术——多个锁来减少锁争用。这个实验不再为整个账户数据库使用一个总的读锁，而使用 4 个锁，并通过将账户号码与 4 取余来选择锁。为了得到这个结果，我们对 mystery27 程序做了如下修改：删除了前面发现的冗余的写锁，并创建了 4 个而不是 1 个读锁。这个新程序就是 mystery27a。两次执行在持有锁时，执行工作的平均用时都是 128 μs。第二次执行使用了命令行选项-multilock。

图 27-9 与图 27-7 类似，也用蓝绿色在执行时间段的上方显示了对单个锁的争用。CPU 在 40 ms（4×10 ms）的时间里，总共等待了 21.5 ms。图 27-10 显示了当使用 4 个锁时（执行时间段上方的红色、紫色、绿色和蓝色线），争用变少了。现在，在 40 ms 的时间里，CPU

只等待了 10.6 ms。691 ms 处的一次仪表板更新导致大约 1/4 的 CPU 等待时间；在实验 5 中我们将探讨如何缩短这个等待时间。

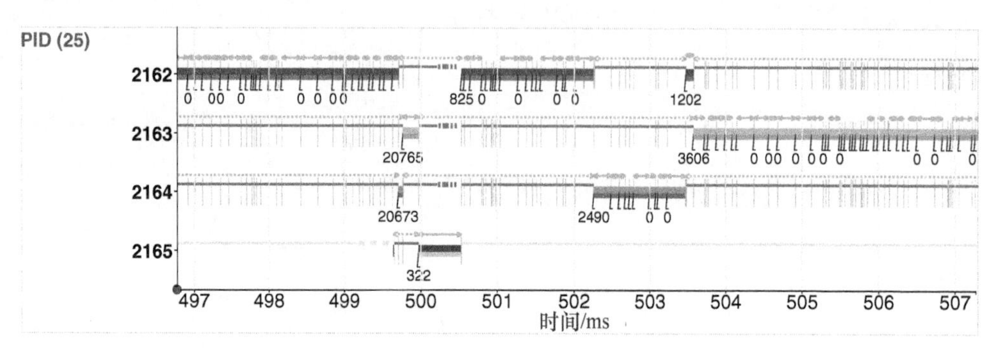

图 27-9 mystery27a 程序的获得锁的延迟（单个锁的情况）

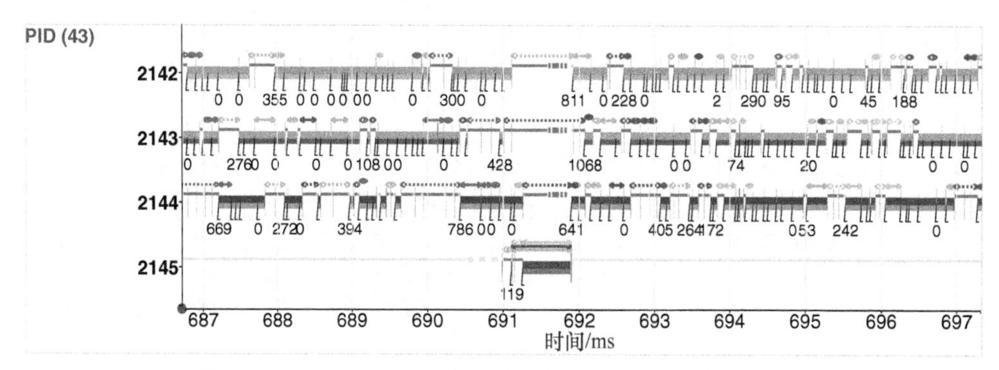

图 27-10 mystery27a 程序的获得锁的延迟（4 个锁的情况）

表 27-2 对锁的统计数据进行了对比。使用 4 个锁可以将第 90 百分位获得时间从 7500 μs 降低到 550～650 μs。最长获得时间从 75 000 μs 降低到 1300～1600 μs。当使用 4 个锁时，争用锁的总获得次数上升了 4.6 倍，但解决争用的时间更短了。更重要的是，使用多个锁允许 3 个工作线程发生大量执行重叠，这将总的运行时间缩短了几乎 50%。

表 27-2 mystery27 程序在使用单个锁和 4 个锁时的锁获得时间延迟

原始设计，单个锁（见图 27-9）	多个锁（见图 27-10）
`[mystery27a.cc:111]`	`[mystery27a.cc:121]`
`1us 10 100   1ms 10 100   1s 10`	`1us 10 100   1ms 10 100   1s 10`
`[206 260 1029   338 162 0   0 0 ] sum = 1995`	`[146 1029 930   2 0 0   0 0 ] sum = 2107`
`Minimum       0 us`	`Maximum    1313 us`
`Maximum   75000 us`	`90th %ile   563 us`
`90th %ile  7500 us`	
`Expected     49 us`	`[mystery27a.cc:120]`
`ERROR: 90%ile > EXPECTED`	`1us 10 100   1ms 10 100   1s 10`

（续表）

原始设计，一个锁（见图 27-9）	多个锁（见图 27-10）

	[177 977 1226 6 0 0 0 0] sum = 2386
	  Maximum 1313 us
	  90th %ile 606 us
	
	[mystery27a.cc:119]
	1us 10 100 1ms 10 100 1s 10
	[169 956 1238 27 0 0 0 0] sum = 2390
	  Maximum 1625 us
	  90th %ile 650 us
	
	[mystery27a.cc:111]
	1us 10 100 1ms 10 100 1s 10
	[160 1031 1182 16 0 0 0 0] sum = 2389
	  Maximum 1625 us
	  90th %ile 606 us

27.8　实验 4：通过锁住更少的工作来修复锁争用

在实验 4 中，我们将使用两种技术来降低锁争用。

- 不对 Balance 事务使用锁，因为它只读取一个账户的余额。
- 对于其他事务，在持有锁的时候执行更少的工作。

为了执行更少的工作，假设一名程序员检查了在持有锁时平均执行时间为 128 μs 的代码，并对它们进行了重构和优化，使得它们在执行每个事务锁住的工作时平均只需要 16 μs。他还观察到，Balance 事务不需要锁。为了模拟这种行为，在运行 mystery27 程序时，他使用了命令行选项-nolockbal 和-smallwork。

图 27-11 显示了原始设计，所有事务都使用读锁，并且在持有锁的时候，执行大约 128 μs 的工作。图 27-12 显示了改进后的设计，在执行 Balance 事务（占所有事务的大约 60%）时不持有锁，其他所有事务在持有锁的时候执行大约 16 μs 的工作。

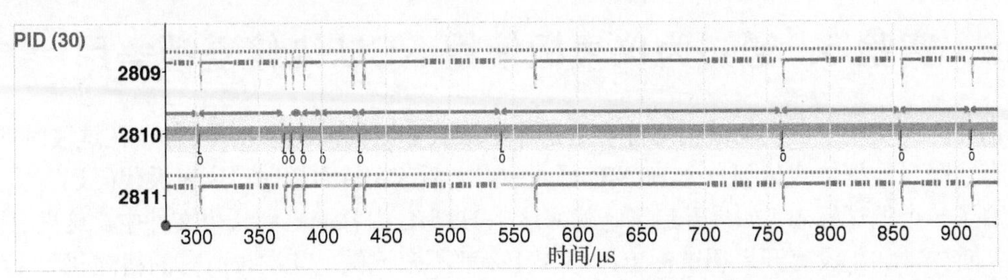

图 27-11　mystery27 程序的 600 μs 示例，这里锁住了所有事务，平均锁持有时间为 128 μs（图 27-5 的超集）

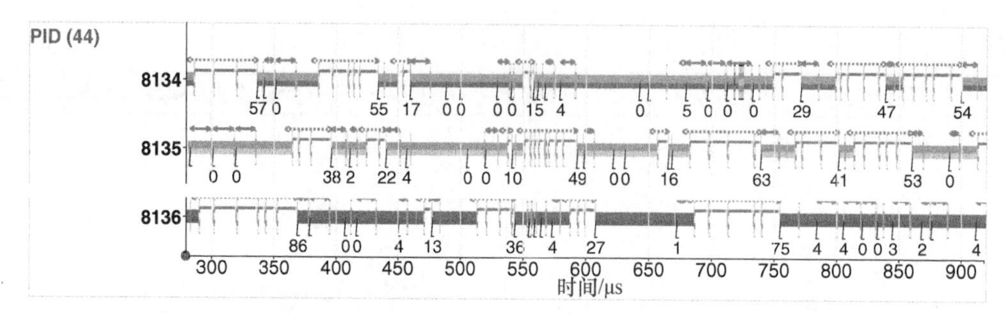

图 27-12　mystery27 程序的 600 μs 示例，Balance 事务没有持有锁，平均锁持有时间为 16 μs

对比图 27-11 和图 27-12 可以发现，图 27-12 中仍然存在一些锁捕获，以及多个试图获得锁的阻塞-唤醒-阻塞-唤醒序列，但不像图 27-11 中那样明显。当每个事务执行的工作少了 87.5%后，持有锁的时间更短了，有很多事务在自旋循环中获得了读锁（0～5 μs 的获得时间），而不是先阻塞后恢复。这一点加上不需要为 Balance 事务持有锁，使得 CPU 更加繁忙，所以多个事务常常可以并行地运行。作为软件设计人员，你最初的期望可能更加接近图 27-12。

表 27-3 对比了与代码片段 27-2（与图 27-11 对应）的锁获得统计数据的差异。可以看到，第 90 百分位获得时间缩短从 6500 μs 缩短到 65 μs，并且最长（第 100 百分位）获得时间从 86 875 μs 缩短到 750 μs。

在直方图桶的分辨率下，第 90 百分位获得时间现在接近希望的 50 μs。正如我们期望的那样，有很多事务——30 000 个事务中的大约 40%（13640 个事务）——发现锁被争用，但等待时间很短。尽管如此，我们仍可以进一步降低锁争用。

表 27-3　mystery27 程序的锁获得时间延迟

原始设计（见图 27-11）	更少的工作被锁住（见图 27-12）
[mystery27.cc:111]	[mystery27.cc:111]
1 us 10 100　　1ms 10 100　　1s 10	1us 10 100　　1ms 10 100　　1s 10
[219 261 1197　　340 163 0　　0 0] sum = 2180	[6717 6648 275　　0 0 0　　0 0] sum = 13640
Minimum　　0 us	Minimum　　0 us
Maximum　　86875 us	Maximum　　750 us
90th %ile　　6500 us	90th %ile　　65 us
Expected　　49 us	Expected　　49 us

27.9　实验 5：通过为仪表板使用 RCU 来修复锁争用

在前面的实验中，仪表板代码持有数据库锁很长的时间（600～800 μs），在这段时间里，将所有的账户数据格式化到一个 HTML 页面中。之后，在持有锁时，仪表板代码还会检查是否开启了一个调试标志。如果开启了，就将这些 HTML 内容输出到一个文件中。这里有两个缺陷：首先，如果没有开启调试标志，那么什么都不应该做；其次，所有的格式化和 I/O 操作都是在持有整个数据库的锁时执行的。

> 笔者和曾经的同事 Amer Diwan 早在 Google 2009 年的生产级 Web 搜索代码中就发现了这种代码，它们存在于一个名为 RPC_stats 的例程中。这个例程持有一个阻塞其他所有 Web 搜索活动的锁，并分配一个缓冲区，大量的统计数据被格式化到这个缓冲区中。如果发现没有开启调试标志，就释放缓冲区，再释放锁。缓冲区中的内容从来没有使用过。
>
> 在找到哪个锁导致其他所有线程延迟，并找到哪个线程持有该锁后，将检查调试标志是否开启的代码移到前面，并在没有开启调试标志时立即退出，从而使生产级 Web 搜索代码能够重新以我们期望的速度运行。但是，当系统可靠性工程师临时使用调试标志来查看生产环境中的统计数据时，就又变慢了。因此，第二种修复方法是，获得锁，复制二进制统计数据，释放锁，然后花一些时间将统计数据格式化为一个 HTML 页面。
>
> 在阅读代码时，原来的缺陷并不特别明显，而且因为调试标志默认是关闭的，所以我们不会专门在 RPC 统计数据调试代码中寻找减慢的原因。

在实验 5 中，我们通过在持有锁的短暂时间内复制数据，将仪表板代码的锁争用降到微不足道。表 27-4 显示了仪表板线程的原始代码和重构后的代码。在左侧，原始代码最后检查调试标志；而在右侧，改进后的代码首先检查调试标志，如果没有开启，就退出。

表 27-4　仪表板线程的原始代码和改进后的仪表板代码

原始代码	改进后的仪表板代码
`void DoDebugDashboard(...) {`	`void EvenBetterDebugDashboard(...) {`
`  // Take out all locks`	`  if (!debugging) {`
`  Mutex2 lock1(whoami, ...);`	`    return;`
`  Mutex2 lock2(whoami, ...);`	`  }`
`  string s = BuildDashString(db);`	`  string s;`
`  if (debugging) {`	`  Database db_copy;`
`    fprintf(stdout, ...);`	`  { // Lock, copy, free`
`  }`	`    Mutex2 lock1(whoami, ...);`
`}`	`    Mutex2 lock2(whoami, ...);`
	`    db_copy = *db;`
	`  }`
	`  s = BuildDashString(&db_copy);`
	`  fprintf(stdout, ...);`
	`}`

更大的修改是在持有锁的时候，快速复制仪表板使用的二进制数据，然后释放锁，这使得持有锁的时间缩短为原来的 1/100。

之后，BuildDashString 和 fprintf 执行缓慢的格式化，但不会阻塞工作线程。这种思想是 Linux 内核中大量使用的读-复制-更新（Read-Copy-Update，RCU）技术的基础。

图 27-13 显示了原始设计和改进后的仪表板设计中的锁行为的一个例子。原始设计对读锁和写锁持有了 584 μs，而改进后的仪表板设计只在执行二进制复制的时候才持有锁 5.5 μs，

之后执行了同样的约 600 μs 的格式化，但因为是与 3 个工作线程并行执行的，所以收益是近 1800 μs 的真正工作时间。

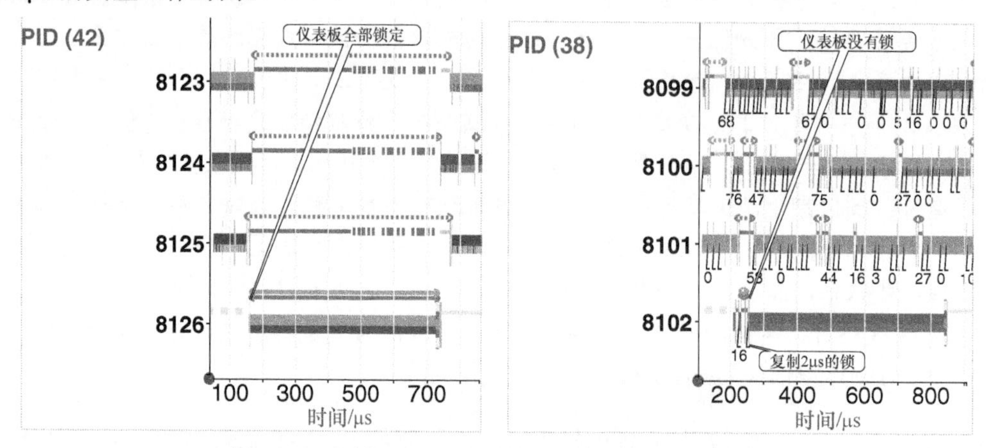

图 27-13 原始设计和改进后的仪表板设计中的锁行为

我们的 5 个实验以及对软件锁导致的一些执行动态的探讨到此结束。

27.10 小结

实验 1 揭示了一些不好的锁动态。在实验 2 中，我们通过在释放锁之后、尝试重新获得锁之前，添加一个短暂的延迟，修复（或至少减少）了锁捕获。设计良好的代码在完成许多工作时并不持有锁，所以它们很自然地包含了这种延迟。在实验 3 中，我们通过使用多个锁来减少锁争用。在实验 4 中，我们通过让一个常用的操作（Balance 事务）完全不使用锁，以及将代码移出加锁区域并优化剩余的代码，减少了锁争用。在实验 5 中，我们通过在持有锁的时候复制一次长计算使用的数据，然后在没有持有锁的时候使用复制的数据进行计算，减少了锁争用。

本章的要点如下。

- 术语“锁饱和”指的是几乎在所有时间会被争用的锁，这实际上阻止了并行执行。
- 术语“锁捕获”指的是一个线程重复地获得并释放锁，而其他线程没有机会获得锁。
- 术语“饥饿”指的是一个线程在很长时间内无法获得一个锁，即使其他线程持有这个锁的时间并不长。
- 以上 3 种情况几乎在任何重度争用锁的系统中都会出现，除非设计明确对它们进行了抵御。
- 随着时间的流逝，轻度争用的锁系统往往会变成重度争用。一种能够表达期望的锁获得时间，然后持续地与这个时间进行对比的轻量级技术，将能够在延迟逐渐增长的时候，使代码的所有者警觉。
- 观察锁交互的实际动态，是理解它们导致的减慢的关键。

CHAPTER 28

第 28 章　等待时间

本章将对时间延迟进行案例分析。与进行案例分析的前几章不同，本章没有要分析的具体程序，但我们会探讨一些意外的执行动态。

根据第 20 章给出的思维框架（见图 20-1），本章讨论的是由于等待计时器中断而没有执行的情况。一个进程由于等待计时器而阻塞，可能是为了定期或在一天中的某个特定时间运行，也可能是为了通过超时检查运行时间太长的其他某个进程以进行时间分片，还可能是为了在访问某个外部硬件之前添加必要的延迟。

有许多程序需要等待一定的时间才继续执行，即使从性能的角度来看这似乎是不利的。

28.1　定期工作

一些进程（如备份）定期运行或在一天中的某个特定时间运行。进程等到下一次期望的时间才运行，能够释放 CPU 时间，供其他进程使用，所以这种行为提高了其他进程的性能。Linux 系统的 cron 作业（可以是程序或脚本）会按照一个指定的重复计划运行；其他操作系统也有类似的设施。这些设施在指定的时间启动并运行一个完整的程序。这个程序随后终止，操作系统会在指定的下一次时间启动一个全新的实例。从定期程序的角度来看，这种用例没有什么非常复杂或容易出错的地方。

但是，从其他程序的角度来看，定期程序自发性地到达，可能以意料之外的方式消耗大量的计算机资源，从而对其他程序造成干扰。这会表现为，你关心的某个进程定期减慢——每 15 min、每天的凌晨 2 点，但也可能没有这么规律。你想知道，当进程减慢的时候，其他什么进程刚刚启动，或者其他什么东西发生了变化。有时候，找出这些信息很困难。在复杂的环境中，为程序/脚本的启动和关闭设计带时间戳的日志会有帮助。当你用了几天的时间研究奇怪的减慢现象，意识到需要回头看看在减慢的同时发生了其他什么活动的时候，就会发现这种日志极有帮助。

一些程序需要定期做一些额外的工作，例如在浏览器中刷新 Web 页面。这些程序通常有一个单独的线程，该线程在正常情况下处于睡眠状态（可能通过 nanosleep 系统调用），但它会被定期唤醒，以查看是否需要做额外的工作。一些系统服务［如读-复制-更新（Read-Copy-Update，RCU）垃圾回收或文件系统日志］，会定期做一些额外的工作。性能问题并不在于做额外工作的线程自身，而在于对其他线程造成的干扰。日志工具（针对低频率唤醒）或跟踪工具（针对高频率唤醒）可以用来显示与其他地方的缓慢执行之间的关联。

28.2 超时

一些软件活动需要得到超时的保护——如果主活动未能在指定时间内完成，就发生另一个次要的活动。例如，TCP 有多个超时，用于建立连接、重新传输一个没有收到 ACK 的数据包、延迟一个数据包的 ACK 等。许多系统服务（如 poll、recvmsg 或 aio_select）有超时参数。一些环境会使用软件甚至硬件看门狗计时器，这是正常运行的代码应该定期重置的计时器。如果这个计时器由于未重置而过期，则意味着正常运行的代码可能已经挂起，需要重启。

在每一种情况下，需要运行一些额外的代码来处理主要活动未能及时完成的问题。在有时间约束的软件中，超时是一种十分重要的保护机制。设计下一步做什么，要实际恢复什么，可能十分简单，但如果涉及庞大的系统，也可能复杂到令人恐惧。

在 1969 年的阿波罗登月项目中，曾发生实时软件保护机制的著名例子之一，当时导航计算机过载，无法在降落过程的最后几分钟分派一个待处理的进程（跟踪顶置命令模块的雷达装置发出了太多的中断）。屏幕上显示错误编码 1202 或 1201，并在几分钟内重启了几次，幸运的是，在这几次重启过程中保留了关键的向下导航数据。Margaret Hamilton（美国计算机科学家，她最早提出“软件工程”一词，为这一学科命名）监管了软件开发过程，并坚持设计了周到的过载恢复措施。

28.3 时间分片

定时延迟的另一种用法是时间分片——故意拆分工作，以便实现某种公平性或负载均衡目标。操作系统或控制任务定期中断一个执行线程，以便运行其他线程或者为当前线程分配不同的工作。从被中断工作的角度来看，线程会等待一段时间，在此过程中不执行。计时器中断最终会允许线程再次运行。第 23 章在讨论调度程序时，我们曾看到这种行为的一些例子。

时间分片是一种重要的机制，它可以防止一些用时很长的工作对许多用时较短的工作产生过长的延迟。然而，其动态可能与设计者头脑中的画面不同，从而造成意想不到的性能问题。

28.4　内在的执行延迟

有时候，正在运行的程序需要延迟一段固定的时间。这个时间可能短到几百纳秒，用于等待 I/O 寄存器或外部模拟/数字转换器稳定下来；也可能长达几秒，用于等待刚刚加电的磁盘驱动器旋转起来并开始工作。如果延迟比几次上下文切换的时间更长，则通过 nanosleep 调用或等效的设施进行阻塞，就能够释放一个 CPU。对于较短的延迟，使用定时的循环可能更合适。

但是你需要记住，基本上所有的延迟时间都是错误的数值，而且随着使用软件的年数越来越多，情况往往会变得更糟。例如，传统上，PC 在启动时会等待几秒的时间，以便磁盘能够旋转起来。这最早是因为操作系统中没有办法在启动后添加磁盘的设施。但是，即便到了今天，在根本没有硬盘驱动器而只有达到电子速度的 SSD 的 PC 上，你也仍然可能遇到这个延迟。在第 26 章，我们曾看到一个类似的例子：TCP 有默认的 200 ms 的重新传输超时。对于数据中心大楼里的网络传输来说，这个数值太大了。

使这种延迟的数值容易配置会有帮助，你甚至可以设计一些测试用例，当随着时间的流逝，延迟的数值不再适合已经发生变化的场景时，就让这些测试用例开始失败。

28.5　小结

故意延迟以等待计时器过期，这在许多程序中是一种有用的机制。计时器允许调度定期工作、安全超时、时间分片以及使外部设备有反应时间。但是你要记住，它们也可能导致意外的动态和性能问题。

CHAPTER 29

第 29 章　等待队列

本章将对队列延迟进行案例分析。通过使用一个多线程的小程序来执行一些假的“工作”事务，我们将探讨意外的执行动态。

根据第 20 章给出的思维框架（见图 20-1），本章讨论的是由于在软件队列中等待而没有运行的情况。任何事务都可能由不同进程执行的不同工作组成：一个进程可能为事务执行部分工作，然后将剩余的工作排队，供另一个进程处理。执行动态可能涉及大量队列延迟。

29.1　概述

想象一下，你半夜驾车行驶在空荡荡的大街上，所有交通灯都是绿灯，你可以一路畅行。但在白天的时候，一些交通灯是红灯，你的前面有几辆车在等待通行。当你沿着相同的大街行驶时，你会面临长时间的延迟。软件队列也是如此。我们将通过 queuetest 程序探索排队问题，该程序接收入站工作请求，并通过工作队列的一个简短序列来路由它们，每个工作队列由一个软件线程服务。这些队列代表复杂软件系统（如 Google 搜索）中的不同任务。queuetest 程序旨在努力遇到“好的麻烦”[1]，以迫使我们直面问题并解决它们。

好的麻烦（good trouble）是学习的好机会。

你现在应该已经能够想到，这个程序有几个缺陷。本章将使用前面章节中介绍的几乎所有观察方式——通过带客户端和服务器时间戳的 RPC 日志、KUtrace 图形、等待 CPU、

① 参见 John Lewis 的文章“Bates College Commencement Address”。

等待锁和等待时间等。你已经学到了足够的知识，可以使用这些方式发现复杂的、意外的软件动态的根本原因。

我们将通过一个程序探讨排队问题。这个程序表示一台假服务器，它接收一个假客户端（包含在该程序中）发出的请求，每个请求只指定了一系列的<queue_number, usec_of_work>对。

服务器包含几个任务/线程，它们各自在循环中等待对应的队列变为非空，然后执行下一个队列条目指定的任何“工作”。在这里，工作只是简单地自旋（执行浮点除法）大约指定的微秒数。任务有两种——主任务和工作任务。主任务为队列 0 提供服务，工作任务为其他队列提供服务。每个任务在完成后，都会将剩余的请求项放到下一个指定的队列中。图 29-1 总结了以上流程。

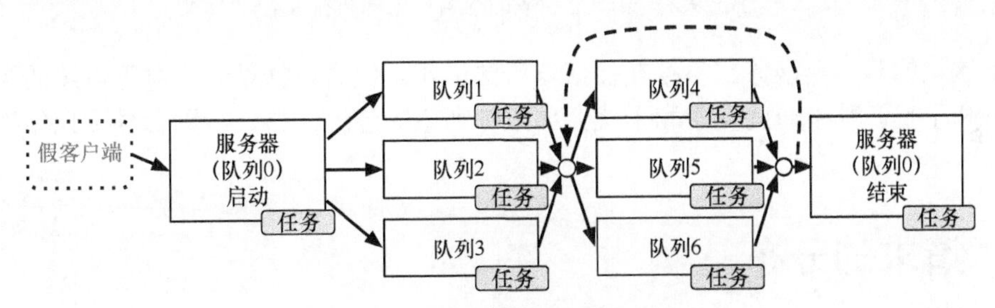

图 29-1　假想服务器的队列结构

假客户端创建每个新请求，记录其时间戳（*T*1），然后将请求放到由主任务服务的队列 0 中。当主任务从队列 0 中移除一个请求时，记录入站请求的时间戳（*T*2），然后将该请求转发给一个工作队列。每个请求最终都会返回队列 0。对于已经结束的请求，主任务记录时间戳 *T*3 和 *T*4，创建“响应”（只是一个状态码）并写一条 RPC 日志文件记录（格式与第 6 章中的相同），然后删除该请求。

程序的假客户端部分生成 *N* 个伪随机请求，等待它们全部完成，然后结束。假客户端可以生成均匀的或偏态的请求。伪随机数生成器始终以相同的值开始，所以对于给定的一组参数，程序始终生成相同的请求序列。这使我们能够重现有趣的执行动态。

第一个生成的均匀请求指定的工作如表 29-1 所示。

表 29-1　第一个生成的均匀请求指定的工作

队列	编号	“工作”的时间/μs
第一个队列	1	74
第二个队列	5	2437
第三个队列	无	无

图 29-2 显示了这个工作的执行路径，它首先进入服务队列 0 的主任务，然后进入服务队列 1 的工作任务，接下来进入服务队列 5 的工作任务，最后回到服务队列 0 的主任务。启动

的时间大约是 5 μs，结束的时间也大约是 5 μs，队列 1 的工作大约花费了 74 μs，队列 5 的工作大约花费了 2437 μs。当没有任何竞争的工作或者其他干扰时，我们期望这个事务的完成时间大约是 5 μs+74 μs+2437 μs+5 μs = 2521 μs，或者说 2.5 ms。

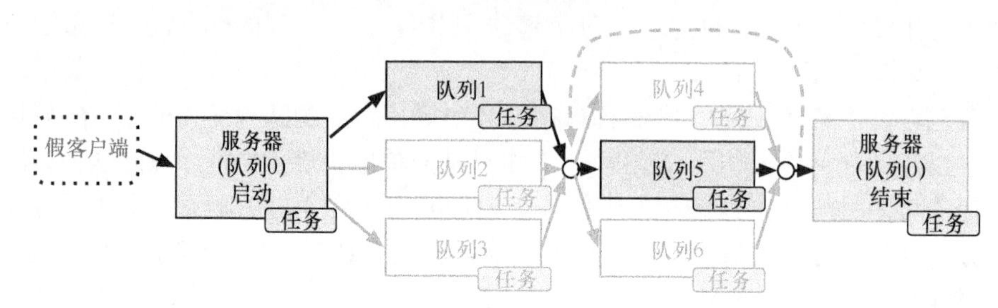

图 29-2 第一个生成的均匀请求的执行路径

对于这里的第一个事务，不存在任何竞争的工作。但是根据设计，对于后续的事务，则存在竞争和干扰。其中一些竞争和干扰会导致你期望的延迟，另一些则会导致让你感到惊讶的延迟。

29.2 请求的分布

均匀的请求使用一种分布来选择伪随机执行时间，偏态的请求则使用另一种分布，如图 29-3 所示。

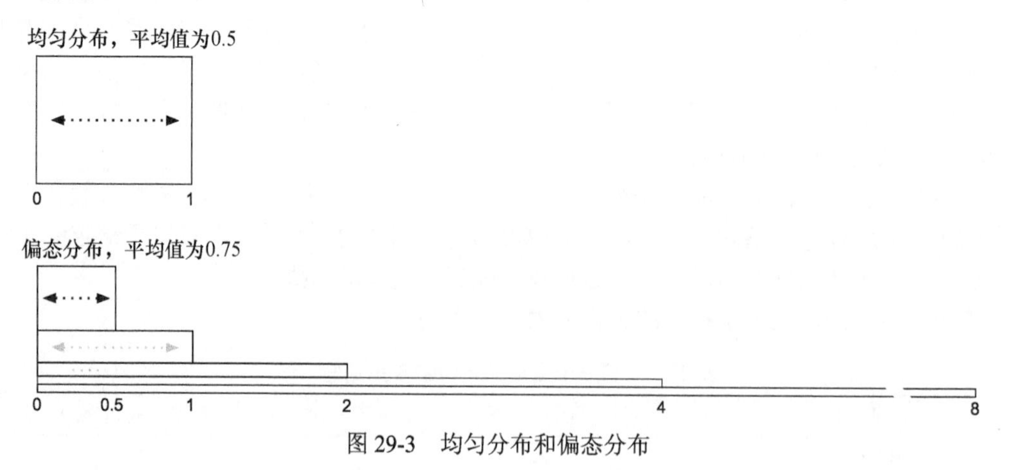

图 29-3 均匀分布和偏态分布

均匀分布简单地选择一个介于 0 和 1 之间的随机数，均值是 0.5。对于偏态分布，在 16 次中，有 8 次使用 0～0.5 的均匀范围，显示为图 29-3 中垂直高度的一半；有 4 次使用 0～1 的均匀范围，显示为图 29-3 中垂直高度的 1/4；有两次使用 0～2 的均匀范围；有一次使用 0～4 的均匀范围；还有一次使用 0～8 的均匀范围。这里有许多小值，偶尔也有大得多的值，均值是 0.75。在真实的计算世界中，执行分布更多时候接近偏态分布而不是均匀分布。

均匀的请求使用均匀分布来选择请求之间的时间，以及每个队列的工作的时间。这些请求将从 16 个序列模式中均匀地选择队列，并且对于第一个队列的工作，从[0..1000) μs 中选择工作的微秒数；对于后续的每个队列，则从[0..4000] μs 中均匀地选择工作的微秒数。

偏态的请求使用偏态分布来选择请求之间的时间，以及每个队列的工作的时间。与均匀的请求一样，对于第一个队列的工作使用[0..1000] μs，对于后续队列的工作使用[0..4000] μs。但这里使用与均匀模式不同的 16 个序列模式，并且更偏向于其中的一些序列，包含有时候使用队列 4～6 两次的序列。此外，我们更偏向于较短的工作时间，而不是偶尔的长工作时间。

在均匀分布中，我们期望平均情况下请求在第一个队列的工作要执行大约 500 μs，在第二个队列的工作执行大约 2000 μs，每个请求大约总共需要 2.5 ms。按照这个速度，我们估测一个 100%繁忙的 CPU 每秒能处理大约 400 个请求，4 个 CPU 每秒能处理大约 1600 个请求。

在偏态分布中，我们期望平均情况下请求在第一个队列的工作要执行大约 750 μs，在第二个队列的工作执行大约 3000 μs。此外，有 1/4 的序列还会对第三个队列的工作执行 3000 μs，每个请求总共需要大约 4.5 ms。按照这个速度，我们估测一个 100%繁忙的 CPU 每秒能处理大约 222 个请求，4 个 CPU 每秒大约能处理 888 个请求。

29.3 队列的结构

每个队列都是工作项的一个链表。队列结构自身有正常的头指针和尾指针，加上项的计数，还有一个锁字，这个锁字用于使不同线程同时执行的插入和删除操作成为原子操作。图 29-4 显示了队列的一般结构。

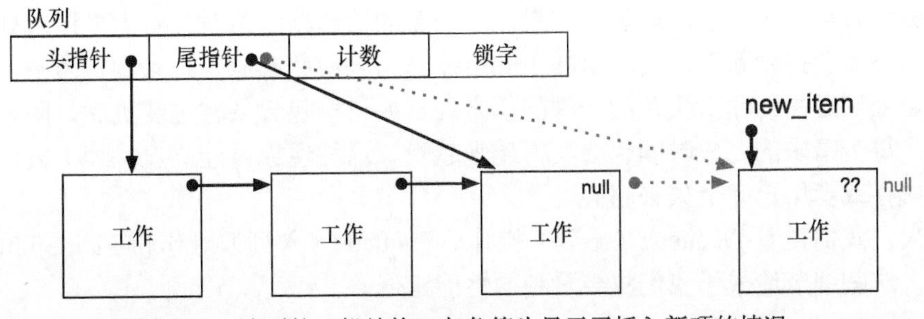

图 29-4 队列的一般结构，灰色箭头显示了插入新项的情况

添加新项需要更新现有尾条目的指针，然后更新尾指针自身。删除头部的项需要保存头指针，然后更新头指针自身。这两个操作都需要持有锁。与第 27 章使用的 FancyLock 类不同，队列使用一个简单的自旋锁，因为只需要覆盖几个指针赋值，所以它只会被锁住极短的时间。这个自旋锁非常简单，我们甚至没有为它包含任何观察代码。但是，你稍后将会看到，这个自旋锁有一些不易察觉的性能缺陷。

29.4 工作任务

每个工作任务都无限循环，从分配给它的队列中取出一项，执行指定的工作，然后将该项移到它的下一个队列中。任务运行的代码如下（稍有简化）。

```
do {
  while(myqueue->count == 0) {
    // Wait for some work
    syscall(SYS_futex, &myqueue->count, FUTEX_WAIT,
      0, NULL, NULL, 0);
  }
  Work* item = Dequeue(myqueue, ii);
  ----- Do N microseconds of work -----
  // On to the next queue
  Enqueue(item, &queue[next_q], next_q);
} while (true);
```

如果没有待处理的工作，则工作任务使用 futex_wait 系统调用进行等待，直到计数变为非零值为止。在等待过程中，工作任务的执行会阻塞，所以不使用 CPU 时间。由于这种等待，任何在空队列中插入项的任务都需要执行 futex_wakeup 系统调用。

29.5 主任务

主任务的结构与工作任务相同，但添加了时间戳和日志，并且会删除每个完成的工作项。

主任务还有另一个重要的职责。如果在一个新的工作项到达时，有太多请求处于待处理状态，主任务就会拒绝新项，向其返回 TooBusy 作为响应状态码，记录到日志中，然后快速结束。这是处理过高的输入负载的一种简单方式。如果不包含某种过载机制，队列就会变得越来越长，每个请求的完成时间也会变得越来越晚。这种现象可能一直持续下去，直到程序完全耗尽内存或者用户完全失去耐心。

接下来，我们查看 Dequeue（出列）操作、Enqueue（入列）操作和 PlainSpinLock 类的内部细节，这些细节造成了我们将会看到的性能延迟。

29.6 Dequeue 操作

Dequeue 操作使用一个锁类来保护必须以原子方式执行的一些语句。回忆一下，第 27 章讲到，锁类的构造函数获得锁，析构函数释放锁，所以编译器能够可靠地在代码块的开头和结尾插入锁操作。出列代码大致如下（稍有简化）。

```
Work* Dequeue(Queue* queue, int queue_num) {
  PlainSpinLock spinlock(&queue->lock);
  Work* item = queue->head;
  queue->head = item->next;
  --queue->count;
  return item;
}
```

当删除队列中的最后一项时，head 将变为 NULL。

29.7　Enqueue 操作

Enqueue 操作与 Dequeue 操作类似，代码大致如下（稍有简化）。

```
void Enqueue(Work* item, Queue* queue, int queue_num) {
  PlainSpinLock spinlock(&queue->lock);
  item->next = NULL;
  if (queue->head == NULL) {
    queue->head = item;
  } else {
    queue->tail->next = item;
  }
  queue->tail = item;
  ++queue->count;
  syscall(SYS_futex, &queue->count, FUTEX_WAKE,
    0, NULL, NULL, 0);
}
```

在队列中插入一项后，Enqueue 操作将执行一次 futex_wake 系统调用，以使任何等待线程不再阻塞。

29.8　PlainSpinLock 类

PlainSpinLock 类包含构造函数和析构函数两个例程，如下所示（稍有简化）。

```
PlainSpinLock::PlainSpinLock(volatile char* lock) {
  lock_ = lock;
  bool already_set;
  do {
    while (*lock_ != 0) {
     // Spin without writing while someone else holds the lock
    }
    // Try to get the lock
    already_set =
```

```
      __atomic_test_and_set(lock_, __ATOMIC_ACQUIRE);
  } while (already_set);
}

PlainSpinLock::~PlainSpinLock() {
  __atomic_clear(lock_, __ATOMIC_RELEASE);
}
```

类变量 lock_把锁指针的值从构造函数传给了析构函数。

29.9 “工作”例程

fdiv_wait_usec 例程执行我们的假工作。它大致循环指定的微秒数，并在循环过程中执行相同的浮点除法（floating-point divide，简写为 fdiv）运算。我们在第 2 章曾测量过，我们的示例服务器上的浮点除法运算没有添加到流水线中，每次运算需要大约 15 个周期。选择的 kIterations 常量保证了循环耗时 1 μs。

```
double fdiv_wait_usec(uint32 usec) {
  double divd = 123456789.0;
  for (int i = 0; i < (usec * kIterations); ++i) {
    divd /= 1.0000001;
    divd /= 0.9999999;
  }
  if (nevertrue) {          // Make live
    fprintf(stderr, "%f\n", divd);
  }
  return divd;
}
```

29.10 简单的示例

两个轻量负载的例子显示了期望的基准性能。queuetest 程序有 3 个主要的命令行参数。

- -n <number>：用于指定要执行的工作事务的数量。
- -rate <number>：用于指定每秒的输入事务的数量。
- -skew：用于指定使用偏态分布而不是默认的均匀分布。

平均来说，每秒 50 个请求的均匀速率意味着大约每 20 ms 发出一个新的请求，即 400 ms 的总耗时。普通的均匀请求占用大约 2.5 ms 的 CPU 执行时间，所以当每 20 ms 发送一个请求时，请求之间不会有什么干扰。

当使用-n 20 -rate 50 运行 queuetest 程序时，可以得到图 29-5 所示的 CPU 和事务（RPC）计时结果。

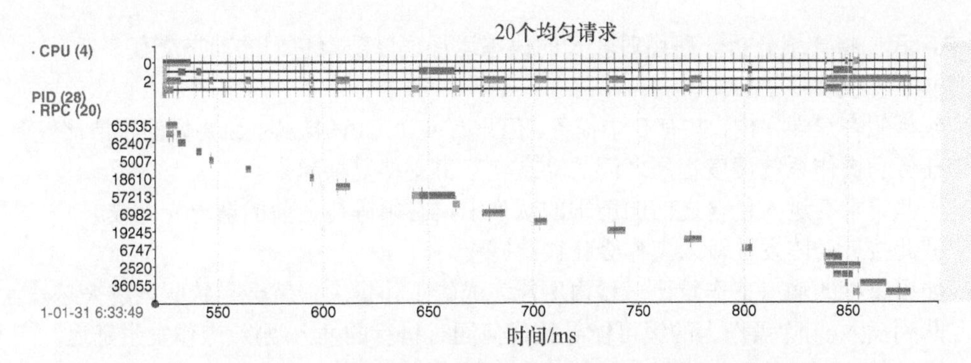

图 29-5 20 个均匀请求的 CPU 和事务（RPC）计时结果

20 个工作请求相当均匀地分布，通常一次运行一个，当有几个请求以非常靠近的方式发出时，它们只有很短的重叠。每个请求在两个不同的队列上执行工作，它们在这个时间尺度上并不全部可见。总时间大约是 355 ms。这一图景跟我们的期望相当接近。

平均来说，每秒 50 个请求的偏态速率也意味着大约每 20 ms 发出一个新的请求，即 400 ms 的总耗时，但请求之间有时候会有大的间隙（最多 160 ms）。平均偏态请求需要大约 4.5 ms 的 CPU 执行时间。当使用-n 20 -rate 50 -skew 运行 queuetest 程序时，可以得到图 29-6 所示的 CPU 和事务计时结果。

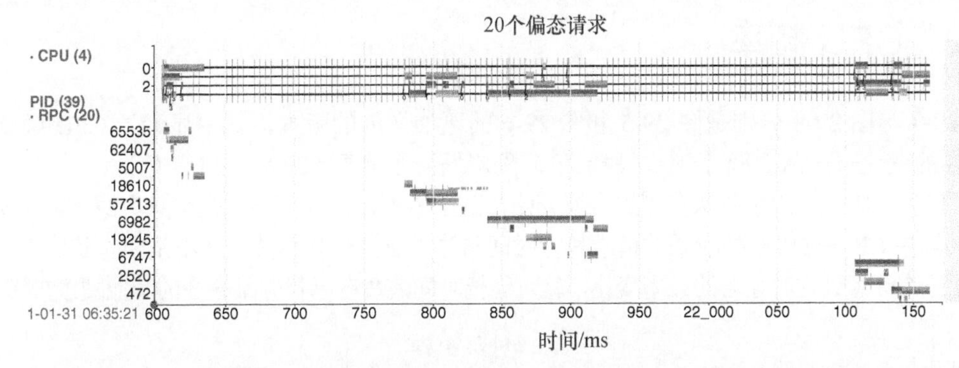

图 29-6 20 个偏态请求的 CPU 和事务（RPC）计时结果

这 20 个工作请求刚好分成 3 组，它们之间有大约 100 ms 和 150 ms 的两个到达间隙。在每组内，存在大量的重叠时间。每个请求在两三个不同队列中执行工作，但有时候时间太短，在这个时间尺度上并不能清晰地看到。总时间大约是 556 ms，比我们估测的 400 ms 要长一些。

29.11 哪些地方可能发生了问题

与之前一样，我们关心的是请求的整体时延。这个时延有时候可能由于多种因素（例如程序内的干扰或者来自程序外部的干扰）显著增加。本节将列举一些可能的原因，在接下来的几节中，我们将详细分析一些用时较长的偏态运行，以观察它们的动态交互。

程序内的干扰如下。

- 包括假客户端在内，共有 8 个任务，但只有 4 个 CPU 核心。当要做的事情比较多时，任务和操作系统调度程序之间的动态交互将变得复杂起来。
- 一些请求会进入包含之前的请求的队列中，必须等待之前的请求先完成。
- 彼此接近的阵发性输入工作会让彼此减慢。
- 如果每秒的输入工作量比一秒内所能完成的工作量大，就会导致队列越来越长。
- 队列插入/删除操作上的锁可能导致任何同时执行的插入/删除操作发生延迟。
- 隐藏的 bug 可能引入意料之外的延迟。

来自程序外部的干扰如下。

- CPU 核心有时候以降低的时钟频率运行，这导致执行时间最多延长 5 倍。
- 在进行跟踪时，ssh 和 gedit 等程序在后台运行，它们使用的 CPU 周期会造成干扰。
- fdiv 指令不是流水线式中，而且我们的示例服务器上也没有多个除法器，所以两个同时执行 fdiv 循环的超线程会让彼此变慢。

接下来的几节将探索 queuetest 程序以及一般性队列设计的许多方面，在学习这几节的过程中，请牢记上述干扰源。

29.12 CPU 频率

图 29-7 与图 29-8 分别是图 29-5 和图 29-6 的更加详细的版本，其中显示了 CPU 频率的一个重要的变化——从 3900 MHz（浅绿色，见彩插）下降到 800 MHz（红色）。

在图 29-7 中，CPU 频率从左侧的全速开始，到了右侧，已经下降到几乎只有原来的 1/5 左右。时间轴中 620～900ms 处较长的请求执行时间与这种频率变化相关，而不是因为其他某种干扰。如果没有注意到这种显著的频率变化，就可能把时间浪费在寻找并不存在的其他减慢来源上。

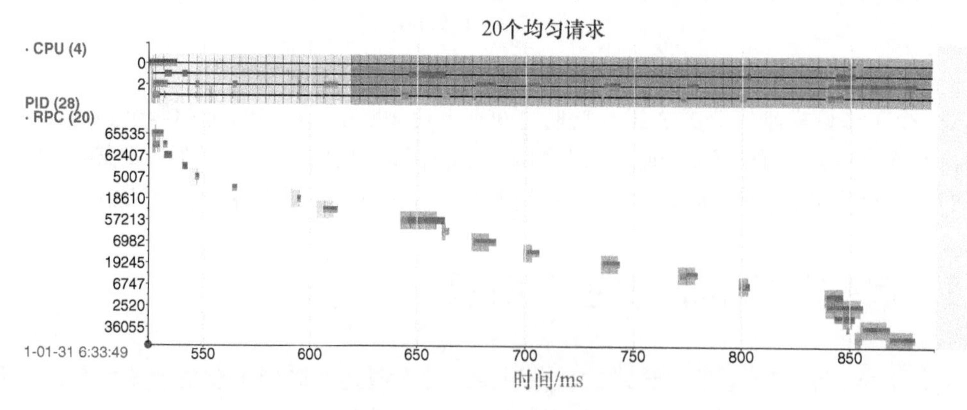

图 29-7 图 29-5 的详细版本

在图 29-8 中，CPU 频率从左侧的全速开始，到靠近中间的位置下降到几乎只有原来的 1/5，然后在 900～950 ms 回升到大约一半的频率（1900 MHz），之后又再次下降。在 4 个 CPU 上执行中间部分的请求簇导致频率升高。代码执行和 CPU 频率的这种动态交互在大部分观察工具中是完全不可见的。但是，这种动态交互完全解释了中间的一组请求为什么减慢，以及该组中的最后两个请求为什么减慢的程度没有那么严重。

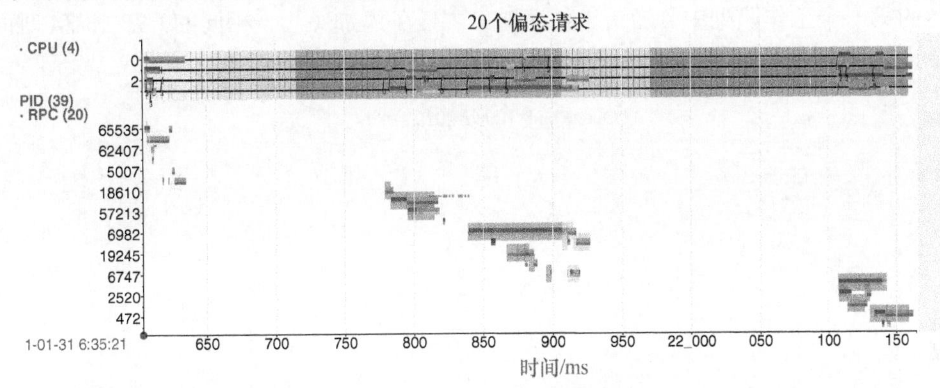

图 29-8　图 29-6 的详细版本

现代处理器可以参照最近的多核执行模式，在毫秒尺度上可以剧烈地改变 CPU 频率，所以性能工程师不能忽视这种变化。你可以认为缓慢的 CPU 频率是一种启动时效果，但是当 CPU 没有 100%繁忙时，这种行为很容易重复出现。由于当前程序或者（更糟的情况）其他程序在近期执行时存在间隙，缓慢的 CPU 时钟可能会拖慢事务的执行。如果你认为规律隔开的请求在均匀执行，那你就理解不了为什么事务的阵发性到达会掩盖其他减慢效应。

修复方法如下。

在轻量负载的系统中，由于时钟频率降低而使响应时间变长可能是一个问题。如果这个问题很重要，那么唯一真正有效的方法是修改节能参数，以保持较高的 CPU 频率。

29.13　复杂的示例

接下来的几个示例只使用不同速度的偏态分布。当以偏态分布运行且每秒发送 2000 个请求时，速度将大大超过我们估测的每秒平均发送 888 个偏态请求。我们期望看到队列变得越来越长，且 CPU 都 100%繁忙。像这样的压力测试常常可以揭示性能问题和意外的动态，它们在正常负载下也是存在的，但效果隐藏得更深。

29.14　等待 CPU：RPC 日志

当正在处理的请求的数量超过 40 时，queuetest 程序将通过丢弃新请求来管理过载。当使用-rate 2000 运行程序时，请求的到达速度是结束速度的两倍，所以当发出 100 个请求时，程序在执行过程中便开始丢弃请求。甚至在那之前，活动的高层级就已经给软件动态造成了压力。

图 29-9 显示了使用-n 100 -rate 2000 -skew 运行程序时的前 50 个请求。按第 6 章引入的方式，每个请求都显示为一条带缺口的线。假客户端在生成一个请求时，记录一开始的 *T*1 时间戳，然后把该请求放到队列 0 中。主任务移除该请求，添加 *T*2 时间戳，然后把该请求放到指定的第一个工作队列中。当请求结束时，主任务添加（几乎相同的）*T*3 和 *T*4 时间戳，并记录下来。

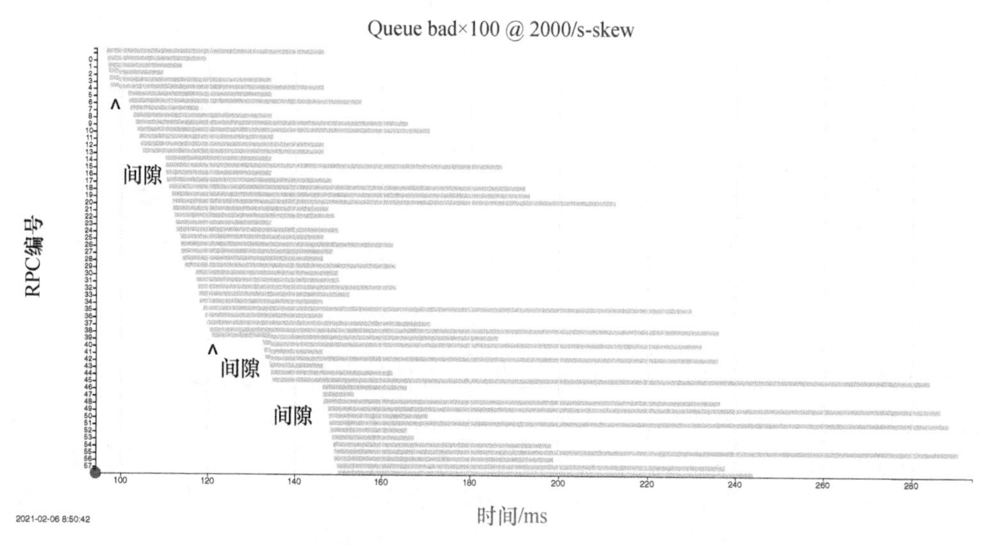

图 29-9 100 个偏态请求的前 50 个请求，一些请求具有异常的启动延迟

查看请求的开始时间可知，连续的开始时间之间存在几个 2～10 ms 的间隙。额定的开始速率是 2000 个请求/秒，即每半毫秒发出一个请求，所以较大的间隙说明可能存在性能问题。另外，注意靠近 100 ms 和 120～133 ms 的缺口（用^标记），它们说明客户端在队列中添加一个请求与主任务从队列 0 中移除该请求之间存在很大的延迟。我们可能期望这个延迟只有 2～10 μs，而不是观察到的 1000 倍长的 2～10 ms。

除开始时间延迟之外，还存在完成时间延迟。我们估测每个请求的平均执行时间是 4.5 ms，但实际看到的是远远超过 50 ms 的执行时间。

图 29-9 中的 RPC 日志显示了每个 RPC 的用时，但没有显示为什么存在延迟。要了解延迟的来源，我们需要使用 KUtrace 深入观察前几个请求的复杂（且存在 bug）的动态。

29.15 等待 CPU：KUtrace

在图 29-9 左上方的请求中，3 个请求快速开始，但缺口显示，接下来的 3 个请求在到达主任务时发生了延迟。前 4 个工作请求具有的队列和工作调度如表 29-2 所示。

表 29-2　前 4 个工作请求具有的队列和工作调度

RPC ID	第一个队列的编号	“工作”的时间/μs	第二个队列的编号	“工作”的时间/μs	第三个队列的编号	“工作”时间/μs
65535	3	37	4	1218	5	1898
36768	2	335	5	14000	—	—
62407	1	452	6	3359	—	—
54135	1	33	4	1078	—	—

图 29-10 在 3 个垂直组中显示了这些请求的执行情况，它们分别是顶部按 CPU 编号排序的组（CPU 组），中间按进程 ID 排序的组（PID 组）以及底部按 RPC 排序的组（RPC 组）。

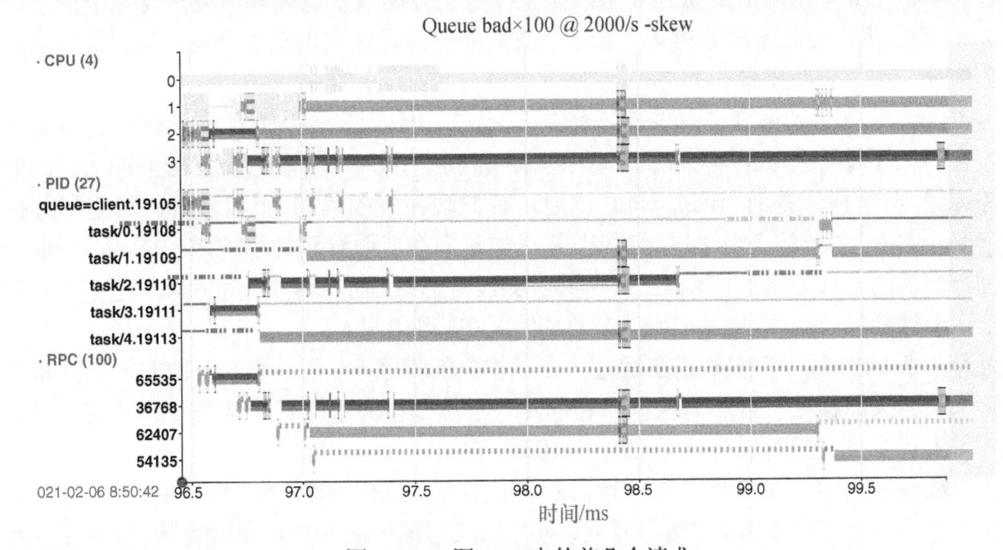

图 29-10　图 29-9 中的前几个请求

在 RPC 组中，第一条 RPC 线显示，工作请求 65535 的开始位置有客户端任务和主任务的两个执行光点，然后是较长的红色/绿色线（见彩插），这说明正在执行队列 3 中的工作任务。奇怪的是，队列 4 上的第二项工作超出了页面。浅绿色的 RPC 细虚线说明正在队列 4 中等待，已经插入但尚未移除。为什么第一个请求会遇到队列延迟？

第二条 RPC 线显示，工作请求 36768 的开始位置也有两个执行光点，然后用了很长的时间执行队列 2 中的工作任务，最后在 98.7 ms 开始执行队列 5 中的工作任务。

第 19 章曾提到，细线代表缺少进展。在 CPU 组中，它们表示只在执行空闲进程。在 PID 组中，它们表示进程由于等待某个东西而没有执行。在 RPC 组中，它们表示一个 RPC 在队列中等待某个后续的进程继续对它进行处理。

在客户端任务/主任务的执行光点之后，工作请求 62407 开始处理队列 1 中的工作任务。在最后一条 RPC 线上，工作请求 54135 等待队列 1（细虚线），直到工作请求 62407 结束，然后在 99.3 ms 开始执行队列 1 中的工作任务。工作请求 54135 等待之前的工作结束，这是正常的排队现象。但是，工作请求 62407 用了几乎 2.5 ms 来执行 452 μs 的工作，这就不正常了。几乎 5 倍的时间说明 CPU 频率可能降到只有 1/5，就像我们在 29.12 节中看到的那样。可通过在图 29-10 中添加频率覆盖层来确认这一点。

PID 组中显示了 6 个进程。顶部的任务 19015 是假客户端；任务 19108 是服务器主任务；任务 19109、任务 19110、任务 19111 和任务 19113 是前 4 个工作任务（没有显示另外两个工作任务）。客户端 19105 一开始有 6 个执行光点，创建了前 6 个工作请求。它们间隔大约 150 μs，这比额定的 2000 个请求/秒的 500 μs 间隔更加接近。但是在偏态分布中，150 μs 并不罕见。

客户端将前 6 个请求放到队列 0 中，但主任务一开始只从队列 0 中取出前 3 个请求，然后有 2 ms 的延迟，最后才移除第 4 个请求。我们期望的是在取出第 3 个请求后，就立即取出第 4 个请求。这里发生了什么？

当主任务结束启动第 3 个请求后，就在队列 0 中查看下一个请求。但是，这稍微有点早——客户端还没有生成第 4 个请求。大约 15 μs 过后，客户端才生成第 4 个请求。因此，主任务为第 4 个请求执行 futex_wait 调用，客户端在生成第 4 个请求后，对主任务执行 futex_wake 调用。主任务变得可以运行，但是正如我们在前面看到的那样，从 97 ms 到 99.3 ms 的橙色长线说明主任务虽然可以运行，但其实并没有运行，而在等待一个可以运行它的 CPU。我们把这个性能问题叫作 delay#1。为什么没有 CPU 可用呢？

看看 4 条 CPU 线。CPU 0 正在运行一个不相关的程序，显示为灰色。CPU 1 一开始也在运行一个不相关的程序，显示为灰色。它们两个虽然都在完整跟踪的某个部分结束，但在这里造成了干扰。我们暂时只有 3 个 CPU 可用。

客户端任务 19105 在 CPU 2 上运行，创建了第一个工作请求；然后在 CPU 3 上运行，创建了接下来的 5 个工作请求。你可以看到，执行光点与第一条 PID 线是对齐的。主任务 19108 在 CPU 3 上运行，以处理第一个工作请求；然后在 CPU 1 上运行，以处理接下来的两个工作请求。同时，第一个工作请求 65535 在 CPU 2 上开始运行队列 3 中的工作线程 19111。类似地，第二个工作请求 36768 开始在 CPU 3 上运行，第三个工作请求 62407 开始在 CPU 1 上运行。

工作请求 65535 在 96.8 ms 时结束队列 3 中工作任务的执行，接下来应该立即移到队列 4。你可以看到，队列 4 中的工作任务 19113 将按照我们预期的那样开始执行，但是直到在右侧超出页面的某个时间位置后，才从队列 4 中移除工作项，这使得工作请求 65535 在队列 4 上滞留了 10.4 ms。这是一个意料之外的性能 bug，我们把它叫作 delay#2。

你可以看到，到了 97.0 ms 后，图 29-10 中的 4 个 CPU 都处于繁忙状态。现在回到仍然正在等待唤醒的主任务。最终，在 99.3 ms，工作请求 62407 释放 CPU 1 的时候，主任务被唤醒。此时，队列 0 中有 3 个请求在排队。主任务连续启动这 3 个请求，看起来像是一个很宽的执行光点，但实际上是 3 个连续的小光点。

这些执行动态和非执行的动态很可能比你预想的复杂得多。对于 delay#1，一般来说，让工作线程比可用 CPU 更多会导致性能降低。

我们已经解释了 delay#1，但还没有找出根本原因，这个根本原因与 delay#2 有关。

工作请求 65535 从队列 3 开始，然后被移到队列 4，队列 4 是空的。但是，我们并没有从队列 4 中取出工作项。相反，队列 4 中的任务 19113 在 96.8 ms 进入某种形式的稳定执行，占据 CPU 2 并因此产生 delay#1，但没有进展。现在，你应该已经对问题是什么有了一定的想法。在阅读 29.16 节之前，你可以先把自己的想法写下来。

在本节中，你了解了如下几种干扰源——太多的总输入负载，其他程序占用 CPU，等待前面排队的工作完成，请求阵发性到达导致彼此减慢，以及某种形式的进入/退出队列问题。接下来，我们将讨论一些修复方法。

29.16 PlainSpinLock 存在的缺陷

试图从一个队列中移除一项，但被卡在 CPU 密集操作上，这意味着队列的自旋锁存在问题。下面显示了我们现在的处境。

队列 3，PID 19111

```
Enqueue:
{
  PlainSpinLock
    spinlock(&queue->lock);
  ...
  ++queue->count;
  syscall(FUTEX_WAKE);
}
```

队列 4，PID 19113

```
Worker task:
  while(myqueue->count == 0) {
    syscall(FUTEX_WAIT); 阻塞
}

Worker task:
  syscall(FUTEX_WAIT); 结束
  Work* item = Dequeue(myqueue,
                       ii);
Dequeue:
{
  PlainSpinLock
    spinlock(&queue->lock);
  Work* item = queue->head;
  queue->head = item->next;
  --queue->count;
  return item; 没有发生
}
```

PlainSpinLock 存在什么问题，导致 Dequeue 操作被卡住？笔者回过来在代码中添加了几个 KUtrace 的 mark_b 调用，以便观察动态：在构造函数中的循环之前添加“a”（表示获得），在循环之后添加“/”（表示结束），在析构函数中添加“r”（表示释放）。

正常的 Enqueue 操作的获得和释放模式如图 29-11 所示。

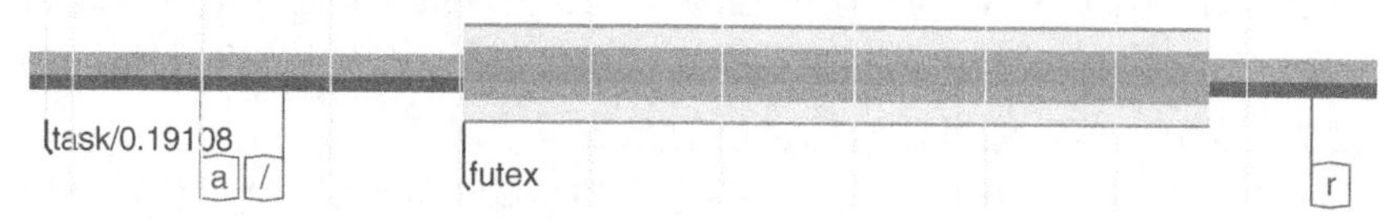

图 29-11 正常的 Enqueue 操作的获得和释放模式，futex_wake 调用会通知正在等待一个空队列的任何任务

但是，异常的 Enqueue 操作获得锁的情况如图 29-12 所示。其中，有“a”和“/”，但没有“r”。队列 3 中的任务 19111 获得了队列 4 中的自旋锁，执行了 futex_wake 调用。

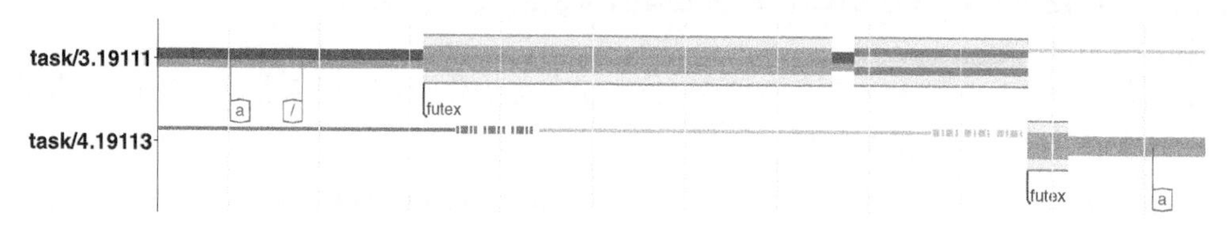

图 29-12 异常的 Enqueue 操作获得锁的情况

然后，在执行自旋锁的释放之前，突然发生了离开 futex_wake 的上下文切换。调度程序将涉及的 CPU 切换到刚被唤醒的队列 4 中的任务 19113，该任务一直在 futex_wait 中等待被唤醒。futex_wait 调用完成后，代码在最右侧的“a”位置进入自己的自旋锁代码，试图获得还未释放的队列 4 中的锁。自旋接下来的 9.6 ms，直到任务 19111 再次被调度并释放锁为止。异常的 Enqueue 操作获得锁的过程如图 29-13 所示，最终再次获得上下文并释放锁（之后是一个无关的、正常的锁获得-释放序列）。白色斜杠表示在这 3 μs 的时间段中 KUtrace 的近似开销。

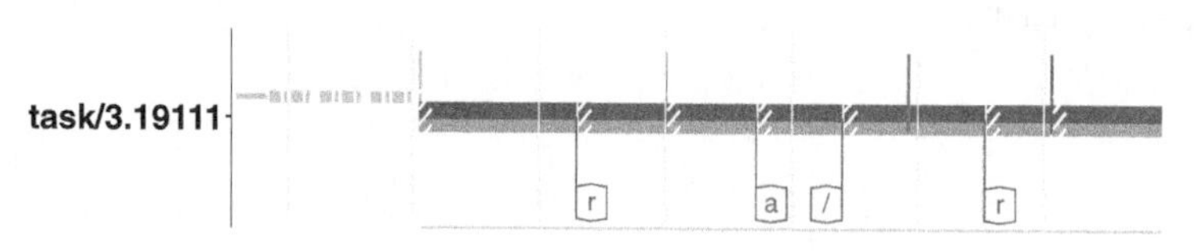

图 29-13 异常的 Enqueue 操作获得锁的过程

29.17 根本原因

主要的缺陷在于 futex_wake 调用发生在临界区内。这是很容易产生的 bug，但是仅仅读代码又很难找到。如果能够看到不良执行动态的话，找到 bug 就容易多了。在通过-DFIXED 参数编译 queuetest 程序时，可以使用下面的 Enqueue 代码。

```
void EnqueueFixed(Work* item, Queue* queue, int queue_num) {
  {
    PlainSpinLock spinlock(&queue->lock);
    ...
  }
  // Spinlock is now released.
  syscall(SYS_futex, &queue->count, FUTEX_WAKE,
    0, NULL, NULL, 0);
}
```

修复方法如下。

这里多出的{…}块结构限定了临界区。对 Enqueue 代码的这个修改不仅将 futex 调用从临界区中移了出来，还将相关的上下文切换移了出来。成功地释放锁消除了级联效果，从而不会让 CPU 2 自旋几毫秒，导致占用一个 CPU，使得主任务推迟开始其他请求。

锁行为仍然有一个固有的问题，但它已经大幅减少。在获得自旋锁之后，总有可能在 Enqueue 中发生一个不相关的中断，然后在释放锁之前，把上下文切换到其他地方。任何锁系统都有可能发生这种问题，但我们刚刚降低了发生这种问题的概率。这就是我们对原子指令（如 compare_and_swap）使用没有锁的序列的原因。原子指令的限制性更大，但是不使用锁。基本上，如果同时进行更新，则在更新末尾进行比较时会失败，周围的代码将再次进行尝试。更多的细节不在本书的讨论范围之内。

你在本节中看到了一个隐藏的锁 bug，任务和操作系统调度程序之间的动态交互，以及一个延迟或 bug 导致其他工作缓慢完成的级联效果（参见图 29-14）。

图 29-14　一行源代码的位置不合适导致的级联效果

29.18　修复 PlainSpinLock：可观察性

除在临界区内包含 futex 这个缺陷之外，还有另一个缺陷——没有在程序内设计可观察性。这就是我们要返回去添加获得/释放标记的原因。剩下的最后一个缺陷后面再讨论。我们学到的经验很简单。

- 锁很复杂，容易导致性能 bug。
- 如果能够使用一个健壮的、经过充分调试的锁库，则使用该锁库，而不要自己创建锁库。

将 futex 移出临界区之后，输入请求没有延迟；queuetest 程序的性能变好了一些，虽然仍然每 432 μs 发送一个新的请求，但事务的平均结束时间缩短了 37%。考虑到只移动了一行代码，这是非常不错的收益，详见表 29-3。

表 29-3 对比将 futex 移出临界区前后的不同之处

对比项	在临界区内包含 futex	将 futex 移出临界区
事务	100 个事务，丢弃 12 个事务	100 个事务，丢弃 28 个事务
延迟	总共延迟 43 252 μs，平均延迟 432 μs	总共延迟 43 252 μs，平均延迟 432 μs
事务用时	事务总共用时 4 944 439 μs，平均用时 49 444 μs	事务总共用时 3 122 861 μs，平均用时 31 228 μs
实际用时	实际耗时 0.285 s，用户态耗时 0.607 s，系统耗时 0.006 s	实际耗时 0.231 s，用户态耗时 0.455 s，系统耗时 0.006 s

但是，注意每当有 40 个事务排队时，丢弃的事务数量就会大大增加。事实上，观察表 29-1，第 3 列中执行的事务数是第 2 列中的 9/11。这是发生明显改进的一大原因。除非通过检查知道完成的有效工作是相同的，否则可能会被表面的改进误导。如果输入请求在时间上分散得更开一点，则丢弃的请求数量会更少，底层的性能变化会更加清晰。

29.19 负载均衡

偏态分布中的输入请求大量地使用队列 4 和队列 5 中的执行任务，如图 29-15 所示。特别是，3 个队列的调度在一个请求中同时使用队列 4 和队列 5。执行队列 1～3 和队列 6 的时间相对较短，许多请求在队列 4 或队列 5 中进行等待，因为这两个执行进程处于过载状态，所以请求需要很长的时间才能完成。观察图 29-15，第一行下方的小数字 0 4 4 … 18 显示了在客户端生成每个新的请求时，还有多少个请求仍然在处理。当正在处理的请求超过 40 个时，queuetest 程序就会丢弃新的请求（返回表示过载的响应错误代码）。在图 29-15 中，大约在 430 ms，queuetest 程序开始丢弃新的请求。

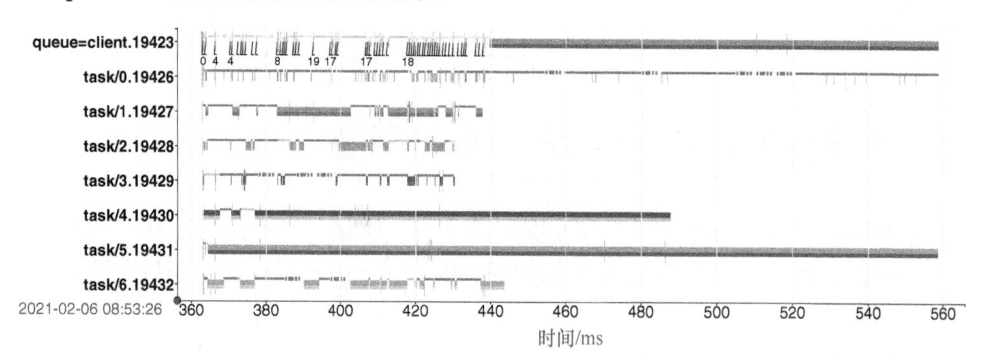

图 29-15 100 个偏态请求中不均衡的任务

队列之间的工作是不均衡的，这导致繁忙的队列出现瓶颈。这种情况很常见，我们需要有一种机制来更好地均衡工作。

修复方法如下。

如果工作任务各不相同，运行完全不同的算法或完成一次大计算的不同阶段，则可以修复的地方可能不多。不过，有些时候，创建瓶颈任务的多个副本，让它们分享工作，可能会有帮助。如果有足够的 CPU 可用于同时运行多个副本，则这种方法的效果很好。

如果工作任务是相同的，并且运行相同的代码，则一些系统会为最不忙的任务安排新工作，也就是把新工作添加到最短的队列中。另一种设计是让队列为空的工作任务从其他队列中“偷”过来一些工作，而不是立即在 futex 调用中阻塞。

29.20　队列深度：可观察性

queuetest 程序的队列有多深？在正常运行时有多深，在过载时有多深？它们的均衡程度如何？哪些队列是瓶颈？这个程序的简单队列结构没有包含可观察性。虽然记录了每个队列中排队条目的计数，但没有设计能够显示这个计数的机制。如果你正在为这个程序构建一个仪表板，你会显示队列的什么信息呢？

你可能对每个队列当前时刻的队列深度感兴趣，但前 1 s、前 10 s、前 1 min 或前 10 min 的平均值也许更能提供有用的信息。时间衰减的最大值可能有用。通过显示一个长时间段和一个短时间段，我们便能够对比现在的情况与正常的情况。对比不同的队列可以揭示负载均衡问题或存在瓶颈的队列，显示第 99 百分位数队列深度可以突出偶尔出现的长队列。

在创建一个队列时，你应该估测这个队列可能的深度，类似于估测可能的锁获得时间。如果估测的结果是深度几乎总为 0，很少超过 2，那么在常常观察到深度为 5 或更大值的时候，就可以学习到一些有趣的知识。

29.21　结尾处的自旋

queuetest 程序中的客户端进程发送所有请求，然后开始自旋，直到待处理请求的数量降至 0。在图 29-16 中，CPU 1 的右半部分就有这种自旋。时间之所以很长，是因为需要等待 CPU 0 上的队列 5 结束。

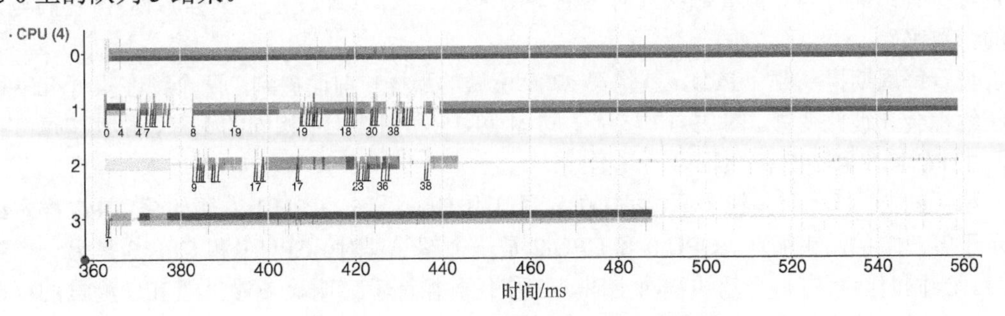

图 29-16　图 29-15 所示跟踪的 CPU 视图

在自旋过程中，有可能拖慢真正工作的完成。像这样的延迟机制之间的交互很常见，每种交互都会导致自己的一种级联的性能问题。

如果队列 5 的负载被更好地均衡，则客户端的自旋时间会更短，但仍然会拖慢真正工作的完成，因为它占用了一个 CPU 核心。

修复方法如下。

客户端不需要在最后一个请求终止时，马上结束。另一种替换设计是发出所有的请求，然后进入一个循环，睡眠几毫秒（如 20 ms），然后检查待处理的请求数是否已经变为 0。如果不是，就睡眠并重复。这样释放出了一个 CPU 核心，代价通常很小，只是让客户端的结束时间比当前设计晚了几毫秒。事实上，这个代价通常为负值，因为释放出一个 CPU 核心可以让真正的工作更快完成。

29.22 剩下的最后一个缺陷

在前面，我们对于每个 CPU 核心估测的每秒 400 个均匀事务没有什么问题。但是，我们对于 4 个核心估测的每秒 1600 个事务则有问题，实际值是每秒 800 个事务——估测值是实际值的两倍。当有 8 个 CPU 时，估测值是每秒 3200 个事务——估测值是实际值的 4 倍。试着使用-rate 800 和-rate 1200 运行程序，看看会发生什么。然后解释估测值和观察值之间为什么会有这种差异。当估测值和现实情况存在差异时，你总能学到一些有用的东西。

29.23 交叉检查

我们差不多要讲完了。在实现了几种修复后，有必要对可用信息进行交叉检查，看看是否还有奇怪的地方。有时候，即使很小的差异也可能说明一个隐藏的大问题。

前面我们查看了 CPU 频率的变化，可通过对修复后的代码使用 KUtrace 来再次查看它们。虽然只有在极少情况下才会出现令人惊讶的地方，但是一旦出现，捕捉到它们就会有所收获。

查看唤醒曲线，看看是否有明显奇怪的模式。如果使用了插桩的库，例如 FancyLock，则查看持有锁的行为。查看每次计时器滴答时的 PC 样本（即使没有例程名称），它们与你期望的一致吗？

查看每周期指令数（IPC），就像第 22 章所做的那样。前面提到，两个都在执行 fdiv 循环的超线程会让彼此变慢。图 29-17 显示了与图 29-15 和图 29-16 相同的跟踪，并且在每一行中显示了 PC 样本和 IPC 三角形。

粉色的 PC 样本对角线（见彩插）显示了工作任务循环，CPU 1 右侧的橙色 PC 样本线则显示了客户端的结束循环。CPU 0 和 CPU 2 是一个超线程对，CPU 1 和 CPU 3 是另一个超线程对。当同时运行在每个超线程对上时，工作任务循环没有明显减慢，但 IPC 测量的粗粒度可能遮盖了一些小的变化。不过，当最后一个队列 4 循环结束在 CPU 3 上时，你可以在 CPU

1 最右侧的客户端结束循环中看到速度从 1.25 IPC 加快到 2.5 IPC。这里并没有真正让人奇怪的地方，但检查一下是值得的。

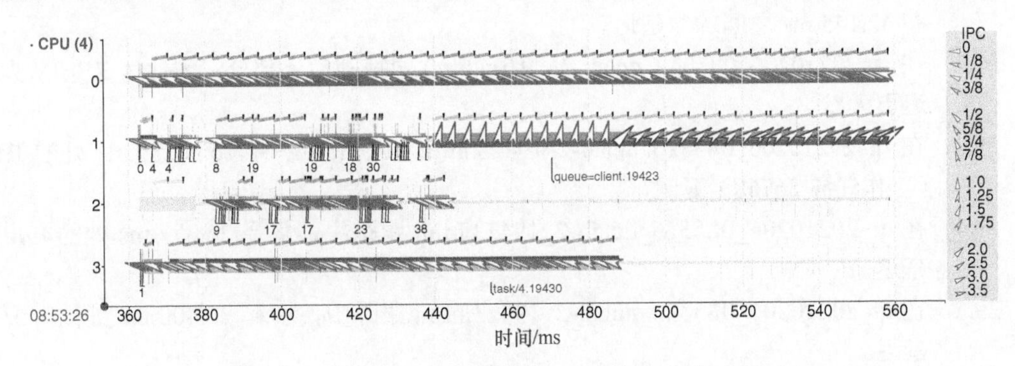

图 29-17　图 29-16 中的跟踪，这里显示了 PC 样本和 IPC

29.24　小结

本章的要点如下。

- 估测你期望看到的东西。
- 为性能和动态设计可观察性。
- 你头脑中的图景可能过于简单，并且是错的。
- 记住产生干扰的可能原因。
- 偏态分布比均匀分布更可能出现。
- 对软件进行压力测试，以揭示潜藏的性能问题。
- 避免可能在临界区内阻塞的操作。
- 预期发生级联的性能问题。
- 不要被表面的改进误导。
- 进行交叉检查，以确认观察结果是否合理。

习题

本章的前几道习题使用了如下跟踪文件。

```
queuetest_bad_20210206_085042_dclab-2_19105_q.html
qt_20210206_085042_dclab-2_19105.html
queuetest_good_20210206_085326_dclab-2_19423_q.html
qt_20210206_085326_dclab-2_19423.html
```

在浏览器中打开它们，根据需要平移/缩放图形，以检查指定的 x 轴时间，根据需要展开

PID 组和 RPC 组。

29.1 在 queuetest_bad_20210206_085042_dclab-2_19105_q.html 跟踪中，解释 42.120 ms 和 42.145 ms 之间的大延迟。

29.2 在 qt_20210206_085042_dclab-2_19105.html 跟踪的后半部分，为什么 RPC 队列延迟更大？

29.3 在 qt_20210206_085326_dclab-2_19423.html 跟踪中，解释 26.36385 ms 处的 RPC（工作任务 36768）延迟。

29.4 在 qt_20210206_085326_dclab-2_19423.html 跟踪中，解释 26.377 ms 处的客户端延迟。

29.5 在 qt_20210206_085326_dclab-2_19423.html 跟踪中，解释 26.400 ms 处的客户端延迟。

29.6 在根据 qt_20210206_085326_dclab-2_19423.html 跟踪生成的图 29-10 中，解释靠近 42.097 ms 的 RPC 36768 和 PID 19110 的 4 个执行间隙。

29.7 客户端用了大约 75 ms 才发送所有请求，而不是估测的 50 ms。解释 qt_20210206_085326_dclab-2_19423.html 跟踪中的这种延迟。

（提示：在整个跟踪中，可通过调整，只让 PID 19423 的行显示在屏幕上。具体做法如下：按住 Shift 键单击相应的 *y* 轴标签，折叠 PID 组以便只显示高亮的行，再折叠 CPU 组和 RPC 组；然后搜索 wait_time、wait_cpu 等，并查看 Matches 总时间。）

29.8 当运行 queuetest 程序的修复后的版本时，如果使用均匀分布，你会为第 90 百分位队列深度选择什么目标？偏态分布呢？在这两种情况下，原因分别是什么？

29.9 根据你之前已经定好的目标，测量当超过 1000 个事务时，程序能够维持在每秒处理多少个请求。数据中心服务的容量常常是通过这种经验性方式决定的。

29.10 在 queuetest 程序中，修改 kSkewedWorkPattern[16]，从而不是让 4 种模式使用队列 4 和队列 5，而是让其中两种模式使用队列 4 和队列 5，另外两种模式使用队列 4 和队列 6。跟踪 100 个以上的事务，解释这对改变负载均衡和整体性能有什么影响。

CHAPTER 30

第30章 全书回顾

我们终于来到了最后一章。你学到了什么？接下来又需要做什么？

30.1 你学到了什么

在第一部分，你学习了如何对一段代码应该运行多长时间进行可靠的估测。对CPU、内存、磁盘和网络活动进行仔细测量，能够为做出估测提供有用的信息。估测为你在观察程序的实际行为时应该有什么样的期望提供了一些想法。当估测的性能和实际的性能存在差异时，总有可以学习的地方，比如为什么你的估测不现实，以及为什么程序比它应该有的性能更好（或更差），你在这两个方面都可以学到一点东西。

在这个过程中，你学习了现代处理器芯片的工作方式，以及它们如何与操作系统和用户软件交互。

在第二部分，你了解了用于观察程序性能的几种常用工具，并学习了如何设计一些方式来观察有时间约束的软件系统的整体行为和健康状况。日志和仪表板是设计可观察性的主要工具。在添加了即使非常简单的日志和仪表板后，你将更容易添加更多的细节——在你理解了复杂软件系统的动态，进而理解了其他什么数据项最有用之后（但要避免过于拖慢系统）。

第二部分还介绍了采样和跟踪的区别：前者通过计数、PC样本等，获得了程序正在做什么的低开销快照；后者则给出了CPU系统在执行一个或多个程序时，做了什么操作的非常详细的记录。采样有助于观察软件系统的整体行为，特别是理解软件系统在正常情况下的行为，即发生了什么。跟踪有助于观察难以预测的缓慢动态的实例，有两种跟踪方式：观察足够长的时间，让一个跟踪中包含缓慢行为的许多例子；或者连续跟踪（飞行记录器模式），直到软件检测到某种不良性能，此时停止跟踪，以便捕捉到发生不良行为之前的事件。这些实例能帮助我们理解软件为什么有时候很慢。

在这个过程中，你还学习了关于请求驱动的、有时间约束的软件的执行动态的更多知识。

在第三部分，你学习了如何构建内核钩子，以便捕捉内核态执行、用户态执行、调度程序执行、上下文切换以及空闲状态之间的基本切换事件。你学会了如何使这些钩子的开销极低——对于每个 CPU 核心每秒 200 000 个事件，CPU 开销和内存开销都低于 1%。第三部分还介绍了如何构造一个可加载模块来完成内核钩子背后的大部分工作，以及如何构造一个简单的用户态库来控制跟踪。作为开源代码，这些钩子可用于采用 x86 或 ARM 处理器的 Linux 系统。

你了解了记录一些额外信息的价值，比如：系统调用的第一个实参和返回值；使阻塞的线程可再次运行的唤醒事件；每周期指令数（IPC），以揭示来自相关进程、无关的其他程序和操作系统自身的执行干扰；低功耗空闲状态，它们可能导致重新开始执行时发生延迟；PC 样本，它们有助于你了解内核代码或用户代码中的长执行路径；CPU 时钟频率，以避免在执行速度是正常情况的 1/5 时寻找其他解释；简单的网络栈数据包时间戳，以清楚地了解机器 A 的用户代码到机器 B 的用户代码之间的长延迟发生在机器 A 的内核代码发送消息之前，还是发生在机器 B 的内核代码接收消息之后，抑或发生于网络自身。

通过从原始跟踪结果入手并对它们进行后处理，你学习了如何将小的时间戳扩展为完整时间戳，以及如何为每个跟踪项将第一次使用的事件名称转换为连续使用的、人类可读的名称。

通过展开的事件，你学习了如何把切换时间戳转换为覆盖跟踪中每个 CPU 的 100%时间的执行时间段，以及如何生成可进一步修改、修饰和搜索且易读的 JSON 文件。最后，你学习了如何把 JSON 文件转换为动态的 HTML 文件；用户可以平移和缩放生成的图形，从而能够在他们希望的任意细节级别检查执行动态。你可以使用几个辅助程序来裁剪跟踪、添加内核例程的名称、添加用户例程的名称，以及添加带时间戳的 tcpdump 数据包信息。

通过对两台或更多台相互通信的机器进行跟踪，你学习了如何使用后处理软件来对齐时间戳，即使原机器的日历时钟相差几十毫秒。这个过程并不需要使用复杂的高精度硬件。

第三部分还解释了如何在浏览器中使用现有的 HTML 用户界面，找出并显示导致慢性能的事件、执行动态和交互。准确观察在一个缓慢的、有时间约束的请求的实例中，时间都消耗在什么地方，有助于理解导致请求缓慢的根本原因——不仅要了解现象，还要了解原因。

在第四部分，我们进行了几个案例分析，学习了如何对可能导致有时间约束的软件变慢的 9 种常见机制进行推理。在这些例子中，我们还学习了在面对性能谜题时，应该寻找什么。这些例子使用了本书前三部分介绍的大部分概念，给了你练习使用这些概念的机会，它们能够帮助你巩固在那些章节中学到的知识。

30.2 我们没有讲什么

本书没有介绍图形处理单元（Graphics Processing Unit，GPU）和神经网络处理芯片（如TPU）。它们通常是标准 CPU 外部的处理器。对于外部处理器偶尔拖慢对时延敏感的请求或事务的情况，本书介绍的工具能够从所连接的 CPU 的角度显示这些减慢——内存干扰导致的慢 IPC、由于 GPU 结束延迟而发生的中断延迟，以及其他类似的高级交互。但是，本书介绍的工具无法对 GPU 或 TPU 软件自身进行插桩，因而无法将发生了什么意外的减慢转换成为什么发生这些减慢。

本书也没有介绍虚拟机——使用虚拟机监控程序（hypervisor）来运行多个客户操作系统以及它们的程序。在这种环境中，我们可能关注客户操作系统的性能，也可能关注虚拟机监控程序自身的性能。

如果关注客户操作系统的性能，则可以在这些客户操作系统中运行现有的性能观察工具，包括 KUtrace。你也可以基于虚拟机，告诉用户他们的代码和操作系统的动态。但是，我们无法知道运行其他客户操作系统和运行虚拟机监控程序自身消耗的真正 CPU 时间。这种执行图像非常不完整，对于理解用户的客户操作系统外部的根本原因没有帮助。

如果关注虚拟机监控程序自身的性能，则可以使用类似于 KUtrace 的补丁，捕获进入和离开虚拟机监控程序的所有切换，从而获得真实硬件、虚拟机监控程序和客户操作系统之间可能发生的意外执行动态的有用信息。在这个级别上进行跟踪能够得到所有真实 CPU 时间的“完整图像”，做到“毫无损耗”。通过代替用户为虚拟机监控程序处理的所有系统调用、中断和错误使用类似于 KUtrace 的补丁，将允许跟踪没有原生支持 KUtrace 的操作系统（如 Windows 系统）的动态。

但是，这种操作可能更适合虚拟机的所有者而非普通用户，因为虚拟机通常会严格阻止这种用户观察其他用户。构建虚拟机监控程序的某个人可能会通过扩展这里讨论的工具来观察虚拟机监控程序自身。

30.3 接下来的工作

在超过 55 年的时间里，笔者一直在靠近硬件与软件交界的地方（CPU 架构、CPU 实现、网络接口实现、操作系统设计、磁盘-服务器设计、编译器设计，以及有时间约束或者对时延敏感的复杂高级软件的设计）处理性能问题。在本书中，笔者将自己这么多年来学到的经验和知识记录了下来。

现在，你有了许多思维工具来处理时间敏感的软件里间歇发生的真正性能问题。一些读者会在工作中使用这些工具，设计更好的可观察性，并根据观察到的行为对导致缓慢的原因进行推理以及如何进行修复。你可以在自己的环境中实施更好的技术来构建可观察的复杂软件，并教会其他人如何分析观察结果。

我们希望读者对本书内容的反应是："我能做得更好！"去做吧，构建更好（但不会更慢）的观察工具，将本书介绍的工具扩展到其他环境，并提出和写出更好的方法。

30.4 全书小结

本书的要点如下。

- 估测你期望看到的性能和动态。
- 为性能和动态设计可观察性。
- 你头脑中的图景通常过于简单：执行动态很复杂，要设法观察这些动态。
- 记住产生干扰的可能原因。
- 偏态分布比均匀分布更可能出现。
- 对软件进行压力测试，以揭示潜藏的性能问题。
- 预期性能问题会出现级联。
- 当发现延迟时，要问为什么。
- 寻找根本原因，而不是只修复表象。
- 不要被表面的改进误导。
- 进行交叉检查，以确认观察结果是否合理。
- 当估测值和现实情况存在差异时，就是你学习的好机会。

恭喜，你现在已经是熟练的专业软件性能工程师了。

附录 A　示例服务器

理解软件性能的最好方式是进行实践。本书的所有示例和软件是针对 Linux x86-64 处理器开发的，内核版本是 4.19 LTS（Long Term Support，长期支持版本），发布版是 Ubuntu，构建使用的是发布版自带的 GCC。

为了使本书的示例程序有具体的测量值，我们在两台自行组装的示例服务器上运行了所有的示例程序。本书曾在多处提到这两台示例服务器上的测量结果、跟踪结果和性能数字。用于观察内核-用户切换的 KUtrace 操作系统补丁就是在这两台示例服务器上实现的。除这两台示例服务器之外，我们还需要一两台机器来生成网络流量。它们可以是任何方便使用的 Linux 计算机，不需要安装 KUtrace 内核补丁。

这些服务器是大型数据中心服务器的小规模代替物，但它们足以用来创建和理解本书介绍的所有性能问题。如果你使用不同的处理器，则针对习题得到的答案必然与本书中的不同，因为在这个快速变化的领域，它们一定总在发生变化。幸运的是，你学到的知识是可以从一台机器迁移到另一台机器的。

A.1　示例服务器的硬件

示例服务器被命名为 dclab-1 和 dclab-2，用于生成网络流量的额外的机器被命名为 dclab-3 和 dclab-4。

dclab-1 中的 AMD Ryzen 3 芯片有 4 个物理核心，没有超线程，缓存则有 3 级。

- L1 指令缓存有 64 KB，4 路相连，64 字节的缓存行，每个物理核心独有。L1 数据缓存有 32 KB，8 路相连，64 字节的缓存行，每个物理核心独有。

- L2 缓存有 512 KB，8 路相连，64 字节的缓存行，每个物理核心独有。
- L3 缓存有 4 MB，16 路相连，64 字节的缓存行，由所有核心共享。

dclab-2 中的 Intel Core i3 芯片有两个物理核心，其中的每一个物理核心都是双路超线程的，所以总共有 4 个逻辑核心，缓存也有 3 级。

- L1 指令缓存有 32 KB，8 路相连，64 字节的缓存行，每个物理核心独有。L1 数据缓存有 32 KB，8 路相连，64 字节的缓存行，每个物理核心独有。
- L2 缓存有 256 KB，8 路相连，64 字节的缓存行，每个物理核心独有。
- L3 缓存有 3 MB，12 路相连，64 字节的缓存行，由所有核心共享。

表 A-1 对上述示例服务器的特征做了汇总。

表 A-1 示例服务器的特征

示例服务器	CPU	内存	引导驱动器	数据驱动器	OS	内核
dclab-1	AMD Ryzen 3 2200g，3.5 GHz	8 GB	250 GB 磁盘	250 GB 磁盘	Ubuntu 18.04	Linux 4.19.19 LTS，带 KUtrace
dclab-2	Intel Core i3-7100，3.9 GHz	8 GB	250 GB 磁盘	250 GB 磁盘，128GB SSD	Ubuntu 18.04	Linux 4.19.19 LTS，带 KUtrace
dclab-3	任何 Linux 版本	—	—	—	—	—
dclab-4	任何 Linux 版本	—	—	—	—	—

以上每种配置都足以观察和测量多种形式的跨 CPU、跨缓存以及主存的干扰。一台服务器上的两个核心有超线程，另一台服务器上有 4 个完整核心，于是我们可以观察和测量 CPU 周期数和缓存空间的两倍差异。一台服务器上有另一个 SSD 驱动器，另一台服务器上有另一个磁盘驱动器，于是我们可以观察和测量不同的数据传输速率与访问模式。由于至少还有第三台计算机，因此我们可以观察和测量造成干扰的网络流量。以上这些是我们决定使用上述配置的动机。

在简单进行修改（主要是修改时钟的读取）后，我们可以在其他操作系统和 CPU 架构上运行本书的 C 程序。针对 64 位的 8 GB 树莓派 Pi-4B，则有一个包含 KUtrace 补丁的 ARM64 移植版本。

熟悉这个领域的读者可以把这里的操作系统补丁移植到其他 Linux 发行版、其他 Linux 内核版本、其他开源操作系统，或者 32 位架构上。

A.2 连接服务器

服务器拥有 1 Gbit/s 的以太网链路，推荐使用本地以太网交换机连接它们，并将一个额外的交换机端口连接到建筑内的其余以太网结构，如图 A-1 所示。这将允许我们测试在服务器之间发送较大流量的情况，而不会使建筑内的其他地方过载。

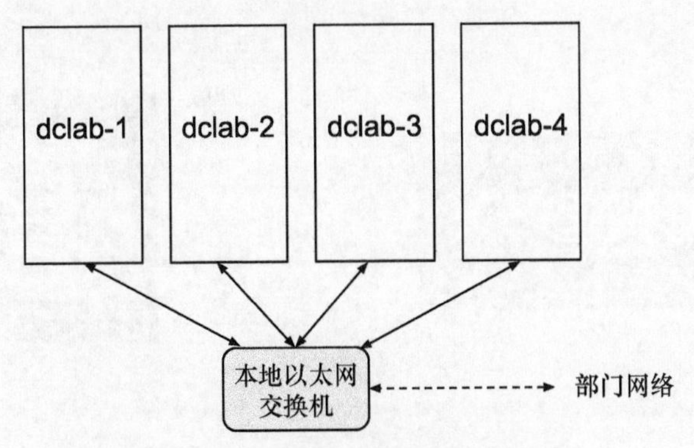

图 A-1　示例服务器的网络连接

附录 B　跟踪条目

本附录定义了 KUtrace 的全部跟踪条目。这些条目占用一个或更多个 uint64 字。大部分条目是一个字，但名称条目是 2～8 个字。每个条目的第一个字采用图 B-1 所示的格式，或采用稍有变化的其他格式。名称条目包含额外的字，以保存文本名称自身。

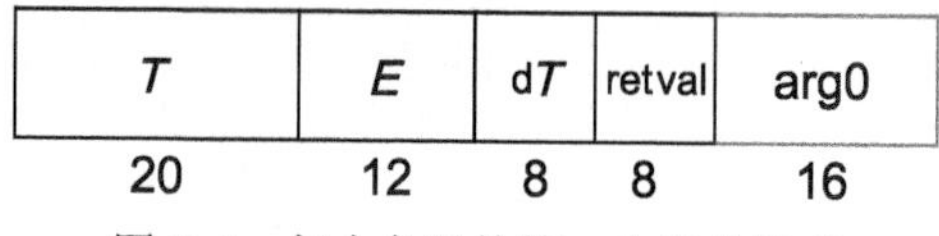

图 B-1　每个条目的第一个字的格式

8 字节的跟踪条目中包含如下 5 个字段。

- *T*：事件的 20 位的时间戳，每 10～40 ns 递增一次，每 100 万次计数（10～40 ms）发生一次环绕。
- *E*：12 位的事件编号，后面将详细说明。
- d*T*：针对优化过的调用/返回对的 8 位时间差值，返回时间为 *T*+d*T*，0 表示未经优化的调用。
- retval：优化过的系统调用的返回值的低 8 位，有符号数，范围为−128～127。retval 字段足够大，它可以保存 Linux 系统的全部标准错误码（−126～−1）。
- arg0：系统调用的第一个参数的低 16 位，常常包含文件 ID、字节计数或其他有用的信息；对未优化系统返回的是返回值的低 16 位；对其他事件是额外的实参。

B.1　固定长度的跟踪条目

编号为 0x000 和 0x200～0xFFF 的事件是单字跟踪条目。

事件编号 0x000 是 NOP，用于在跟踪块中进行填充（全部为 0 的 NDP 跟踪条目参见图 B-2）。

0x200～0x300 的事件编号指定了点事件，而不是执行状态之间的切换。它们在跟踪条目的 arg0 字段中包含一个 16 位的实参数字［参见图 B-3（a）］，也可使用更宽的 arg 字段包含一个 32 位的实参［参见图 B-3（b）］。

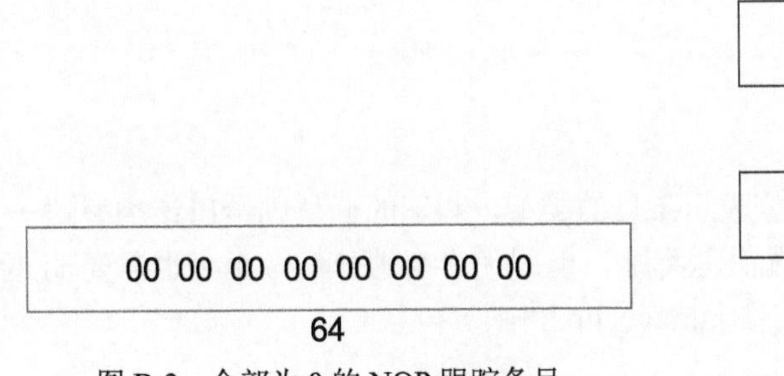

图 B-2　全部为 0 的 NOP 跟踪条目

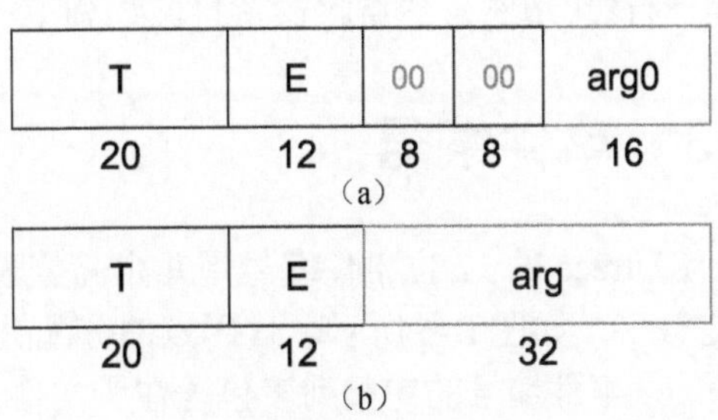

图 B-3　包含实参的点条目

B.2　可变长度的跟踪条目

一般来说，当第一次遇到一个新的 syscall/irq/fault 或 PID 时，跟踪将为事件包含一个名称条目，然后是事件本身。为简单起见，可在跟踪的开头批量插入恒定的 syscall/irq/ fault 名称；当第一次上下文切换到一个之前没有见过的 PID 时，插入 PID 的名称。进程的名称是内核的 task 结构中保存的 16 字节的命令名称。

0X1～1XF 事件编号是 2～8 个字的可变长度的名称条目（参见图 B-4）。每个名称条目的第一个字的格式与单字条目的格式相同，后跟 1～7 个字的文本，用 0 填充。事件编号会将条目的字大小表示为位条目<7:4>，即中间的十六进制位。位条目<11:8>和<3:0>（即开始的和最后的十六进制位）指定了命名的项的类型。第一个字的 arg0 字段指定了命名的项的编号。

项的编号遵循对应的主条目——PID 的低 16 位、错误编号的 8 位、中断编号的 8 位以及系统调用编号的 9 位的设计。例如，图 B-5 显示了 nanosleep 系统调用的名称条目。

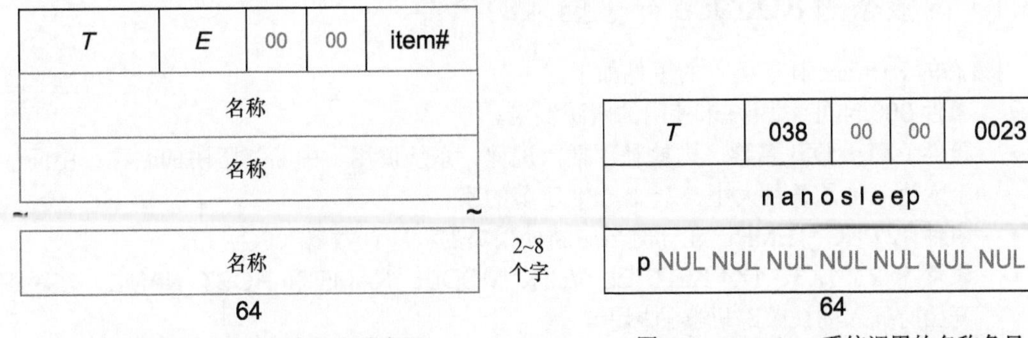

图 B-4　可变长度的名称条目　　　图 B-5　nanosleep 系统调用的名称条目

条目编号 0x038 指定了 3 个字的可变长度跟踪条目，项的类型为 008，即 syscall64。arg0

字段 0x0023 指定了 syscall64 编号 23（十六进制）或 35（十进制），参见文件/usr/include/asm/unistd_32.h。9 个字符的名称分散在接下来的两个字中，用 7 个 NUL 字符进行填充。

多字条目从来不会跨过跟踪块的边界。如果一个跟踪条目不能放在当前跟踪块内，则用 NOP 对该块填充，然后将该条目添加到下一个块中。

B.3 事件编号

KUtrace 的 12 位事件编号用几个高位表示条目的类型，剩下的低位则给出该类型的一个特定数字，如图 B-6 所示。代码点的分配有些稀疏，但即使紧密地分配，至少也需要 11 位。KUtrace 事件编号的完整列表包含在头文件 kutrace_lib.h 中。

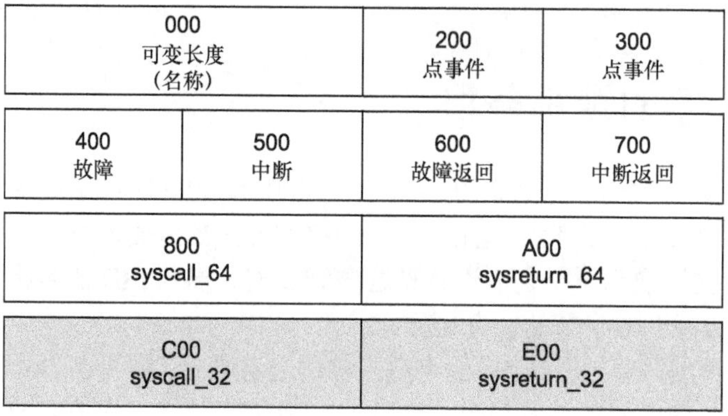

000 可变长度（名称）		200 点事件	300 点事件
400 故障	500 中断	600 故障返回	700 中断返回
800 syscall_64		A00 sysreturn_64	
C00 syscall_32		E00 sysreturn_32	

图 B-6　KUtrace 的 12 位事件编号的分配概览（C00-FFF 32 位兼容性系统调用目前还没有实现）

内核态的 KUtrace 内核补丁插入大部分跟踪条目，用户态库或内联代码会插入其他的跟踪条目，后处理代码会在 JSON 文件中插入额外一些条目。

B.3.1 内核态的 KUtrace 补丁插入的事件

内核态的 KUtrace 补丁插入的事件如下。

- **事件 000 NOP**。填充未使用的跟踪块字。
- **事件 0X1～1X6 名称**。内核补丁插入进程、系统调用、中断和陷阱的名称；中间的十六进制位是条目大小，2～8 个 8 字节的字。
- **事件 121 PC_TEMP**。在计时器中断处采集的程序计数器（PC）值。
- **事件 1X2、1X3、1X4 KERNEL_VER、MODEL_NAME 和 HOST_NAME**。在跟踪开始时插入的被跟踪机器的标识。
- **事件 218 MBIT_SEC**。被跟踪机器的网络链路速度；只在后处理中使用，用于绘制近似的数据包时间。

- **事件 400-4FF TRAP**。错误进入（只实现了缺页错误）；从技术上来讲，陷阱从不返回，而错误会返回。
- **事件 600-6FF TRAPRET**。错误退出。
- **事件 500-5FF IRQ**。中断进入。
- **事件 700-7FF IRQRET**。中断退出。
- **事件 800-9FF SYSCALL64**。系统调用进入。
- **事件 A00-BFF SYSRET64**。系统调用退出。
- **事件 C00-DFF SYSCALL32**。系统调用进入（32 位，未实现）。
- **事件 E00-FFF SYSRET32**。系统调用退出（32 位，未实现）。
- **事件 200 USERPID**。上下文切换：arg0 是新的用户态 PID 的低 16 位（PID=0 表示空闲循环），由调度程序代码插入。
- **事件 206 RUNNABLE**。进程 A 使得 arg0 中的被阻塞进程 B 可运行，由调度程序代码插入。
- **事件 207 IPI**。发送给 arg0 的跨处理器中断，收到的 IPI 是 500-5FF IRQ 中的一个。
- **事件 208 MWAIT**。arg0 中的低功耗空闲提示，由空闲代码插入。
- **事件 209 PSTATE**。arg0 中采样得到的 CPU 频率（单位为兆赫兹），由计时器中断或频率变化通知代码插入。
- **事件 214 RX_PKT**。32 位 arg 中的入站数据包有效载荷的哈希，由 TCP 或 UDP 代码插入。
- **事件 215 TX_PKT**。32 位 arg 中的出站数据包有效载荷的哈希，由 TCP 或 UDP 代码插入。

B.3.2　用户态代码插入的事件

用户态代码插入的事件如下。

- **事件 201-203 RPCIDREQ、RPCIDRESP 和 RPCIDMID**。RPC 请求、响应和中间处理，由用户态的 RPC 库插入。
- **事件 20A-20D MARKA、MARKB、MARKC 和 MARKD**。由任何用户代码手动插入的任意文本（ABC）或数字（D）条目；文本被限制为 6 个 base-40 字符[a-z0-9./-]，保存在 32 位中；数字是 32 位的。
- **事件 210-212 LOCKNOACQUIRE、LOCKACQUIRE 和 LOCKWAKEUP**。软件锁行为，由用户态的锁库插入。
- **事件 216-217 RX_USER 和 TX_USER**。入站和出站消息的有效载荷哈希，由用户态的 RPC 库插入；哈希与对应的内核态的 RX_PKT 和 TX_PKT 匹配。
- **事件 21A-21B ENQUEUE 和 DEQUEUE**。在软件队列中添加和移除的活跃 RPC，由用户态的 RPC 库插入。

- **事件 0X3 METHODNAME**。RPC 的方法名称，由用户态的 RPC 库插入。
- **事件 0X7 LOCKNAME**。软件锁的名称（目前是源文件的文件名:行号），由用户态的锁库插入。
- **事件 1X5 QUEUENAME**。RPC 队列的名称，由用户态的 RPC 库插入。

B.3.3 后处理代码插入的事件

后处理代码插入的事件如下。

- **事件 204 RPCIDRXMSG**。入站 RPC 消息的持续时长（绘制在 CPU 0 行的上方）。
- **事件 205 RPCIDTXMSG**。出站 RPC 消息的持续时长（绘制在 CPU 0 行的上方）。
- **事件 282 LOCK_HELD**。持有锁的时长（绘制在 PID 行和 RPC 行的上方）。
- **事件 282 LOCK_TRY**。尝试获得锁的持续时长（绘制在 PID 行和 RPC 行的上方）。
- **事件 280-281 PC_U 和 PC_K**。用户态和内核态的采样的 PC（程序计数器）值或名称。
- **事件 300-319 WAITA-WAITZ**。PID 或 RPC 进行等待的原因。
- **事件 -3 ARC**。从唤醒方的 RUNNABLE 事件到被唤醒方的第一个后续执行事件绘制的唤醒曲线。
- **事件 -4 CALLOUT**。手动插入的标签气泡，可在用户指定的任何位置绘制。

术语表

滥用式输入负载（abusive offered load）：覆盖范围比正常的 RPC 响应时间约定更大的输入负载。

内存访问（access memory）：内存读取或写入的统称。

汇编语言（assembly language）：计算机指令的一种符号表示。

异步读/写（asynchronous read/write）：一种输入/输出操作，操作发起方继续执行，不等待响应。

异步 RPC（asynchronous RPC）：一种远程过程调用，调用方继续执行，不等待响应。

平均值（average）：一组值的数学平均值。

阵发（bursty）：每隔一段时间就以短暂的、突发性的片段或组的方式发生，涉及或说明用短暂的、单独的阵发性信号发送数据。

缓存（cache memory）：一种硬件或软件机制，提供了辅助性内存，从中可以高速获取数据。

客户端程序（client program）：一种计算机程序，用于向其他程序（叫作服务器程序）请求功能。

客户-服务器（client-server）：一种远程计算范式。在这种范式下，客户端程序通过网络向服务器程序发送工作请求，服务器程序最终返回响应。

磁心内存（core memory）：一种过时的计算机主存，由小的铁氧体磁环（磁心）构成。

处理器核心（core, processor）：CPU 芯片内一个单独的指令处理单元。

计数器（counter）：用于简单地统计事件的观察工具，如执行的指令数、缓存未命中数、执行的事务数或经过的微秒数等。

CPU：中央处理单元（Central Processing Unit）。

CPU 时间（CPU time）：对于某次指定的处理，消耗的非空闲 CPU 执行时间。

临界区（critical section）：用于访问共享数据的一段代码，如果一个以上的线程同时执行这段代码，就会导致不正确的结果。参见“软件锁”。

柱面（cylinder）：一组磁道，它们距离磁盘中心的径向距离相同。

仪表板（dash board）：一种观察工具，用于显示某个计算机或程序集合的实时状态。

数据中心（data center）：一栋建筑内一大组联网的计算机，它们能够与在地理上远离这栋建筑的用户（人）和其他计算机进行通信。

依赖指令（dependent instruction）：只有在收到前一条指令的结果后才能开始执行的一种指令。

设计点（design point）：按照设计，软件服务器能够优雅地（以及在某个指定的响应时间分布内）处理的输入负载或其他指标（如数据大小）。超过设计点 10 倍或更多的输入负载很可能导致性能问题。

破坏性读出（destructive readout）：读取一个位置就会破坏这个位置的信息，所以必须重新写入。

DIMM（Dual Inline Memory Module）：双列直插式内存模块，它是包含 DRAM 芯片的一个小电路板。

DRAM（Dynamic Random Access Memory）：动态随机存取内存，通常用于计算机主存；DRAM 比 SRAM 的速度慢，但更便宜。

动态（dynamics, of a program or collection of programs）：程序随时间推移的活动，比如什么代码在什么时候运行，它们在等待什么，占用了哪些空间，以及不同的程序如何彼此影响。

ECC 位（ECC bits）：纠错码，用于修复少量位的读取错误。

嵌入伺服（embedded servo）：在磁盘扇区之间记录的、隐藏的径向位置信息。

擦除周期（erase cycle）：擦除一块闪存所需要的时间。

执行偏离（execution skew）：并行执行路径的不同完成时间，高偏离度会降低并行执行的有效性。

执行（execution）：执行计算机指令序列和等待不执行（有用）指令交替发生的过程。

区块（extent）：连续的一组磁盘块，用于记录磁盘文件的一部分。

填充（fill）：将新数据添加到缓存中，替换之前的某些数据。

飞行记录器模式（flight recorder mode）：一种连续运行的跟踪系统，可在一个大小固定的记录缓冲区中根据需要进行环绕。当软件检测到发生某个错误或事件后，就停止跟踪，从而能够跟踪对应时间点之前的事件。

频率分布（frequency distribution）：一组值以及其中的每个值出现了多少次。

基本资源（fundamental resource）：数据中心计算机系统中的 5 种重要共享资源——4 种硬件（CPU、内存、磁盘/SSD、网络），1 种软件（临界区）。

直方图（histogram）：统计信息的一种显示方式，在连续的数字间隔中显示数据项的频率。大小相等的间隔构成线性直方图，大小倍增的间隔构成对数直方图。

受阻事务（hindered transaction）：作为干扰对象的一类事务，它们的执行速度会减慢。

命中（hit）：当访问缓存时，成功找到需要的数据，从而实现高速检索。

HTML（HyperText Markup Language）：超文本标记语言，用于构建 Web 页面。

超线程（hyperthread）：Intel 专有的同时多线程技术。

空闲时间（idle time）：只有空闲进程在执行的经过的 CPU 耗时。

指令执行阶段（instruction execution phase）：执行之前获取的指令指定的操作的过程。

指令获取阶段（instruction fetch phase）：从内存（通常是一级指令缓存）获取指令的过程。

指令时延（instruction latency）：从开始一条指令的执行阶段到开始一条依赖指令的执行阶段之间的 CPU 周期数。

干扰（interference）：暂时性阻止一个进程或活动继续执行或被恰当完成。

内置函数（intrinsic function）：特定语言编译器内置的函数，可能无法移植到其他编译器。

IOMMU（Input Output Memory Management Unit）：输入输出内存管理单元，是一种用于对 I/O 设备进行虚拟地址映射的硬件，此外可能还会提供内存访问保护。

IP（Internet Protocol）：互联网协议，用于在互联网上发送和接收数据的一组规则。

IPv4（IP version 4）：IP 版本 4，使用 32 位 IP 地址。

IPv6（IP version 6）：IP 版本 6，使用 128 位 IP 地址。

发射周期（issue cycle）：指令提交执行的时刻。

JSON（JavaScript Object Notation）：JavaScript 对象表示法，一种用于交换数据的标准文本格式。

内核态（kernel mode）：CPU 的特权执行状态，操作系统的某些部分就运行在此状态下。

时延（latency）：两个事件之间经过的挂钟时间。在讨论时延时，指定具体哪两个事件十分重要。

LBA（Logical Block Address）：逻辑块地址，比如磁盘或 SSD 块的地址，可在设备内重新映射到物理块地址。

一级缓存（level-1 cache）：在包含多个缓存级别的层次结构中，最小、最快的缓存。

二级缓存（level-2 cache）：在包含多个缓存级别的层次结构中，第二小、第二快的缓存。

三级缓存（level-3 cache）：在包含多个缓存级别的层次结构中，第三小、第三快的缓存。在只包含 3 个缓存级别的层次结构中，这是最大、最慢的缓存，又称为"末级缓存"。

缓存行（line, cache）：一个大小固定的内存块，可以整个传输到缓存中或从缓存中传输出去，通常有 16～256 字节。

锁捕获（lock capture）：一个线程重复地获得和释放锁，然后再次获得锁，而其他线程没有机会获得该锁。

锁饱和（lock saturation）：一个在几乎全部时间会被争用的软件锁，导致使用多个线程获得的性能收益化为乌有。

日志（log）：一种观察工具，用于记录事务请求和响应的一个带时间戳的列表，以及记录任何信息性的软件消息。日志一般记录到磁盘文件中。通常设计里只能处理每秒 1000 个或更少的事件。

长尾（long tail）：概率分布中包含远离分布中心或平均值的一些实例的部分。

LRU 缓存替换（LRU cache replacement）：最近最少使用的缓存替换，一种常用的缓存替换策略，对于大部分访问模式接近最优。

MAC 地址（MAC address）：网络接口控制器（即网卡）的 48 位的唯一硬件标识符。

中值（median）：值的频率分布的中点，第 50 百分位数。

消息（message）：可变长度的请求或响应，通常作为多个数据包在网络上传输。

未命中（miss）：当访问缓存时，没有找到需要的数据，导致访问更慢的内存。

MLC（Multi-Level Cell）：一种闪存类型，可在每个单元中存储一个以上的位。

NIC（Network Interface Controller）：网络接口控制器（即网卡），一种将处理器连接到网络的硬件。

非阻塞 RPC（non-blocking RPC）：一种远程过程调用，不等待结果，而是让调用方继续执行。

$O(n)$：用来表示估测值的近似大小，n 通常是 10 或 2 的幂。

输入负载（offered load）：每秒发送给服务器程序的事务（RPC 请求）的数量；当这个数量超过每秒处理的事务量时，响应时间就会缩短，有时候甚至会显著缩短。

量级（order of magnitude）：数字大小的近似衡量值。十进制数量级得到的估测值是最接近的 10 的幂——1、10、100 等，而二进制数量级得到的估测值是最接近的 2 的幂——1、2、4、8 等。

有效载荷（payload）：网络传输中的实际数据部分，而不包括描述性的部分以及用于路由的头。

百分位数（percentile）：统计数据时使用的一种测量值，表示在一组观察结果中，给定百分比的观察结果落在这个值的下方。因此，在一组观察结果中，90%的观察结果将落在第 90 百分位数的下方。

流水线（pipelining）：计算机指令的重叠执行，使得在前一条指令结束前，后一条指令就已经开始执行。

预取（prefetch）：将数据从缓慢的存储设备传输到较快的存储设备，供后面使用。

性能分析文件（profile）：一种观察工具，以准定期的方式对某个值（如程序计数器、队列深度或系统负载）采样。

程序计数器（Program Counter, PC）：处理器将执行的下一条指令的地址，又称为指令计数器（IC）。

查询（query）：计算机系统的一条输入消息，必须作为一个工作单元进行处理；或者一个请求。

随机缓存替换（random cache replacement）：一种缓存替换策略，用来替换一个缓存组中的任意行。

刷新（refresh）：定期重写内存信息以保存它们。

寄存器更新周期（register update mode）：流水线计算机实现中的最后一个执行阶段；指令的执行结果被写入一个 CPU 寄存器，此时指令执行完，称指令已经完成执行。

远程过程调用（remote procedure call）：网络消息传输的一种形式，用于在另一台计算机服务器上执行工作。

请求/响应模型（request/response model）：一种远程计算范式，在这种范式下，客户端程序通过网络向服务器程序发送工作请求，服务器最终返回响应。

响应时间（response time）：从发送事务请求消息到收到结果所经过的时间。

还原（restore）：重写刚刚被破坏性读取的内存信息。

轮循式缓存替换（random-robin cache replacement）：一种常用的缓存替换策略，用来顺序地替换一个缓存组中的行，而不管访问模式如何。

SATA（Serial Advanced Technology Attachment）：一种硬件接口，用于将 ATA（Advanced Technology Attachment）硬盘驱动器连接到计算机的主板。

扇区（sector）：磁盘上的一个子分区，用于存储数量固定的用户可访问数据。

服务器（hardware）：一种执行事务的计算机系统。

服务器（server, software）：一种计算机程序，为其他程序（称为客户端程序）提供功能。

服务（service）：处理一类特定事务的程序集合。

组相联缓存（set-associative cache）：划分为包含 *N* 个缓存行的组的缓存。特定的内存位置虽然只能缓存到由其地址计算出的一组中，却可以缓存到该组的 *N* 个缓存行的任何一行中。这种缓存称为“*N* 路相联”缓存。

同时多线程（simultaneous multithreading）：一种计算架构，使得一个物理 CPU 处理器核心看起来是两个或更多个逻辑核心；基本上，多个程序计数器和寄存器文件会使用一个处理器核心及其缓存系统。

空程差（slop）：网络传输中无法识别的通信时间；发送和接收之间的延迟，这个延迟超出了网络硬件自身需要的传输时间。

软件动态（software dynamics）：软件执行随着时间发生的变化，包括什么正在执行、执行得多快或者在等待什么。影响因素包括争用共享的硬件和软件资源，机械设备或其他计算机的响应发生延迟，以及与一个程序中的并行线程、其他程序或操作系统之间的交互。

软件锁（software lock）：一种软件结构，在某个时间只允许一个线程执行一个临界区中的代码，其他线程被迫等待进入临界区。

套接字（socket）：一种软件结构，用于网络连接。

SPEC（Standard Performance Evaluation Corporation）：标准性能评估组织，致力于开发基准套件。

SRAM（Static Random Access Memory）：静态随机存取内存，通常用于计算机缓存，比 DRAM 更快，但也更贵。

SSD（Solid State Disk）：固态磁盘，又称为“闪存”。

饥饿（starvation）：一个线程持续无法获得继续执行所需要的资源，通常是因为该线程无法获得某个软件锁，尽管在这个过程中，其他多个线程获得并释放了该锁。

跨度（stride）：一个数组中的连续内存访问之间的位置数。

SUT（System Under Test）：被测系统，一种硬件-软件组合，当处理某个输入负载时，我们可以观察被测系统的性能。

同步 RPC（synchronous RPC）：持续运行直至完成的一个远程过程调用，调用方在它完成后才会继续执行。

系统时间（system time）：内核态 CPU 执行的耗时。

标签（tag）：与缓存行中的数据关联的地址。

尾部时延（tail latency）：观察到的一组时延结果中用时较长的事件，通常可以考虑比概率分布的第 99 百分位数更长的那些事件。

> 疼痛研究中的甩尾实验会启动一个计时器，然后向一个动物的尾巴施加热量。当这个动物甩动它的尾巴时，就停止计时器并将经过的时间记录为“尾部时延”。

TCP（Transmission Control Protocol）：传输控制协议，一个用于可靠网络通信的标准。

抖动（thrash）：两个或更多个代理连续逐出有用数据的行为，导致所有代理都只有缓慢的进展，甚至没有进展。

时间戳（timestamp）：某个事件发生时的挂钟时间的表示。

TLB（Translation Lookaside Buffer）：页表缓存，有时候也简单地称为“TB”，指的是从虚拟内存到物理内存的地址转换缓存。

跟踪（trace）：一种观察工具，用于记录按时间排序的事件，如磁盘寻道地址、事务请求和响应、函数进入/退出、执行/等待切换或者内核/用户态切换，通常每秒处理几万个或更多的事件。

磁道（track）：在一次旋转中经过一个磁头的磁盘部分。

事务（transaction）：计算机系统的一条输入消息，指定一个工作单元，便可得到一个结果。

UDP（User Datagram Protocol）：用户数据报协议。这是一种无状态的通信协议，主要用于建立低时延、对数据损失有容忍度的连接。

用户态（user mode）：CPU 的非特权执行状态，正常程序都运行在此状态下。

用户时间（user time）：用户态 CPU 执行的耗时。

虚拟内存（virtual memory）：一种内存管理功能，允许将大的（虚拟）内存空间映射到更小的物理内存空间，从而允许在二级存储设备上保存一些数据。

磨损平衡（wear-leveling）：通过把写入操作分散到所有物理块中，从而延长闪存的使用寿命的技术。

参考文献

[Conti 1969] CONTI C J. Concepts for Buffer Storage[J]. Computer Group News, 2(8): 9-13.

[Dixit 1991] DIXIT K M. The Benchmark Handbook[M]. Burlington: Morgan Kaufmann Publishers, 1991.

[Fall 2012] FALL K R, STEVENS W R. TCP/IP Illustrated, Volume 1[M]. 2nd ed. New Jersey: Addison-Wesley, 2012.

[Gifford 1987] GIFFORD D, SPECTOR A. Case Study: IBM's System/360-370 Architecture[J]. Communications of the ACM, 30(4): 291-307.

[Gustafson 1988] GUSTAFSON J. Reevaluating Amdahl's Law[J]. Communications of the ACM, 31(5): 532-533.

[Lamport 1977] LAMPORT L. Concurrent Reading and Writing[J]. Communication of ACM, 20(11): 806-811.

[Liptay 1968] LIPTAY J S. Structural Aspects of the System/360 Model 85, Ⅱ: The Cache[J]. IBM Systems Journal, 7(1): 15-21.

[Ousterhout 2018] OUSTERHOUT J. Always Measure One Level Deeper[J]. Communications of the ACM, 61(7): 74-83.

[Padegs 1981] PADEGS A. System/360 and Beyond, IBM Journal of Research and Development, 25(5): 377-390.

[Schmidt 1965] SCHMIDT J D. Integrated MOS Transistor Random Access Memory[J]. Solid State Design, 6(1): 21-25.

KUtrace HTML 图例

执行（测量后）

内核系统调用123；
中断；故障；调度程序；

用户进程1234和1235

空闲；低功耗空闲

唤醒
使可以运行

到实际运行

未执行

等待CPU

磁盘；
锁
内存
网络
管道
计时器
排队的RPC[软件库]

合成的（近似）

退出低功耗空闲

KUtrace开销
对角白线（10～50 ns）

标注

123.45 myprogram 4.06μs IPC=3/4

143.67 fstat 8.55μs IPC=1/8

搜索结果，按Shift键单击

时间对齐的数据

CPU频率覆盖层
缓慢；中等缓慢；
正常

内核PC样本
峰值时的用户样本

5678
1234
显示近似数据包
软件库，tcpdump

争用锁
尝试获得；
持有（sw库）

手动插入

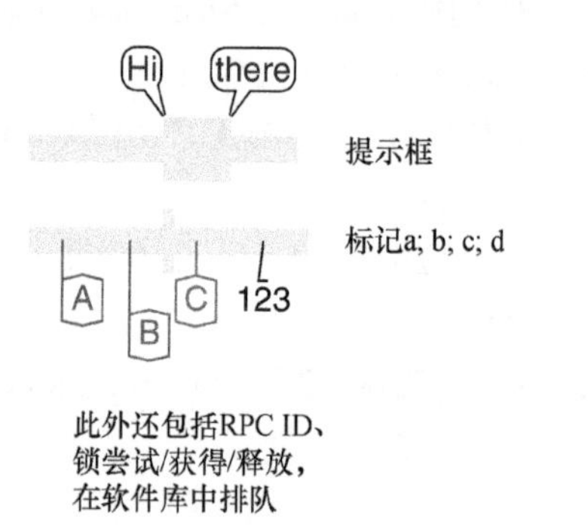

提示框

标记a; b; c; d

此外还包括RPC ID、
锁尝试/获得/释放，
在软件库中排队

网格

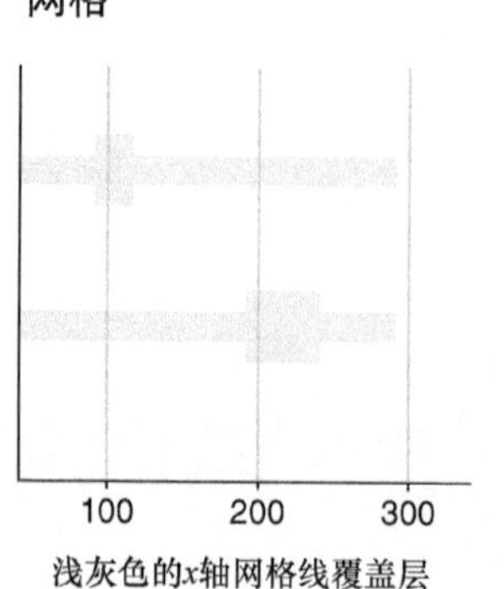

浅灰色的x轴网格线覆盖层